研究生教学用书

有限元分析与方法

韩昌瑞　孙　伟　张玉华　编著

科学出版社
北　京

内 容 简 介

本书的目的是使读者较好地掌握有限元法的力学基础知识、数学原理和数值方法，并有效地利用目前通用商业软件进行实际工程分析。在编写过程中，尽量让初学者明白有限元的求解理论基础、约束及荷载的施加、求解过程，减小计算误差的方法。有限元分析工作的重点是前处理，其后处理主要是供有工作经历的人员分析使用，中间计算过程则由计算机或计算平台完成。

本书第 1 章为绪论，第 2 章介绍弹性力学基础知识，第 3 章介绍数学求解原理基础知识，第 4 章～第 9 章介绍有限元的基础知识。所有的例题、习题均偏向于手工计算，以加深读者对基础知识的了解和掌握。理论知识力求简明扼要。

本书可作为普通高等学校高年级本科生、硕士研究生相应课程的教材，也可供相关工程技术人员参考。

图书在版编目(CIP)数据

有限元分析与方法 / 韩昌瑞，孙伟，张玉华编著. —北京：科学出版社，2022.2

研究生教学用书

ISBN 978-7-03-071536-4

Ⅰ. ①有…　Ⅱ. ①韩…　②孙…　③张…　Ⅲ. ①有限元法-研究生-教材　Ⅳ. ①O241.82

中国版本图书馆 CIP 数据核字(2022)第 028884 号

责任编辑：邓　静 / 责任校对：任苗苗

责任印制：张　伟 / 封面设计：迷底书装

科 学 出 版 社 出版

北京东黄城根北街 16 号

邮政编码：100717

http://www.sciencep.com

北京盛通数码印刷有限公司 印刷

科学出版社发行　各地新华书店经销

*

2022 年 2 月第　一　版　开本：787×1092　1/16

2024 年 1 月第三次印刷　印张：15 3/4

字数：400 000

定价：79.00 元

(如有印装质量问题，我社负责调换)

前　言

有限元分析已经成为教学、科研、产品设计中广泛使用的重要工具。现在有限元已从过去只有少数专业技术人员掌握的理论和方法，变为国内很多高校大学生、研究生(特别是工科学生)以及教师广泛使用的通用分析工具。在国外，特别是欧美国家，工科学生要求必学MATLAB和有限元分析软件。这充分显示出有限元分析的重要性。有限元的普及主要有两个方面的原因：一是计算机技术的提高以及普及，二是有限元分析商品化软件的成熟。

拥有高性能的计算机和先进的有限元分析软件平台并不意味着就掌握了有限元分析的方法和能够得到正确的分析结果。虽然很多学生在利用有限元分析软件解决工程问题，但由于缺少相应的力学和数学知识以及不理解有限元分析的原理，学生对于应该如何进行有限元分析计算以及对计算结果的合理性难以判断，基本上只会简单操作软件，无法深入了解有限元的计算过程。本书针对该情况，力求为高年级本科生以及硕士研究生提供一本适用的教材。本书主要介绍力学、数学以及有限元分析的基础知识，使学生对有限元的分析方法有一个初步、系统的认识。

本书共有9章，采用循序渐进的方式介绍有限元部分的内容，具体内容如下。

第1章为绪论，简要介绍有限元的发展历史、有限元的基本思想及分析步骤、有限元的内容和作用。

第2章为弹性力学基础，主要介绍弹性力学的基本力学变量、基本假设、三类基本方程、边界条件以及相应的张量形式、应力和应变状态分析、平面问题的两种形式。

第3章为数学求解原理基础，系统介绍弹性力学问题的加权余量法、虚功原理、最小势能原理及其变分基础。

第4章为杆梁结构的有限元分析原理，讨论杆单元及其坐标变换、梁单元及其坐标变换、两种单元的刚度矩阵及其特点，此外还简单介绍考虑剪切应变的一般梁单元以及Timoshenko梁单元。

第5章为平面连续体单元，重点介绍三角形单元的推导、单元的特点、面积坐标、数值积分。

第6章为空间连续体有限元分析简介，介绍单元位移函数构造的一般原则和收敛准则，以及轴对称、四面体、六面体单元。

第7章为复杂单元简介及实现，简单介绍一维、二维、三维高阶单元以及形函数的形式，子结构与超级单元，特殊高精度单元。

第8章为有限元的误差分析及控制，简单介绍有限元分析计算误差的性质和提高计算精度的常用方法。

第9章为有限元在工程中的应用举例，简单介绍有限元分析常用软件、剖分网格的简单技巧，以及有限元在工程中的实际应用。

本书由韩昌瑞编写第1章部分内容、第3章～第7章、第9章，孙伟编写第1章部分内容、第8章，张玉华编写第2章。全书由张玉华教授审稿。

编　者

2021年1月

目　录

第 1 章　绪　　论

1.1　有限元的概况

有限元方法(finite element method，FEM)侧重于有限元理论，是求解各种复杂数学物理问题的重要方法、处理各种复杂工程问题的重要分析手段，同时也是进行科学研究的重要工具。该方法的应用与实施包括三个方面：计算原理与方法、计算机硬件以及计算机软件。这三个方面相互关联、缺一不可。计算机技术的飞速发展使得有限元方法的使用极其广泛与普及，有限元方法成为最常用的分析工具。

理论分析、科学试验以及科学计算已成为学者公认并列的三大科学研究方法，甚至对于某些新领域，由于理论分析和科学试验的局限性，科学计算成为唯一的研究手段。有限元分析(finite element analysis，FEA)侧重于有限元的工程应用，是进行科学计算极为重要的方法之一。利用有限元分析几乎可以获得任意复杂工程结构的各种性能信息，还可以直接就各种工程设计进行评判，就各种工程事故进行技术分析。

目前，国际上有 90%的机械产品和装备都采用有限元方法进行分析，进而进行设计修改和优化，实际上有限元分析已成为替代大量实物试验的数值化的虚拟试验(virtual test)，基于该方法，大量的计算分析与典型的验证性试验相结合可以有效地提高效率和降低生产成本。其中最典型的实例是美国波音公司 B-777 客机的研制。1990 年 10 月波音公司开始借助计算机，利用有限元分析进行无纸设计，仅用三年半的时间，第一架 B-777 客机便于 1994 年 4 月试飞成功，这是制造技术史上划时代的成就。

新产品的开发流程如图 1.1 所示，有限元分析主要用于新产品的设计初期。统计资料显示，新产品出现的问题有 60%以上可以在设计阶段消除，而利用有限元分析，可以在产品设计时进行优化，在最短的时间内制定生产工艺，提高产品的品质。

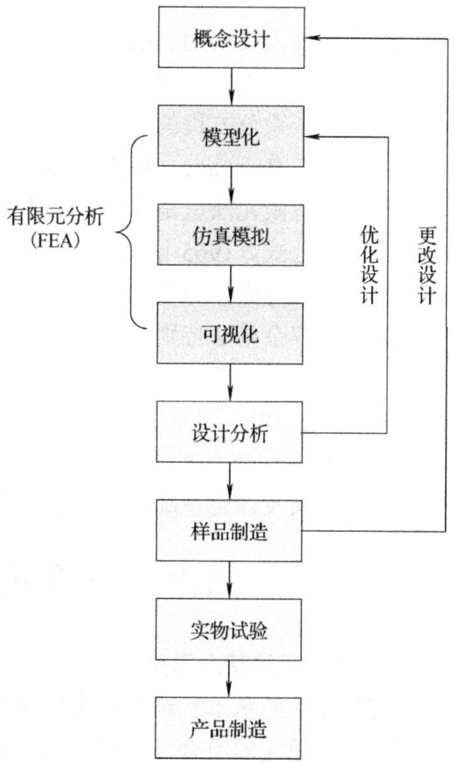

图 1.1　新产品开发流程

1.2　有限元的发展历史

20 世纪 40 年代，航空事业的飞速发展对飞机结构提出了更高要求，即重量轻、强度高、刚度好，研发人员不得不进行精确的设计和计算，正是在该工程背景下，矩阵力学分析方法在工程中逐渐得到发展。1941 年，Hrenikoff 利用框架变形功法(frame work method)求解了一个弹性问题；1943 年，R. Courant 第一次应用定义在三角区域上的分片连续函数和最小势能原理来求解 St. Venant 扭转(自由扭转)问题，以上工作开创了有限元方法的先河。1956 年，M. J. Turner、R. W. Clough、H. C. Martin 和 L. J. Topp 在纽约举行的航空学会年会上介绍了一种新的计算方法，将矩阵位移法推广到求解平面应力问题。他们把结构划分成一个个三角形和矩形的单元，利用单元中的近似位移函数，求得表示单元节点力与节点位移关系的单元刚度矩阵。R. W. Clough 等在分析飞机结构时，将刚架位移法推广到求解弹性力学平面问题，给出了用三角形单元求得平面应力问题的正确答案。1960 年，R. W. Clough 进一步处理了平面弹性问题，第一次提出了有限元法，使人们认识到它的功效，并在他的论文中首次提出了有限元(finite element)这一术语。随后大量的工程师开始使用这一离散方法处理结构分析、流体、热传导等复杂问题。J. H. Argyrb 于 1954～1955 年分阶段在 *Aircraft Engineering* 上发表了多篇有关这方面的论文，并在此基础上撰写了《能量原理与结构分析》，该书为有限元分析的研究奠定了重要的基础。1967 年，O. C. Zienkiewicz 和 Y. K. Cheung 出版了第一本有关有限元分析的专著。这一时期的理论研究工作领先于计算机的发展状态和计算能力，但只能处理一些较为简单的问题。由于有限元方法提供了一种处理复杂形状、解决实际工程问题的有力工具，所以许多研究人员认为它的发展前景非常乐观。

在工程师研究和应用有限元的同时，一些数学家也在研究有限元法的数学理论基础。数学家则发展了微分方程的近似解法，包括有限差分法、变分原理和加权余量法。在 1963 年前后，经过 J. F. Besseling、R. J. Melosh、R. E. Jones、R. H. Gallaher、T. H. H. Pian 等的研究，人们认识到有限元法就是变分原理中里茨(Ritz)法的一种变形，发展了用各种变分原理导出的有限元计算公式。1965 年，O. C. Zienkiewicz 和 Y. K. Cheung 发现能写成变分形式的所有场问题都可以用与固体力学有限元法相同的步骤进行求解。1969 年，B. A. Szabo 和 G. C. Lee 指出可以用加权余量法特别是 Galerkin 法导出标准的有限元方程来求解非结构问题。1950 年，钱令希在《中国科学》上发表了论文阐述“余能理论”，开创了我国对力学变分原理研究的先河。胡海昌于 1954 年提出了广义变分原理，钱伟长研究了拉格朗日乘子法与广义变分原理的关系，冯康在 1965 年的著名论文《基于变分原理的差分格式》中第一次独立地阐明了有限元法的数学实质及理论基础，研究了有限元分析的精度与收敛性问题。

1.3 有限元的基本思想及分析步骤

1. 有限元的基本思想

有限元法的基本思路和基本原理以结构力学中的位移法为基础，把复杂的结构或连续体看成有限个单元的组合，各单元彼此在节点处连续而组成整体，把连续体分成有限个单元和节点，称为离散化，首先对单元进行特性分析，然后根据各单元在节点处的平衡协调条件建立方程，综合后作整体分析。这样一分一合、先离散再综合的过程，就把复杂结构或连续体的计算问题转化为简单单元的分析与综合问题。

有限元的本质是**化整为零、集零为整**。

2. 有限元分析的基本方法

(1) 位移法。选取节点位移作为基本未知量(最常用)。

(2) 力法。选取节点力作为基本未知量。

(3) 混合法。同时选取节点位移和节点力作为基本未知量。

3. 有限元分析的步骤(过程)

(1) 结构离散化(单元划分)。根据连续体的形状选择最能圆满地描述连续体形状的单元，进行单元划分。

(2) 选择位移模式。为了能用节点位移表示单元体的位移、应变和应力，在分析连续体时，必须对单元中位移的分布做出一定的假定，也就是假定位移是坐标的某种简单函数，这种函数称为位移模式或位移函数(形函数)。

(3) 分析单元的力学特性。

① 利用几何方程，由位移表达式导出用节点位移表示单元应变的关系式。

② 利用物理方程，由应变表达式导出用节点位移表示单元应力的关系式。

③ 利用虚功原理，建立作用于单元上的节点力和节点位移之间的关系式，即单元的刚度方程(平衡方程)。

(4) 计算等效节点力。弹性体经过离散化后，假定力通过节点从一个单元传递到另一个单元，但是作为实际的连续体，力是从单元的边界传递到另一个单元的，因而，这种作用在单元边界上的表面力、体积力、集中力等都需要等效移置到节点上去，所用方法为虚功等效。

(5) 整体分析。组装总刚度阵，建立结构的平衡方程，具体有两个方面的内容，即组装整体刚度矩阵和组装总的荷载列阵。

(6) 求解方程。得到节点的位移，进一步计算单元应变、应力。

有限元分析流程如图 1.2 所示，单元分析流程如图 1.3 所示。

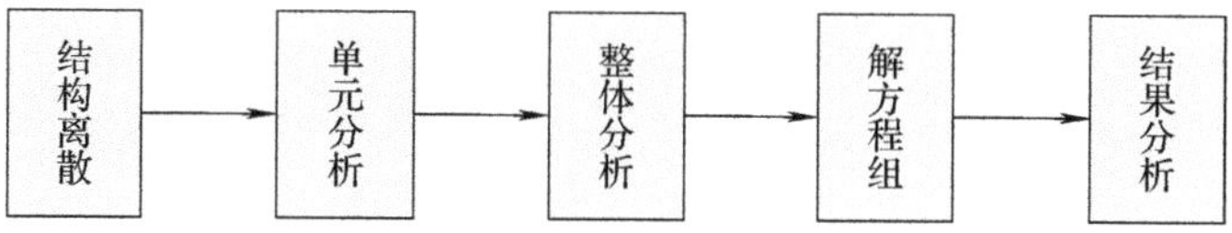

图 1.2　有限元分析流程

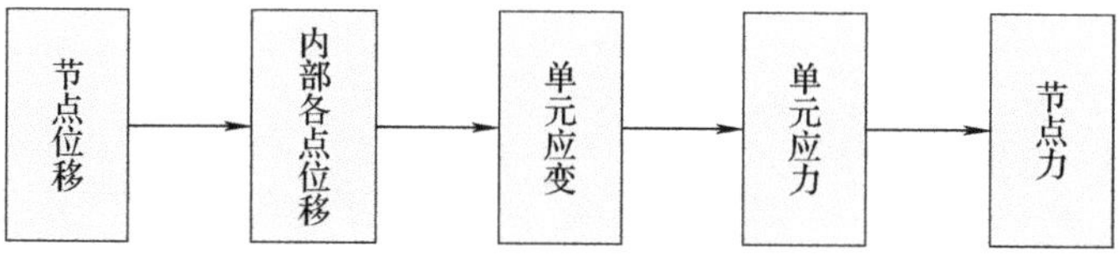

图 1.3　单元分析流程

1.4　有限元的内容和作用

有限元分析的研究范围从最初的平面问题扩展到空间问题，从最初的静力学问题扩展到动力学问题；研究对象从最初的弹性材料扩展到塑性材料、黏弹性材料、黏弹塑性材料以及复合材料等，从最初的固体力学扩展到流体力学、传质传热学、电磁学以及光电学等。

固体结构有限元分析的力学基础是弹性力学，方程求解的原理是加权残值法或泛函极值原理，实现的方法是数值离散技术，最后求解载体是有限元分析软件，在处理工程实际问题时需要由计算机硬件平台进行处理。因此，有限元分析的主要内容包括基本变量和力学方程、数学求解原理、离散结构和连续体有限元分析的实现、各种应用领域、分析中的建模技巧、分析实现的软件平台等。

需要注意的是，虽然有限元分析实现的最后载体是经技术集成后的有限元分析软件(FEA code)，但是能够使用和操作有限元分析软件并不意味着掌握了有限元分析这一复杂的工具。对于同一工程问题，即使使用同一种有限元分析软件，不同的人会得到完全不同的计算结果，如何评判计算结果的有效性和准确性，这是人们不得不面对的重要问题。只有在掌握有限元分析基本原理的基础上，真正理解有限元方法的本质，应用有限元方法及其软件分析解决实际工程问题，才能获得正确的计算结果。

此外，若想获得实际问题的准确解，除掌握有限元分析的基本原理外，还应具有以下方面的能力：

(1)复杂问题的建模简化与特征等效能力；

(2)有限元分析软件的使用技巧，包括单元选择、网格剖分、算法与参数选取；

(3)计算结果的评判能力；

(4)软件的二次开发能力；

(5)工程问题的研究能力；

(6)计算误差控制能力。

第 2 章　弹性力学基础

由固体材料组成的具有一定形状的物体在一定约束边界下将产生变形，该物体内任意一点都将处于复杂受力状态中。本章将介绍三维弹性力学基础理论，定义位移、应变、应力等基本力学变量。三个力学变量之间的关系即弹性力学的三大方程，三大方程的定解条件即边界条件。

2.1　弹性力学的基本力学变量

弹性力学的基本力学变量有位移、应变和应力。弹性体在荷载作用下将产生位移和变形，即弹性体位置的移动和形状的改变。弹性体内任一点的位移可由沿直角坐标轴 x、y、z 方向的 3 个位移分量 u、v、w 来表示，位移的矩阵形式为

$$\boldsymbol{u}=\begin{Bmatrix} u \\ v \\ w \end{Bmatrix}=\begin{bmatrix} u & v & w \end{bmatrix}^{\mathrm{T}} \tag{2.1.1}$$

式(2.1.1)称为位移矩阵或位移向量。

弹性体内任意一点的应变可以由 6 个应变分量 ε_x、ε_y、ε_z、γ_{xy}、γ_{yz}、γ_{zx} 来表示。其中，ε_x、ε_y、ε_z 为正应变；γ_{xy}、γ_{yz}、γ_{zx} 为剪应变。正应变的下标表示沿该轴方向的变形，剪应变的 2 个下标表示在该坐标平面内的角变形。正应变以伸长为正，缩短为负；剪应变以两个沿坐标轴正方向的线段组成的直角变小为正，反之为负，如图 2.1 所示。

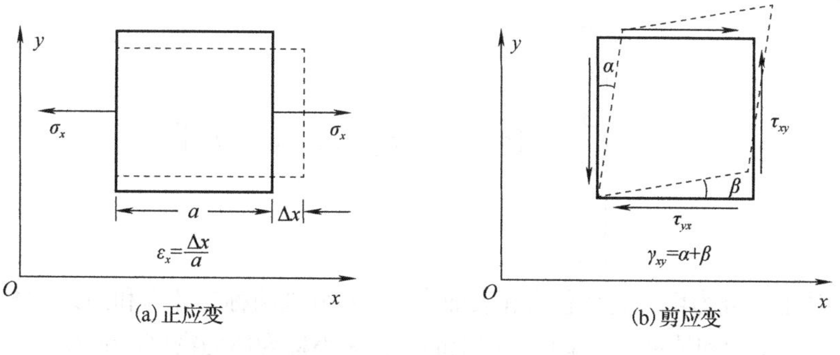

图 2.1　应变的正方向

应变的矩阵形式为

$$\boldsymbol{\varepsilon}=\begin{Bmatrix} \varepsilon_x \\ \varepsilon_y \\ \varepsilon_z \\ \gamma_{xy} \\ \gamma_{yz} \\ \gamma_{zx} \end{Bmatrix}=\begin{bmatrix} \varepsilon_x & \varepsilon_y & \varepsilon_z & \gamma_{xy} & \gamma_{yz} & \gamma_{zx} \end{bmatrix}^{\mathrm{T}} \tag{2.1.2}$$

式(2.1.2)称为应变列阵或应变向量。

弹性体在荷载作用下，体内任意一点的应力状态可由 6 个应力分量σ_x、σ_y、σ_z、τ_{xy}、τ_{yz}、τ_{zx}来表示。其中，σ_x、σ_y、σ_z为正应力；τ_{xy}、τ_{yz}、τ_{zx}为剪应力。正应力的下标表示应力作用面的法向沿哪一坐标轴，同时也沿该坐标轴的方向作用；剪应变的两个下标中，前一个下标表明剪应力作用面的法向沿哪一坐标轴，后一个下标表明作用方向沿哪一个坐标轴。应力分量的正负号规定如下：如果某一个面的外法线方向与坐标轴的正方向一致，这个面上的应力分量就以沿坐标轴正方向为正，以沿坐标轴负方向为负；相反，如果某一个面的外法线方向与坐标轴的负方向一致，这个面上的应力分量就以沿坐标轴负方向为正，以沿坐标轴正方向为负，即**正面正向、负面负向，应力为正**。应力分量及其正方向见图 2.2。

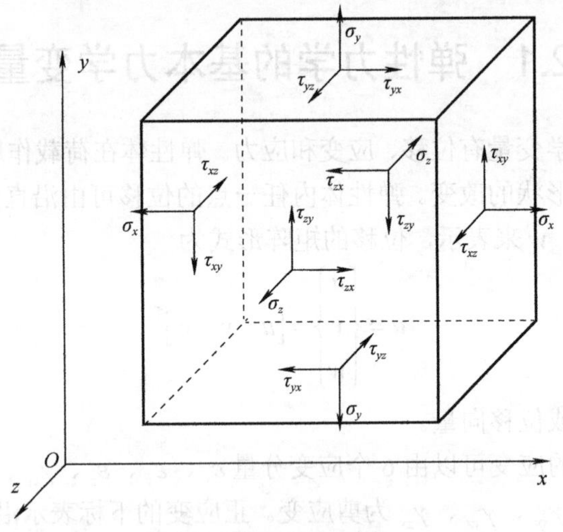

图 2.2　应力分量

应力的矩阵形式称为应力列阵或应力向量，即

$$\boldsymbol{\sigma}=\begin{Bmatrix}\sigma_x\\ \sigma_y\\ \sigma_z\\ \tau_{xy}\\ \tau_{yz}\\ \tau_{zx}\end{Bmatrix}=[\sigma_x\quad \sigma_y\quad \sigma_z\quad \tau_{xy}\quad \tau_{yz}\quad \tau_{zx}]^{\mathrm{T}} \tag{2.1.3}$$

作用在物体上的外力可分为体积力和表面力，二者分别简称为体力和面力。体力是分布在物体体积内的力，如重力和惯性力。单位体积上的体力大小称为体力密度，体力密度的矩阵形式为

$$\boldsymbol{f}=\begin{Bmatrix}f_x\\ f_y\\ f_z\end{Bmatrix}=[f_x\quad f_y\quad f_z]^{\mathrm{T}} \tag{2.1.4}$$

面力是分布在物体表面上的力，如流体压力和接触力。单位面积上的面力大小称为面力密度，面力密度的矩阵形式为

$$\overline{\boldsymbol{f}}=\begin{Bmatrix}\overline{f}_x\\ \overline{f}_y\\ \overline{f}_z\end{Bmatrix}=[\overline{f}_x\quad \overline{f}_y\quad \overline{f}_z]^{\mathrm{T}} \tag{2.1.5}$$

一般来说，弹性体内任意一点的位移分量、应变分量、应力分量、体力分量和面力分量都随着该点的位置而变化，因而都是位置坐标的函数。

2.2　弹性力学的基本假设

对于弹性体，根据已知量求解未知量，则必须建立已知量与未知量之间的关系，以及各未知量之间的关系，从而得到一系列的求解方程。在导出方程时，主要从三个方面进行考虑：一是静力学方面，建立应力、体力、面力之间的关系，即力的平衡方程；二是几何方面，由此建立应变、位移和边界位移之间的关系，即几何方程；三是材料本身，由此建立应变和应力之间的关系，即材料的物理方程。

在导出方程时，如果考虑所有方面的因素，则导出的方程非常复杂，导致方程不可能求解。为突出所处理问题的实质，并使问题得以简化和抽象化，在弹性力学中，可对变形固体作出以下假设。

1. 连续性假设

物体是连续的，即物体整个体积内部被组成这种物体的介质填满，不留任何空隙。这样，物体内的一些物理量(如应力、应变、位移)是连续的，可以用坐标的连续函数来表示它们的变化规律。

2. 均匀性假设

整个物体是由同一种材料组成的。这样，整个物体的所有部分才具有相同的物理性质，因而物体的弹性常数(弹性模量和泊松比)不随位置坐标而变。

3. 各向同性假设

物体是各向同性的，也就是说物体内每一点各方向的物理性质和机械性质都是相同的，因此同一位置材料在各方向上的描述相同。

4. 完全弹性假设

物体是完全弹性的，即当使物体产生变形的外力被除去以后，物体能够完全恢复原形，而不留任何残余变形。这样，当温度不变时，物体在任一瞬时的形状完全取决于它在这一瞬时所受的外力，与它过去的受力情况无关。

凡符合以上 4 个假设的物体称为理想弹性体。

5. 小变形假设

物体的变形是微小的，即当物体受力以后，整个物体各点的位移都远小于物体的原有尺寸，因而应变和转角都远小于 1，这样，在考虑物体变形以后的平衡状态时，可以用变形前的尺寸来代替变形后的尺寸，而不致有显著的误差；并且，在考虑物体的变形时，应变和转角的平方项或乘积项都可以略去不计，这就使得弹性力学中的微分方程都成为线性方程。

2.3　几 何 方 程

经过弹性体内任意一点，沿 x 和 y 方向取两个微线段，其长度分别为 $PA = \mathrm{d}x$ 和 $PB = \mathrm{d}y$。假定弹性体受力变形后，P、A、B 三点分别移动到 P'、A'、B'，如图 2.3 所示。

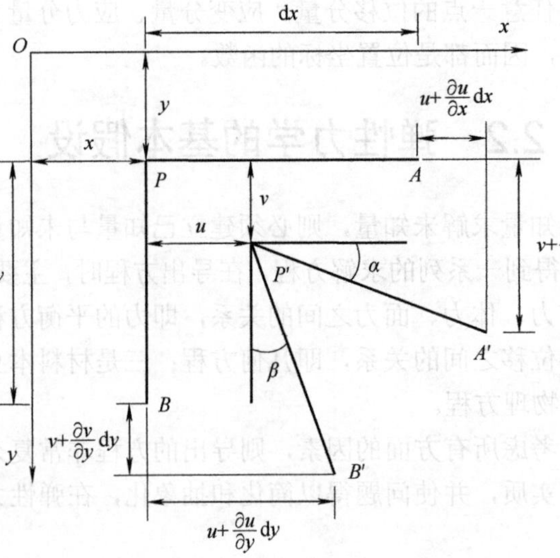

图 2.3　应变的通用表达

设 P 点沿 x 方向的位移分量为 u，沿 y 方向的位移分量为 v，则 A 点沿 x 方向的位移分量可用泰勒级数表示为

$$u_A = u + \frac{\partial u}{\partial x}\mathrm{d}x + \frac{1}{2!}\frac{\partial^2 u}{\partial x^2}\mathrm{d}x^2 + \cdots$$

由于是小变形，略去二阶及其以上的高阶微小变量，则 A 点沿 x 方向的位移分量可表示为

$$u_A = u + \frac{\partial u}{\partial x}\mathrm{d}x$$

同理可得

$$v_A = v + \frac{\partial v}{\partial x}\mathrm{d}x\,, \quad u_B = u + \frac{\partial u}{\partial y}\mathrm{d}y\,, \quad v_B = v + \frac{\partial v}{\partial y}\mathrm{d}y$$

1. 线应变

由于位移是微小变量，A 点沿 y 方向的位移 v_A 所引起的线段 PA 的变形量是更高一阶的微小变量，故线段 $P'A'$ 的长度近似为

$$|P'A'| = \mathrm{d}x + \left(u + \frac{\partial u}{\partial x}\mathrm{d}x\right) - u$$

线段 PA 的长度为 $\mathrm{d}x$，即

$$|PA| = \mathrm{d}x$$

线段 PA 的线应变 ε_x 为

$$\varepsilon_x = \frac{|P'A'| - |PA|}{|PA|} = \frac{\mathrm{d}x + \frac{\partial u}{\partial x}\mathrm{d}x - \mathrm{d}x}{\mathrm{d}x} = \frac{\partial u}{\partial x} \tag{2.3.1a}$$

同理，线段 PB 的线应变 ε_y 为

$$\varepsilon_y = \frac{\partial v}{\partial y} \tag{2.3.1b}$$

对于三维问题，同样可得 z 方向的线应变 ε_z 为

$$\varepsilon_z = \frac{\partial w}{\partial z} \tag{2.3.1c}$$

式中，w 为 P 点沿 z 方向的位移分量。

2. 剪应变

xy 平面内的剪应变 γ_{xy} 的大小就是线段 $P'A'$ 和 $P'B'$ 夹角的变化量，如图 2.3 所示。剪应变由两部分组成：一部分是由 y 方向的位移 v 引起的，即 x 方向的线段 PA 的转角 α；另一部分是由 x 方向的位移 u 引起的，即 y 方向的线段 PB 的转角 β。

$$\gamma_{xy} = \alpha + \beta$$

设 P 点沿 y 方向的位移分量为 v，A 点沿 y 方向的位移分量为 v_A，则有

$$\tan\alpha = \frac{v + \frac{\partial v}{\partial x}\mathrm{d}x - v}{\mathrm{d}x} = \frac{\partial v}{\partial x}$$

由于是小变形问题，线段 PA 的转角 α 很小，所以 $\alpha \approx \tan\alpha$，从而可得

$$\alpha = \frac{\partial v}{\partial x}$$

同理可得线段 PB 的转角 β：

$$\beta = \frac{\partial u}{\partial y}$$

则剪应变 γ_{xy} 为

$$\gamma_{xy} = \frac{\partial v}{\partial x} + \frac{\partial u}{\partial y} \tag{2.3.1d}$$

利用同样的分析，可得离面剪应变 γ_{yz} 和 γ_{zx} 为

$$\gamma_{yz} = \frac{\partial w}{\partial y} + \frac{\partial v}{\partial z} \tag{2.3.1e}$$

$$\gamma_{zx} = \frac{\partial w}{\partial x} + \frac{\partial u}{\partial z} \tag{2.3.1f}$$

3. 几何方程

综合式(2.3.1a)～式(2.3.1f)，可以得到应变分量与位移分量之间的关系，即几何方程。已知任意一点的位移分量，则根据几何方程可以确定一点的应变分量。

$$\begin{cases} \varepsilon_x = \dfrac{\partial u}{\partial x}, & \gamma_{xy} = \dfrac{\partial u}{\partial y} + \dfrac{\partial v}{\partial x} \\ \varepsilon_y = \dfrac{\partial v}{\partial y}, & \gamma_{yz} = \dfrac{\partial v}{\partial z} + \dfrac{\partial w}{\partial y} \\ \varepsilon_z = \dfrac{\partial w}{\partial z}, & \gamma_{zx} = \dfrac{\partial u}{\partial z} + \dfrac{\partial w}{\partial x} \end{cases} \tag{2.3.2}$$

几何方程的矩阵形式为

$$\boldsymbol{\varepsilon} = \boldsymbol{L}\boldsymbol{u} \qquad (\text{在}V\text{内}) \tag{2.3.3}$$

式中，$\boldsymbol{L}$ 为微分算子，即

$$\boldsymbol{L}=\begin{bmatrix} \dfrac{\partial}{\partial x} & 0 & 0 & \dfrac{\partial}{\partial y} & 0 & \dfrac{\partial}{\partial z} \\ 0 & \dfrac{\partial}{\partial y} & 0 & \dfrac{\partial}{\partial x} & \dfrac{\partial}{\partial z} & 0 \\ 0 & 0 & \dfrac{\partial}{\partial z} & 0 & \dfrac{\partial}{\partial y} & \dfrac{\partial}{\partial x} \end{bmatrix}^{\mathrm{T}} \tag{2.3.4}$$

4. 刚体位移

令式(2.3.2)中的所有应变分量均为零，即

$$\begin{cases} \dfrac{\partial u}{\partial x}=0, & \dfrac{\partial v}{\partial y}=0, & \dfrac{\partial w}{\partial z}=0 \\ \dfrac{\partial u}{\partial y}+\dfrac{\partial v}{\partial x}=0, & \dfrac{\partial v}{\partial z}+\dfrac{\partial w}{\partial y}=0, & \dfrac{\partial u}{\partial z}+\dfrac{\partial w}{\partial x}=0 \end{cases} \tag{2.3.5}$$

由式(2.3.5)中的前三式积分可得

$$u=f_1(y,z), \quad v=f_2(z,x), \quad w=f_3(x,y) \tag{2.3.6}$$

式中，f_1、f_2、f_3为任意函数，将式(2.3.6)代入式(2.3.5)的后三式，可得

$$\begin{cases} \dfrac{\partial}{\partial y}f_1(y,z)+\dfrac{\partial}{\partial x}f_2(z,x)=0 \\ \dfrac{\partial}{\partial z}f_2(z,x)+\dfrac{\partial}{\partial y}f_3(x,y)=0 \\ \dfrac{\partial}{\partial z}f_1(y,z)+\dfrac{\partial}{\partial x}f_3(x,y)=0 \end{cases} \tag{2.3.7}$$

为求解函数f_1，将式(2.3.7)中的第一式对y求偏导、第三式对z求偏导，则有

$$\frac{\partial^2}{\partial y^2}f_1(y,z)=0, \quad \frac{\partial^2}{\partial z^2}f_1(y,z)=0$$

可见函数f_1只包含常数项、y项、z项和yz项，因而

$$f_1(y,z)=a_1+a_2y+a_3z+a_4yz$$

同理可得

$$f_2(z,x)=a_5+a_6z+a_7x+a_8zx$$

$$f_3(x,y)=a_9+a_{10}x+a_{11}y+a_{12}xy$$

式中，$a_1\sim a_{12}$为积分常数。将求得的f_1、f_2、f_3代回式(2.3.7)，得

$$(a_2+a_7)+(a_4+a_8)z=0$$

$$(a_6+a_{11})+(a_8+a_{12})x=0$$

$$(a_3+a_{10})+(a_4+a_{12})y=0$$

考虑x、y、z取值的任意性，因而必有

$$a_2=-a_7, \quad a_6=-a_{11}, \quad a_3=-a_{10}$$

$$a_4=-a_8, \quad a_8=-a_{12}, \quad a_4=-a_{12}$$

分析可知：$a_4=a_8=a_{12}=0$。将积分常数a_1、a_5、a_9、a_{11}、a_3、a_7分别用u_0、v_0、w_0、ω_x、ω_y、ω_z代替，f_1、f_2、f_3用u、v、w代替，从而得位移分量为

$$\begin{cases} u = u_0 + \omega_y z - \omega_z y \\ v = v_0 + \omega_z x - \omega_x z \\ w = w_0 + \omega_x y - \omega_y x \end{cases} \tag{2.3.8}$$

式(2.3.8)所表示的位移是在所有应变分量为零的条件下得到的，因而必然是刚体位移。u_0、v_0、w_0 分别表示物体沿 x、y、z 三个方向的刚体平移；ω_x、ω_y、ω_z 分别为绕 x、y、z 三个轴的刚体转动。

5. 体积应变

设有微小的长方体，棱长分别为 $\mathrm{d}x$、$\mathrm{d}y$、$\mathrm{d}z$，沿 x、y、z 三个方向的线应变分量分别为 ε_x、ε_y、ε_z。变形前其体积为 $\mathrm{d}x\mathrm{d}y\mathrm{d}z$，变形后的体积为

$$\mathrm{d}V = (1+\varepsilon_x)\mathrm{d}x(1+\varepsilon_y)\mathrm{d}y(1+\varepsilon_z)\mathrm{d}z$$

定义单位体积的体积改变为体积应变，用 e 表示，则

$$e = \frac{(1+\varepsilon_x)\mathrm{d}x(1+\varepsilon_y)\mathrm{d}y(1+\varepsilon_z)\mathrm{d}z - \mathrm{d}x\mathrm{d}y\mathrm{d}z}{\mathrm{d}x\mathrm{d}y\mathrm{d}z}$$

化简并略去二阶及其以上高阶微小变量，得

$$e = \varepsilon_x + \varepsilon_y + \varepsilon_z \tag{2.3.9}$$

利用几何方程可得体积应变与位移分量的关系为

$$e = \frac{\partial u}{\partial x} + \frac{\partial v}{\partial y} + \frac{\partial w}{\partial z} \tag{2.3.10}$$

2.4　平衡微分方程

在物体内的任一点 P 取一微小平行六面体，六个面垂直于坐标轴，棱边的长度分别为 $|PA| = \mathrm{d}x$，$|PB| = \mathrm{d}y$，$|PC| = \mathrm{d}z$，体力密度为 f_x、f_y、f_z，如图 2.4 所示。一般情况下，应力分量是位置坐标的函数，由于体力存在，作用在六面体正对面上的应力分量并不完全相同，具有微小的差值。

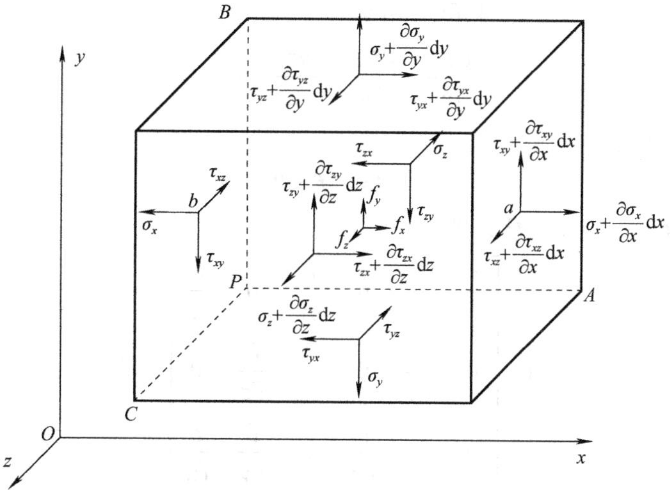

图 2.4　应力分量及其增量

对直线 ab 取矩，列力矩平衡方程 $\sum M_{ab}=0$：

$$\left(\tau_{yz}+\frac{\partial \tau_{yz}}{\partial y}\mathrm{d}y\right)\mathrm{d}x\mathrm{d}z\frac{\mathrm{d}y}{2}+\tau_{yz}\mathrm{d}x\mathrm{d}z\frac{\mathrm{d}y}{2}-\left(\tau_{zy}+\frac{\partial \tau_{zy}}{\partial z}\mathrm{d}z\right)\mathrm{d}x\mathrm{d}y\frac{\mathrm{d}z}{2}-\tau_{zy}\mathrm{d}x\mathrm{d}y\frac{\mathrm{d}z}{2}=0$$

化简整理后可得

$$\tau_{yz}+\frac{1}{2}\frac{\partial \tau_{yz}}{\partial y}\mathrm{d}y-\tau_{zy}-\frac{1}{2}\frac{\partial \tau_{zy}}{\partial z}\mathrm{d}z=0$$

略去微小变量，得

$$\tau_{yz}=\tau_{zy} \tag{2.4.1a}$$

同理可得

$$\tau_{xy}=\tau_{yx} \tag{2.4.1b}$$

$$\tau_{zx}=\tau_{xz} \tag{2.4.1c}$$

式(2.4.1a)～式(2.4.1c)即剪应力互等关系。

以 x 轴为力的投影轴，列出力的平衡方程 $\sum F_x=0$，得

$$\left(\sigma_x+\frac{\partial \sigma_x}{\partial x}\mathrm{d}x\right)\mathrm{d}y\mathrm{d}z-\sigma_x\mathrm{d}y\mathrm{d}z+\left(\tau_{yx}+\frac{\partial \tau_{yx}}{\partial y}\mathrm{d}y\right)\mathrm{d}x\mathrm{d}z-\tau_{yx}\mathrm{d}x\mathrm{d}z$$
$$+\left(\tau_{zx}+\frac{\partial \tau_{zx}}{\partial z}\mathrm{d}z\right)\mathrm{d}x\mathrm{d}y-\tau_{zx}\mathrm{d}x\mathrm{d}y+f_x\mathrm{d}x\mathrm{d}y\mathrm{d}z=0$$

化简整理后得

$$\frac{\partial \sigma_x}{\partial x}+\frac{\partial \tau_{yx}}{\partial y}+\frac{\partial \tau_{zx}}{\partial z}+f_x=0$$

同理，由 $\sum F_y=0$ 和 $\sum F_z=0$ 可得与此相似的两个方程，三个方程表达了应力与体力之间的关系，称为空间问题的平衡微分方程。

$$\begin{cases}\dfrac{\partial \sigma_x}{\partial x}+\dfrac{\partial \tau_{yx}}{\partial y}+\dfrac{\partial \tau_{zx}}{\partial z}+f_x=0\\[2ex] \dfrac{\partial \tau_{xy}}{\partial x}+\dfrac{\partial \sigma_y}{\partial y}+\dfrac{\partial \tau_{zy}}{\partial z}+f_y=0\\[2ex] \dfrac{\partial \tau_{xz}}{\partial x}+\dfrac{\partial \tau_{yz}}{\partial y}+\dfrac{\partial \sigma_z}{\partial z}+f_z=0\end{cases} \tag{2.4.2}$$

平衡方程的矩阵形式为

$$\boldsymbol{A\sigma}+\boldsymbol{f}=\boldsymbol{0} \tag{2.4.3}$$

式中，$\boldsymbol{A}$ 为微分算子，且 $\boldsymbol{A}=\boldsymbol{L}^{\mathrm{T}}$，即

$$\boldsymbol{A}=\begin{bmatrix}\dfrac{\partial}{\partial x} & 0 & 0 & \dfrac{\partial}{\partial y} & 0 & \dfrac{\partial}{\partial z}\\[2ex] 0 & \dfrac{\partial}{\partial y} & 0 & \dfrac{\partial}{\partial x} & \dfrac{\partial}{\partial z} & 0\\[2ex] 0 & 0 & \dfrac{\partial}{\partial z} & 0 & \dfrac{\partial}{\partial y} & \dfrac{\partial}{\partial x}\end{bmatrix}=\boldsymbol{L}^{\mathrm{T}} \tag{2.4.4}$$

2.5　物理方程与体积应力

1. 物理方程

对于各向同性的线弹性材料，应变分量与应力分量之间的关系可根据广义胡克定律建立，其形式如下：

$$\begin{cases}\varepsilon_x = \dfrac{1}{E}[\sigma_x - \mu(\sigma_y + \sigma_z)]，\ \gamma_{xy} = \dfrac{1}{G}\tau_{xy} = \dfrac{2(1+\mu)}{E}\tau_{xy} \\ \varepsilon_y = \dfrac{1}{E}[\sigma_y - \mu(\sigma_z + \sigma_x)]，\ \gamma_{yz} = \dfrac{1}{G}\tau_{yz} = \dfrac{2(1+\mu)}{E}\tau_{yz} \\ \varepsilon_z = \dfrac{1}{E}[\sigma_z - \mu(\sigma_x + \sigma_y)]，\ \gamma_{zx} = \dfrac{1}{G}\tau_{zx} = \dfrac{2(1+\mu)}{E}\tau_{zx}\end{cases} \tag{2.5.1}$$

式(2.5.1)即空间问题物理方程的基本形式，其矩阵形式为

$$\boldsymbol{\varepsilon} = \boldsymbol{C}\boldsymbol{\sigma} \tag{2.5.2}$$

式中，$\boldsymbol{C}$ 为柔度矩阵，$\boldsymbol{C}$ 的形式为

$$\boldsymbol{C} = \frac{1}{E}\begin{bmatrix} 1 & -\mu & -\mu & 0 & 0 & 0 \\ -\mu & 1 & -\mu & 0 & 0 & 0 \\ -\mu & -\mu & 1 & 0 & 0 & 0 \\ 0 & 0 & 0 & 2(1+\mu) & 0 & 0 \\ 0 & 0 & 0 & 0 & 2(1+\mu) & 0 \\ 0 & 0 & 0 & 0 & 0 & 2(1+\mu) \end{bmatrix} \tag{2.5.3}$$

式(2.5.1)和式(2.5.2)用应力分量表示应变分量，在有限元分析中，往往通过单元位移得到单元的应变分量，进一步用应变分量表示应力分量。先给出物理方程的第二种表达方式——用应变分量表示应力分量。

$$\begin{cases}\sigma_x = \dfrac{E(1-\mu)}{(1+\mu)(1-2\mu)}\left[\varepsilon_x + \dfrac{\mu}{1-\mu}(\varepsilon_y + \varepsilon_z)\right] \\ \sigma_y = \dfrac{E(1-\mu)}{(1+\mu)(1-2\mu)}\left[\varepsilon_y + \dfrac{\mu}{1-\mu}(\varepsilon_z + \varepsilon_x)\right] \\ \sigma_z = \dfrac{E(1-\mu)}{(1+\mu)(1-2\mu)}\left[\varepsilon_z + \dfrac{\mu}{1-\mu}(\varepsilon_x + \varepsilon_y)\right] \\ \tau_{xy} = G\gamma_{xy} = \dfrac{E}{2(1+\mu)}\gamma_{xy} \\ \tau_{yz} = G\gamma_{yz} = \dfrac{E}{2(1+\mu)}\gamma_{yz} \\ \tau_{zx} = G\gamma_{zx} = \dfrac{E}{2(1+\mu)}\gamma_{zx}\end{cases} \tag{2.5.4}$$

其矩阵形式为

$$\boldsymbol{\sigma} = \boldsymbol{D}\boldsymbol{\varepsilon} \tag{2.5.5}$$

式中，$\boldsymbol{D}$ 为刚度矩阵或弹性矩阵，且 $\boldsymbol{D} = \boldsymbol{C}^{-1}$，$\boldsymbol{D}$ 的形式为

$$\boldsymbol{D}=\frac{E(1-\mu)}{(1+\mu)(1-2\mu)}\begin{bmatrix}1 & \frac{\mu}{1-\mu} & \frac{\mu}{1-\mu} & 0 & 0 & 0\\ & 1 & \frac{\mu}{1-\mu} & 0 & 0 & 0\\ & & 1 & 0 & 0 & 0\\ & & & \frac{1-2\mu}{2(1-\mu)} & 0 & 0\\ & \text{对} & & & \frac{1-2\mu}{2(1-\mu)} & 0\\ & & \text{称} & & & \frac{1-2\mu}{2(1-\mu)}\end{bmatrix} \tag{2.5.6}$$

表征弹性体的弹性也可以采用拉梅（Lame）常数 G 和 λ，它们和 E、μ 的关系如下：

$$G=\frac{E}{2(1+\mu)},\ \lambda=\frac{E\mu}{(1+\mu)(1-2\mu)} \tag{2.5.7}$$

G 也称为剪切弹性模量。注意到

$$\lambda+2G=\frac{E(1-\mu)}{(1+\mu)(1-2\mu)} \tag{2.5.8}$$

弹性矩阵还可以表示为

$$\boldsymbol{D}=\begin{bmatrix}C_{11} & C_{12} & C_{12} & 0 & 0 & 0\\ & C_{11} & C_{12} & 0 & 0 & 0\\ & & C_{11} & 0 & 0 & 0\\ \text{对} & & & \frac{C_{11}-C_{12}}{2} & 0 & 0\\ & & & & \frac{C_{11}-C_{12}}{2} & 0\\ & & \text{称} & & & \frac{C_{11}-C_{12}}{2}\end{bmatrix} \tag{2.5.9}$$

式中，

$$\begin{cases}C_{11}=\dfrac{E(1-\mu)}{(1+\mu)(1-2\mu)}=\lambda+2G\\ C_{12}=\dfrac{E\mu}{(1+\mu)(1-2\mu)}=\lambda\end{cases} \tag{2.5.10}$$

2. 体积应力

将式(2.5.1)中的 3 个线应变相加，得

$$\varepsilon_x+\varepsilon_y+\varepsilon_z=\frac{1-2\mu}{E}(\sigma_x+\sigma_y+\sigma_z) \tag{2.5.11}$$

令

$$K=\frac{E}{1-2\mu} \tag{2.5.12}$$

$$I_1=\sigma_x+\sigma_y+\sigma_z \tag{2.5.13}$$

应用式(2.3.9)，则式(2.5.11)可改写为

$$e=\frac{1}{K}I_1 \tag{2.5.14}$$

式中，I_1称为应力第一不变量，也称体积应力；K称为体积弹性模量。在塑性力学中，常用的另一个物理量是平均应力，用σ_m表示，其表达式为

$$\sigma_m=\frac{1}{3}I_1=\frac{1}{3}(\sigma_x+\sigma_y+\sigma_z) \tag{2.5.15}$$

2.6 边 界 条 件

从 2.3～2.5 节的内容可以看出，弹性力学空间问题的基本方程有 15 个：3 个几何方程、6 个平衡方程以及 6 个物理方程。15 个方程正好包含 15 个未知量：3 个位移分量u、v、w，6 个应变分量ε_x、ε_y、ε_z、γ_{xy}、γ_{yz}、γ_{zx}和 6 个应力分量σ_x、σ_y、σ_z、τ_{xy}、τ_{yz}、τ_{zx}。基本方程的数目恰好等于未知函数的数目，因而在适当的边界条件下，可以从基本方程求得未知函数。

边界条件(boundary condition)，简称 BC。弹性体V的全部边界为S，若一部分边界上弹性体的位移$\bar{u}$、$\bar{v}$、$\bar{w}$已知，则称为几何边界条件或位移边界条件，用S_u表示；若一部分边界上外力$\bar{f}_x$、$\bar{f}_y$、$\bar{f}_z$已知，则称为力边界条件，用S_σ表示。这两部分边界构成了弹性体的全部边界条件，即

$$S_u+S_\sigma=S \tag{2.6.1}$$

1. 位移边界条件

在S_u上弹性体的位移已知，即

$$u=\bar{u},\quad v=\bar{v},\quad w=\bar{w} \tag{2.6.2}$$

用矩阵表示为

$$\boldsymbol{u}=\bar{\boldsymbol{u}}\quad (在S_u上) \tag{2.6.3}$$

2. 力边界条件

弹性体在边界上单位面积上的内力为T_x、T_y、T_z，而在边界S_p上弹性体单位面积上作用的面力为$\bar{f}_x$、$\bar{f}_y$、$\bar{f}_z$，根据平衡条件可知

$$T_x=\bar{f}_x,\quad T_y=\bar{f}_y,\quad T_z=\bar{f}_z \tag{2.6.4}$$

设边界的外法线为$\boldsymbol{N}$，其方向余弦为l、m、n，即

$$l=\cos(\boldsymbol{N},\boldsymbol{x}),\quad m=\cos(\boldsymbol{N},\boldsymbol{y}),\quad n=\cos(\boldsymbol{N},z) \tag{2.6.5}$$

则边界上弹性体的内力为

$$\begin{cases}T_x=l\sigma_x+m\tau_{yx}+n\tau_{zx}\\ T_y=l\tau_{xy}+m\sigma_y+n\tau_{zy}\\ T_z=l\tau_{xz}+m\tau_{yz}+n\sigma_z\end{cases} \tag{2.6.6}$$

式(2.6.6)的矩阵形式为

$$\boldsymbol{T}=\bar{\boldsymbol{f}} \tag{2.6.7}$$

其中，

$$\boldsymbol{T}=\boldsymbol{n}\boldsymbol{\sigma} \tag{2.6.8}$$

$$
\boldsymbol{n}=\begin{bmatrix} l & 0 & 0 & m & 0 & n \\ 0 & m & 0 & l & n & 0 \\ 0 & 0 & n & 0 & m & l \end{bmatrix} \tag{2.6.9}
$$

2.7 张量形式

在弹性力学中，基本方程可用笛卡儿张量符号来表示，使用爱因斯坦求和约定(又称指标记法)，可以得到十分简练的方程表达形式。

1. 基本概念

在指标记法中每项只出现一次的下标称为自由指标，它们可以自由变化。如σ_{ij}，其中，i、j均为自由指标。在三维空间中，自由指标取值范围为1、2、3，它表示直角坐标系中的三个坐标轴x、y、z。

在指标记法中每项重复出现的下标称为哑指标。如$a_{ij}x_j=b_i$，其中，j为哑指标，在三维空间中，哑指标取值范围为1、2、3。爱因斯坦求和约定：哑指标意为遍历所有取值可能求和。

下面以一个具体的实例来说明指标记法的应用，若有一个方程组为

$$
\begin{cases} a_{11}x_1+a_{12}x_2+a_{13}x_3=b_1 \\ a_{21}x_1+a_{22}x_2+a_{23}x_3=b_2 \\ a_{31}x_1+a_{32}x_2+a_{33}x_3=b_3 \end{cases} \tag{2.7.1}
$$

若采用一般的写法，式(2.7.1)可表示为

$$
\sum_{j=1}^{3} a_{ij}x_j=b_i \quad (i=1,\ 2,\ 3) \tag{2.7.2}
$$

若采用指标记法，则为

$$
a_{ij}x_j=b_i \tag{2.7.3}
$$

式(2.7.1)～式(2.7.3)是等价的，但指标记法的形式最简单。

2. 基本变量的张量形式

张量可简单描述为能够用指标记法表示的物理量，并且该物理量满足一定的空间(坐标)变换关系。各阶张量如下。

(1) 0阶张量：无自由指标的量，如标量a。

(2) 1阶张量：有一个自由指标的量，如矢量u_i。

(3) 2阶张量：有两个自由指标的量，如应力σ_{ij}、应变ε_{ij}。

(4) n阶张量：有n个自由指标的量，如四阶弹性系数张量D_{ijkl}。

采用张量形式，直角坐标系三个坐标轴一般用x_1、x_2、x_3表示。在直角坐标系下，应力和应变都是对称的二阶张量，其分量分别用σ_{ij}和ε_{ij}表示，且$\sigma_{ij}=\sigma_{ji}$、$\varepsilon_{ij}=\varepsilon_{ji}$。其矩阵形式分别为

$$
\boldsymbol{\sigma}=\begin{bmatrix} \sigma_{11} & \sigma_{12} & \sigma_{13} \\ \sigma_{21} & \sigma_{22} & \sigma_{23} \\ \sigma_{31} & \sigma_{32} & \sigma_{33} \end{bmatrix} \tag{2.7.4}
$$

$$
\boldsymbol{\varepsilon}=\begin{bmatrix} \varepsilon_{11} & \varepsilon_{12} & \varepsilon_{13} \\ \varepsilon_{21} & \varepsilon_{22} & \varepsilon_{23} \\ \varepsilon_{31} & \varepsilon_{32} & \varepsilon_{33} \end{bmatrix} \tag{2.7.5}
$$

应力张量分量与应力分量的对应关系为

$$\sigma_{11}=\sigma_x,\quad \sigma_{22}=\sigma_y,\quad \sigma_{33}=\sigma_z,\quad \sigma_{12}=\tau_{xy},\quad \sigma_{23}=\tau_{yz},\quad \sigma_{31}=\tau_{zx} \tag{2.7.6}$$

应变张量分量与应变分量的对应关系为

$$\varepsilon_{11}=\varepsilon_x,\quad \varepsilon_{22}=\varepsilon_y,\quad \varepsilon_{33}=\varepsilon_z,\quad \varepsilon_{12}=\frac{1}{2}\gamma_{xy},\quad \varepsilon_{23}=\frac{1}{2}\gamma_{yz},\quad \varepsilon_{31}=\frac{1}{2}\gamma_{zx} \tag{2.7.7}$$

位移张量、体力张量和面力张量等都是一阶张量，分别用 u_i、f_i、$\bar{f}_i$ 表示。

3. 基本方程的张量形式

为了便于表述，下面用张量分量表示张量形式。

1) 几何方程

$$\varepsilon_{ij}=\frac{1}{2}\left(u_{i,j}+u_{j,i}\right) \tag{2.7.8}$$

式中，下标“$,j$”表示对独立坐标 x_j 求偏导数。其展开形式为

$$\begin{cases}\varepsilon_{11}=\dfrac{\partial u_1}{\partial x_1},\quad \varepsilon_{22}=\dfrac{\partial u_2}{\partial x_2},\quad \varepsilon_{33}=\dfrac{\partial u_3}{\partial x_3}\\ \varepsilon_{12}=\dfrac{1}{2}\left(\dfrac{\partial u_1}{\partial x_2}+\dfrac{\partial u_2}{\partial x_1}\right)=\varepsilon_{21}\\ \varepsilon_{23}=\dfrac{1}{2}\left(\dfrac{\partial u_2}{\partial x_3}+\dfrac{\partial u_3}{\partial x_2}\right)=\varepsilon_{32}\\ \varepsilon_{31}=\dfrac{1}{2}\left(\dfrac{\partial u_3}{\partial x_1}+\dfrac{\partial u_1}{\partial x_3}\right)=\varepsilon_{13}\end{cases} \tag{2.7.9}$$

2) 平衡方程

$$\sigma_{ij,j}+f_i=0 \tag{2.7.10}$$

其展开形式为

$$\begin{cases}\dfrac{\partial\sigma_{11}}{\partial x_1}+\dfrac{\partial\sigma_{12}}{\partial x_2}+\dfrac{\partial\sigma_{13}}{\partial x_3}+f_1=0\\ \dfrac{\partial\sigma_{21}}{\partial x_1}+\dfrac{\partial\sigma_{22}}{\partial x_2}+\dfrac{\partial\sigma_{23}}{\partial x_3}+f_2=0\\ \dfrac{\partial\sigma_{31}}{\partial x_1}+\dfrac{\partial\sigma_{32}}{\partial x_2}+\dfrac{\partial\sigma_{33}}{\partial x_3}+f_3=0\end{cases} \tag{2.7.11}$$

3) 物理方程

$$\sigma_{ij}=D_{ijkl}\varepsilon_{kl} \tag{2.7.12}$$

式中，D_{ijkl} 为四阶弹性系数张量。由于应力张量和应变张量的对称性，故 D_{ijkl} 的前后两组指标分别具有对称性，即

$$D_{jikl}=D_{ijkl},\quad D_{ijkl}=D_{ijlk} \tag{2.7.13}$$

当变形过程是绝热或等温过程时，D_{ijkl} 满足

$$D_{ijkl}=D_{klij} \tag{2.7.14}$$

对于各向同性的线弹性材料，独立的弹性常数只有两个，即弹性模量 E 和泊松比 μ 或拉梅常数 G 和 λ，此时弹性系数张量可以简化为

$$D_{ijkl}=2G\delta_{ik}\delta_{jl}+\lambda\delta_{ij}\delta_{kl} \tag{2.7.15}$$

利用式(2.7.15)，式(2.7.12)可改写为

$$\sigma_{ij} = 2G\varepsilon_{ij} + \lambda\delta_{ij}\varepsilon_{kk} \tag{2.7.16}$$

式中，δ_{ij} 称为狄拉克函数(Dirac function)或克罗内克符号(Kronecker symbol)，其定义为

$$\delta_{ij} = \begin{cases} 1 & (i = j) \\ 0 & (i \neq j) \end{cases} \tag{2.7.17}$$

式(2.7.16)的展开形式为

$$\begin{cases} \sigma_{11} = 2G\varepsilon_{11} + \lambda(\varepsilon_{11} + \varepsilon_{22} + \varepsilon_{33}) \\ \sigma_{22} = 2G\varepsilon_{22} + \lambda(\varepsilon_{11} + \varepsilon_{22} + \varepsilon_{33}) \\ \sigma_{33} = 2G\varepsilon_{33} + \lambda(\varepsilon_{11} + \varepsilon_{22} + \varepsilon_{33}) \\ \sigma_{12} = 2G\varepsilon_{12}, \quad \sigma_{23} = 2G\varepsilon_{23}, \quad \sigma_{31} = 2G\varepsilon_{31} \end{cases} \tag{2.7.18}$$

物理方程的另一种形式为

$$\varepsilon_{ij} = C_{ijkl}\sigma_{kl} \tag{2.7.19}$$

对于式(2.7.12)和式(2.7.19)的运算，若张量运算不熟悉，可借助 Voigt 标记，将弹性系数张量 D_{ijkl} 和柔度系数张量 C_{ijkl} 表示成 6×6 的矩阵，将应力张量 σ_{ij} 和应变张量 ε_{ij} 表示成 6×1 的列阵，即将应力张量 σ_{ij} 和应变张量 ε_{ij} 转换成列向量。

4)位移边界条件

$$u_i = \overline{u}_i \quad (\text{在}S_u\text{上}) \tag{2.7.20}$$

5)力边界条件

$$\sigma_{ij} n_j = \overline{f}_i \quad (\text{在}S_\sigma\text{上}) \tag{2.7.21}$$

其展开形式为

$$\begin{cases} \sigma_{11}n_1 + \sigma_{12}n_2 + \sigma_{13}n_3 = \overline{f}_1 \\ \sigma_{21}n_1 + \sigma_{22}n_2 + \sigma_{23}n_3 = \overline{f}_2 \\ \sigma_{31}n_1 + \sigma_{32}n_2 + \sigma_{33}n_3 = \overline{f}_3 \end{cases} \tag{2.7.22}$$

式(2.7.21)和式(2.6.8)的区别如下：在式(2.6.8)中 $\boldsymbol{n}$ 是由边界外法线 $\boldsymbol{N}$ 的三个方向余弦构成的矩阵，$\boldsymbol{\sigma}$ 是列向量；而在式(2.7.21)中 σ_{ij} 是二阶张量，其分量为矩阵，n_j 是列向量。

2.8 相容方程

由几何方程可以看出，对于空间问题，若已知某点的 3 个位移分量 u_i，则可以通过式(2.3.2)唯一地确定 6 个应变分量 ε_{ij}。反过来，如果已知某点的 6 个应变分量 ε_{ij}，就不能唯一地确定 3 个位移分量 u_i。由于位移具有连续性，所以 6 个应变分量应满足一定的关系，这一关系称为变形协调条件或相容方程。

1. 用应变分量表示的变形协调条件

$$\begin{cases} \dfrac{\partial^2 \varepsilon_x}{\partial y^2} + \dfrac{\partial^2 \varepsilon_y}{\partial x^2} = \dfrac{\partial^2 \gamma_{xy}}{\partial x \partial y} \\ \dfrac{\partial^2 \varepsilon_y}{\partial z^2} + \dfrac{\partial^2 \varepsilon_z}{\partial y^2} = \dfrac{\partial^2 \gamma_{yz}}{\partial y \partial z} \\ \dfrac{\partial^2 \varepsilon_z}{\partial x^2} + \dfrac{\partial^2 \varepsilon_x}{\partial z^2} = \dfrac{\partial^2 \gamma_{zx}}{\partial z \partial x} \end{cases} \tag{2.8.1}$$

还可以表示为

$$\left\{\begin{aligned}&\frac{\partial}{\partial x}\left(\frac{\partial\gamma_{zx}}{\partial y}+\frac{\partial\gamma_{xy}}{\partial z}-\frac{\partial\gamma_{yz}}{\partial x}\right)=2\frac{\partial^2\varepsilon_x}{\partial y\partial z}\\&\frac{\partial}{\partial y}\left(\frac{\partial\gamma_{yz}}{\partial x}-\frac{\partial\gamma_{zx}}{\partial y}+\frac{\partial\gamma_{xy}}{\partial z}\right)=2\frac{\partial^2\varepsilon_y}{\partial z\partial x}\\&\frac{\partial}{\partial z}\left(\frac{\partial\gamma_{yz}}{\partial x}+\frac{\partial\gamma_{zx}}{\partial y}-\frac{\partial\gamma_{xy}}{\partial z}\right)=2\frac{\partial^2\varepsilon_z}{\partial x\partial y}\end{aligned}\right. \tag{2.8.2}$$

如果 6 个应变分量满足式(2.8.1)和式(2.8.2)，就能保证位移分量的存在，因而可以通过几何方程求得位移分量，在求解过程中，还应考虑位移的单值性。

2. 用应力分量表示的变形协调条件

考虑体力分量，变形协调条件的形式则为密切尔方程：

$$\left\{\begin{aligned}&(1+\mu)\nabla^2\sigma_x+\frac{\partial^2 I_1}{\partial x^2}=-\frac{1+\mu}{1-\mu}\left[(2-\mu)\frac{\partial f_x}{\partial x}+\mu\left(\frac{\partial f_y}{\partial y}+\frac{\partial f_z}{\partial z}\right)\right]\\&(1+\mu)\nabla^2\sigma_y+\frac{\partial^2 I_1}{\partial y^2}=-\frac{1+\mu}{1-\mu}\left[(2-\mu)\frac{\partial f_y}{\partial y}+\mu\left(\frac{\partial f_z}{\partial z}+\frac{\partial f_x}{\partial x}\right)\right]\\&(1+\mu)\nabla^2\sigma_z+\frac{\partial^2 I_1}{\partial z^2}=-\frac{1+\mu}{1-\mu}\left[(2-\mu)\frac{\partial f_z}{\partial z}+\mu\left(\frac{\partial f_x}{\partial x}+\frac{\partial f_y}{\partial y}\right)\right]\\&(1+\mu)\nabla^2\tau_{yz}+\frac{\partial^2 I_1}{\partial y\partial z}=-(1+\mu)\left(\frac{\partial f_z}{\partial y}+\frac{\partial f_y}{\partial z}\right)\\&(1+\mu)\nabla^2\tau_{zx}+\frac{\partial^2 I_1}{\partial z\partial x}=-(1+\mu)\left(\frac{\partial f_x}{\partial z}+\frac{\partial f_z}{\partial x}\right)\\&(1+\mu)\nabla^2\tau_{xy}+\frac{\partial^2 I_1}{\partial x\partial y}=-(1+\mu)\left(\frac{\partial f_y}{\partial x}+\frac{\partial f_x}{\partial y}\right)\end{aligned}\right. \tag{2.8.3}$$

若不考虑体力分量或体力为常量，变形协调条件的形式则简化为贝尔特拉米方程：

$$\left\{\begin{aligned}&(1+\mu)\nabla^2\sigma_x+\frac{\partial^2 I_1}{\partial x^2}=0\\&(1+\mu)\nabla^2\sigma_y+\frac{\partial^2 I_1}{\partial y^2}=0\\&(1+\mu)\nabla^2\sigma_z+\frac{\partial^2 I_1}{\partial z^2}=0\\&(1+\mu)\nabla^2\tau_{yz}+\frac{\partial^2 I_1}{\partial y\partial z}=0\\&(1+\mu)\nabla^2\tau_{zx}+\frac{\partial^2 I_1}{\partial z\partial x}=0\\&(1+\mu)\nabla^2\tau_{xy}+\frac{\partial^2 I_1}{\partial x\partial y}=0\end{aligned}\right. \tag{2.8.4}$$

按应力求解空间问题时，6 个应力分量必须满足平衡微分方程以及相容方程(2.8.3)或方程(2.8.4)，并在边界上满足边界条件。此外，还应考虑位移的单值性。如果应力分量是坐标 x 、

y、z 的线性函数，则相容方程(2.8.4)总能满足。因此，对于一个单连体的应力边界条件问题，如果体力为零或为常量，则满足平衡方程和边界条件的线性函数形式的应力分量表达式将给出完全精确的应力。

2.9 应力状态分析

1. 以面为参考进行分解

一个在外力作用下处于平衡状态的物体，在通过物体内任一个代表点的面元上，可引进应力向量 T_i，它是面元的一侧作用于另一侧的单位面积上的力。T_i 的值不仅与该点的位置有关，而且与该面元的取向有关。设面元的单位法向量为 n_i，则由式(2.6.6)可得

$$\begin{cases} T_1 = \sigma_{11}n_1 + \sigma_{12}n_2 + \sigma_{13}n_3 \\ T_2 = \sigma_{21}n_1 + \sigma_{22}n_2 + \sigma_{23}n_3 \\ T_3 = \sigma_{31}n_1 + \sigma_{32}n_2 + \sigma_{33}n_3 \end{cases} \tag{2.9.1}$$

矩阵形式为

$$\boldsymbol{T} = \boldsymbol{\sigma n} \tag{2.9.2}$$

指标形式为

$$T_i = \sigma_{ij}n_j \tag{2.9.3}$$

以面为参考，可将应力向量 $\boldsymbol{T}$ (全应力)分解为正应力 $\boldsymbol{\sigma}_N$ 和剪应力 $\boldsymbol{\tau}_N$，即

$$\boldsymbol{T} = \boldsymbol{\sigma}_N + \boldsymbol{\tau}_N \tag{2.9.4}$$

由投影可得

$$\sigma_N = \boldsymbol{T} \cdot \boldsymbol{n} \tag{2.9.5}$$

展开形式为

$$\begin{aligned} \sigma_N &= T_1n_1 + T_2n_2 + T_3n_3 \\ &= n_1^2\sigma_{11} + n_2^2\sigma_{22} + n_3^2\sigma_{33} + 2n_2n_3\sigma_{23} + 2n_3n_1\sigma_{31} + 2n_1n_2\sigma_{12} \end{aligned} \tag{2.9.6}$$

根据

$$T^2 = \sigma_N^2 + \tau_N^2 = T_1^2 + T_2^2 + T_3^2$$

可得，剪应力 τ_N 的大小为

$$\tau_N^2 = T_1^2 + T_2^2 + T_3^2 - \sigma_N^2 \tag{2.9.7}$$

由式(2.9.6)和式(2.9.7)可见，如果已知一点的 6 个应力分量，则可以求得过该点任意斜面上的正应力和剪应力，因而 6 个应力分量决定了一点的应力状态。

2. 应力不变量

由材料力学知识可知，对于物体内某一代表点上具有如下性质的单位向量 n_i，当所截取的面元是以 n_i 为法向量时，面元上只有正应力而没有剪应力。这时 n_i 称为主方向，相应的正应力则称为主应力。

设应力张量为 σ_{ij}，当 n_i 是 σ_{ij} 的主方向时，$\sigma_{ij}n_j$ 就应该与 n_i 成正比，即

$$\begin{cases} \sigma_{11}n_1 + \sigma_{12}n_2 + \sigma_{13}n_3 = \lambda n_1 \\ \sigma_{21}n_1 + \sigma_{22}n_2 + \sigma_{23}n_3 = \lambda n_2 \\ \sigma_{31}n_1 + \sigma_{32}n_2 + \sigma_{33}n_3 = \lambda n_3 \end{cases} \tag{2.9.8}$$

式(2.9.8)也可以写成

$$\left(\sigma_{ij}-\lambda\delta_{ij}\right)n_j=0 \tag{2.9.9}$$

式(2.9.9)存在非零解 n_j 的条件是其系数行列式等于零：

$$\mathrm{Det}\left(\sigma_{ij}-\lambda\delta_{ij}\right)=0 \tag{2.9.10}$$

由此得到关于 λ 的三次多项式：

$$\lambda^3-I_1\lambda^2-I_2\lambda-I_3=0 \tag{2.9.11}$$

式中，

$$\begin{cases} I_1=\mathrm{Tr}(\sigma_{ij})=\sigma_{kk} \\ I_2=-\dfrac{1}{2}(\sigma_{ii}\sigma_{kk}-\sigma_{ik}\sigma_{ki}) \\ I_3=\mathrm{Det}(\sigma_{ij}) \end{cases} \tag{2.9.12}$$

称为 σ_{ij} 的第一、第二和第三不变量，因为在进行坐标变换时，σ_{ij} 的分量将做相应的改变，但 I_1、I_2 和 I_3 不变。

3. 主应力及主方向

可以证明，式(2.9.11)有三个实根 λ_1、λ_2、λ_3，称为 σ_{ij} 的主值，也称为主应力。以后将 σ_{ij} 的主值记作 σ_1、σ_2、σ_3，并且规定总有 $\sigma_1\geqslant\sigma_2\geqslant\sigma_3$。

显然，式(2.9.12)也可以用主值表示为

$$\begin{cases} I_1=\sigma_1+\sigma_2+\sigma_3 \\ I_2=-\left(\sigma_1\sigma_2+\sigma_2\sigma_3+\sigma_3\sigma_1\right) \\ I_3=\sigma_1\sigma_2\sigma_3 \end{cases} \tag{2.9.13}$$

对应于主值 σ_j 的主方向可分别写为 $n_i(j)$，不难证明，当三个主值互不相同时，这三个主方向相互垂直。此外，主方向还具有如下性质：对于任意的单位向量 n_i，总可以定义标量 $N=\sigma_{ij}n_in_j$，这时，使 N 取极值的方向 n_i 就一定对应于主方向 $n_i(j)$。

求解应力主方向比较简单的方法是应力张量的特征向量，当 3 个特征值不完全相同时，对应 3 个互相垂直的特征向量；当特征值有重根时，对特征向量采用施密特(Schmidt)单位正交化处理即可。

4. 最大与最小应力

设物体内某一点的主应力以及主方向已知，则以 3 个主方向建立坐标轴，该点只存在主应力，分别为 σ_1、σ_2、σ_3，代入式(2.9.6)和式(2.9.7)可得

$$\sigma_N=n_1^2\sigma_1+n_2^2\sigma_2+n_3^2\sigma_3 \tag{2.9.14}$$

$$\tau_N^2=n_1^2\sigma_1^2+n_2^2\sigma_2^2+n_3^2\sigma_3^2-\left(n_1^2\sigma_1+n_2^2\sigma_2+n_3^2\sigma_3\right)^2 \tag{2.9.15}$$

且 $\boldsymbol{N}$ 的 3 个方向余弦满足

$$n_1^2+n_2^2+n_3^2=1 \tag{2.9.16}$$

利用式(2.9.14)、式(2.9.16)可得 σ_N 的 3 个极值恰好分别为 σ_1、σ_2、σ_3，因而在物体内任一点，3 个主应力中最大的一个就是该点的最大正应力，最小的一个就是该点的最小正应力。

利用式(2.9.15)、式(2.9.16)可得 τ_N 为极值时的 6 组解答，如表 2.1 所示。最大和最小的剪应力在数值上等于最大主应力与最小主应力之差的 1/2，作用在通过中间主应力且平分最大

主应力与最小主应力夹角的平面上。

表 2.1　剪应力 6 组极值及其对应的方向余弦

方向余弦	组数					
	1	2	3	4	5	6
n_1	± 1	0	0	0	$\pm\frac{\sqrt{2}}{2}$	$\pm\frac{\sqrt{2}}{2}$
n_2	0	± 1	0	$\pm\frac{\sqrt{2}}{2}$	0	$\pm\frac{\sqrt{2}}{2}$
n_3	0	0	± 1	$\pm\frac{\sqrt{2}}{2}$	$\pm\frac{\sqrt{2}}{2}$	0
τ_N^2	0	0	0	$\left(\frac{\sigma_2-\sigma_3}{2}\right)^2$	$\left(\frac{\sigma_3-\sigma_1}{2}\right)^2$	$\left(\frac{\sigma_1-\sigma_2}{2}\right)^2$

【例 2.1】已知某点的应力分量为 $\sigma_{xx}=0$、$\sigma_{yy}=2\text{ MPa}$、$\sigma_{zz}=1\text{ MPa}$、$\tau_{xy}=1\text{ MPa}$、$\tau_{yz}=0$、$\tau_{zx}=2\text{ MPa}$。在经过此点的平面 $x+3y+z=1$ 上，求沿坐标轴方向的应力分量，以及该平面上的正应力和剪应力。

解：(1) 应力分量的矩阵形式为

$$\boldsymbol{\sigma}=\begin{bmatrix}0&1&2\\1&2&0\\2&0&1\end{bmatrix}\text{MPa}$$

(2) 平面的法线方向为 $\boldsymbol{N}=\boldsymbol{i}+3\boldsymbol{j}+\boldsymbol{k}$，其方向余弦 $\boldsymbol{n}$ 为

$$\boldsymbol{n}=\begin{bmatrix}\frac{1}{\sqrt{11}}&\frac{3}{\sqrt{11}}&\frac{1}{\sqrt{11}}\end{bmatrix}^{\mathrm{T}}$$

(3) 沿坐标轴方向的应力分量 $\boldsymbol{T}$ 为

$$\boldsymbol{T}=\boldsymbol{\sigma n}=\begin{bmatrix}0&1&2\\1&2&0\\2&0&1\end{bmatrix}\begin{Bmatrix}\frac{1}{\sqrt{11}}\\\frac{3}{\sqrt{11}}\\\frac{1}{\sqrt{11}}\end{Bmatrix}=\begin{Bmatrix}\frac{5}{\sqrt{11}}\\\frac{7}{\sqrt{11}}\\\frac{3}{\sqrt{11}}\end{Bmatrix}=\begin{Bmatrix}1.508\\2.111\\0.905\end{Bmatrix}\text{(MPa)}$$

(4) 该平面上的正应力 σ_N 为

$$\sigma_N=\boldsymbol{T}\cdot\boldsymbol{n}=\begin{Bmatrix}\frac{5}{\sqrt{11}}&\frac{7}{\sqrt{11}}&\frac{3}{\sqrt{11}}\end{Bmatrix}\begin{Bmatrix}\frac{1}{\sqrt{11}}\\\frac{3}{\sqrt{11}}\\\frac{1}{\sqrt{11}}\end{Bmatrix}=2.636\text{(MPa)}$$

(5) 该平面上的剪应力 τ_N 为

$$\tau_N=|\boldsymbol{T}|^2-\sigma_N^2$$

$$=\left(\frac{5}{\sqrt{11}}\right)^2+\left(\frac{7}{\sqrt{11}}\right)^2+\left(\frac{3}{\sqrt{11}}\right)^2-\left(\frac{29}{11}\right)^2=0.595\text{(MPa)}$$

【例 2.2】已知 $\sigma_{xx}=10\ \text{MPa}$、$\sigma_{yy}=20\ \text{MPa}$、$\sigma_{zz}=30\ \text{MPa}$、$\tau_{xy}=\tau_{yz}=-20\ \text{MPa}$、$\tau_{xz}=0$，试求：①3 个应力不变量；②主应力及其对应的主方向。

解：(1)将应力分量写成矩阵形式：

$$\boldsymbol{\sigma}=\begin{bmatrix}10 & -20 & 0\\ -20 & 20 & -20\\ 0 & -20 & 30\end{bmatrix}\text{MPa}$$

(2)求其主应力，特征方程为

$$|\boldsymbol{\sigma}-\lambda\boldsymbol{I}|=(\lambda-50)(\lambda-20)(\lambda+10)=0$$

特征根为

$$\lambda_1=50,\quad \lambda_2=20,\quad \lambda_3=-10$$

所以 3 个主应力为

$$\sigma_1=50\ \text{MPa},\quad \sigma_2=20\ \text{MPa},\quad \sigma_3=-10\ \text{MPa}$$

(3)3 个应力不变量为

$$I_1=\sigma_1+\sigma_2+\sigma_3=50+20-10=60\ (\text{MPa})$$

$$I_2=-(\sigma_1\sigma_2+\sigma_2\sigma_3+\sigma_3\sigma_1)=-(50\times20-20\times10-50\times10)=-300\ (\text{MPa})^2$$

$$I_3=\sigma_1\sigma_2\sigma_3=-50\times20\times10=-10000\ (\text{MPa})^3$$

(4)求主方向，也就是 3 个特征根对应的特征向量为

$$\boldsymbol{n}_1=\frac{1}{3}\begin{Bmatrix}1\\-2\\2\end{Bmatrix},\quad \boldsymbol{n}_2=\frac{1}{3}\begin{Bmatrix}-2\\1\\2\end{Bmatrix},\quad \boldsymbol{n}_3=\frac{1}{3}\begin{Bmatrix}2\\2\\1\end{Bmatrix}$$

2.10　应变状态分析

1. 任一方向的正应变

已知物体内任一点的 6 个应变分量 ε_{ij}，求经过该点，沿 $\boldsymbol{N}$ 方向任一线段的线应变 ε_N。与应力状态分析类似，有

$$\begin{cases}\varepsilon_{N1}=\varepsilon_{11}n_1+\varepsilon_{12}n_2+\varepsilon_{13}n_3\\ \varepsilon_{N2}=\varepsilon_{21}n_1+\varepsilon_{22}n_2+\varepsilon_{23}n_3\\ \varepsilon_{N3}=\varepsilon_{31}n_1+\varepsilon_{32}n_2+\varepsilon_{33}n_3\end{cases}\tag{2.10.1}$$

式中，n_i 为 $\boldsymbol{N}$ 的方向余弦，矩阵形式为

$$\boldsymbol{\varepsilon}_N=\boldsymbol{\varepsilon n}\tag{2.10.2}$$

指标形式为

$$\varepsilon_{Ni}=\varepsilon_{ij}n_j\tag{2.10.3}$$

由投影可得

$$\varepsilon_N=\boldsymbol{\varepsilon}_N\cdot\boldsymbol{n}\tag{2.10.4}$$

展开形式为

$$\begin{aligned}\varepsilon_N&=\varepsilon_{N1}n_1+\varepsilon_{N2}n_2+\varepsilon_{N3}n_3\\&=n_1^2\varepsilon_{11}+n_2^2\varepsilon_{22}+n_3^2\varepsilon_{33}+2n_2n_3\varepsilon_{23}+2n_3n_1\varepsilon_{31}+2n_1n_2\varepsilon_{12}\end{aligned}\tag{2.10.5}$$

由式(2.10.4)和式(2.10.5)可见，如果已知一点的 6 个应变分量，则可以求得过该点任一线段的线应变。

2. 应变不变量

设应变张量为ε_{ij}，当n_i是ε_{ij}的主方向时，$\varepsilon_{ij}n_j$就应该与n_i成正比，即

$$\begin{cases}\varepsilon_{11}n_1+\varepsilon_{12}n_2+\varepsilon_{13}n_3=\lambda n_1\\ \varepsilon_{21}n_1+\varepsilon_{22}n_2+\varepsilon_{23}n_3=\lambda n_2\\ \varepsilon_{31}n_1+\varepsilon_{32}n_2+\varepsilon_{33}n_3=\lambda n_3\end{cases}\tag{2.10.6}$$

式(2.10.6)也可以写成

$$(\varepsilon_{ij}-\lambda\delta_{ij})n_j=0\tag{2.10.7}$$

式(2.10.7)存在非零解n_j的条件是其系数行列式等于零：

$$\mathrm{Det}(\varepsilon_{ij}-\lambda\delta_{ij})=0\tag{2.10.8}$$

由此得到关于λ的三次多项式：

$$\lambda^3-e_1\lambda^2-e_2\lambda-e_3=0\tag{2.10.9}$$

式中，

$$\begin{cases}e_1=\mathrm{Tr}(\varepsilon_{ij})=\varepsilon_{kk}\\ e_2=-\dfrac{1}{2}(\varepsilon_{ii}\varepsilon_{kk}-\varepsilon_{ik}\varepsilon_{ki})\\ e_3=\mathrm{Det}(\varepsilon_{ij})\end{cases}\tag{2.10.10}$$

称为ε_{ij}的第一、第二和第三不变量，因为在进行坐标变换时，ε_{ij}的分量将做相应的改变，但e_1、e_2和e_3不变。

3. 主应变及主方向

可以证明，式(2.10.9)有三个实根λ_1、λ_2、λ_3，称为ε_{ij}的主值，也称为主应变。以后将ε_{ij}的主值记作ε_1、ε_2、ε_3，并且规定总有$\varepsilon_1\geqslant\varepsilon_2\geqslant\varepsilon_3$。

显然，式(2.10.10)也可以用主值表示为

$$\begin{cases}e_1=\varepsilon_1+\varepsilon_2+\varepsilon_3\\ e_2=-(\varepsilon_1\varepsilon_2+\varepsilon_2\varepsilon_3+\varepsilon_3\varepsilon_1)\\ e_3=\varepsilon_1\varepsilon_2\varepsilon_3\end{cases}\tag{2.10.11}$$

主方向的求解与应力状态分析相同。

【例 2.3】已知一点的应力状态：$\varepsilon_{xx}=200\mu$、$\varepsilon_{yy}=200\mu$、$\varepsilon_{zz}=200\mu$、$\gamma_{xy}=\gamma_{zx}=-200\mu$、$\gamma_{yz}=200\mu$。试求：①沿$2\boldsymbol{i}+2\boldsymbol{j}+\boldsymbol{k}$方向的线应变，其中，$\boldsymbol{i}$、$\boldsymbol{j}$、$\boldsymbol{k}$分别为沿$x$、$y$、$z$方向的单位矢量；②主应变及其主方向。

解：(1)将应变分量写成矩阵形式：

$$\boldsymbol{\varepsilon}=\begin{bmatrix}200&-100&-100\\-100&200&100\\-100&100&200\end{bmatrix}\mu$$

$2\boldsymbol{i}+2\boldsymbol{j}+\boldsymbol{k}$方向的方向余弦为

$$\boldsymbol{n}=\frac{1}{3}\begin{Bmatrix}2\\2\\1\end{Bmatrix}$$

所以 ε_N 为

$$\varepsilon_N=\boldsymbol{n}^{\mathrm{T}}\boldsymbol{\varepsilon}\boldsymbol{n}$$

$$\varepsilon_N=\frac{1}{9}\{2\quad 2\quad 1\}\begin{bmatrix}200 & -100 & -100\\-100 & 200 & 100\\-100 & 100 & 200\end{bmatrix}\begin{Bmatrix}2\\2\\1\end{Bmatrix}\mu$$

$$=\frac{1}{9}\{100\quad 300\quad 200\}\begin{Bmatrix}2\\2\\1\end{Bmatrix}\mu$$

$$=111.1\mu$$

(2)应变矩阵的特征方程为

$$|\boldsymbol{\varepsilon}-\lambda\boldsymbol{I}|=(\lambda-100)^2(\lambda-400)=0$$

特征根为

$$\lambda_1=\lambda_2=100,\quad \lambda_3=400$$

所以 3 个主应变为

$$\varepsilon_1=400\mu,\quad \varepsilon_2=\varepsilon_3=100\mu$$

求主方向，3 个特征根对应的特征向量为

$$\boldsymbol{\alpha}_1=\begin{Bmatrix}-1\\1\\1\end{Bmatrix},\quad \boldsymbol{\alpha}_2=\begin{Bmatrix}1\\1\\0\end{Bmatrix},\quad \boldsymbol{\alpha}_3=\begin{Bmatrix}1\\0\\1\end{Bmatrix}$$

采用施密特单位正交化后，得 3 个主方向：

$$\boldsymbol{n}_1=\frac{1}{\sqrt{3}}\begin{Bmatrix}-1\\1\\1\end{Bmatrix},\quad \boldsymbol{n}_2=\frac{1}{\sqrt{2}}\begin{Bmatrix}1\\1\\0\end{Bmatrix},\quad \boldsymbol{n}_3=\frac{1}{\sqrt{6}}\begin{Bmatrix}1\\-1\\2\end{Bmatrix}$$

【例 2.4】如图 2.5 所示，采用应变花测量平面问题某一点的应变状态，若 $\varepsilon_A=-100\mu$、$\varepsilon_B=100\mu$、$\varepsilon_C=180\mu$，试求该点的 ε_x、ε_y 和 γ_{xy}。

解：3 个应变片的方向余弦分别为

$$\boldsymbol{n}_A=\begin{Bmatrix}1\\0\\0\end{Bmatrix},\quad \boldsymbol{n}_B=\begin{Bmatrix}-0.5\\0.866\\0\end{Bmatrix},\quad \boldsymbol{n}_C=\begin{Bmatrix}0.5\\0.866\\0\end{Bmatrix}$$

注意 $\gamma_{xy}=2\varepsilon_{xy}$，式(2.10.5)可简化为

$$\varepsilon_N=l^2\varepsilon_x+m^2\varepsilon_y+lm\gamma_{xy}$$

分别将 3 个应变片的方向余弦代入上式，得方程组：

$$\begin{cases}\varepsilon_x=-100\\0.25\varepsilon_x+0.75\varepsilon_y-0.433\gamma_{xy}=100\\0.25\varepsilon_x+0.75\varepsilon_y+0.433\gamma_{xy}=180\end{cases}$$

解此方程组得

$$\varepsilon_x = -100\mu, \quad \varepsilon_y = 220\mu, \quad \gamma_{xy} = 92.4\mu$$

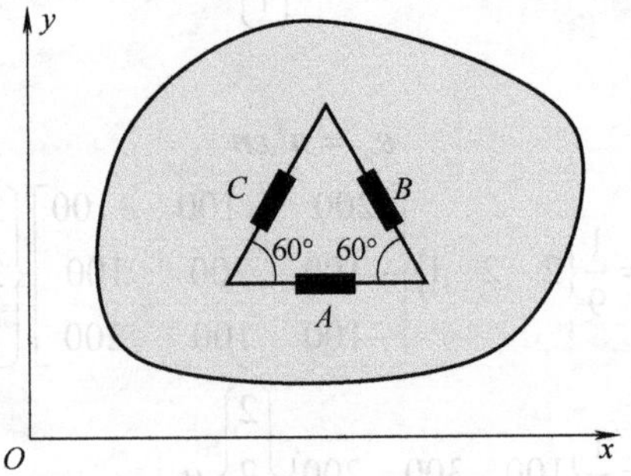

图 2.5　三角形应变花

2.11　平面问题分析

任何一个弹性体都是空间物体，一般的外力都是空间力系，因而任何一个实际的弹性力学问题都是一个空间问题。但是特殊情况下，空间问题可以简化为平面问题，简化处理后，分析和计算的工作量将大大减少，而所求得的结果仍然能够满足工程中的精度要求。

1. 平面应力问题

设有很薄的等厚度板，如图 2.6 所示，只在板边受到平行于板面并且不沿厚度变化的面力，同时体力也平行于板面且不沿厚度变化，也就是说板上所有荷载简化后只作用在板的中面上且平行于板面。

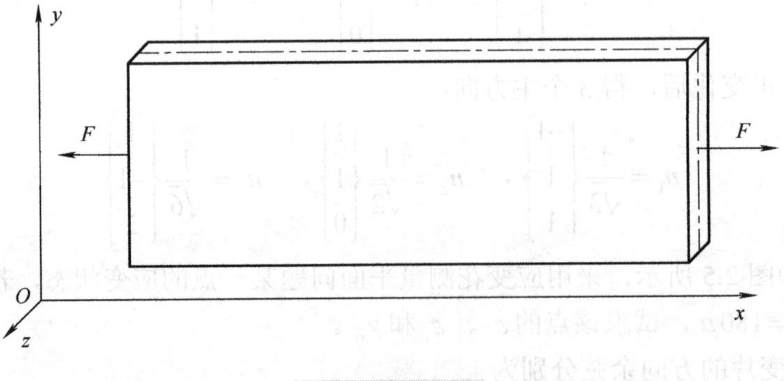

图 2.6　受拉薄板

由于板很薄，且外力沿厚度不变化，所以可认为在整个薄板的各点均满足：

$$\sigma_z = 0, \quad \tau_{zx} = 0, \quad \tau_{yz} = 0$$

因而各点的应力分量只有平行于 xy 面的 3 个应力分量 σ_x、σ_y 和 τ_{xy}，所以这种问题称为平面应力(plane stress)问题。正是由于板很薄，可以认为平面应力问题的应力分量、应变分量和位移分量均沿厚度不变化。也就是说，它们仅是 x 和 y 的函数，与 z 无关，因而三大方程退化为如下。

平衡方程为

$$
\begin{cases}
\dfrac{\partial \sigma_x}{\partial x} + \dfrac{\partial \tau_{xy}}{\partial y} + f_x = 0 \\
\dfrac{\partial \sigma_y}{\partial y} + \dfrac{\partial \tau_{xy}}{\partial x} + f_y = 0
\end{cases}
\tag{2.11.1}
$$

几何方程为

$$
\begin{cases}
\varepsilon_x = \dfrac{\partial u}{\partial x} \\
\varepsilon_y = \dfrac{\partial v}{\partial y} \\
\gamma_{xy} = \dfrac{\partial u}{\partial y} + \dfrac{\partial v}{\partial x}
\end{cases}
\tag{2.11.2}
$$

物理方程为

$$
\begin{cases}
\varepsilon_x = \dfrac{1}{E}(\sigma_x - \mu\sigma_y) \\
\varepsilon_y = \dfrac{1}{E}(\sigma_y - \mu\sigma_x) \\
\gamma_{xy} = \dfrac{2(1+\mu)}{E}\tau_{xy}
\end{cases}
\tag{2.11.3}
$$

或

$$
\begin{cases}
\sigma_x = \dfrac{E}{1-\mu^2}(\varepsilon_x + \mu\varepsilon_y) \\
\sigma_y = \dfrac{E}{1-\mu^2}(\varepsilon_y + \mu\varepsilon_x) \\
\tau_{xy} = \dfrac{E}{2(1+\mu)}\gamma_{xy}
\end{cases}
\tag{2.11.4}
$$

需要注意的是$\sigma_z = 0$，但$\varepsilon_z \neq 0$

$$
\varepsilon_z = -\frac{\mu}{E}(\sigma_x + \sigma_y) \tag{2.11.5}
$$

2. 平面应变问题

设有很长的柱体，它的约束沿长度方向不变化，如图 2.7 所示。在柱面上受平行于横截面且不沿长度变化的面力，同时体力也平行于横截面且不沿长度变化。

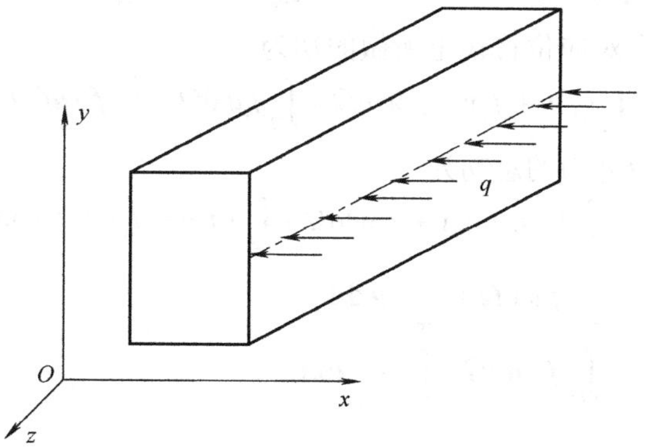

图 2.7　受压柱体

设想柱体为无限长，以任一横截面为 xy 面，则所有的应力分量、应变分量和位移分量只是 x 和 y 的函数，与 z 无关。任一横截面均可以看作对称面，所以各点只能在横截面内移动，$w\equiv 0$。由对称性可知，各点应变满足

$$\varepsilon_z=0,\quad \gamma_{zx}=0,\quad \gamma_{yz}=0$$

三大方程退化后，其中平衡方程、几何方程与平面应力情况相同，只是物理方程不同。

$$\begin{cases}\varepsilon_x=\dfrac{1-\mu^2}{E}\left(\sigma_x-\dfrac{\mu}{1-\mu}\sigma_y\right)\\ \varepsilon_y=\dfrac{1-\mu^2}{E}\left(\sigma_y-\dfrac{\mu}{1-\mu}\sigma_x\right)\\ \gamma_{xy}=\dfrac{2(1+\mu)}{E}\tau_{xy}\end{cases}\tag{2.11.6}$$

或

$$\begin{cases}\sigma_x=\dfrac{E(1-\mu)\varepsilon_x}{(1-2\mu)(1+\mu)}+\dfrac{E\mu\varepsilon_y}{(1-2\mu)(1+\mu)}\\ \sigma_y=\dfrac{E\mu\varepsilon_x}{(1-2\mu)(1+\mu)}+\dfrac{E(1-\mu)\varepsilon_y}{(1-2\mu)(1+\mu)}\\ \sigma_z=\dfrac{E\mu\varepsilon_x}{(1-2\mu)(1+\mu)}+\dfrac{E\mu\varepsilon_y}{(1-2\mu)(1+\mu)}\\ \tau_{xy}=\dfrac{E}{2(1+\mu)}\gamma_{xy}\end{cases}\tag{2.11.7}$$

2.12　弹性体的能量

弹性问题中的能量包括两类：施加外力在可能位移上所做的功；变形体由于发生形变而储存的能量。

1. 外力功

外力功，即所施加外力在可能位移上所做的功，外力包括作用在物体上的面力和体力。在力边界条件上，由面力 $\bar{f}_i$ 在对应位移 u_i 上所做的功为

$$\int_{S_\sigma}(\bar{f}_x u+\bar{f}_y v+\bar{f}_z w)\mathrm{d}A=\int_{S_\sigma}\bar{f}_i u_i\mathrm{d}A=\int_{S_\sigma}\bar{\boldsymbol{f}}\cdot\boldsymbol{u}\mathrm{d}A\tag{2.12.1}$$

在物体内部，由体力 f_i 在对应位移 u_i 上所做的功为

$$\int_\Omega(f_x u+f_y v+f_z w)\mathrm{d}\Omega=\int_\Omega f_i u_i\mathrm{d}\Omega=\int_\Omega\boldsymbol{f}\cdot\boldsymbol{u}\mathrm{d}\Omega\tag{2.12.2}$$

将以上两部分相加，可得外力的总功为

$$\begin{aligned}W&=\int_\Omega(f_x u+f_y v+f_z w)\mathrm{d}\Omega+\int_{S_\sigma}(\bar{f}_x u+\bar{f}_y v+\bar{f}_z w)\mathrm{d}A\\&=\int_\Omega f_i u_i\mathrm{d}\Omega+\int_{S_\sigma}\bar{f}_i u_i\mathrm{d}A\\&=\int_\Omega\boldsymbol{f}\cdot\boldsymbol{u}\mathrm{d}\Omega+\int_{S_\sigma}\bar{\boldsymbol{f}}\cdot\boldsymbol{u}\mathrm{d}A\end{aligned}\tag{2.12.3}$$

2. 应变能

根据叠加原理，将物体各方向的正应力与正应变、剪应力与剪应变所产生的应变能相加，

可得到整体应变能，用U表示为

$$U=\frac{1}{2}\int_{\Omega}(\sigma_x\varepsilon_x+\sigma_y\varepsilon_y+\sigma_z\varepsilon_z+\tau_{xy}\gamma_{xy}+\tau_{yz}\gamma_{yz}+\tau_{zx}\gamma_{zx})\mathrm{d}\Omega$$
$$=\frac{1}{2}\int_{\Omega}\sigma_{ij}\varepsilon_{ij}\mathrm{d}\Omega \tag{2.12.4}$$
$$=\frac{1}{2}\int_{\Omega}\boldsymbol{\varepsilon}^{\mathrm{T}}\boldsymbol{D}\boldsymbol{\varepsilon}\mathrm{d}\Omega$$

应变能是一个正定函数，只有当弹性体内所有的点都没有应变时，应变能才为零。

3. 余能

物体的余能可以表示为

$$V=\frac{1}{2}\int_{\Omega}\boldsymbol{\sigma}^{\mathrm{T}}\boldsymbol{C}\boldsymbol{\sigma}\mathrm{d}\Omega \tag{2.12.5}$$

余能也是一个正定函数。在线性弹性力学中弹性体的应变能等于余能。

4. 系统的势能

定义系统的势能为

$$\Pi=U-W$$
$$=\frac{1}{2}\int_{\Omega}\sigma_{ij}\varepsilon_{ij}\mathrm{d}\Omega-\left[\int_{\Omega}f_iu_i\mathrm{d}\Omega+\int_{S_\sigma}\bar{f}_iu_i\mathrm{d}A\right] \tag{2.12.6}$$
$$=\frac{1}{2}\int_{\Omega}\boldsymbol{\varepsilon}^{\mathrm{T}}\boldsymbol{D}\boldsymbol{\varepsilon}\mathrm{d}\Omega-\left[\int_{\Omega}\boldsymbol{f}\cdot\boldsymbol{u}\mathrm{d}\Omega+\int_{S_\sigma}\bar{\boldsymbol{f}}\cdot\boldsymbol{u}\mathrm{d}A\right]$$

【例 2.5】如图 2.8 所示，BC、BD两杆原在水平位置。在力P的作用下，两杆变形，B点的位移为Δ。若两杆的抗拉刚度相同且均为EA，试求Δ与P的关系，以及系统的应变能。

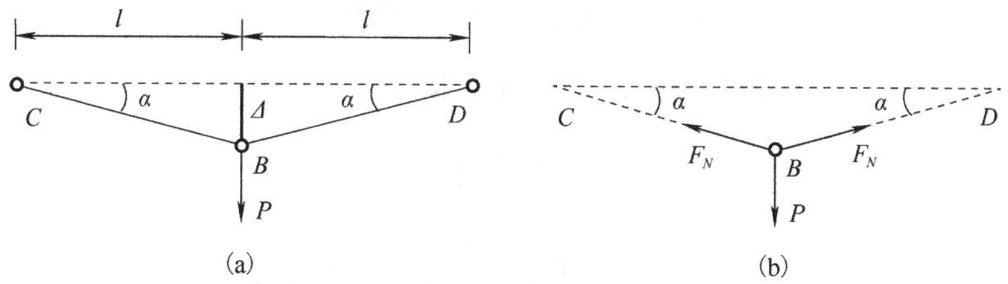

图 2.8　例 2.5 的结构及受力图

解：(1) 由于节点B平衡，故

$$F_N=\frac{P}{2\sin\alpha}=\frac{P}{2\tan\alpha}=\frac{Pl}{2\Delta}$$

所以有

$$P=\frac{2\Delta F_N}{l}$$

(2) 根据变形几何关系有

$$\Delta^2=(l+\Delta l)^2-l^2=2l\Delta l+(\Delta l)^2,\quad \Delta l=\frac{F_Nl}{EA}$$

式中，Δl为杆件的变形量，略去高阶微小变量，得

$$\Delta^2=2l\Delta l=\frac{2F_Nl^2}{EA}$$

从而有

$$F_N = \frac{\Delta^2 EA}{2l^2}$$

整理可得

$$P = \frac{\Delta^3 EA}{l^3}$$

(3) 计算系统应变能，由于 P 与 Δ 非线性，积分得

$$U = W = \int_0^{\Delta} P\mathrm{d}\Delta = \int_0^{\Delta}\left(\frac{\Delta^3 EA}{l^3}\right)\mathrm{d}\Delta = \frac{\Delta^4 EA}{4l^3} = \frac{1}{4}P\Delta$$

从上式可以看出，当外力与对应的位移不满足线性关系时，$W \neq P\Delta/2$。

【例 2.6】已知两杆 BC、BD 的长度均为 l，横截面积均为 A，如图 2.9 所示。材料的应力、应变之间的关系满足 $\sigma = k\varepsilon^{(n^{-1})}$（$n>1$），求系统的余能 V。

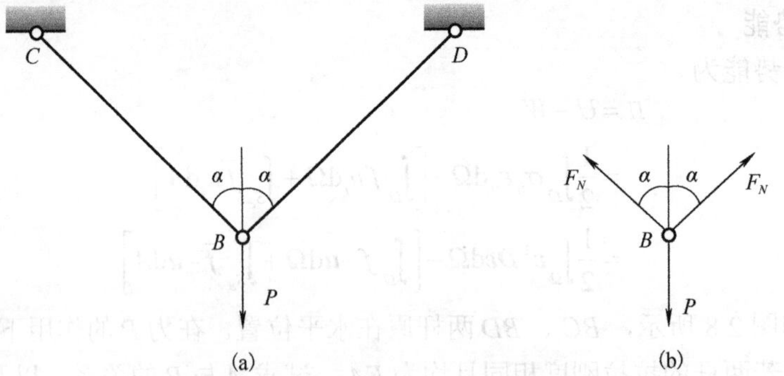

图 2.9　例 2.6 的结构及受力图

解：(1) 确定材料单位体积的余能，由材料的本构关系可得

$$\varepsilon = \left(\frac{\sigma}{k}\right)^n$$

$$V_1 = \int_0^{\sigma} \varepsilon \mathrm{d}\sigma = \int_0^{\sigma}\left(\frac{\sigma}{k}\right)^n \mathrm{d}\sigma = \frac{\sigma^{n+1}}{k^n(n+1)}$$

(2) 根据节点 B 平衡，故

$$\sigma = \frac{F_N}{A} = \frac{P}{2A\cos\alpha}$$

所以

$$V_1 = \frac{1}{k^n(n+1)} \cdot \left(\frac{P}{2A\cos\alpha}\right)^{n+1}$$

(3) 由于杆件为轴向拉伸，各点应力、应变相同，故系统的余能为

$$V = \int_{\Omega} V_1 \mathrm{d}\Omega = 2lAV_1 = \frac{l}{(n+1)(2Ak)^n} \cdot \left(\frac{P}{\cos\alpha}\right)^{n+1}$$

习　题

2.1　试证明：在与 3 个主应力成相同角度的平面（π 平面）上，正应力及剪应力分别为

$$\sigma_N = \frac{1}{3}I_1, \quad \tau_N = \frac{1}{3}\sqrt{2(I_1^2 - 3I_2)}$$

2.2　设某一物体发生如下位移：

$$\begin{cases} u = a_0 + a_1 x + a_2 y + a_3 z \\ v = b_0 + b_1 x + b_2 y + b_3 z \\ w = c_0 + c_1 x + c_2 y + c_3 z \end{cases}$$

试证明：(1) 物体内各点的应变分量为常量，即产生均匀变形；(2) 在变形以后，物体内的平面保持为平面，直线保持为直线，平行面保持平行，平行线保持平行，正平行六面体变成斜平行六面体，圆球面变成椭球面。

2.3　试证明：在发生最大与最小剪应力的平面上，正应力的数值等于两个主应力的平均值。

2.4　证明：纯弯曲梁应变能的表达式为

$$U = \frac{1}{2EI}\int_l M^2 \mathrm{d}x$$

2.5　在笛卡儿坐标系中某点的应力张量为

$$[\sigma_{ij}] = \begin{bmatrix} 20 & -20 & 0 \\ -20 & 10 & -20 \\ 0 & -20 & 0 \end{bmatrix} \text{MPa}$$

求其主值、主方向和主不变量，并写出主轴坐标系中的应力张量。

2.6　在笛卡儿坐标系中某点的应变张量为

$$[\varepsilon_{ij}] = \begin{bmatrix} 100 & 0 & 100 \\ 0 & 200 & 0 \\ 100 & 0 & 100 \end{bmatrix} \mu$$

求其主值、主方向，并求沿 $\boldsymbol{i} + 2\boldsymbol{j} + 2\boldsymbol{k}$ 方向的线应变。

第3章 数学求解原理基础

在工程和科技领域内，对于许多力学问题和物理问题，人们可以给出它们的数学模型，即应遵循的基本方程(常微分方程和偏微分方程)和相应的定解条件。但能用解析的方法求出精确解的只是少数方程，性质比较简单，且限于几何形状相当规则的情况。对于大多数问题，由于方程的非线性性质，或由于求解域的几何形状比较复杂，只能采用数值分析方法求解。20世纪60年代以来，随着电子计算机的出现，特别是最近20年来软、硬件技术的飞速发展和广泛应用，数值分析方法已成为求解科学技术问题的功能强大的有力工具。

已经发展的偏微分方程数值分析方法可以分为两大类。一类以有限差分法为代表，其特点是直接求解基本方程和相应定解条件的近似解。一个问题的有限差分法的求解步骤归纳为：首先将求解域划分为网格，然后在网格的节点上用差分方程来近似微分方程。当采用较密的网格，即较多的节点时，近似解的精度可以得到改进。借助有限差分法，能够求解相当复杂的问题。特别是对于求解方程建立于固结在空间坐标(欧拉坐标系)的流体力学问题，有限差分法有自身的优势。因此在流体力学领域内，有限差分法至今仍占支配地位。但是对于固体力学问题，由于方程通常建立于固结在物体上的坐标系(拉格朗日坐标系)，且物体形状复杂，采用另一类数值分析方法——有限元法则更为适合。

从有限元法的建立途径方面考虑，它区别于有限差分法，即不是直接从问题的微分方程和相应的定解条件出发，而是从其等效的积分形式出发。等效积分的一般形式是加权余量法，它适用于普遍的方程形式。利用加权余量法的原理，可以建立多种近似解法，配点法、最小二乘法、伽辽金法、力矩法等都属于这一类数值分析方法。如果原问题的方程具有某些特定的性质，则它的等效积分形式的伽辽金法可以归结为某个泛函数的变分。相应的近似解法实际上是求解泛函的驻值问题，里茨法就属于这一类求解法。

有限元法区别于传统的加权余量法和求解泛函驻值的变分法，该法不是在整个求解域上假设近似函数，而是在各个单元上分片假设近似函数。这样就克服了在全域上假设近似函数所遇到的困难，是近代工程数值分析方法领域的重大突破。

实际工程问题(几何形状、受力方式以及材料特性等)都具有明显的个性，因此一种求解方法是否具有优势，其评判的依据如下：

(1)具有良好的规范性，不需要太多的经验与技巧；

(2)具有良好的通用性，可处理任何复杂的工程实际问题；

(3)具有良好的可靠性，计算结果收敛、稳定，且满足一定的精度要求；

(4)具有良好的可行性，计算工作量与实际的计算条件相匹配。

3.1 简单问题的解析求解

1. 静定轴向拉伸杆件

一端固定、一端自由的拉杆在其自由端受外力 P 作用，杆的长度为 l，横截面积为 A，

弹性模量为 E，如图 3.1 所示。

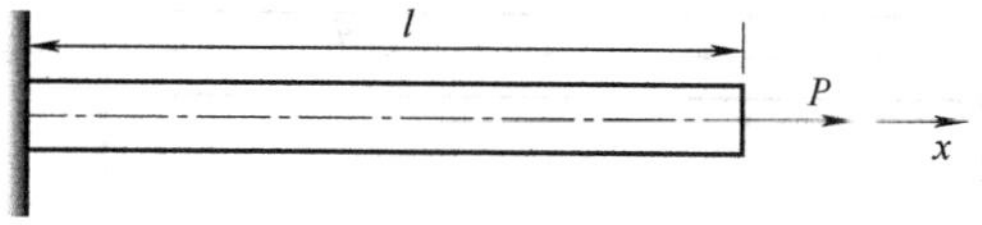

图 3.1　一端固定、一端自由的拉杆

本问题属于一维问题，基本未知量由空间问题的 15 个简化到 3 个，只有沿 x 方向的位移 u、应力 σ_x 和应变 ε_x。

基本方程同样由空间问题的 15 个简化到 3 个，只保留沿 x 方向的方程。

平衡方程为

$$\frac{\mathrm{d}\sigma_x}{\mathrm{d}x}=0 \tag{3.1.1a}$$

几何方程为

$$\varepsilon_x=\frac{\mathrm{d}u}{\mathrm{d}x} \tag{3.1.1b}$$

物理方程为

$$\varepsilon_x=\frac{\sigma_x}{E} \tag{3.1.1c}$$

边界条件为

$$\begin{cases} u=0 & (x=0) \\ \int_A \sigma_x \mathrm{d}A=P & (x=l) \end{cases} \tag{3.1.1d}$$

在 $x=l$ 的端面上，应力 σ_x 的分布规律未知，但根据平衡条件，可以确定其合力的大小。

对方程(3.1.1a)～方程(3.1.1c)直接求解，可得

$$\sigma_x=c\,,\quad \varepsilon_x=\frac{c}{E}\,,\quad u=\frac{c}{E}x+c_1 \tag{3.1.1e}$$

式中，c 和 c_1 为积分常数。将边界条件式(3.1.1d)代入式(3.1.1e)中，可得

$$c=\frac{P}{A}\,,\quad c_1=0 \tag{3.1.1f}$$

将式(3.1.1f)代入式(3.1.1e)，可得

$$\sigma_x=\frac{P}{A}\,,\quad \varepsilon_x=\frac{P}{EA}\,,\quad u=\frac{P}{EA}x \tag{3.1.1g}$$

讨论： 本问题若采用材料力学的方法，则通过轴向拉压平面假设，认为应力 σ_x 在横截面上均匀分布，然后求解 σ_x，再利用胡克定律求解应变 ε_x 和变形 $\Delta l=u(x=l)$。虽然求解结果与弹性力学解析法的结果一致，但两者的实质不同。

(1) 弹性力学解析法的求解过程严谨，可得到物体内各点力学变量的表达式，是场变量。

(2) 材料力学的方法求解过程较简单，须事先进行假定，往往只能得到一些特定位置的力学变量，而且只能应用于一些简单情形。

2. 超静定轴向拉伸杆件

两端固定的拉杆沿轴线作用有分布力 q，且 $q=x$。杆的长度为 l，横截面积为 A，弹性模量为 E，如图 3.2 所示。

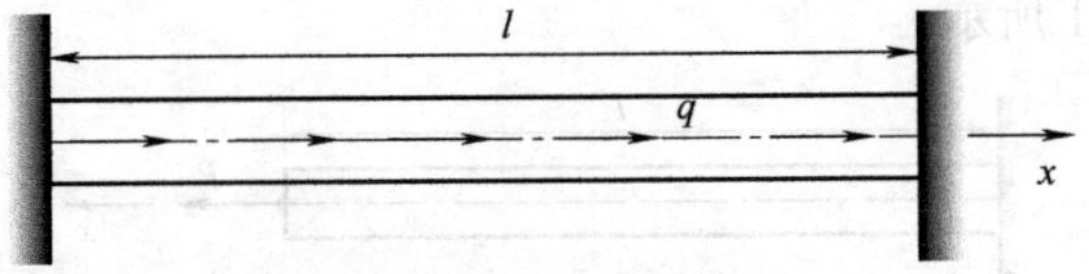

图 3.2　两端固定的拉杆

本问题属于一维超静定问题，与静定问题的分析类似，只保留沿 x 方向的方程。

平衡方程为

$$\frac{\mathrm{d}\sigma_x}{\mathrm{d}x}+x=0 \tag{3.1.2a}$$

几何方程为

$$\varepsilon_x=\frac{\mathrm{d}u}{\mathrm{d}x} \tag{3.1.2b}$$

物理方程为

$$\varepsilon_x=\frac{\sigma_x}{E} \tag{3.1.2c}$$

边界条件为

$$u\big|_{x=0}=0，\quad u\big|_{x=l}=0 \tag{3.1.2d}$$

在 $x=l$ 的端面上，应力 σ_x 的分布规律未知，但根据平衡条件，可以确定其合力的大小。

对方程(3.1.2a)～方程(3.1.2c)进行整理，可得

$$E\frac{\mathrm{d}^2u}{\mathrm{d}x^2}+x=0 \tag{3.1.2e}$$

这是一个二阶常系数非齐次微分方程，而边界条件则为式(3.1.2e)的定解条件，解的表达式为

$$u=\frac{1}{E}\left(-\frac{1}{6}x^3+c_1x+c_2\right) \tag{3.1.2f}$$

由边界条件可得

$$u=\frac{1}{6E}x(l^2-x^2) \tag{3.1.2g}$$

将式(3.1.2g)代回式(3.1.2b)，可得

$$\varepsilon_x=\frac{1}{6E}(l^2-3x^2)，\quad \sigma_x=\frac{1}{6}(l^2-3x^2) \tag{3.1.2h}$$

由式(3.1.2h)可得

$$\sigma_x\big|_{x=0}=\frac{1}{6}l^2，\quad \sigma_x\big|_{x=l}=-\frac{1}{3}l^2 \tag{3.1.2i}$$

则左右两端的约束反力为

$$P\big|_{x=0}=\frac{1}{6}l^2A，\quad P\big|_{x=l}=-\frac{1}{3}l^2A \tag{3.1.2j}$$

与材料力学求解的结果相同。

3.2　等效积分形式

直接针对原始三大类方程在给定边界条件下求解三大类变量往往非常困难，当研究对象的几何形状和边界条件比较复杂时，一般不能求出相应的解析解。基于微分方程等效积分提法的加权余量法是求解线性和非线性微分方程近似解的一种有效方法。有限元法中可以应用加权余量法来建立有限元求解方程，但本身又是一种独立的数值求解方法。

1. 微分方程的等效积分形式

工程或物理学中的许多问题通常是以未知场函数应满足的微分方程和边界条件的形式提出来的，可以一般地表示未知函数 $\boldsymbol{u}$ 应满足的微分方程组：

$$\boldsymbol{A}(\boldsymbol{u})=\begin{Bmatrix} A_1(\boldsymbol{u}) \\ A_2(\boldsymbol{u}) \\ \vdots \end{Bmatrix}=\boldsymbol{0} \quad （在\ \Omega\ 内） \tag{3.2.1}$$

域 Ω 可以是体积域、面积域等，如图 3.3 所示。同时未知函数 $\boldsymbol{u}$ 还应满足边界条件：

$$\boldsymbol{B}(\boldsymbol{u})=\begin{Bmatrix} B_1(\boldsymbol{u}) \\ B_2(\boldsymbol{u}) \\ \vdots \end{Bmatrix}=\boldsymbol{0} \quad （在\ \Gamma\ 内） \tag{3.2.2}$$

Γ 是域 Ω 的边界。

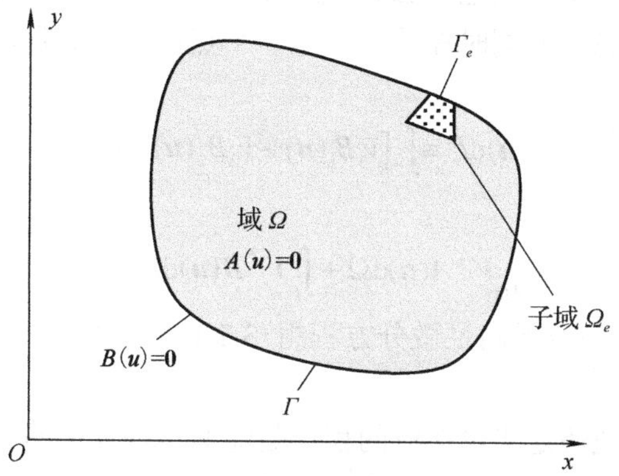

图 3.3　域 Ω 和边界 Γ

要求解的未知函数 $\boldsymbol{u}$ 可以是标量场(如温度)，也可以是几个变量组成的向量场(如位移、应变、应力)。$\boldsymbol{A}$、$\boldsymbol{B}$ 是对于独立变量(如空间坐标、时间坐标)的微分算子。微分方程个数应和未知场函数的数目相对应，所以，上述微分方程可以是单个方程，也可以是一组方程。因此在式(3.2.1)和式(3.2.2)中采用了矩阵形式。

下面给出一个典型的微分方程，后面内容再寻求它的解答。

【例 3.1】二维稳态热传导方程为

$$A(\phi)=\frac{\partial}{\partial x}\left(k\frac{\partial \phi}{\partial x}\right)+\frac{\partial}{\partial y}\left(k\frac{\partial \phi}{\partial y}\right)+Q=0 \quad （在\ \Omega\ 内） \tag{3.2.3}$$

$$B(\phi)=\begin{cases}\phi-\bar{\phi}=0 & (\text{在}\Gamma_{\phi}\text{上})\\ k\dfrac{\partial\phi}{\partial n}-\bar{q}=0 & (\text{在}\Gamma_{q}\text{上})\end{cases} \tag{3.2.4}$$

式中，ϕ 是温度；k 是热传导系数；$\bar{\phi}$ 和 $\bar{q}$ 分别是边界 Γ_{ϕ} 和 Γ_{q} 上温度和热流的给定值；n 是有关边界 Γ 的外法线方向；Q 是热源密度。

在上述问题中，若 k 和 Q 只是空间位置的函数，则是线性问题；若 k 和 Q 也是 ϕ 及其导数的函数，则为非线性问题。

由于微分方程组(3.2.1)在域 Ω 中的每一个点都必须为零，所以就有

$$\int_{\Omega}\boldsymbol{V}^{\mathrm{T}}\boldsymbol{A}(\boldsymbol{u})\mathrm{d}\Omega\equiv\int_{\Omega}[v_1A_1(\boldsymbol{u})+v_2A_2(\boldsymbol{u})+\cdots]\mathrm{d}\Omega\equiv 0 \tag{3.2.5}$$

式中，

$$\boldsymbol{V}=\begin{Bmatrix}v_1\\ v_2\\ \vdots\end{Bmatrix} \tag{3.2.6}$$

是函数向量，它是一组和微分方程个数相等的任意函数。

式(3.2.5)是微分方程组(3.2.1)完全等效的积分形式。可以断言，若积分方程(3.2.5)对于任意的 $\boldsymbol{V}$ 都能成立，则微分方程组(3.2.1)必然在域内任一点都得到满足。这个结论的证明是显然的，假如微分方程组(3.2.1)在域内某些点或一部分子域中不满足，即出现 $\boldsymbol{A}(\boldsymbol{u})\neq\boldsymbol{0}$，马上可以找到适当的函数 $\boldsymbol{V}$ 使积分方程(3.2.5)也不等于零。因此上述结论得到证明。

同理，假如边界条件(3.2.2)同时在边界上每一个点都得到满足，则对于一组任意函数 $\bar{\boldsymbol{V}}$，式(3.2.7)应当成立。

$$\int_{\Gamma}\bar{\boldsymbol{V}}^{\mathrm{T}}\boldsymbol{B}(\boldsymbol{u})\mathrm{d}\Gamma\equiv\int_{\Gamma}\left[\bar{v}_1B_1(\boldsymbol{u})+\bar{v}_2B_2(\boldsymbol{u})+\cdots\right]\mathrm{d}\Gamma\equiv 0 \tag{3.2.7}$$

因此，积分形式

$$\int_{\Omega}\boldsymbol{V}^{\mathrm{T}}\boldsymbol{A}(\boldsymbol{u})\mathrm{d}\Omega+\int_{\Gamma}\bar{\boldsymbol{V}}^{\mathrm{T}}\boldsymbol{B}(\boldsymbol{u})\mathrm{d}\Gamma=0 \tag{3.2.8}$$

对于所有的 $\boldsymbol{V}$ 和 $\bar{\boldsymbol{V}}$ 都成立等效于满足微分方程组(3.2.1)和边界条件(3.2.2)，则式(3.2.8)称为微分方程的等效积分形式。

在上述讨论中，隐含地假定式(3.2.8)的积分是能够进行计算的。这就对函数 $\boldsymbol{V}$、$\bar{\boldsymbol{V}}$ 和 $\boldsymbol{u}$ 能够选取的函数族提出一定的要求和限制，以避免积分中任何项出现无穷大的情况。

在式(3.2.8)中，$\boldsymbol{V}$ 和 $\bar{\boldsymbol{V}}$ 只是以函数自身的形式出现在积分中，因此 $\boldsymbol{V}$ 和 $\bar{\boldsymbol{V}}$ 是单值的并分别在 Ω 内和 Γ 上可积的函数即可。这种限制并不影响上述“微分方程的等效积分形式”提法的有效性。$\boldsymbol{u}$ 在积分中还将以导数或偏导数的形式出现，它将取决于微分算子 $\boldsymbol{A}$ 或 $\boldsymbol{B}$ 中微分运算的最高阶次。例如，有一个连续函数，它在 x 方向有一个斜率不连续点，如图 3.4 所示。

设想在很小的一个区间 Δ 中用一个连续变化来代替这个不连续。可以很容易地看出，在不连续点附近，函数的一阶导数是不定的，但是一阶导数是可积的，即一阶导数的积分是存在的。而在不连续点附近，函数的二阶导数趋于无穷，使积分不能进行。如果微分算子 $\boldsymbol{A}$ 中仅出现函数的一阶导数(边界条件算子 $\boldsymbol{B}$ 中导数的最高阶导数总是低于微分算子 $\boldsymbol{A}$ 中导数的最高阶导数)，上述函数对于 $\boldsymbol{u}$ 将是一个合适的选择。一个函数在域内基本连续，它的一阶导数具有有限个不连续点但在域内可积，这样的函数称为具有 C_0 连续性的函数。以此类推，如果微分算子 $\boldsymbol{A}$ 出现的最高阶导数是 n 阶，则要求函数 $\boldsymbol{u}$ 必须具有连续的 $n-1$ 阶导数，即函数

应具有 C_{n-1} 连续性。一个函数在域内，函数本身(它的零阶导数)直至它的 $n-1$ 阶导数连续，它的第 n 阶导数具有有限个不连续点，但在域内可积，这样的函数称为具有 C_{n-1} 连续性的函数。具有 C_{n-1} 连续性的函数将使包含函数直至它的 n 阶导数的积分成为可积。

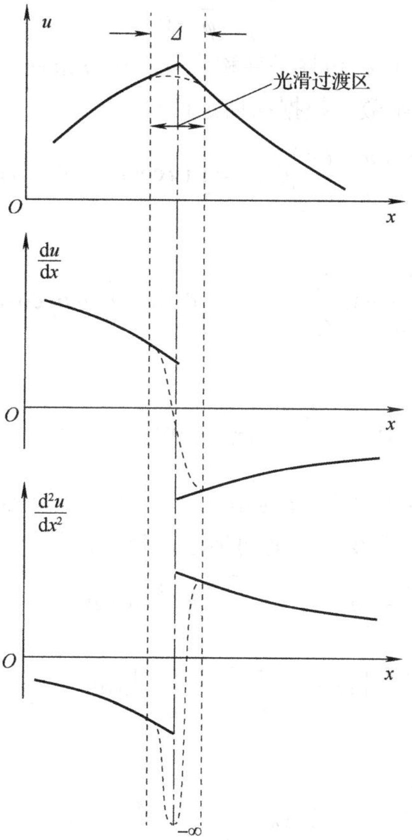

图 3.4　具有 C_0 连续性的函数

2. 等效积分的“弱”形式

在很多情况下可以对式(3.2.8)进行分部积分得到另一种形式：

$$\int_{\Omega} \boldsymbol{C}^{\mathrm{T}}(\boldsymbol{v})\boldsymbol{D}(\boldsymbol{u})\mathrm{d}\Omega + \int_{\Gamma} \boldsymbol{E}^{\mathrm{T}}(\bar{\boldsymbol{v}})\boldsymbol{F}(\boldsymbol{u})\mathrm{d}\Gamma = 0 \tag{3.2.9}$$

式中，$\boldsymbol{C}$、$\boldsymbol{D}$、$\boldsymbol{E}$、$\boldsymbol{F}$ 是微分算子，它们中所包含的导数阶数较式(3.2.8)的 $\boldsymbol{A}$ 低，这样对函数 $\boldsymbol{u}$ 只需要求较低的连续性就可以了。在式(3.2.8)中降低 $\boldsymbol{u}$ 的连续性要求是以提高 $\boldsymbol{v}$ 及 $\bar{\boldsymbol{v}}$ 的连续性要求为代价的，在式(3.2.8)中并无连续性要求。但是适当提高对其连续性的要求并不困难，因为它们是可以选择的已知函数。这种通过适当提高对任意函数 $\boldsymbol{v}$ 及 $\bar{\boldsymbol{v}}$ 的连续性要求，以降低对微分方程场函数 $\boldsymbol{u}$ 的连续性要求所建立的等效积分形式称为微分方程的等效积分“弱”形式。它在近似计算中，尤其是在有限元法中是十分重要的。值得指出的是，从形式上看“弱”形式对函数 $\boldsymbol{u}$ 的连续性要求降低了，但对实际的物理问题却常常较原始微分方程更逼近真正解，因为原始微分方程往往对求解提出了过分“平滑”的要求。

下面仍以例 3.1 中的二维稳态热传导方程为例，写出它们的等效积分形式和等效积分“弱”形式。由例 3.1 中二维稳态热传导方程(3.2.3)和边界条件(3.2.4)，可以直接写出相当于式(3.2.8)的等效积分形式：

$$\int_{\Omega} v\left[\frac{\partial}{\partial x}\left(k\frac{\partial \phi}{\partial x}\right)+\frac{\partial}{\partial y}\left(k\frac{\partial \phi}{\partial y}\right)+Q\right]\mathrm{d}x\mathrm{d}y+\int_{\Gamma_q}\overline{v}\left(k\frac{\partial \phi}{\partial n}-\overline{q}\right)\mathrm{d}\Gamma=0 \tag{3.2.10}$$

式中，v 和 $\overline{v}$ 是任意的标量函数，并假设 Γ_ϕ 上的边界条件为

$$\phi-\overline{\phi}=0$$

在选择函数 ϕ 时已自动满足，这种边界条件称为强制边界条件。

设 u、v 分别是 x、y 的函数，根据高斯定理有

$$\iint_{\Omega}\left(\frac{\partial u}{\partial x}+\frac{\partial v}{\partial y}\right)\mathrm{d}x\mathrm{d}y=\int_c (u\cos\alpha+v\cos\beta)\mathrm{d}s \tag{3.2.11}$$

若令 $u=u_1u_2$、$v=v_1v_2$，可得

$$\iint_{\Omega}\left(u_1\frac{\partial u_2}{\partial x}+u_2\frac{\partial u_1}{\partial x}+v_1\frac{\partial v_2}{\partial y}+v_2\frac{\partial v_1}{\partial y}\right)\mathrm{d}x\mathrm{d}y=\int_c (u_1u_2\cos\alpha+v_1v_2\cos\beta)\mathrm{d}s \tag{3.2.12}$$

移项后得到

$$\iint_{\Omega}\left(u_1\frac{\partial u_2}{\partial x}+v_1\frac{\partial v_2}{\partial y}\right)\mathrm{d}x\mathrm{d}y=-\iint_{\Omega}\left(u_2\frac{\partial u_1}{\partial x}+v_2\frac{\partial v_1}{\partial y}\right)\mathrm{d}x\mathrm{d}y+\int_c (u_1u_2\cos\alpha+v_1v_2\cos\beta)\mathrm{d}s \tag{3.2.13}$$

对式(3.2.10)进行分部积分可以得到相当于式(3.2.9)的等效积分“弱”形式。利用式(3.2.13)对式(3.2.10)中的第一个积分的前两项进行分部积分。

$$\begin{cases}\displaystyle\int_{\Omega} v\frac{\partial}{\partial x}\left(k\frac{\partial \phi}{\partial x}\right)\mathrm{d}x\mathrm{d}y=-\int_{\Omega}\frac{\partial v}{\partial x}\left(k\frac{\partial \phi}{\partial x}\right)\mathrm{d}x\mathrm{d}y+\oint_{\Gamma} v\left(k\frac{\partial \phi}{\partial x}\right)n_x\mathrm{d}\Gamma\\ \displaystyle\int_{\Omega} v\frac{\partial}{\partial y}\left(k\frac{\partial \phi}{\partial y}\right)\mathrm{d}x\mathrm{d}y=-\int_{\Omega}\frac{\partial v}{\partial y}\left(k\frac{\partial \phi}{\partial y}\right)\mathrm{d}x\mathrm{d}y+\oint_{\Gamma} v\left(k\frac{\partial \phi}{\partial y}\right)n_y\mathrm{d}\Gamma\end{cases} \tag{3.2.14}$$

于是式(3.2.10)成为

$$-\int_{\Omega}\left(\frac{\partial v}{\partial x}k\frac{\partial \phi}{\partial x}+\frac{\partial v}{\partial y}k\frac{\partial \phi}{\partial y}-vQ\right)\mathrm{d}x\mathrm{d}y+\oint_{\Gamma} vk\left(\frac{\partial \phi}{\partial x}n_x+\frac{\partial \phi}{\partial y}n_y\right)\mathrm{d}\Gamma+\int_{\Gamma_q}\overline{v}\left(k\frac{\partial \phi}{\partial n}-\overline{q}\right)\mathrm{d}\Gamma=0 \tag{3.2.15}$$

式中，n_x、n_y 为边界外法线的方向余弦。在边界上场函数 ϕ 的法向导数是

$$\frac{\partial \phi}{\partial n}\equiv\frac{\partial \phi}{\partial x}n_x+\frac{\partial \phi}{\partial y}n_y \tag{3.2.16}$$

并且对于任意函数 v 和 $\overline{v}$，可以不失一般性地假定在 Γ 上

$$v|_{\Gamma}=-\overline{v} \tag{3.2.17}$$

这样，式(3.2.10)可以表示为

$$\int_{\Omega}\nabla^{\mathrm{T}}vk\nabla\phi\mathrm{d}\Omega-\int_{\Omega}vQ\mathrm{d}\Omega-\int_{\Gamma_q}v\overline{q}\mathrm{d}\Gamma-\int_{\Gamma_\phi}vk\frac{\partial \phi}{\partial n}\mathrm{d}\Gamma=0 \tag{3.2.18}$$

式中，算子 ∇ 是

$$\nabla=\begin{Bmatrix}\dfrac{\partial}{\partial x}\\ \dfrac{\partial}{\partial y}\end{Bmatrix}$$

式(3.2.18)就是二维稳态热传导问题与微分方程(3.2.3)和边界条件(3.2.4)等效积分的“弱”形式。在式中 k 以自身出现，而场函数 ϕ(温度)则以一阶导数形式出现，因此它允许在域内热传导系数 k 以及温度 ϕ 的一阶导数出现不连续，而这种实际的可能性在微分方程中是不

允许的。

对式(3.2.18)，还应指出以下两点。

(1)场函数ϕ不出现在沿Γ_q的边界积分中。Γ_q上的边界条件为

$$B(\phi)=k\frac{\partial\phi}{\partial n}-\bar{q}=0$$

在Γ_q上自动得到满足。这种边界条件称为自然边界条件。

(2)若在选择场函数ϕ时已满足强制边界条件，即在Γ_ϕ上满足$\phi-\bar{\phi}=0$，则可以通过适当选择v，使在Γ_ϕ上$v=0$而略去式(3.2.18)中沿Γ_ϕ的边界积分项，使相应的等效积分“弱”形式取得更简洁的表达式。

3.3　基于等效积分形式的加权余量法

在求解域Ω中，若场函数$\boldsymbol{u}$是精确解，则在域Ω中任意一点都满足微分方程组(3.2.1)，同时在边界Γ上任一点都满足边界条件(3.2.2)，此时等效积分形式(式(3.2.8))或其“弱”形式(式(3.2.9))必然严格得到满足。但是对于复杂的实际问题，这样的精确解往往是很难找到的，因此人们需要设法找到具有一定精度的近似解。

对于微分方程组(3.2.1)和边界条件(3.2.2)所表达的物理问题，假设未知场函数$\boldsymbol{u}$可以采用近似函数来表示。近似函数是一族带有待定参数的已知函数，一般形式是

$$\boldsymbol{u}\approx\bar{\boldsymbol{u}}=\sum_{i=1}^{n}\boldsymbol{N}_i\boldsymbol{a}_i=\boldsymbol{N}\boldsymbol{a} \tag{3.3.1}$$

式中，$\boldsymbol{a}_i$是待定参数；$\boldsymbol{N}_i$是称为试探函数(或基函数、形式函数)的已知函数，它取自完全的函数序列，是线性独立的。完全的函数序列是指任意函数都可以用此序列表示。通常使近似解满足强制边界条件和连续性的要求。例如，当未知函数$\boldsymbol{u}$是位移时，可以取近似解

$$u=N_1u_1+N_2u_2+\cdots+N_nu_n=\sum_{i=1}^{n}N_iu_i$$

$$v=N_1v_1+N_2v_2+\cdots+N_nv_n=\sum_{i=1}^{n}N_iv_i$$

$$w=N_1w_1+N_2w_2+\cdots+N_nw_n=\sum_{i=1}^{n}N_iw_i$$

则有

$$\boldsymbol{a}_i=\begin{Bmatrix}u_i\\v_i\\w_i\end{Bmatrix}$$

式中，u_i、v_i、w_i是待定参数，共$3n$个；$\boldsymbol{N}_i=\boldsymbol{I}N_i$是函数矩阵，$\boldsymbol{I}$是$3\times3$单位矩阵，$N_i$是坐标的独立函数。

显然，在通常n取有限项数的情况下近似解是不能精确满足微分方程组(3.2.1)和边界条件(3.2.2)的，它们将产生残差$\boldsymbol{R}$和$\bar{\boldsymbol{R}}$，即

$$\begin{cases}\boldsymbol{A}(\boldsymbol{N}\boldsymbol{a})=\boldsymbol{R}\\\boldsymbol{B}(\boldsymbol{N}\boldsymbol{a})=\bar{\boldsymbol{R}}\end{cases} \tag{3.3.2}$$

残差$\boldsymbol{R}$和$\bar{\boldsymbol{R}}$也称为余量。在式(3.2.8)中用n个规定的函数向量来代替任意函数$\boldsymbol{V}$和$\bar{\boldsymbol{V}}$，即

$$\boldsymbol{V}=\boldsymbol{W}_j,\quad \bar{\boldsymbol{V}}=\bar{\boldsymbol{W}}_j\quad (j=1,2,\cdots,n) \tag{3.3.3}$$

就可以得到近似的等效积分形式：

$$\int_\Omega \boldsymbol{W}_j^{\mathrm{T}}\boldsymbol{A}(\boldsymbol{Na})\mathrm{d}\Omega+\int_\Gamma \bar{\boldsymbol{W}}_j^{\mathrm{T}}\boldsymbol{B}(\boldsymbol{Na})\mathrm{d}\Gamma=0\quad (j=1,2,\cdots,n) \tag{3.3.4}$$

也可以写成余量形式：

$$\int_\Omega \boldsymbol{W}_j^{\mathrm{T}}\boldsymbol{R}\mathrm{d}\Omega+\int_\Gamma \bar{\boldsymbol{W}}_j^{\mathrm{T}}\bar{\boldsymbol{R}}\mathrm{d}\Gamma=0\quad (j=1,2,\cdots,n) \tag{3.3.5}$$

式(3.3.4)或式(3.3.5)的意义是通过选择待定系数$\boldsymbol{a}$，强迫余量在某种平均意义上等于零。$\boldsymbol{W}_j$和$\bar{\boldsymbol{W}}_j$称为权函数。余量的加权积分为零，就得到一组求解方程，用以求解近似解的待定系数$\boldsymbol{a}$，从而得到原问题的近似解答。方程(3.3.4)的展开形式是

$$\begin{aligned}
&\int_\Omega \boldsymbol{W}_1^{\mathrm{T}}\boldsymbol{A}(\boldsymbol{Na})\mathrm{d}\Omega+\int_\Gamma \bar{\boldsymbol{W}}_1^{\mathrm{T}}\boldsymbol{B}(\boldsymbol{Na})\mathrm{d}\Gamma=0\\
&\int_\Omega \boldsymbol{W}_2^{\mathrm{T}}\boldsymbol{A}(\boldsymbol{Na})\mathrm{d}\Omega+\int_\Gamma \bar{\boldsymbol{W}}_2^{\mathrm{T}}\boldsymbol{B}(\boldsymbol{Na})\mathrm{d}\Gamma=0\\
&\qquad\vdots\\
&\int_\Omega \boldsymbol{W}_n^{\mathrm{T}}\boldsymbol{A}(\boldsymbol{Na})\mathrm{d}\Omega+\int_\Gamma \bar{\boldsymbol{W}}_n^{\mathrm{T}}\boldsymbol{B}(\boldsymbol{Na})\mathrm{d}\Gamma=0
\end{aligned}$$

其中，若微分方程组$\boldsymbol{A}$的个数为m_1，边界条件$\boldsymbol{B}$的个数为m_2，则权函数$\boldsymbol{W}_j(j=1,2,\cdots,n)$是$m_1$阶的函数列阵，$\bar{\boldsymbol{W}}_j$（$j=1,2,\cdots,n$）是$m_2$阶的函数列阵。

近似函数所取试探函数的项数n越多，近似解的精度将越高。当项数n趋近于无穷大时，近似解将收敛于精确解。

对应于等效积分“弱”形式(式(3.2.9))，同样可以得到它的近似形式为

$$\int_\Omega \boldsymbol{C}^{\mathrm{T}}(\boldsymbol{W}_j)\boldsymbol{D}(\boldsymbol{Na})\mathrm{d}\Omega+\int_\Gamma \boldsymbol{E}^{\mathrm{T}}(\bar{\boldsymbol{W}}_j)\boldsymbol{F}(\boldsymbol{Na})\mathrm{d}\Gamma=0\quad (j=1,2,\cdots,n) \tag{3.3.6}$$

采用使余量的加权积分为零来求得微分方程近似解的方法称为加权余量法(weighted residual method，WRM)。加权余量法是求解微分方程近似解的一种有效方法。显然，任何独立的完全函数集都可以用来作为权函数。按照对权函数的不同选择得到的不同加权余量的计算方法被赋予不同的名称。常用权函数的选择有以下几种。

1. 配点法

$$\boldsymbol{W}_j=\delta(\boldsymbol{x}-\boldsymbol{x}_j)$$

若域Ω是独立的坐标$\boldsymbol{x}$的函数，则$\delta(\boldsymbol{x}-\boldsymbol{x}_j)$有如下性质：当$\boldsymbol{x}\neq\boldsymbol{x}_j$时，$\boldsymbol{W}_j=\boldsymbol{0}$，但有

$$\int_\Omega \boldsymbol{W}_j\mathrm{d}\Omega=\boldsymbol{I}\quad (j=1,2,\cdots,n)$$

此方法相当于简单地强迫余量在域内n个点上等于零。

2. 子域法

在n个子域Ω_j内$\boldsymbol{W}_j=\boldsymbol{I}$，在子域$\Omega_j$以外$\boldsymbol{W}_j=\boldsymbol{0}$。此方法的实质是强迫余量在$n$个子域$\Omega_j$上的积分为零。

3. 最小二乘法

若近似解取

$$\tilde{\boldsymbol{u}}=\sum_{i=1}^{n}\boldsymbol{N}_i\boldsymbol{a}_i$$

权函数则为

$$\boldsymbol{W}_j=\frac{\partial}{\partial \boldsymbol{a}_j}\boldsymbol{A}\left(\sum_{i=1}^{n}\boldsymbol{N}_i\boldsymbol{a}_i\right)$$

此方法的实质是使函数

$$I(\boldsymbol{a}_i)=\int_{\Omega}\boldsymbol{A}^2\left(\sum_{i=1}^{n}\boldsymbol{N}_i\boldsymbol{a}_i\right)\mathrm{d}\Omega$$

取得最小值，即要求

$$\frac{\partial I}{\partial \boldsymbol{a}_i}=0 \quad (i=1,2,\cdots,n)$$

4. 力矩法

以一维问题为例，微分方程 $A(u)=0$，取近似解为 $\tilde{u}$ 并假定已满足边界条件，令

$$W_j=1,x,x^2,\cdots$$

则得到

$$\int_{\Omega}A(\tilde{u})\mathrm{d}x=0\,,\quad \int_{\Omega}xA(\tilde{u})\mathrm{d}x=0\,,\quad \int_{\Omega}x^2A(\tilde{u})\mathrm{d}x=0\,,\quad \cdots$$

此方法强迫余量的各次矩等于零。通常又称此法为积分法。对于二维问题，$W_j=1,x,y,x^2,xy,y^2,\cdots$。

5. 伽辽金法

取 $\boldsymbol{W}_j=\boldsymbol{N}_j$，在边界上 $\bar{\boldsymbol{W}}_j=-\boldsymbol{W}_j=-\boldsymbol{N}_j$，即简单地利用近似解的试探函数序列作为权函数。近似积分形式可以写成

$$\int_{\Omega}\boldsymbol{N}_j^{\mathrm{T}}\boldsymbol{A}\left(\sum_{i=1}^{n}\boldsymbol{N}_i\boldsymbol{a}_i\right)\mathrm{d}\Omega-\int_{\Gamma}\boldsymbol{N}_j^{\mathrm{T}}\boldsymbol{B}\left(\sum_{i=1}^{n}\boldsymbol{N}_i\boldsymbol{a}_i\right)\mathrm{d}\Gamma=0 \quad (j=1,2,\cdots,n) \tag{3.3.7}$$

由式(3.3.1)可以定义近似解 $\tilde{\boldsymbol{u}}$ 的变微分 $\delta\tilde{\boldsymbol{u}}$ 为

$$\delta\tilde{\boldsymbol{u}}=\boldsymbol{N}_1\delta\boldsymbol{a}_1+\boldsymbol{N}_2\delta\boldsymbol{a}_2+\cdots+\boldsymbol{N}_n\delta\boldsymbol{a}_n \tag{3.3.8}$$

式中，$\delta\boldsymbol{a}_i$ 是完全任意的。由此式(3.3.7)可更简洁地表示为

$$\int_{\Omega}\delta\tilde{\boldsymbol{u}}^{\mathrm{T}}\boldsymbol{A}(\tilde{\boldsymbol{u}})\mathrm{d}\Omega-\int_{\Gamma}\delta\tilde{\boldsymbol{u}}^{\mathrm{T}}\boldsymbol{B}(\tilde{\boldsymbol{u}})\mathrm{d}\Gamma=0 \tag{3.3.9}$$

对于近似的“弱”形式(式(3.3.6))则有

$$\int_{\Omega}\boldsymbol{C}^{\mathrm{T}}(\delta\tilde{\boldsymbol{u}})\boldsymbol{D}(\tilde{\boldsymbol{u}})\mathrm{d}\Omega-\int_{\Gamma}\boldsymbol{E}^{\mathrm{T}}(\delta\tilde{\boldsymbol{u}})\boldsymbol{F}(\tilde{\boldsymbol{u}})\mathrm{d}\Gamma=0 \tag{3.3.10}$$

如果算子 $\boldsymbol{A}$ 是 $2m$ 阶的线性、自伴随的(见 3.4 节)，采用伽辽金法得到求解方程的系数矩阵是对称的，这是在用加权余量法建立有限元格式时几乎毫无例外地采用伽辽金法的主要原因，而且当微分方程存在相应的泛函数时，伽辽金法与变分法往往导致同样的结果。

【例 3.2】求解二阶常微分方程：

$$\frac{\mathrm{d}^2u}{\mathrm{d}x^2}+u+x=0 \quad (0\leqslant x\leqslant 1) \tag{3.3.11a}$$

边界条件为

$$\begin{cases}u=0 & (x=0)\\ u=0 & (x=1)\end{cases} \tag{3.3.11b}$$

解：取近似解为

$$u=x(1-x)(a_1+a_2x+\cdots) \tag{3.3.11c}$$

式中，a_1、a_2 等为待定参数；试探函数 $N_1=x(1-x)$，$N_2=x^2(1-x)$，$\cdots$，显然近似解满足边界条件(3.3.11b)，但不满足微分方程(3.3.11a)，在域内将产生余量 R。余量加权积分为零：

$$\int_0^1 W_iR\mathrm{d}x=0 \tag{3.3.11d}$$

近似解可取式(3.3.11c)中一项、两项或n项，项数取得越多，计算精度越高。为了方便起见，只讨论一项和两项近似解。

取一项近似解：$n=1$，有

$$\tilde{u}_1 = a_1 x(1-x) \tag{3.3.11e}$$

代入式(3.3.11a)，余量为

$$R_1(x) = x - a_1(2 - x + x^2) \tag{3.3.11f}$$

取两项近似解：$n=2$，有

$$\tilde{u}_2 = x(1-x)(a_1 + a_2 x) \tag{3.3.11g}$$

余量为

$$R_2(x) = x - a_1(2 - x + x^2) + a_2(2 - 6x + x^2 - x^3) \tag{3.3.11h}$$

(1)配点法。

① 一项近似解。取$x=1/2$作为配点，得到

$$R\left(\frac{1}{2}\right) = \frac{1}{2} - \frac{7}{4}a_1 = 0，\quad a_1 = 0.2857$$

所以一项近似解为

$$\tilde{u}_1 = 0.2857x(1-x)$$

② 两项近似解。取三分点$x=1/3$及$x=2/3$作为配点，得到

$$R\left(\frac{1}{3}\right) = \frac{1}{3} - \frac{16}{9}a_1 + \frac{2}{27}a_2 = 0$$

$$R\left(\frac{2}{3}\right) = \frac{2}{3} - \frac{16}{9}a_1 - \frac{50}{27}a_2 = 0$$

解得

$$a_1 = 0.1948，\quad a_2 = 0.1731$$

所以两项近似解为

$$\tilde{u}_2 = x(1-x)(0.1948 + 0.1731x)$$

(2)子域法。

① 一项近似解。子域取全域，即$W_1 = 1\ (0 \leqslant x \leqslant 1)$。由式(3.3.11d)可得

$$\int_0^1 R_1(x)\mathrm{d}x = \int_0^1 \left[x - a_1(2 - x + x^2)\right]\mathrm{d}x = \frac{1}{2} - \frac{11}{6}a_1 = 0$$

解得

$$a_1 = 0.2727$$

所以一项近似解为

$$\tilde{u}_1 = 0.2727x(1-x)$$

② 两项近似解。

取$W_1 = 1 \quad \left(0 \leqslant x \leqslant \dfrac{1}{2}\right) \quad (\Omega_1)$

$W_2 = 1 \quad \left(\dfrac{1}{2} < x \leqslant 1\right) \quad (\Omega_2)$

由式(3.3.11d)得到

$$\int_0^{1/2} R_2(x)\mathrm{d}x = \int_0^{1/2}\left[x - a_1(2 - x + x^2) + a_2(2 - 6x + x^2 - x^3)\right]\mathrm{d}x$$

$$= \frac{1}{8} - \frac{11}{12}a_1 + \frac{53}{192}a_2 = 0$$

$$\int_{1/2}^{1} R_2(x)\mathrm{d}x = \frac{3}{8} - \frac{11}{12}a_1 - \frac{229}{192}a_2 = 0$$

解得

$$a_1 = 0.1876, \quad a_2 = 0.1702$$

所以两项近似解为

$$\tilde{u}_2 = x(1-x)(0.1876 + 0.1702x)$$

(3) 最小二乘法。

将余量的二次方 R^2 在域 Ω 中积分，有

$$I = \int_{\Omega} R^2 \mathrm{d}\Omega \tag{3.3.11i}$$

选择近似解的待定系数 a_i，使余量在全域的积分 I 达到极小。为此必须有

$$\frac{\partial I}{\partial a_i} = 0 \quad (i = 1, 2, \cdots, n)$$

用式(3.3.11i)对 a_i 求导数得到

$$\int_{\Omega} R \frac{\partial R}{\partial a_i} \mathrm{d}\Omega = 0 \quad (i = 1, 2, \cdots, n) \tag{3.3.11j}$$

由此得到 n 个方程，用以求解 n 个待定参数 a_i。将式(3.3.11j)和式(3.3.11d)比较可知，最小二乘法的权函数选择为

$$W_i = \frac{\partial I}{\partial a_i} \quad (i = 1, 2, \cdots, n)$$

① 一项近似解。

$$R_1(x) = x - a_1(2 - x + x^2) \tag{3.3.11k}$$

$$\frac{\partial R_1}{\partial a_1} = -2 + x - x^2$$

代入式(3.3.11j)得到

$$\int_0^1 R_1 \frac{\partial R_1}{\partial a_1} \mathrm{d}x = \int_0^1 \left[x - a_1(2 - x + x^2)\right](-2 + x - x^2)\mathrm{d}x = 0$$

解得

$$a_1 = 0.2723$$

所以一项近似解为

$$\tilde{u}_1 = 0.2723x(1-x)$$

② 两项近似解。

$$R_2(x) = x - a_1(2 - x + x^2) + a_2(2 - 6x + x^2 - x^3)$$

$$W_1 = \frac{\partial R_2}{\partial a_1} = -2 + x - x^2$$

$$W_2 = \frac{\partial R_2}{\partial a_2} = 2 - 6x + x^2 - x^3$$

代入式(3.3.11j)后得到两个方程，即

$$\int_0^1 R_2(x) \frac{\partial R_2}{\partial a_1} \mathrm{d}x = \int_0^1 \left[x - a_1(2 - x + x^2) + a_2(2 - 6x + x^2 - x^3)\right](-2 + x - x^2)\mathrm{d}x = 0$$

$$\int_0^1 R_2(x) \frac{\partial R_2}{\partial a_2} \mathrm{d}x = \int_0^1 \left[x - a_1(2 - x + x^2) + a_2(2 - 6x + x^2 - x^3)\right](2 - 6x + x^2 - x^3)\mathrm{d}x = 0$$

解得

$$a_1 = 0.1875, \quad a_2 = 0.1695$$

所以两项近似解为

$$\tilde{u}_2 = x(1-x)(0.1875 + 0.1695x)$$

(4) 力矩法。

① 一项近似解。取 $W_1 = 1$，由式(3.3.11d)得到

$$\int_0^1 1\cdot R_1(x)\mathrm{d}x=\int_0^1\left[x-a_1(2-x+x^2)\right]\mathrm{d}x=0$$

解得 $a_1=0.2727$

所以一项近似解为 $\tilde{u}_1=0.2727x(1-x)$

此结果与子域法的结果相同。

② 两项近似解。取 $W_1=1$，$W_2=x$。由式(3.3.11d)得

$$\int_0^1 R_2(x)\mathrm{d}x=\int_0^1\left[x-a_1(2-x+x^2)+a_2(2-6x+x^2-x^3)\right]\mathrm{d}x=0$$

$$\int_0^1 xR_2(x)\mathrm{d}x=\int_0^1 x\left[x-a_1(2-x+x^2)+a_2(2-6x+x^2-x^3)\right]\mathrm{d}x=0$$

解得 $a_1=0.1880$，$a_2=0.1695$

所以两项近似解为 $\tilde{u}_2=x(1-x)(0.1880+0.1695x)$

(5) 伽辽金法。

取近似函数作为权函数。

① 一项近似解。

$$\tilde{u}_1=N_1a_1=a_1x(1-x)$$

取权函数为 $W_1=N_1=x(1-x)$

由式(3.3.11d)得到

$$\int_0^1 N_1R_1(x)\mathrm{d}x=\int_0^1 x(1-x)\left[x-a_1(2-x+x^2)\right]\mathrm{d}x=0$$

解得 $a_1=0.2778$

所以一项近似解为 $\tilde{u}_1=0.2778x(1-x)$

② 两项近似解。

$$\tilde{u}_2=N_1a_1+N_2a_2=a_1x(1-x)+a_2x^2(1-x)$$

取权函数为

$$W_1=N_1=x(1-x)，\quad W_2=N_2=x^2(1-x)$$

代入式(3.3.11d)得到

$$\int_0^1 x(1-x)\left[x-a_1(2-x+x^2)+a_2(2-6x+x^2-x^3)\right]\mathrm{d}x=0$$

$$\int_0^1 x^2(1-x)\left[x-a_1(2-x+x^2)+a_2(2-6x+x^2-x^3)\right]\mathrm{d}x=0$$

解得 $a_1=0.1924$，$a_2=0.1707$

所以两项近似解为 $\tilde{u}_2=x(1-x)(0.1924+0.1707x)$

这个问题的精确解是

$$u=\frac{\sin x}{\sin 1}-x$$

用加权余量的几种方法得到的近似解与精确解的比较见表 3.1，其曲线对比如图 3.5 所示。由此可见，在此具体问题中取得两项近似解已经得到较好的近似结果，各种方法得到的两项近似解误差在±3%以内，其中伽辽金法的精度尤其高，误差小于 0.5%。显然若增加近似解的项数，精度将进一步提高。

表 3.1　不同加权余量法的近似解与精确解结果比较

精确解 $u=\dfrac{\sin x}{\sin 1}-x$		$x=0.25$ $u=0.04401$		$x=0.5$ $u=0.06975$		$x=0.75$ $u=0.06006$	
近似解		值	误差/%	值	误差/%	值	误差/%
一项近似解	$\tilde{u}_1=a_1x(1-x)$						
	1. 配点法：$\tilde{u}_1=0.2857x(1-x)$	0.05357	21.7	0.07143	2.4	0.05357	−10.8
	2. 子域法：$\tilde{u}_1=0.2727x(1-x)$	0.05114	16.2	0.06818	−2.3	0.05114	−14.9
	3. 最小二乘法：$\tilde{u}_1=0.2723x(1-x)$	0.05106	16.0	0.06808	−2.4	0.05106	−15.0
	4. 力矩法：$\tilde{u}_1=0.2727x(1-x)$	0.05114	16.2	0.06818	−2.3	0.05114	−14.9
	5. 伽辽金法：$\tilde{u}_1=0.2778x(1-x)$	0.05208	18.3	0.06944	−0.4	0.05208	−13.3
两项近似解	$\tilde{u}_1=x(1-x)(a_1+a_2x)$						
	1. 配点法：$\tilde{u}_1=x(1-x)(0.1948+0.1731x)$	0.04464	1.4	0.07034	0.8	0.06087	1.3
	2. 子域法：$\tilde{u}_1=x(1-x)(0.1876+0.1702x)$	0.04315	−2.0	0.06818	−2.3	0.05911	−1.6
	3. 最小二乘法：$\tilde{u}_1=x(1-x)(0.1875+0.1695x)$	0.04310	−2.1	0.06806	−2.4	0.05899	−1.8
	4. 力矩法：$\tilde{u}_2=x(1-x)(0.1880+0.1695x)$	0.04320	−1.8	0.06819	−2.2	0.05909	−1.6
	5. 伽辽金法：$\tilde{u}_1=x(1-x)(0.1924+0.1707x)$	0.04408	0.2	0.06944	−0.4	0.06008	0.03

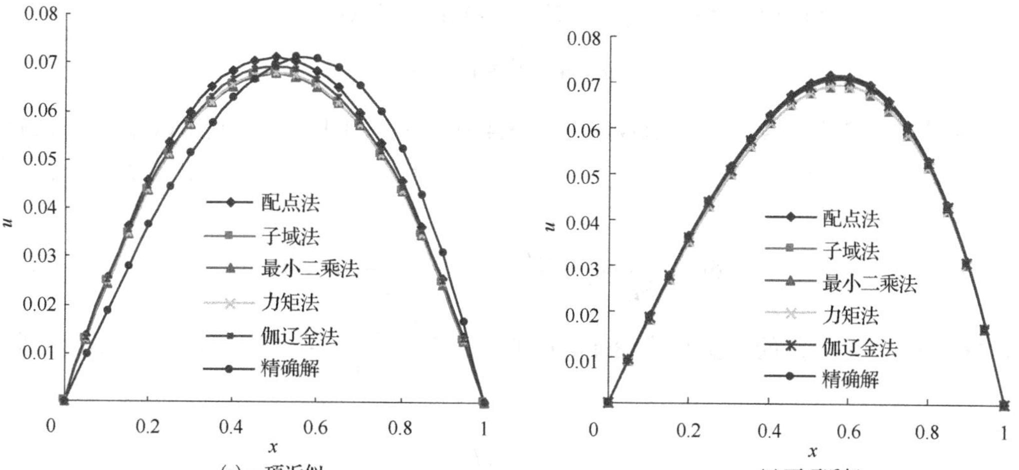

(a) 一项近似　　(b) 两项近似

图 3.5　近似解与精确解的曲线对比

加权余量法可以用于广泛的方程类型；选择不同的权函数，可以产生不同的加权余量法；通过采用等效积分“弱”形式，可以降低对近似函数连续性的要求。如果近似函数取自完全的函数系列，并满足连续性要求，当试探函数的项数不断增加时，近似解可趋近于精确解。但解的收敛性仍未有严格的理论证明，同时近似解通常也不具有明确的上、下界性质。3.4 节讨论的变分原理和里茨法则从理论上解决上述两个方面的问题。

3.4 变分原理与里茨法

1. 变分原理的定义及意义

欲讨论一个连续介质问题的变分原理，首先应建立一个标量泛函 Π ，它由积分形式确定：

$$\Pi = \int_{\Omega} \boldsymbol{F}\left(\boldsymbol{u}, \frac{\partial \boldsymbol{u}}{\partial \boldsymbol{x}}, \cdots\right) \mathrm{d}\Omega + \int_{\Gamma} \boldsymbol{E}\left(\boldsymbol{u}, \frac{\partial \boldsymbol{u}}{\partial \boldsymbol{x}}, \cdots\right) \mathrm{d}\Gamma \tag{3.4.1}$$

式中， $\boldsymbol{u}$ 为未知函数； $\boldsymbol{F}$ 和 $\boldsymbol{E}$ 为特定的算子； Ω 为求解域； Γ 为 Ω 的边界。Π 称为未知函数 $\boldsymbol{u}$ 的泛函，随函数 $\boldsymbol{u}$ 的变化而变化。连续介质问题的解 $\boldsymbol{u}$ 使泛函 Π 对于微小变化 $\delta\boldsymbol{u}$ 取驻值，即泛函的变分等于零：

$$\delta\Pi = 0 \tag{3.4.2}$$

这种求解连续介质问题的方法称为变分原理或变分法。

连续介质问题中经常存在着和微分方程及边界条件不同却等价的表达方式，变分原理是另一种表达连续介质问题的积分表达形式。在用微分公式表达时，问题的求解是对具有已知边界条件的微分方程或微分方程组进行积分。在经典的变分原理表达中，问题的求解是寻求使具有一定已知边界条件的泛函(或泛函系)取驻值的函数(或函数系)。这两种表达式是等价的，一方面满足微分方程及边界条件的函数将使泛函取极值或驻值，另一方面从变分的角度看，使泛函取极值或驻值的函数正是满足问题的控制微分方程和边界条件的解答。

若能找到问题相应的变分原理，则可建立求得近似解的标准过程，该过程如下。

未知函数的近似解由一族带有待定参数的试探函数表示：

$$\boldsymbol{u} \approx \tilde{\boldsymbol{u}} = \sum_{i=1}^{n} \boldsymbol{N}_i \boldsymbol{a}_i = \boldsymbol{N}\boldsymbol{a} \tag{3.4.3}$$

式中， $\boldsymbol{a}$ 是待定参数； $\boldsymbol{N}$ 是已知函数。将式(3.4.3)代入式(3.4.1)，得到用试探函数和待定参数表示的泛函 Π 。泛函的变分为零相当于泛函对所包含的待定参数进行全微分，并令所得的方程等于零，即

$$\delta\Pi = \frac{\partial \Pi}{\partial \boldsymbol{a}_1}\delta\boldsymbol{a}_1 + \frac{\partial \Pi}{\partial \boldsymbol{a}_2}\delta\boldsymbol{a}_2 + \cdots + \frac{\partial \Pi}{\partial \boldsymbol{a}_n}\delta\boldsymbol{a}_n = 0 \tag{3.4.4}$$

由于 $\delta\boldsymbol{a}_1, \delta\boldsymbol{a}_2, \cdots$ 是任意的，满足式(3.4.4)时必然有 $\frac{\partial \Pi}{\partial \boldsymbol{a}_1}, \frac{\partial \Pi}{\partial \boldsymbol{a}_2}, \cdots$ 都等于零。因此可得到一组方程：

$$\frac{\partial \Pi}{\partial \boldsymbol{a}} = \begin{Bmatrix} \dfrac{\partial \Pi}{\partial \boldsymbol{a}_1} \\ \dfrac{\partial \Pi}{\partial \boldsymbol{a}_2} \\ \vdots \\ \dfrac{\partial \Pi}{\partial \boldsymbol{a}_n} \end{Bmatrix} = 0 \tag{3.4.5}$$

这是与待定参数 $\boldsymbol{a}$ 的个数相等的方程组，用以求解 $\boldsymbol{a}$ 。这种求近似解的经典方法称为里茨法。

如果在函数 Π 中 $\boldsymbol{u}$ 和它的导数的最高次数为二次，则称泛函 Π 为二次泛函。大量的工程和物理问题中的泛函都属于二次泛函，因此应予以特别注意。对于二次泛函，式(3.4.5)退化

为一组线性方程：

$$\frac{\partial \Pi}{\partial \boldsymbol{a}} \equiv \boldsymbol{K}\boldsymbol{a} - \boldsymbol{P} = 0 \tag{3.4.6}$$

很容易证明矩阵 $\boldsymbol{K}$ 是对称矩阵。考虑向量 $\frac{\partial \Pi}{\partial \boldsymbol{a}}$ 的变分可以得到

$$\delta\left(\frac{\partial \Pi}{\partial \boldsymbol{a}}\right) = \begin{bmatrix} \frac{\partial}{\partial \boldsymbol{a}_1}\left(\frac{\partial \Pi}{\partial \boldsymbol{a}_1}\right)\delta \boldsymbol{a}_1 + \frac{\partial}{\partial \boldsymbol{a}_2}\left(\frac{\partial \Pi}{\partial \boldsymbol{a}_2}\right)\delta \boldsymbol{a}_2 + \cdots \\ \vdots \\ \frac{\partial}{\partial \boldsymbol{a}_1}\left(\frac{\partial \Pi}{\partial \boldsymbol{a}_n}\right)\delta \boldsymbol{a}_1 + \frac{\partial}{\partial \boldsymbol{a}_2}\left(\frac{\partial \Pi}{\partial \boldsymbol{a}_n}\right)\delta \boldsymbol{a}_2 + \cdots \end{bmatrix} \equiv \boldsymbol{K}_A \delta \boldsymbol{a} \tag{3.4.7}$$

很容易看出矩阵 $\boldsymbol{K}_A$ 的子矩阵：

$$\boldsymbol{K}_{Aij} = \frac{\partial^2 \Pi}{\partial \boldsymbol{a}_i \partial \boldsymbol{a}_j}，\ \boldsymbol{K}_{Aji} = \frac{\partial^2 \Pi}{\partial \boldsymbol{a}_j \partial \boldsymbol{a}_i} \tag{3.4.8}$$

因此有

$$\boldsymbol{K}_{Aij} = \boldsymbol{K}_{Aji}^{\mathrm{T}} \tag{3.4.9}$$

从而证明了矩阵 $\boldsymbol{K}_A$ 是对称矩阵。

对于二次泛函，由式(3.4.6)可以得到

$$\delta\left(\frac{\partial \Pi}{\partial \boldsymbol{a}}\right) = \boldsymbol{K}\delta \boldsymbol{a} \tag{3.4.10}$$

与式(3.4.7)对比，可知

$$\boldsymbol{K}_A = \boldsymbol{K} \tag{3.4.11}$$

变分得到求解方程系数矩阵的对称性是一个极为重要的特性，它将为有限元计算带来很大的方便。

对于二次泛函，根据式(3.4.6)可以将近似泛函表示为

$$\Pi = \frac{1}{2}\boldsymbol{a}^{\mathrm{T}}\boldsymbol{K}\boldsymbol{a} - \boldsymbol{a}^{\mathrm{T}}\boldsymbol{P} \tag{3.4.12}$$

式(3.4.12)的正确性用简单求导就可以证明。取式(3.4.12)泛函的变分为

$$\delta \Pi = \frac{1}{2}\delta \boldsymbol{a}^{\mathrm{T}}\boldsymbol{K}\boldsymbol{a} + \frac{1}{2}\boldsymbol{a}^{\mathrm{T}}\boldsymbol{K}\delta \boldsymbol{a} - \delta \boldsymbol{a}^{\mathrm{T}}\boldsymbol{P} \tag{3.4.13}$$

由于矩阵 $\boldsymbol{K}$ 具有对称性，有

$$\delta \boldsymbol{a}^{\mathrm{T}}\boldsymbol{K}\boldsymbol{a} = \boldsymbol{a}^{\mathrm{T}}\boldsymbol{K}\delta \boldsymbol{a} \tag{3.4.14}$$

因此

$$\delta \Pi = \delta \boldsymbol{a}^{\mathrm{T}}(\boldsymbol{K}\boldsymbol{a} - \boldsymbol{P}) = 0 \tag{3.4.15}$$

由于 $\delta \boldsymbol{a}$ 是任意的，从而得到式(3.4.6)。

经常有些物理问题可以直接用变分原理的形式来叙述，如表述力学体系平衡问题的最小势能原理和最小余能原理等，这些将作为弹性力学变分原理的基础在 3.5 节进行讨论。问题是并非所有以微分方程表达的连续介质问题都存在这种变分原理。以下将讨论能够建立变分原理的微分方程的类型以及建立变分原理的方法。

2. 线性、自伴随微分方程变分原理的建立

1) 线性、自伴随微分算子

若微分方程为

$$L(u)+b=0 \quad (\text{在}\,\Omega\,\text{内}) \tag{3.4.16}$$

式中，微分算子 L 具有如下的性质：

$$L(\alpha u_1+\beta u_2)=\alpha L(u_1)+\beta L(u_2) \tag{3.4.17}$$

则称 L 为线性算子，方程(3.4.17)为线性微分方程。其中，α 和 β 是两个常数。

现定义 $L(u)$ 和任意函数 v 的内积为

$$\int_\Omega L(u)v\mathrm{d}\Omega \tag{3.4.18}$$

有时内积也表示为 $<L(u), v>$。对式(3.4.18)进行分部积分直至 u 的导数消失，这样就可以得到转化后的内积并伴随边界项。结果表示如下：

$$\int_\Omega L(u)v\mathrm{d}\Omega=\int_\Omega uL^*(v)\mathrm{d}\Omega+\mathrm{b.t.}(u,v) \tag{3.4.19}$$

式中，$\mathrm{b.t.}(u,v)$ 表示在 Ω 边界 Γ 上由 u 和 v 及其导数组成的积分项。算子 L^* 称为 L 的伴随算子。若 $L^*=L$ 则称算子是自伴随的，称原方程(3.4.16)为线性、自伴随的微分方程。

【例 3.3】 证明算子 $L(\ )=-\dfrac{\mathrm{d}^2(\ )}{\mathrm{d}x^2}$ 是自伴随的。

解：构造内积，并进行分部积分，即

$$\begin{aligned}\int_{x_1}^{x_2}L(u)v\mathrm{d}x&=\int_{x_1}^{x_2}\left(-\frac{\mathrm{d}^2u}{\mathrm{d}x^2}\right)v\mathrm{d}x=\int_{x_1}^{x_2}\frac{\mathrm{d}u}{\mathrm{d}x}\frac{\mathrm{d}v}{\mathrm{d}x}\mathrm{d}x-\left(\frac{\mathrm{d}u}{\mathrm{d}x}v\right)\Bigg|_{x_1}^{x_2}\\&=\int_{x_1}^{x_2}\left(-\frac{\mathrm{d}^2v}{\mathrm{d}x^2}\right)u\mathrm{d}x+\left(u\frac{\mathrm{d}v}{\mathrm{d}x}\right)\Bigg|_{x_1}^{x_2}-\left(\frac{\mathrm{d}u}{\mathrm{d}x}v\right)\Bigg|_{x_1}^{x_2}\end{aligned}$$

从上式可以看到 $L^*=L$，因此 L 是自伴随算子。

2) 泛函数的构造

原问题的微分方程和边界条件表达如下：

$$\begin{aligned}&\boldsymbol{A}(\boldsymbol{u})\equiv\boldsymbol{L}(\boldsymbol{u})+\boldsymbol{f}=0 \quad (\text{在}\ \Omega\,\text{内})\\&\boldsymbol{B}(\boldsymbol{u})=\boldsymbol{g} \quad (\text{在}\ \Gamma\,\text{内})\end{aligned} \tag{3.4.20}$$

和以上微分方程及边界条件等效的伽辽金法可表达如下：

$$\int_\Omega\delta\boldsymbol{u}^{\mathrm{T}}\left[\boldsymbol{L}(\boldsymbol{u})+\boldsymbol{f}\right]\mathrm{d}\Omega-\int_\Gamma\delta\boldsymbol{u}^{\mathrm{T}}\left[\boldsymbol{B}(\boldsymbol{u})-\boldsymbol{g}\right]\mathrm{d}\Gamma=0 \tag{3.4.21}$$

利用算子是线性、自伴随的，可以导出

$$\begin{aligned}\int_\Omega\delta\boldsymbol{u}^{\mathrm{T}}\boldsymbol{L}(\boldsymbol{u})\mathrm{d}\Omega&=\int_\Omega\left[\frac{1}{2}\delta\boldsymbol{u}^{\mathrm{T}}\boldsymbol{L}(\boldsymbol{u})+\frac{1}{2}\delta\boldsymbol{u}^{\mathrm{T}}\boldsymbol{L}(\boldsymbol{u})\right]\mathrm{d}\Omega\\&=\int_\Omega\left[\frac{1}{2}\delta\boldsymbol{u}^{\mathrm{T}}\boldsymbol{L}(\boldsymbol{u})+\frac{1}{2}\boldsymbol{u}^{\mathrm{T}}\boldsymbol{L}(\delta\boldsymbol{u})\right]\mathrm{d}\Omega+\mathrm{b.t.}(\delta\boldsymbol{u},\boldsymbol{u})\\&=\int_\Omega\left[\frac{1}{2}\delta\boldsymbol{u}^{\mathrm{T}}\boldsymbol{L}(\boldsymbol{u})+\frac{1}{2}\boldsymbol{u}^{\mathrm{T}}\delta\boldsymbol{L}(\boldsymbol{u})\right]\mathrm{d}\Omega+\mathrm{b.t.}(\delta\boldsymbol{u},\boldsymbol{u})\\&=\delta\int_\Omega\boldsymbol{u}^{\mathrm{T}}\boldsymbol{L}(\boldsymbol{u})\mathrm{d}\Omega+\mathrm{b.t.}(\delta\boldsymbol{u},\boldsymbol{u})\end{aligned} \tag{3.4.22}$$

将式(3.4.22)代入式(3.4.6)，就可以得到原问题的变分原理，即

$$\delta\Pi(\boldsymbol{u})=0 \tag{3.4.23}$$

式中，

$$\Pi(\boldsymbol{u})=\int_{\Omega}\left[\frac{1}{2}\boldsymbol{u}^{\mathrm{T}}\boldsymbol{L}(\boldsymbol{u})+\boldsymbol{u}^{\mathrm{T}}\boldsymbol{f}\right]\mathrm{d}\Omega+\mathrm{b.t.}(\boldsymbol{u},\boldsymbol{g})$$

是原问题的泛函，因为此泛函中 $\boldsymbol{u}$（包括 $\boldsymbol{u}$ 的导数）的最高次为二次，所以称为二次泛函。上式中 $\mathrm{b.t.}(\boldsymbol{u},\boldsymbol{g})$ 由式(3.4.22)中的 $\mathrm{b.t.}(\delta\boldsymbol{u},\boldsymbol{u})$ 项和式(3.4.21)中的边界积分项两部分组成，括号内的 $\boldsymbol{g}$ 是边界条件中的给定函数。如果场函数 $\boldsymbol{u}$ 及其变分 $\delta\boldsymbol{u}$ 满足一定条件，则两部分结合后，能够形成一个全变分(变分号提到边界积分项之外)，从而得到泛函的变分。这在后面将具体讨论。

由以上讨论可见，原问题的微分方程和边界条件的等效积分的伽辽金法等效于它的变分原理，即原问题的微分方程和边界条件等效于泛函的变分等于零，即泛函取驻值。反之，如果泛函取驻值则等效于满足原问题的微分方程和边界条件。而泛函可以通过原问题等效积分的伽辽金法而得到。称这样得到的变分原理为**自然变分原理**。

3) 泛函的极值性

如果线性、自伴随算子 L 为偶数($2m$)阶，在利用伽辽金法构造问题泛函时，假设近似函数 $\tilde{\boldsymbol{u}}$ 事先满足强制边界条件，对应于自然边界条件的任意函数 $\boldsymbol{w}$ 按一定的方法选取，则可以得到泛函的变分。同时所构造的二次泛函不仅取驻值，而且是极值。现对此条件加以阐述和讨论。

对于 $2m$ 阶微分方程，含 $0\sim m-1$ 阶导数的边界条件称为强制边界条件，近似函数应事先满足边界条件。含 $m\sim 2m-1$ 阶导数的边界条件称为自然边界条件，近似函数不必满足边界条件。在伽辽金法中对应于此类边界条件的任意函数，从含 $2m-1$ 阶导数的边界条件开始，任意函数 $\boldsymbol{w}$ 依次取 $\delta\tilde{\boldsymbol{u}}, \delta(\partial\tilde{\boldsymbol{u}}/\partial n), \delta(\partial^2\tilde{\boldsymbol{u}}/\partial n^2),\cdots$。在此情况下，对原问题的伽辽金法进行 m 次分部积分后通常得到如下的变分原理，即

$$\delta\Pi(\boldsymbol{u})=0$$

式中，

$$\Pi(\boldsymbol{u})=\int_{\Omega}\left[(-1)^m\boldsymbol{C}^{\mathrm{T}}(\boldsymbol{u})\boldsymbol{C}(\boldsymbol{u})+\boldsymbol{u}^{\mathrm{T}}\boldsymbol{f}\right]\mathrm{d}\Omega+\mathrm{b.t.}(\boldsymbol{u},\boldsymbol{g}) \tag{3.4.24}$$

其中，$\boldsymbol{C}(\boldsymbol{u})$ 是 m 阶的线性算子；$\mathrm{b.t.}(\boldsymbol{u},\boldsymbol{g})$ 是在自然边界上的积分项，括号内的 $\boldsymbol{g}$ 是自然边界条件中的给定函数，它不变分。由式(3.4.24)可见，此时泛函中包括两部分：一是完全平方项 $\boldsymbol{C}^{\mathrm{T}}(\boldsymbol{u})\boldsymbol{C}(\boldsymbol{u})$；二是 $\boldsymbol{u}$ 的线性项，所以二次泛函具有极值性。现在还可以进一步验证。

设近似场函数 $\tilde{\boldsymbol{u}}=\boldsymbol{u}+\delta\boldsymbol{u}$，其中 $\boldsymbol{u}$ 是问题的真正解，$\delta\boldsymbol{u}$ 是它的变分。将此近似函数代入式(3.4.24)就得到

$$\Pi(\tilde{\boldsymbol{u}})=\Pi(\boldsymbol{u}+\delta\boldsymbol{u})=\Pi(\boldsymbol{u})+\delta\Pi(\boldsymbol{u})+\frac{1}{2}\delta^2\Pi(\boldsymbol{u}) \tag{3.4.25}$$

式中，$\Pi(\boldsymbol{u})$ 是真正解的泛函；$\delta\Pi(\boldsymbol{u})$ 是原问题微分方程和边界条件的等效积分伽辽金法的“弱”形式，应有

$$\delta\Pi(\boldsymbol{u})=0$$

$$\frac{1}{2}\delta^2\Pi(\boldsymbol{u})=\frac{1}{2}\int_{\Omega}(-1)^m\boldsymbol{C}^{\mathrm{T}}(\delta\boldsymbol{u})\boldsymbol{C}(\delta\boldsymbol{u})\mathrm{d}\Omega\geqslant 0 \tag{3.4.26}$$

除非 $\delta\boldsymbol{u}=0$，即 $\tilde{\boldsymbol{u}}=\boldsymbol{u}$，即近似函数取问题的真正解，否则恒有 $\delta^2\Pi>0$（m 为偶数）或恒有

$\delta^2 \Pi < 0$（m 为奇数）。因此，真正解使泛函取极值。

泛函的极值性对判断解的近似性质有意义，利用它可以对解的上下界做出估计。

【例 3.4】 二维稳态热传导问题的微分方程和边界条件已在式(3.2.3)和式(3.2.4)中给出。现建立它的泛函，并研究它的极值性。

解：问题的伽辽金法在 ϕ 已事先满足 Γ_ϕ 上强制边界条件的情况下，可以表示如下：

$$\int_\Omega \delta\phi\left(k\frac{\partial^2\phi}{\partial x^2}+k\frac{\partial^2\phi}{\partial y^2}+Q\right)\mathrm{d}\Omega-\delta\phi\int_{\Gamma_q}\delta\phi\left(k\frac{\partial\phi}{\partial n}-\bar{q}\right)\mathrm{d}\Gamma=0 \tag{3.4.27}$$

经分部积分，得到它的“弱”形式，并注意到在 Γ_ϕ 上 $\delta\phi=0$，则有

$$\int_\Omega\left(-k\frac{\partial\delta\phi}{\partial x}\frac{\partial\phi}{\partial x}-k\frac{\partial\delta\phi}{\partial y}\frac{\partial\phi}{\partial y}+\delta\phi Q\right)\mathrm{d}\Omega+\int_{\Gamma_q}\delta\phi\bar{q}\mathrm{d}\Gamma=0 \tag{3.4.28}$$

从式(3.4.28)可以得到二维稳态热传导问题的变分原理：

$$\delta\Pi(\phi)=0 \tag{3.4.29}$$

式中，$\Pi(\phi)$ 是问题的泛函：

$$\Pi(\phi)=\int_\Omega\left[\frac{1}{2}k\left(\frac{\partial\phi}{\partial x}\right)^2+\frac{1}{2}k\left(\frac{\partial\phi}{\partial y}\right)^2-\phi Q\right]\mathrm{d}\Omega-\int_{\Gamma_q}\phi\bar{q}\mathrm{d}\Gamma \tag{3.4.30}$$

若以 $\tilde{\phi}=\phi+\delta\phi$ 代入式(3.4.30)，则得到

$$\Pi(\tilde{\phi})=\Pi(\phi)+\delta\Pi(\phi)+\frac{1}{2}\delta^2\Pi(\phi) \tag{3.4.31}$$

式中，$\Pi(\phi)$ 和 $\delta\Pi(\phi)$ 是式(3.4.30)和式(3.4.28)表示的原问题精确解的泛函和它的变分(伽辽金法的“弱”形式)，分别等于一个确定的值和零。而二次变分项为

$$\delta^2\Pi(\phi)=\int_\Omega\left[k\left(\frac{\partial\delta\phi}{\partial x}\right)^2+k\left(\frac{\partial\delta\phi}{\partial y}\right)^2\right]\mathrm{d}\Omega\geqslant 0 \tag{3.4.32}$$

式(3.4.32)中，只有在 $\delta\phi\equiv 0$ 时，$\delta^2\Pi(\phi)=0$。因此原问题的精确解使泛函取极值，由式(3.4.28)得到的泛函的二次项前为负号，实际应用时，改为正号，使泛函如式(3.4.30)所示。

再次指出，对于 $2m$ 阶线性、自伴随微分方程，通过伽辽金法的“弱”形式建立的变分原理，只有在近似场函数事先满足强制边界条件的情况下，才可能使泛函具有极值性。否则，只能使泛函取驻值而非极值。这表现为泛函的二次变分不恒大(或小)于等于零。

3. 里茨法

里茨法的实质是从一族假定解中寻求满足泛函变分的“最好的”解。显然，近似解的精度与试探函数的选择有关。如果知道所求解的一般性质，那么可以通过选择反映此性质的试探函数来改进近似解，提高近似解的精度。若精确解恰巧包含在试探函数族中，则里茨法得到精确解。

【例 3.5】 用里茨法求解例 3.2，并作简单的讨论。问题的微分方程是

$$\frac{\mathrm{d}^2u}{\mathrm{d}x^2}+u+x=0\quad(0\leqslant x\leqslant 1) \tag{3.4.33a}$$

边界条件为

$$\begin{cases}u=0 & (x=0)\\ u=0 & (x=1)\end{cases} \tag{3.4.33b}$$

此为强制边界条件。

解：由于算子是线性、自伴随的，可建立自然变分原理。得到泛函为

$$\Pi = \int_0^1 \left[-\frac{1}{2}\left(\frac{\mathrm{d}u}{\mathrm{d}x}\right)^2 + \frac{1}{2}u^2 + ux \right]\mathrm{d}x \tag{3.4.33c}$$

选取两种试探函数形式，用里茨法求解。

(1) 选取满足边界条件(3.4.33b)的一项近似解(与加权余量法中选取的一项近似解相同)：

$$\tilde{u} = a_1 x(1-x)$$

满足边界条件(3.4.33b)，则有

$$\frac{\mathrm{d}\tilde{u}}{\mathrm{d}x} = a_1 - 2a_1 x \tag{3.4.33d}$$

代入式(3.4.33c)得到用待定参数 a_1 表示的泛函为

$$\Pi = \int_0^1 \left[-\frac{1}{2}a_1{}^2(1-2x) + \frac{1}{2}a_1{}^2 x^2(1-x)^2 + a_1 x^2(1-x) \right]\mathrm{d}x = -\frac{1}{2}\left(\frac{3}{10}\right)a_1{}^2 + \frac{1}{12}a_1 \tag{3.4.33e}$$

由泛函变分为零，即 $\dfrac{\partial \Pi}{\partial a_1} = 0$，得到

$$a_1 = \frac{5}{18}$$

近似解为

$$\tilde{u} = \frac{5}{18}x(1-x) \tag{3.4.33f}$$

与伽辽金法求解的结果相同。当问题存在自然变分原理时，里茨法和伽辽金法所得到的结果是相同的。

(2) 取近似解为

$$\tilde{u} = a_1 \sin x + a_2 x \tag{3.4.33g}$$

满足 $x=0$ 时，$\tilde{u}=0$；但还要求 $x=1$ 时，$\tilde{u}=0$，则应有

$$a_1 \sin 1 + a_2 = 0,\quad a_2 = -a_1 \sin 1 \tag{3.4.33h}$$

近似解为

$$\tilde{u} = a_1(\sin x - x\sin 1) \tag{3.4.33i}$$

一阶导数为

$$\frac{\mathrm{d}\tilde{u}}{\mathrm{d}x} = a_1(\cos x - \sin 1) \tag{3.4.33j}$$

代入式(3.4.33c)得到

$$\Pi = \int_0^1 \left[\begin{aligned} & -\frac{1}{2}a_1{}^2(\cos^2 x - 2\sin 1\cos x + \sin^2 1) \\ & + \frac{1}{2}a_1{}^2(\sin^2 x - 2\sin 1 \cdot x \cdot \sin x + x^2 \sin^2 1) + a_1 x(\sin x - x\sin 1) \end{aligned} \right]\mathrm{d}x \tag{3.4.33k}$$

$$= -\frac{1}{2}a_1{}^2 \sin 1\left(\frac{2}{3}\sin 1 - \cos 1\right) + a_1\left(\frac{2}{3}\sin 1 - \cos 1\right)$$

$$\frac{\partial \Pi}{\partial a_1} = \left(\frac{2}{3}\sin 1 - \cos 1\right)(-a_1 \sin 1 + 1) = 0,\quad a_1 = \frac{1}{\sin 1}$$

近似解为

$$\tilde{u}=\frac{\sin x}{\sin 1}-x \tag{3.4.33l}$$

由于所选择用的试探函数族正好包含问题的精确解，所以现在的里茨解就是精确解，即 $\tilde{u}=u$。

一般地说，采用里茨法求解，当试探函数族的范围以及待定参数的数目增多时，近似解的精度将会提高。

现简要地介绍有关里茨法收敛性在理论上的结论。为便于讨论，假设未知场函数只是标量场 ϕ，此时泛函 $\Pi(\phi)$ 有如下形式：

$$\Pi(\phi)=\int_{\Omega}F\left(\phi,\ \frac{\partial\phi}{\partial x},\ \frac{\partial\phi}{\partial y},\ \cdots\right)\mathrm{d}\Omega+\int_{\Gamma}E\left(\phi,\ \frac{\partial\phi}{\partial x},\ \frac{\partial\phi}{\partial y},\ \cdots\right)\mathrm{d}\Gamma \tag{3.4.34}$$

近似函数为

$$\phi\approx\tilde{\phi}=\sum_{i=1}^{n}N_i a_i$$

当 n 趋近于无穷时，近似解 $\tilde{\phi}$ 收敛于微分方程精确解的条件如下。

(1) 试探函数 $N_1, N_2, \cdots, N_n$ 应取自完备函数系列。满足此要求的试探函数称为完备的。

(2) 试探函数 $N_1, N_2, \cdots, N_n$ 应满足 C_{m-1} 连续性要求，即式(3.4.34)表示的泛函 $\Pi(\phi)$ 中场函数的最高微分阶数是 m 时，试探函数的 $0\sim m-1$ 阶导数应是连续的，以保证泛函中的积分存在。满足此要求的试探函数称为协调的。

若试探函数满足上述完备性和连续性要求，则当 $n\to\infty$ 时，$\tilde{\phi}\to\phi$，并且 $\Pi(\tilde{\phi})$ 单调地收敛于 $\Pi(\phi)$，即泛函具有极值性。

由于里茨法以变分原理为基础，其收敛性有严格的理论基础；得到的求解方程的系数矩阵是对称的；在场函数事先满足强制边界条件(此条件通常不难实现)的情况下，通解具有明确的上、下界等性质。长期以来，里茨法在物理和力学微分方程的近似解法中占有很重要的位置，得到广泛的应用。但是由于它在全求解域中定义试探函数，实际应用中会遇到两个方面的困难。

(1) 在求解域比较复杂的情况下，选取满足边界条件的试探函数，往往会产生很大的困难。

(2) 为了提高近似解的精度，需要增加待定参数，即增加试探函数的项数，这就增加了求解的繁杂性。此外，由于试探函数定义于全域，不可能根据问题的要求在求解域的不同部位对试探函数提出不同精度要求，往往局部精度的要求使整个问题的求解增加许多困难。

同样建立于变分微分原理基础上的有限元法虽然在本质上和里茨法是类似的，但由于近似函数在子域上(单元上)定义，可以克服上述两个方面的困难。有限元法和现代计算机技术相结合，成为分析和求解物理、力学以及其他广泛科学技术和工程领域实际问题的有效工具，并得到越来越广泛的应用。

3.5 虚功原理

变形体的虚功原理可以叙述如下：变形体中任意满足平衡的力系在任意满足协调条件的变形状态上做的虚功等于零，即体系外力的虚功与内力的虚功之和等于零。

虚功原理是虚位移原理和虚应力原理的总称。它们都可以认为是与某些控制方程等效的积分“弱”形式。虚位移原理是平衡方程和力边界条件的等效积分“弱”形式；虚应力原理则是几何方程和位移边界条件的等效积分“弱”形式。

为了方便，使用张量符号推演，并给出结果的矩阵表达形式。

1. 虚位移原理

首先考虑平衡方程

$$\sigma_{ij,j}+\bar{f}_i=0 \quad (\text{在} V \text{内})\ (i,\ j=1,\ 2,\ 3)$$

以及力的边界条件

$$\sigma_{ij}n_j-\bar{T}_i=0 \quad (\text{在} S_\sigma \text{上})\ (i,\ j=1,\ 2,\ 3)$$

可以利用式(3.2.8)建立与它们等效的积分形式，现在平衡方程相当于 $A(\boldsymbol{u})=0$；力的边界条件相当于 $B(\boldsymbol{u})=0$。权函数可不失一般性地分别取真实位移的变分 δu_i 及其边界值(取负值)。这样就可以得到与式(3.2.8)相当的等效积分为

$$\int_V \delta u_i(\sigma_{ij,j}+\bar{f}_i)\mathrm{d}V-\int_{S_\sigma}\delta u_i(\sigma_{ij}n_j-\bar{T}_i)\mathrm{d}S=0 \tag{3.5.1}$$

δu_i 是真实位移的变分，就意味着它是连续可导的，同时在给定位移的边界 S_u 上 $\delta u_i=0$。对式(3.5.1)体积分中的第一项进行分部积分，并注意到应力张量是对称张量，则可以得到

$$\begin{aligned}\int_V \delta u_i\sigma_{ij,j}\mathrm{d}V&=\int_V(\delta u_i\sigma_{ij})_{,j}\mathrm{d}V-\int_V\frac{1}{2}(\delta u_{i,j}+\delta u_{j,i})\sigma_{ij}\mathrm{d}V\\&=-\int_V\frac{1}{2}(\delta u_{i,j}+\delta u_{j,i})\sigma_{ij}\mathrm{d}V+\int_{S_\sigma}\delta u_i\sigma_{ij}n_j\mathrm{d}S\end{aligned} \tag{3.5.2}$$

通过几何方程(2.7.8)可见，式中，$(\delta u_{i,j}+\delta u_{j,i})/2$ 表示应变的变分，即虚应变 $\delta\varepsilon_{ij}$。以此代回上式，并将式(3.5.2)代入式(3.5.1)，就得到它经分部积分后的“弱”形式为

$$\int_V(-\delta\varepsilon_{ij}\sigma_{ij}+\delta u_i\bar{f}_i)\mathrm{d}V+\int_{S_\sigma}\delta u_i\bar{T}_i\mathrm{d}S=0 \tag{3.5.3}$$

式(3.5.3)体积分中的第一项是变形体内的应力在虚应变上所做的功，即内力的虚功；体积分中的第二项及面积分分别是体积力和面积力在虚位移上所做的功，即外力的虚功。外力的虚功和内力的虚功的总和为零，这就是虚功原理。现在的虚功是外力和内力分别在虚位移和与之相对应的虚应变上所做的功，所以得到的是虚功原理中的虚位移原理。它是平衡方程和力边界条件的等效积分“弱”形式。它的矩阵形式是

$$\int_V(\delta\boldsymbol{\varepsilon}^{\mathrm{T}}\boldsymbol{\sigma}-\delta\boldsymbol{u}^{\mathrm{T}}\bar{\boldsymbol{f}})\mathrm{d}V-\int_{S_\sigma}\delta\boldsymbol{u}^{\mathrm{T}}\bar{\boldsymbol{T}}\mathrm{d}S=0 \tag{3.5.4}$$

虚位移原理的力学意义是：如果力系(包括内力 σ 和外力 $\bar{f}$ 及 $\bar{T}$)是平衡的(在内部满足平衡方程 $\sigma_{ij,j}+\bar{f}_i=0$，在给定外力边界 S_σ 上满足 $\sigma_{ij}n_j=\bar{T}_i$)，则它们在虚位移(在给定位移边界 S_u 上满足 $\delta u_i=0$)和虚应变(与虚位移相对应，即它们之间满足几何方程 $\delta\varepsilon_{ij}=(\delta u_{i,j}+\delta u_{j,i})/2$)上所做功的总和为零。反之，如果力系在虚位移(及虚应变)上所做功的和等于零，则它们一定是满足平衡的。因此，虚位移原理表述了力系平衡的必要而充分的条件。

应该指出，作为平衡方程和力边界条件的等效积分“弱”形式——虚位移原理的建立是以选择在内部连续可导(因而可以通过几何关系，将其导数表示为应变)和在 S_u 上满足位移边界条件的任意函数为条件的。如果任意函数不是连续可导的，尽管平衡方程和力边界条件的等效积分形式仍可建立，但不能通过分部积分建立其等效积分的“弱”形式。如果任意函数在 S_u 上不满足位移边界条件(现在的情况，即 S_u 上 $\delta u_i\neq 0$)，则总虚功应包括 S_u 上约束反力

在 δu_i 上所做的虚功。

还应指出，在导出虚位移原理的过程中未涉及物理方程(应力-应变关系)，所以虚位移原理不仅可以用于线弹性问题，而且可以用于非线性弹性及弹塑性等非线性问题。

2. 虚应力原理

现在考虑几何方程(2.7.8)和位移边界条件(2.7.20)：

$$\varepsilon_{ij}=\frac{1}{2}(u_{i,j}+u_{j,i})$$

$$u_i=\bar{u}_i$$

它们分别相当于 $\boldsymbol{A}(\boldsymbol{u})=\boldsymbol{0}$ 和 $\boldsymbol{B}(\boldsymbol{u})=\boldsymbol{0}$。权函数可以分别取真实应力的变分 $\delta\sigma_{ij}$ 及其相应的边界值 δT_i，$\delta T_i=\delta\sigma_{ij}n_j$，在边界 S_σ 上有 $\delta T_i=0$。这样构成与式(3.2.8)相当的等效积分：

$$\int_V \delta\sigma_{ij}\left[\varepsilon_{ij}-\frac{1}{2}(u_{i,j}+u_{j,i})\right]\mathrm{d}V+\int_{S_u}\delta T_i(u_i-\bar{u}_i)\mathrm{d}S=0 \tag{3.5.5}$$

对式(3.5.5)进行分部积分后可得

$$\int_V(\delta\sigma_{ij}\varepsilon_{ij}+u_i\delta\sigma_{ij,j})\mathrm{d}V-\int_S\delta\sigma_{ij}n_ju_i\mathrm{d}S+\int_{S_u}\delta T_i(u_i-\bar{u}_i)\mathrm{d}S=0 \tag{3.5.6}$$

由于 $\delta\sigma_{ij}$ 是真实应力的变分，它应满足平衡方程，即 $\delta\sigma_{ij,j}=0$，并考虑到边界上 $\delta\sigma_{ij}n_j=\delta T_i$，且在给定力边界 S_σ 上 $\delta T_i=0$，所以式(3.5.6)可简化为

$$\int_V\delta\sigma_{ij}\varepsilon_{ij}\mathrm{d}V-\int_{S_u}\delta T_i\bar{u}_i\mathrm{d}S=0 \tag{3.5.7}$$

式(3.5.7)第一项代表虚应力在应变上所做的虚功(相差一个负号)，第二项代表虚边界约束反力在给定位移上所做的虚功。为和前述内力和给定外力在虚应变和虚位移上所做的虚功相区别，这两项虚功从力学意义上更准确地说应称为余虚功。因此式(3.5.7)称为余虚功原理或虚应力原理。它的矩阵表达式形式是

$$\int_V\delta\boldsymbol{\sigma}^{\mathrm{T}}\boldsymbol{\varepsilon}\mathrm{d}V-\int_{S_u}\delta\boldsymbol{T}^{\mathrm{T}}\bar{\boldsymbol{u}}\mathrm{d}S=0 \tag{3.5.8}$$

虚应力原理的力学意义是：如果位移是协调的(在内部连续可导，因此满足几何方程，并在给定位移边界 S_u 上等于给定位移)，则虚应力(在内部满足平衡方程，在给定外力边界 S_σ 上满足力的边界条件)和虚边界约束反力在它们上面所做功的总和为零。反之，如果上述虚力系在它们上面所做功的和为零，则它们一定是满足协调的。因此，虚应力原理表述了位移协调的必要而充分的条件。

和虚位移原理类似，虚应力原理的建立是以选择虚应力(在内部和力边界条件上分别满足平衡方程和力边界条件)作为等效积分形式的任意函数为条件的。否则，作为几何方程和位移边界条件的等效积分形式在形式上应和现在导出的虚应力原理有所不同，这是应予以注意的。

和虚位移原理相同，在导出虚应力原理的过程中同样未涉及物理方程，因此，虚应力原理同样可以应用于线弹性以及非线性弹性和弹塑性等力学问题。但是应指出，虚位移原理和虚应力原理所依赖的几何方程与平衡方程都基于小变形假设，所以它们不能直接应用于大变形理论的力学问题。

3.6　线弹性力学的变分原理

弹性力学变分原理包括基于自然变分原理的最小势能原理和最小余能原理，以及基于约束变分原理的胡海昌-鹫津久广义变分原理和 Hellinger-Reissner 混合变分原理等。本章只讨论最小势能原理和最小余能原理。

1. 最小势能原理

最小势能原理的建立可以从 3.5 节已建立的虚位移原理出发。后者的表达式是

$$\int_V (\delta\varepsilon_{ij}\sigma_{ij} - \delta u_i \bar{f}_i)\mathrm{d}V - \int_{S_\sigma} \delta u_i \bar{T}_i \mathrm{d}S = 0$$

式中的应力张量 σ_{ij} 若利用弹性力学的物理方程(2.7.12)代入，则可得到

$$\int_V (\delta\varepsilon_{ij} D_{ijkl}\varepsilon_{kl} - \delta u_i \bar{f}_i)\mathrm{d}V - \int_{S_\sigma} \delta u_i \bar{T}_i \mathrm{d}S = 0 \tag{3.6.1}$$

因 D_{ijkl} 是对称张量，并利用式(2.12.4)的微分形式，故有

$$(\delta\varepsilon_{ij})D_{ijkl}\varepsilon_{kl} = \delta\left(\frac{1}{2}D_{ijkl}\varepsilon_{ij}\varepsilon_{kl}\right) = \delta U(\varepsilon_{mn}) \tag{3.6.2}$$

由此可见，式(3.6.1)中体积分的第一项就是单位体积应变能的变分。在线弹性力学中，假定体力 $\bar{f}_i$ 和边界上面力 $\bar{T}_i$ 的大小与方向都是不变的，即可从势函数 $\phi(u_i)$ 和 $\varphi(u_i)$ 导出，则有

$$-\delta\phi(u_i) = \bar{f}_i\delta u_i - \delta\varphi(u_i) = \bar{T}_i\delta u_i \tag{3.6.3}$$

将式(3.6.2)和式(3.6.3)代入式(3.6.1)，就得到

$$\delta\Pi_p = 0 \tag{3.6.4}$$

式中，

$$\begin{aligned}\Pi_p = \Pi_p(\varepsilon_{ij},\ u_i) &= \int_V \left[U(\varepsilon_{ij}) + \phi(u_i)\right]\mathrm{d}V + \int_{S_\sigma} \varphi(u_i)\mathrm{d}S \\ &= \int_V \left(\frac{1}{2}D_{ijkl}\varepsilon_{ij}\varepsilon_{kl} - \bar{f}_i u_i\right)\mathrm{d}V - \int_{S_\sigma} \bar{T}_i u_i \mathrm{d}S\end{aligned} \tag{3.6.5}$$

$\delta\Pi_p$ 是系统的总势能，它是弹性体变形势能和外力势能之和。式(3.6.4)表明：在所有区域内连续可导的(连续可导意指 $U(\varepsilon_{ij})$ 中 ε_{ij} 能够通过几何方程(2.7.8)用 u_i 的导数表示)并在边界上满足给定位移边界条件(2.7.20)的可能位移中，真实位移使系统的总势能取驻值。还可以进一步证明在所有可能位移中，真实位移使系统总势能取最小值，因此式(3.6.5)所表述的称为最小势能原理。

证明最小势能原理是很方便的，以 u_i 表示真实位移，u_i^* 表示可能位移，并令

$$u_i^* = u_i + \delta u_i \tag{3.6.6}$$

将它们分别代入总势能表达式(3.6.5)，则有

$$\Pi_p(\varepsilon_{ij},\ u_i) = \int_V \left[U(\varepsilon_{ij}) - \bar{f}_i u_i\right]\mathrm{d}V - \int_{S_\sigma} \bar{T}_i u_i \mathrm{d}S \tag{3.6.7}$$

和

$$\Pi_p(\varepsilon_{ij}^*,\ u_i^*) = \int_V \left[U(\varepsilon_{ij}^*) - \bar{f}_i u_i^*\right]\mathrm{d}V - \int_{S_\sigma} \bar{T}_i u_i^* \mathrm{d}S = \Pi_p(u_i) + \delta\Pi_p + \frac{1}{2}\delta^2\Pi_p \tag{3.6.8}$$

式中，$\delta\Pi_p$ 和 $\delta^2\Pi_p$ 分别是总势能的一阶和二阶变分。它们的具体表达式如下：

$$\Pi_p = \int_V \left[\delta U(\varepsilon_{ij}) - \bar{f}_i \delta u_i \right] \mathrm{d}V - \int_{S_\sigma} \bar{T}_i \delta u_i \mathrm{d}S \tag{3.6.9}$$

$$\frac{1}{2}\delta^2 \Pi_p = \int_V U(\delta\varepsilon_{ij}) \mathrm{d}V = \int_V \frac{1}{2} D_{ijkl} (\delta\varepsilon_{ij})(\delta\varepsilon_{kl}) \mathrm{d}V \tag{3.6.10}$$

由于 u_i 是真实位移，根据式(3.6.4)可知，Π_p 的一阶变分 $\delta\Pi_p$ 应为0。二阶变分 $\delta^2\Pi_p$ 只出现应变能函数。由于应变能是正定的，除非 $\delta u_i \equiv 0$，否则恒有 $\delta^2\Pi_p > 0$，所以有

$$\Pi_p(\varepsilon_{ij}^*,\ u_i^*) \geqslant \Pi_p(\varepsilon_{ij},\ u_i) \tag{3.6.11}$$

上述等号只有当 $\delta u_i \equiv 0$ 时，即可能位移就是真实位移时才成立。当 $\delta u_i \neq 0$，即可能位移不是真实位移时，系统总势能总是大于取真实位移时系统的总势能。这就证明了最小势能原理。

2. 最小余能原理

最小余能原理的推导步骤和最小势能原理类似，只是现在从虚应力原理出发，作为几何方程和位移边界条件的等效积分“弱”形式的虚应力原理在3.5节中已经得到，表达如下：

$$\int_V \delta\sigma_{ij}\varepsilon_{ij} \mathrm{d}V - \int_{S_u} \delta T_i \bar{u}_i \mathrm{d}S = 0$$

将线弹性物理方程(2.7.19)代入上式，即可得到

$$\int_V \delta\sigma_{ij} C_{ijkl} \sigma_{kl} \mathrm{d}V - \int_{S_u} \delta T_i \bar{u}_i \mathrm{d}S = 0 \tag{3.6.12}$$

同样 C_{ijkl} 也是对称张量，并已知余能表达式(2.12.5)，所以式(3.6.12)体积分内的被积函数就是余能的变分。这是因为

$$\delta\sigma_{ij} C_{ijkl} \sigma_{kl} = \delta\left(\frac{1}{2} C_{ijkl} \sigma_{ij} \sigma_{kl}\right) = \delta V(\sigma_{mn}) \tag{3.6.13}$$

而式(3.6.12)面积分内的被积函数在给定位移 $\bar{u}_i$ 保持不变的情况下是外力的余能。这样一来，式(3.6.12)就可以表示为

$$\delta\Pi_c = 0 \tag{3.6.14}$$

式中，

$$\Pi_c = \Pi_c(\sigma_{ij}) = \int_V V(\sigma_{mn}) \mathrm{d}V - \int_{S_u} T_i \bar{u}_i \mathrm{d}S = \int_V \frac{1}{2} C_{ijkl} \sigma_{ij} \sigma_{kl} \mathrm{d}V - \int_{S_u} T_i \bar{u}_i \mathrm{d}S \tag{3.6.15}$$

它是弹性体余能和外力余能的总和，即系统的总余能。式(3.6.14)表明，在所有在弹性体内满足平衡方程、在边界上满足力的边界条件的可能应力中，真实的应力使系统的总余能取驻值。还可以用与证明真实位移使系统总势能取最小值类同的步骤，证明在所有可能的应力中，真实应力使系统总余能取最小值，因此式(3.6.14)表述的是最小余能原理。

3. 弹性力学变分原理的能量上、下界

由于最小势能原理和最小余能原理都是极值原理，它们可以给出能量的上界或下界，这对估计近似解的特性是有重要意义的。

将式(3.6.5)和式(3.6.15)相加得到

$$\begin{aligned}
&\Pi_p(u_i) + \Pi_c(\sigma_{ij}) \\
&= \int_V \left(\frac{1}{2} D_{ijkl}\varepsilon_{ij}\varepsilon_{kl} + \frac{1}{2} C_{ijkl}\sigma_{ij}\sigma_{kl}\right) \mathrm{d}V - \int_V \bar{f}_i u_i \mathrm{d}V - \int_{S_\sigma} \bar{T}_i u_i \mathrm{d}S - \int_{S_u} T_i \bar{u}_i \mathrm{d}S \\
&= \int_V \sigma_{ij}\varepsilon_{ij} \mathrm{d}V - \int_V \bar{f}_i u_i \mathrm{d}V - \int_{S_\sigma} \bar{T}_i u_i \mathrm{d}S - \int_{S_u} T_i \bar{u}_i \mathrm{d}S = 0
\end{aligned} \tag{3.6.16}$$

式中，第一项体积分等于应变能的 2 倍；后三项积分(不包括负号)之和是外力功的 2 倍。根据能量守恒定律，应变能应等于外力功，因此弹性系统的总势能与总余能之和为零。现在用 Π_p、Π_c 表示取精确解时系统的总势能和总余能；Π_p^*、Π_c^* 表示取近似解时系统的总势能和总余能，假定在几何边界 S_u 上给定位移，可以推得

$$\Pi_c = \int_V \frac{1}{2} C_{ijkl} \sigma_{ij} \sigma_{kl} \mathrm{d}V = \int_V V(\sigma_{ij}) \mathrm{d}V \tag{3.6.17}$$

$$\Pi_p = \int_V \frac{1}{2} D_{ijkl} \varepsilon_{ij} \varepsilon_{kl} \mathrm{d}V - \int_V \overline{f}_i u_i \mathrm{d}V - \int_{S_\sigma} \overline{T}_i u_i \mathrm{d}S \tag{3.6.18}$$

式(3.6.18)后两项积分(不包括负号)此时是外力功的 2 倍，因此总势能数值上等于弹性体系的总应变能，取负号，即

$$\Pi_p = -\int_V \frac{1}{2} D_{ijkl} \varepsilon_{ij} \varepsilon_{kl} \mathrm{d}V = -\int_V U(\varepsilon_{ij}) \mathrm{d}V \tag{3.6.19}$$

由最小势能原理可知

$$\Pi_p^* \geqslant \Pi_p$$

则有

$$\int_V U(\varepsilon_{ij}^*) \mathrm{d}V \leqslant \int_V U(\varepsilon_{ij}) \mathrm{d}V \tag{3.6.20}$$

由最小余能原理可知

$$\Pi_c^* \geqslant \Pi_c$$

则有

$$\int_V V(\sigma_{ij}^*) \mathrm{d}V \leqslant \int_V V(\sigma_{ij}) \mathrm{d}V \tag{3.6.21}$$

式中，ε_{ij}^*、σ_{ij}^* 分别为取近似解时的应变场和应力场函数。

由式(3.6.20)和式(3.6.21)可见，用最小势能原理求得位移近似解的弹性应变能是精确解应变能的下界，即近似的位移场在总体上偏小，也就是说结构的计算模型偏于刚硬；而利用最小余能原理得到的应力近似解的弹性余能是精确解余能的上界，即近似的应力解在总体上偏大，结构的计算模型偏于柔软。当分别利用这两个极值原理求解同一问题时，将获得这个问题的上界和下界，可以较准确地估计所得近似解的误差，这对于工程计算具有实际意义。

3.7　弹性力学问题常用的许可位移试函数

1. 梁弯曲问题的常用许可位移试函数

1)一端固定、一端自由

如图 3.6 所示，梁上荷载任意，其挠度试函数可选用

$$v(x) = \sum_{k=1}^{\infty} c_{2k-1} \left[1 - \cos \frac{(2k-1)\pi x}{2l} \right] \tag{3.7.1}$$

$$v(x) = c_1 x^2 + c_2 x^3 + c_3 x^4 + \cdots \tag{3.7.2}$$

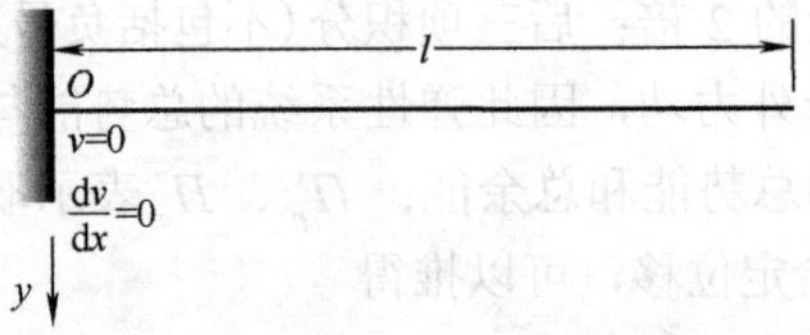

图 3.6　一端固定、一端自由的梁弯曲

2) 一端固定、一端铰支

如图 3.7 所示，梁上荷载任意，其挠度试函数可选用

$$v(x)=\sum_{k=1}^{\infty}c_{2k-1}\left[\cos\frac{(2k-1)\pi x}{2l}-\cos\frac{(2k+1)\pi x}{2l}\right] \tag{3.7.3}$$

$$v(x)=c_1x^2(l-x)+c_2x^3(l-x)+c_3x^4(l-x)+\cdots \tag{3.7.4}$$

$$v(x)=c_1x^2(x-l)+c_2x^2(x^2-l^2)+c_3x^2(x^3-l^3)+\cdots \tag{3.7.5}$$

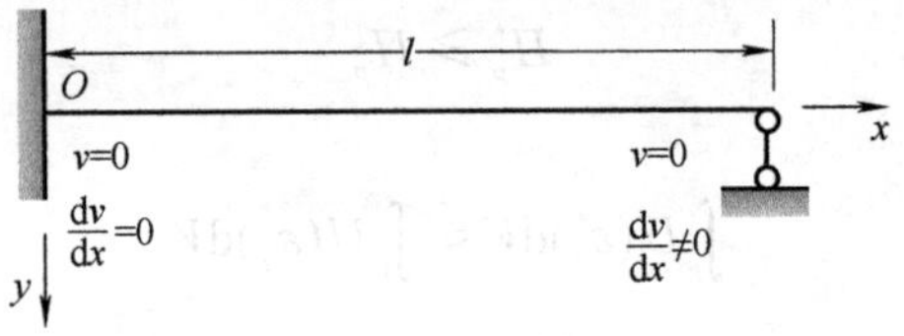

图 3.7　一端固定、一端铰支的梁弯曲

3) 两端固定

如图 3.8 所示，梁上荷载对称，其挠度试函数可选用

$$v(x)=\sum_{k=1}^{\infty}c_k\left(1-\cos\frac{2k\pi x}{l}\right) \tag{3.7.6}$$

$$v(x)=c_1x^2(l-x)^2+c_2x^3(l-x)^2+c_3x^4(l-x)^2+\cdots \tag{3.7.7}$$

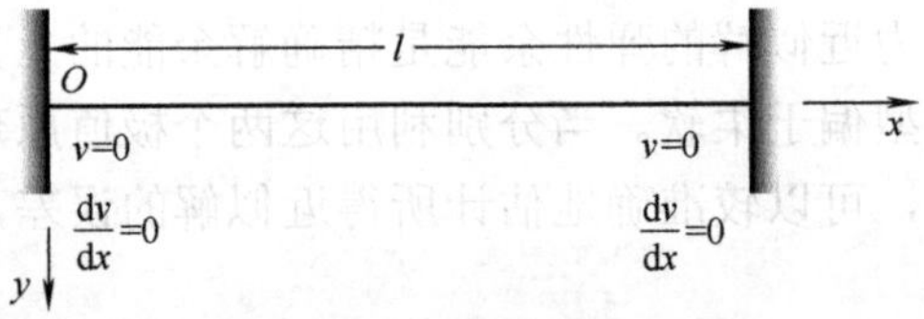

图 3.8　两端固定的梁弯曲

4) 两端铰支

如图 3.9 所示，梁上荷载任意，其挠度试函数可选用

$$v(x)=\sum_{k=1}^{\infty}c_k\sin\frac{k\pi x}{l} \tag{3.7.8}$$

$$v(x)=\sum_{k=1}^{\infty}c_k\cos\frac{k\pi x}{l}\quad（坐标原点设在梁中点） \tag{3.7.9}$$

梁上荷载对称，其挠度试函数可选用

$$v(x)=\sum_{k=1}^{\infty}c_{2k-1}\sin\frac{(2k-1)\pi x}{l} \tag{3.7.10}$$

$$v(x)=\sum_{k=1}^{\infty}c_{2k-1}\cos\frac{(2k-1)\pi x}{l}\quad（坐标原点设在梁中点） \tag{3.7.11}$$

$$v(x) = c_1 x(x-l) + c_2 x^2 (l-x)^2 + c_3 x^3 (l-x)^3 + \cdots \tag{3.7.12}$$

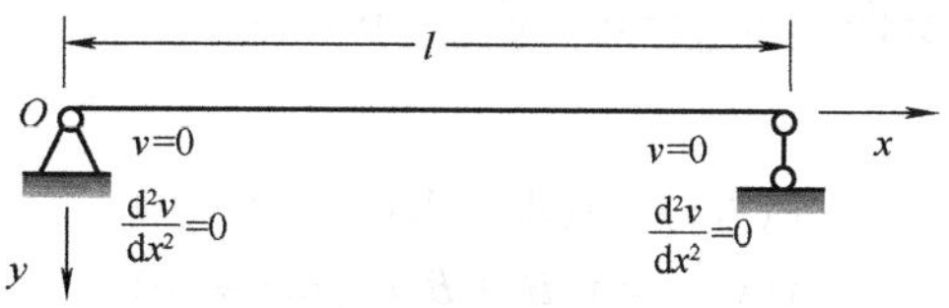

图 3.9　两端铰支的梁弯曲

2. 平面问题(板)的常用许可位移试函数

1)四周固定、坐标原点在角点

如图 3.10 所示，边界条件：在四周边界上，$u = v = 0$。

许可位移试函数：

$$u(x,y) = \sum_m \sum_n A_{mn} \sin\frac{m\pi x}{a} \sin\frac{n\pi y}{b} \tag{3.7.13}$$

$$v(x,y) = \sum_m \sum_n B_{mn} \sin\frac{m\pi x}{a} \sin\frac{n\pi y}{b} \tag{3.7.14}$$

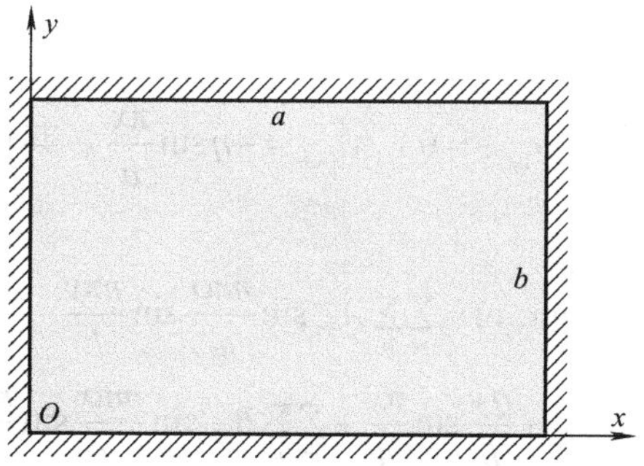

图 3.10　四周固定、坐标原点在角点的板

2)四周固定、坐标原点在中心点

如图 3.11 所示，边界条件：在四周边界上，$u = v = 0$。

许可位移试函数：

$$u(x,y) = \frac{x}{a} \cdot \frac{y}{b} \left(1 - \frac{x^2}{a^2}\right)\left(1 - \frac{y^2}{b^2}\right)\left(A_1 + A_2 \frac{x^2}{a^2} + A_3 \frac{y^2}{b^2} + \cdots\right) \tag{3.7.15}$$

$$v(x,y) = \left(1 - \frac{x^2}{a^2}\right)\left(1 - \frac{y^2}{b^2}\right)\left(B_1 + B_2 \frac{x^2}{a^2} + B_3 \frac{y^2}{b^2} + \cdots\right) \tag{3.7.16}$$

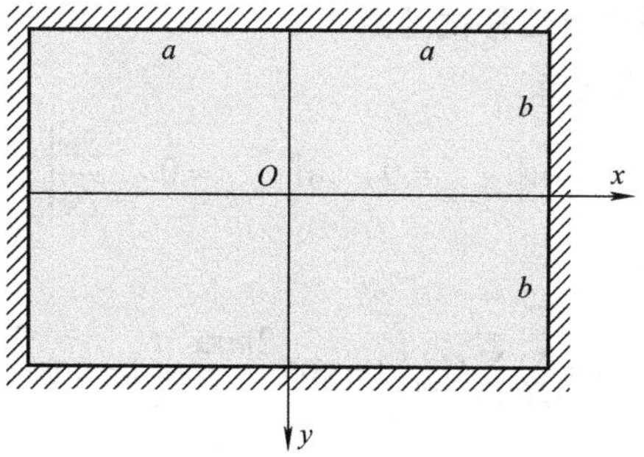

图 3.11　四周固定、坐标原点在中心点的板

3) 两边铰支、两边自由

如图 3.12 所示，边界条件：$u|_{x=0}=0$，$v|_{y=0}=0$。

许可位移试函数：

$$u(x,y)=x(A_1+A_2x+A_3y+\cdots) \tag{3.7.17}$$

$$v(x,y)=y(B_1+B_2x+B_3y+\cdots) \tag{3.7.18}$$

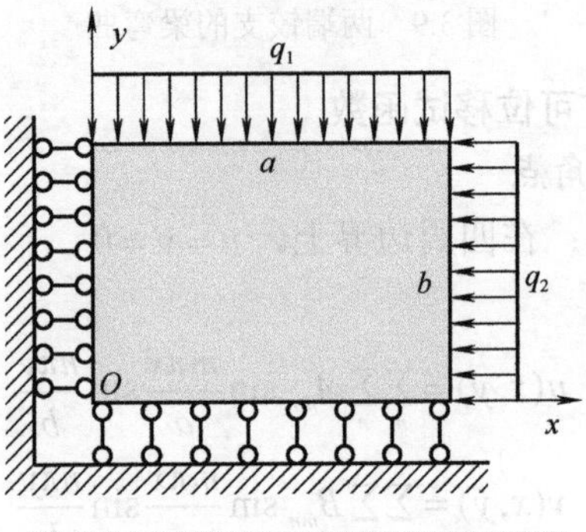

图 3.12　两边铰支、两边自由的板

4) 三边固定、一边自由

如图 3.13 所示，边界条件：$u|_{y=b}=0$，$v|_{y=b}=-\eta\sin\dfrac{\pi x}{a}$，其他三条边界满足 $u=v=0$。

许可位移试函数：

$$u(x,y)=\sum_m\sum_n A_{mn}\sin\frac{m\pi x}{a}\sin\frac{n\pi y}{b} \tag{3.7.19}$$

$$v(x,y)=-\frac{\eta y}{b}\sin\frac{\pi x}{a}+\sum_m\sum_n B_{mn}\sin\frac{m\pi x}{a}\sin\frac{n\pi y}{b} \tag{3.7.20}$$

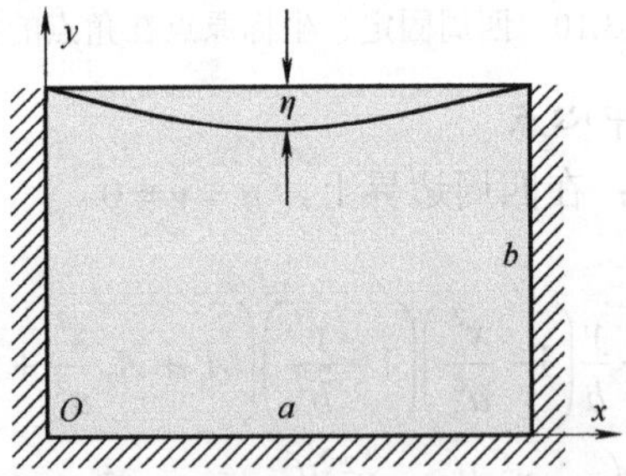

图 3.13　三边固定、一边自由的板

3. 薄板弯曲问题的常用许可位移试函数

1) 四周固定、坐标原点在角点

如图 3.14 所示，边界条件：$w|_{x=0,\ a}=0$，$w|_{y=0,\ b}=0$，$\left.\dfrac{\partial w}{\partial x}\right|_{x=0,\ a}=0$，$\left.\dfrac{\partial w}{\partial y}\right|_{y=0,\ b}=0$。

许可位移试函数：

$$w(x,y)=\sum_{m=1}^{\infty}\sum_{n=1}^{\infty}C_{mn}\left(1-\cos\frac{2m\pi x}{a}\right)\left(1-\cos\frac{2n\pi y}{b}\right) \tag{3.7.21}$$

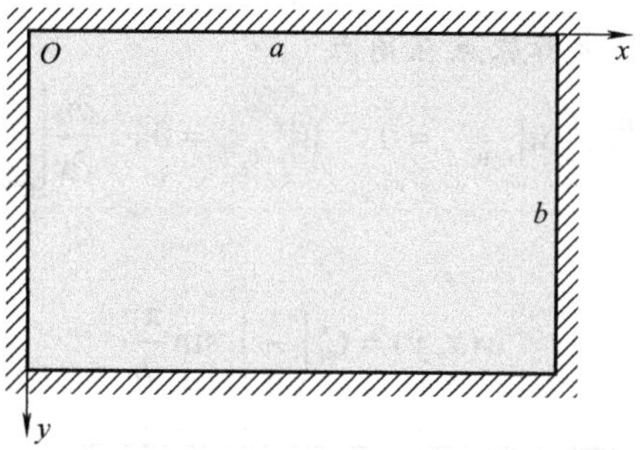

图 3.14 四周固定、坐标原点在角点的薄板弯曲

2) 四周固定、坐标原点在中心点

如图 3.15 所示，边界条件：$w\big|_{x=-a,\ a}=0$，$w\big|_{y=-b,\ b}=0$，$\dfrac{\partial w}{\partial x}\bigg|_{x=-a,\ a}=0$，$\dfrac{\partial w}{\partial y}\bigg|_{y=-b,\ b}=0$。

许可位移试函数：

$$w(x,y)=(x^2-a^2)(y^2-b^2)(A_1+A_2x^2+A_3y^2+\cdots) \tag{3.7.22}$$

$$w(x,y)=C_1\left(1+\cos\frac{\pi x}{a}\right)\left(1+\cos\frac{\pi y}{b}\right) \tag{3.7.23}$$

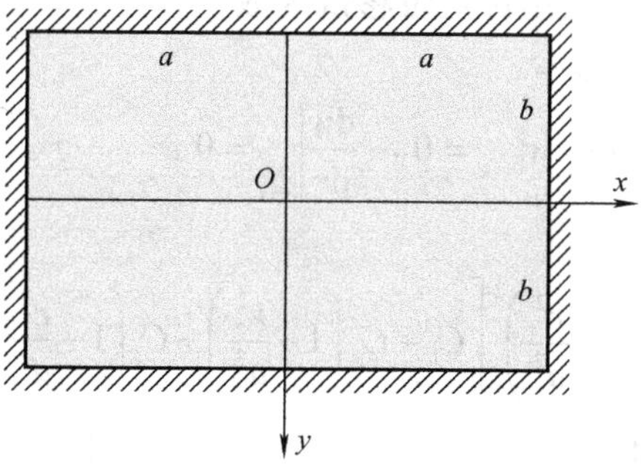

图 3.15 四周固定、坐标原点在中心点的薄板弯曲

3) 四周简支、坐标原点在角点

如图 3.16 所示，边界条件：$w\big|_{x=0,\ a}=0$，$w\big|_{y=0,\ b}=0$，$\dfrac{\partial^2 w}{\partial x^2}\bigg|_{x=0,\ a}=0$，$\dfrac{\partial^2 w}{\partial y^2}\bigg|_{y=0,\ b}=0$。

许可位移试函数：

$$w(x,y)=\sum_{m=1}^{\infty}\sum_{n=1}^{\infty}C_{mn}\sin\frac{m\pi x}{a}\sin\frac{n\pi y}{b} \tag{3.7.24}$$

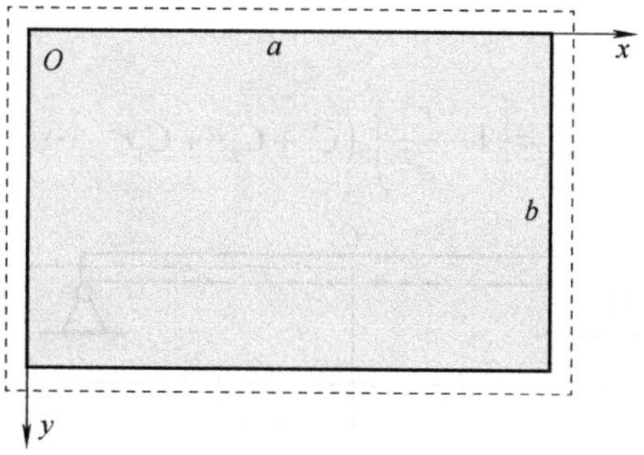

图 3.16 四周简支、坐标原点在角点的薄板弯曲

4) 一边固定、两边简支、坐标原点在角点

如图 3.17 所示，边界条件：$w\big|_{x=0,\ a}=0$，$w\big|_{y=0,\ b}=0$，$\left.\dfrac{\partial w}{\partial x}\right|_{x=0}=0$，$\left.\dfrac{\partial^2 w}{\partial y^2}\right|_{y=0,\ b}=0$。

许可位移试函数：

$$w(x,y)=C_1\left(\frac{x}{a}\right)^2\sin\frac{\pi y}{b} \tag{3.7.25}$$

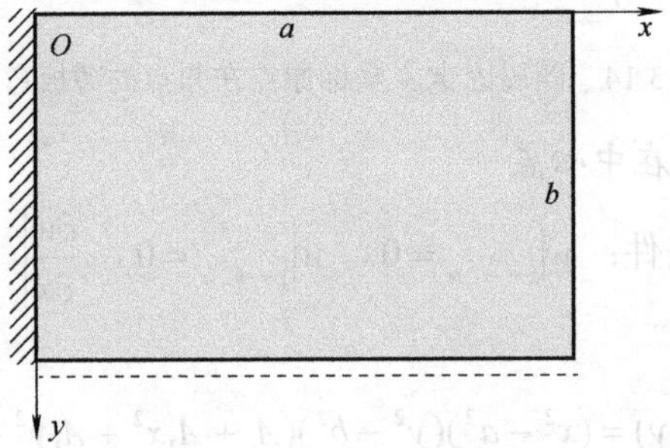

图 3.17　一边固定、两边简支、坐标原点在角点的薄板弯曲

4. 轴对称薄板弯曲问题的常用许可位移试函数

1) 边缘固定、坐标原点在形心

如图 3.18 所示，边界条件：$w\big|_{r=a}=0$，$\left.\dfrac{\mathrm{d}w}{\mathrm{d}r}\right|_{r=a}=0$。

许可位移试函数：

$$w(r)=\left(1-\frac{r^2}{a^2}\right)^2\left[C_1+C_2\left(1-\frac{r^2}{a^2}\right)+C_3\left(1-\frac{r^2}{a^2}\right)^2+\cdots\right] \tag{3.7.26}$$

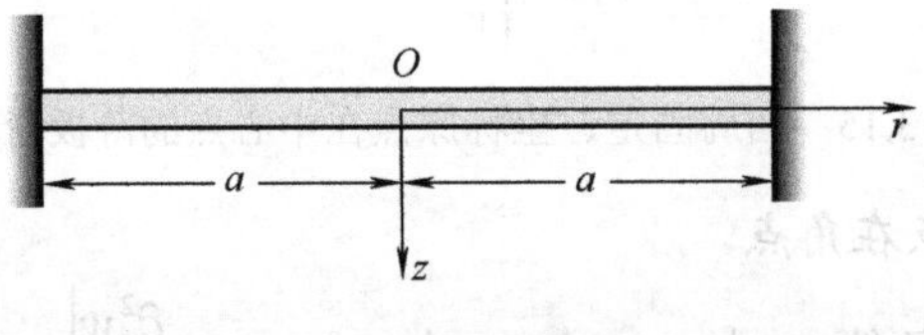

图 3.18　边缘固定、坐标原点在形心的轴对称薄板弯曲

2) 边缘简支、坐标原点在形心

如图 3.19 所示，边界条件：$w\big|_{r=a}=0$，$\left.\dfrac{\mathrm{d}^2 w}{\mathrm{d}r^2}\right|_{r=a}=0$。

许可位移试函数：

$$w(r)=\left(1-\frac{r^2}{a^2}\right)^3\left(C_1+C_2r+C_3r^2+\cdots\right) \tag{3.7.27}$$

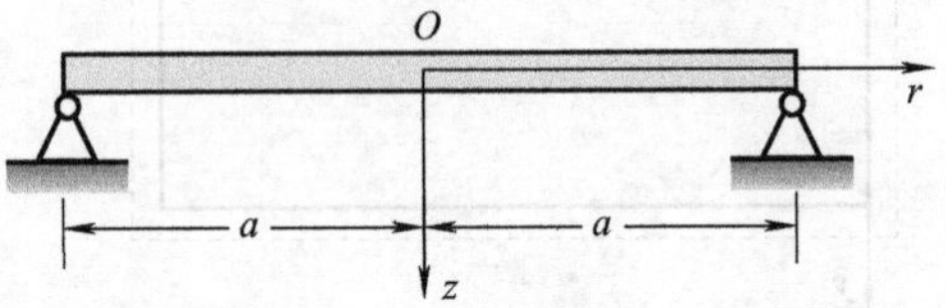

图 3.19　边缘简支、坐标原点在形心的轴对称薄板弯曲

习　题

3.1　如图所示为一受均布荷载作用的悬臂梁。

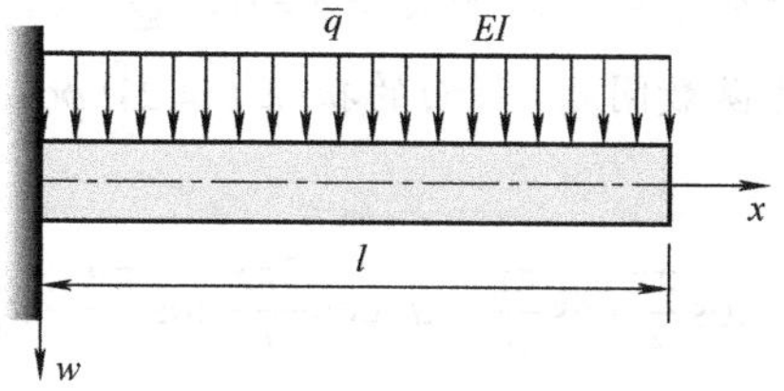

习题 3.1 图

(1)用挠度方程求出精确解。

(2)写出两种以上的许可位移场(试函数)。

(3)基于许可位移场，分别采用以下几种原理求挠曲线 $w(x)$，并和精确解比较：

① 最小势能原理；② 伽辽金加权残值法；③ 最小二乘法。

3.2　对于一维热传导问题，如果热传导系数为 1，则微分方程为

$$A(\phi)=\frac{\mathrm{d}^2\phi}{\mathrm{d}x^2}+Q=0 \qquad (0\leqslant x\leqslant L)$$

式中，

$$Q(x)=\begin{cases}1 & (0\leqslant x<L/2)\\ 0 & (L/2\leqslant x\leqslant L)\end{cases}$$

边界条件为

$$\phi\big|_{x=0}=0,\quad \phi\big|_{x=L}=0$$

试用傅里叶级数 $\phi\approx\tilde{\phi}=\sum_{i=1}^{n}a_i\sin\frac{i\pi x}{L}$ 为近似解，分别利用配点法、子域法和伽辽金法求解一项、两项近似解。

3.3　对于一维热传导问题，如果热传导系数为 1，则微分方程为

$$A(\phi)=\frac{\mathrm{d}^2\phi}{\mathrm{d}x^2}+Q=0 \qquad (0\leqslant x\leqslant L)$$

式中，

$$Q(x)=\begin{cases}1 & (0\leqslant x<L/2)\\ 0 & (L/2\leqslant x\leqslant L)\end{cases}$$

边界条件为

$$(1)\begin{cases}\phi\big|_{x=0}=0\\ \phi\big|_{x=L}=1\end{cases},\qquad (2)\begin{cases}\phi\big|_{x=0}=0\\ \left.\dfrac{\mathrm{d}\phi}{\mathrm{d}x}\right|_{x=L}=10\end{cases}$$

试用多项式函数 $\phi\approx\tilde{\phi}=a_0+a_1x+a_2x^2+a_3x^3$ 为近似解，分别利用配点法、子域法和伽辽金法求解一项、两项近似解，并检查各自的收敛性。

3.4　某问题的微分方程为

$$\frac{\partial^2\phi}{\partial x^2}+\frac{\partial^2\phi}{\partial y^2}+c\phi+Q=0 \qquad (在\ \Omega\ 内)$$

边界条件为

$$\phi=\bar{\phi} \qquad (在\ \Gamma_1\ 上)$$

$$\frac{\partial \phi}{\partial n}=\bar{q}\quad（在\ \Gamma_2\ 上）$$

式中，c 和 Q 仅是坐标的函数，试证明此方程的微分算子是自伴随的，并建立相应的自然变分原理。

3.5　在习题 3.4 给出的微分方程中，如果令 $c=0$，$Q=2$，并令在全部边界上 $\phi=0$，则表示求解杆件自由扭转的应力函数问题，截面的扭矩 $T=2\iint \phi \mathrm{d}x\mathrm{d}y$。现有 4×6 的矩形截面杆，给定近似函数为

$$\tilde{\phi}=\sum_{i=1}^{3} a_i N_i=a_1\cos\frac{\pi x}{6}\cos\frac{\pi y}{4}+a_2\cos\frac{3\pi x}{6}\cos\frac{\pi y}{4}+a_3\cos\frac{\pi x}{6}\cos\frac{3\pi y}{4}$$

试用里茨法求解，并算出截面扭矩。

3.6　对于以下方程：

$$\frac{\mathrm{d}^2\phi}{\mathrm{d}x^2}+\phi-x=0$$

边界条件为　$\phi|_{x=0}=0$，$\phi|_{x=1}=1$

试推导与它等效的泛函。若采用近似函数 $\tilde{\phi}=a_0+a_1x+a_2x^2$ 求解，试用泛函极值的方法确定待定参数 a_0、a_1 和 a_2。

3.7　有一问题的泛函为

$$\Pi(u)=\int_0^{\frac{\pi}{2}}\left[\left(\frac{\partial u}{\partial x}\right)^2-u^2\right]\mathrm{d}x$$

边界条件为　$u|_{x=0}=0$，$u|_{x=\frac{\pi}{2}}=1$

试求该泛函在极值条件下的函数 u。

3.8　有一问题的泛函为

$$\Pi(w)=\int_0^L\left[\frac{EI}{2}\left(\frac{\mathrm{d}^2w}{\mathrm{d}x^2}\right)^2+\frac{kw^2}{2}+qw\right]\mathrm{d}x$$

式中，E、I、k 是常数；q 是给定函数；w 是未知函数，试导出原问题的微分方程和边界条件。

3.9　有一问题的泛函为

$$\Pi(\phi)=\int_\Omega\left[\frac{k}{2}\left(\frac{\partial\phi}{\partial x}\right)^2+\frac{k}{2}\left(\frac{\partial\phi}{\partial y}\right)^2-Q\phi\right]\mathrm{d}\Omega+\int_{\Gamma_q}\left(\frac{\alpha}{2}\phi^2-\bar{q}\phi\right)\mathrm{d}\Gamma$$

式中，k、Q、α、$\bar{q}$ 仅是坐标的函数，试确定欧拉方程，并识别 Γ_q 上的自然边界条件和 $\Gamma-\Gamma_q$ 上的强制边界条件。

3.10　弹性薄板挠度 w 的微分方程为

$$\frac{\partial^4 w}{\partial x^4}+2\frac{\partial^4 w}{\partial^2 x\partial^2 y}+\frac{\partial^4 w}{\partial y^4}=\frac{q(x,y)}{D}$$

式中，$q(x,y)$ 是分布荷载；D 是弯曲刚度，试建立对于四周固支（$w=\frac{\partial w}{\partial n}=0$，$n$ 是边界外法线方向）问题的自然变分原理。

第 4 章 杆梁结构的有限元分析原理

对于弹性变形体的三大类变量和三大类方程，采用试函数的求解方法可以大大降低求解难度，并且具有很好的规范性和可操作性。基于试函数的加权残值法，其试函数既要满足所有的边界条件，又具有较高的连续性，不需要定义新的能量泛函，可直接对原控制方程进行加权残值的处理。基于试函数的最小势能原理，其试函数只要求满足位移边界条件，对函数连续性的要求相对较低，但需要定义一个能够描述其系统的能量泛函，对于弹性问题，该能量泛函就是已给出表达式的势能。这些原理和方法很早就有学者提出，目前仍局限于比较简单的求解及应用，不能处理复杂的工程问题，其原因之一就是寻找定义在整个对象几何域中的试函数往往很困难。

20 世纪 50 年代，随着现代航空事业的发展，对于复杂结构进行较精确的设计和分析已是一个必须解决的问题，一些学者和工程师开始就杆梁结构进行离散化分解，研究相应的力学响应，例如，波音公司的 Turner、Clough、Martin 和 Topp 在分析飞机结构时首先研究了离散杆、梁的单元刚度表达式，这种将复杂结构进行离散的做法开创了有限元分析的先河。有限元分析的基本原理实际上就是最小势能原理，不同之处在于有限元法采用分段离散的方式组合出全场几何域上的试函数，而不是直接寻找全场上的试函数。往往这种分段表达的试函数很简单，但带来数值计算量大的麻烦，随着计算机技术的发展，这一问题已不是限制有限元发展的障碍。因此，有限元方法的真正发展及广泛应用和现代计算机技术的发展紧密相关。

下面先从简单的杆梁结构开始全面介绍有限元方法，其中由杆组成且具有代表性的结构为桁架结构，由梁组成且具有代表性的结构为刚架结构。桁架结构广泛应用于工程结构中，如桥梁、飞机、房屋以及生物医学器械。图 4.1～图 4.4 为桁架结构在不同工程中应用。

图 4.1　一个由桁架建成的大型建筑物

图 4.2　归州大桥全景

图 4.3　桁架结构玻璃采光顶

图 4.4　桁架结构拱桥

最简单的桁架结构为铰接-荷载桁架，荷载作用在铰接点处，杆件可简化为二力杆件，杆件所受拉力或压力沿杆件的轴线方向。图 4.5 为桥梁结构铰接处的局部放大，杆件与杆件为螺栓连接。

图 4.5 桥梁结构的局部

图 4.6 为铰接-荷载桁架的杆件简图，作用在铰上的荷载可以是施加在结构上的外力、外部支座的约束反力或杆件连接传递的结构内力。假定铰接处光滑，不考虑摩擦力。由于杆件只有拉应力或压应力，故桁架结构处于单向应力状态。

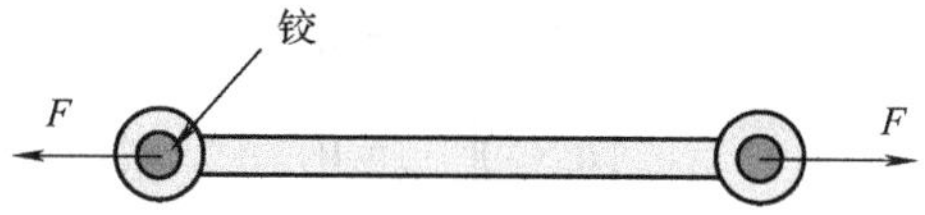

图 4.6 桁架结构杆件简图

4.1 杆单元的基本知识

桁架结构的有限元分析相对简单，可假定杆件的位移、应力以及应变均为一维状态，在此基础上推导杆单元有限元方程，给出有限元分析的基本概念。其中包括形函数、刚度矩阵、质量矩阵、局部坐标系与整体坐标系的变换、刚度矩阵的组装、施加的必要边界条件(位移边界条件)、自然边界条件(力边界条件)，以及单元控制方程、位移、应力、应变的求解。

1. 节点位移和单元形函数

图 4.7 为一维杆单元，1 个单元有 2 个节点，分别位于杆端。设节点 1 和节点 2 的位移分别为 u_1 和 u_2，沿单元的轴线方向。由于假定杆单元为一维状态，单元的每个力学变量均限制在轴线方向上，从而杆件轴线上任一点的位移可根据式(4.1.1)，利用两节点位移进行插值确定。

$$u^h(x) = \boldsymbol{N}\boldsymbol{d}^e \tag{4.1.1}$$

式中，$u^h(x)$ 为单元任一点沿轴线方向的位移近似值；$\boldsymbol{N}$ 为插值函数矩阵，也称为形函数矩阵(shape function matrix)，其广泛应用于有限元分析中，应透彻理解；$\boldsymbol{d}^e$ 为节点位移矢量。

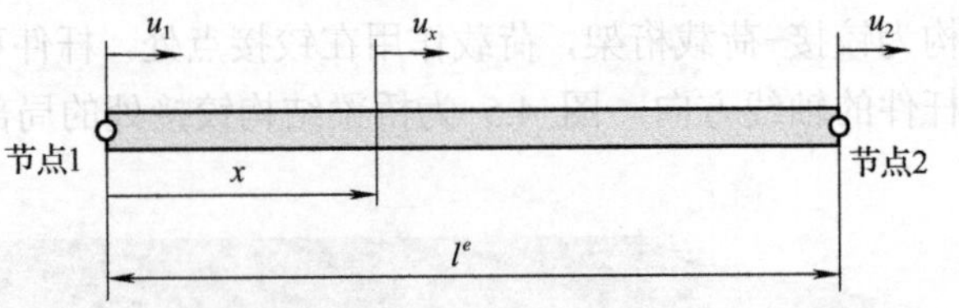

图 4.7　一维杆单元

对于两节点杆单元，其节点位移矢量的展开形式为

$$\boldsymbol{d}^e = \begin{Bmatrix} u_1 \\ u_2 \end{Bmatrix} \tag{4.1.2}$$

欲确定任一点的近似位移 $u^h(x)$，则必先确定形函数矩阵 $\boldsymbol{N}$，设单元的位移场为 $u(x)$，其泰勒级数的展开形式为

$$u(x) = a_0 + a_1 x + a_2 x^2 + \cdots \tag{4.1.3}$$

该函数将由两个节点的位移 u_1 和 u_2 确定。假定任一点的近似位移是 x 的线性函数，即选取式(4.1.3)的前两项作为杆单元的位移插值模式：

$$u^h(x) = a_0 + a_1 x \tag{4.1.4}$$

式中，a_0 和 a_1 为待定系数。式(4.1.4)的矩阵形式为

$$u^h(x) = [1 \quad x]\begin{Bmatrix} a_0 \\ a_1 \end{Bmatrix} = \boldsymbol{P}^{\mathrm{T}}\boldsymbol{a} \tag{4.1.5}$$

式中，$\boldsymbol{P}$ 为多项式基本函数矩阵；$\boldsymbol{a}$ 为待定系数矩阵。利用单元的边界(节点)位移条件确定待定系数，单元的节点位移条件为

$$\begin{cases} u^h(x)\Big|_{x=0} = u_1 \\ u^h(x)\Big|_{x=l^e} = u_2 \end{cases} \tag{4.1.6}$$

将节点位移条件(4.1.6)代入式(4.1.4)，可求解待定系数 a_0 和 a_1，即

$$\begin{cases} a_0 = u_1 \\ a_1 = \dfrac{u_2 - u_1}{l^e} \end{cases} \tag{4.1.7}$$

其矩阵形式为

$$\begin{Bmatrix} a_0 \\ a_1 \end{Bmatrix} = \begin{bmatrix} 1 & 0 \\ -\dfrac{1}{l^e} & \dfrac{1}{l^e} \end{bmatrix}\begin{Bmatrix} u_1 \\ u_2 \end{Bmatrix} \tag{4.1.8}$$

将方程(4.1.8)代入式(4.1.5)可得

$$u^h(x) = [1 \quad x]\begin{bmatrix} 1 & 0 \\ -\dfrac{1}{l^e} & \dfrac{1}{l^e} \end{bmatrix}\begin{Bmatrix} u_1 \\ u_2 \end{Bmatrix} = \begin{Bmatrix} 1-\dfrac{x}{l^e} & \dfrac{x}{l^e} \end{Bmatrix}\begin{Bmatrix} u_1 \\ u_2 \end{Bmatrix} = \boldsymbol{N}\boldsymbol{d}^e \tag{4.1.9}$$

从式(4.1.9)中可得形函数矩阵的表达式为

$$\boldsymbol{N} = \{N_1 \quad N_2\} = \begin{Bmatrix} 1-\dfrac{x}{l^e} & \dfrac{x}{l^e} \end{Bmatrix} \tag{4.1.10}$$

两个形函数为

$$\begin{cases} N_1 = 1 - \dfrac{x}{l^e} \\ N_2 = \dfrac{x}{l^e} \end{cases} \tag{4.1.11}$$

由于杆单元具有两个节点，所以可得到两个形函数，若一个单元有三个节点，则对应存在三个形函数，以此类推，若一个单元具有 n 个节点，则对应存在 n 个形函数。

将方程(4.1.9)展开可得

$$u^h(x) = \left(1 - \frac{x}{l^e}\right)u_1 + \left(\frac{x}{l^e}\right)u_2 = u_1 + (u_2 - u_1)\frac{x}{l^e} \tag{4.1.12}$$

根据方程(4.1.12)，已知单元两节点的位移 u_1 和 u_2 以及单元总长度 l^e，可求解杆单元内任一点的位移。

2. 单元形函数的性质

形函数在有限元分析中具有重要的地位，同时也拥有明确的物理意义和独特的性质，分析和了解这些性质，有助于更好地理解有限元分析的原理。形函数主要有 δ 函数和归一化两个性质。下面以一维杆单元为例进行讨论，其结论完全可以推广到其他单元。方程(4.1.11)给出了两节点杆单元的两个形函数，为验证形函数的性质，首先沿单元轴线作形函数的图像，如图 4.8 所示。

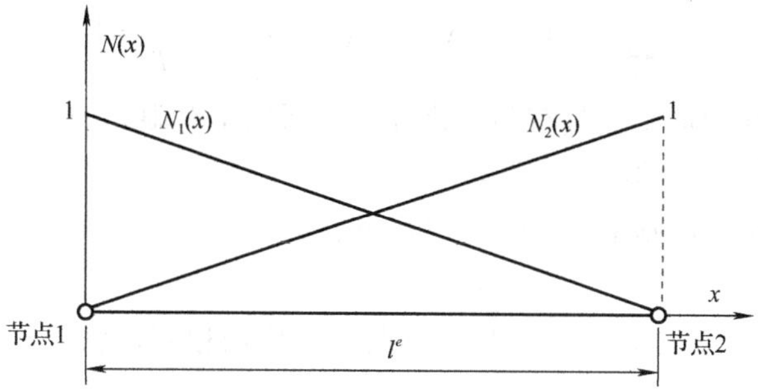

图 4.8　一维杆单元形函数

由图 4.8 可知，每个形函数都是 x 的线性函数，这也是方程(4.1.4)的结论。还可发现形函数 $N_1(x)$ 在节点 1 有 $N_1(0)=1$，在节点 2 有 $N_1(l^e)=0$；形函数 $N_2(x)$ 在节点 1 有 $N_2(0)=0$，在节点 2 有 $N_2(l^e)=1$。

1) δ 函数性质

形函数具有 δ 函数性质，可以保证在单元一个节点施加某一位移，则该位移仅对这一节点起作用，对单元其他节点无影响。例如，在图 4.8 中，在节点 2 施加位移 $u_2 = 0.005\,\text{mm}$，固定节点 1 的位移，使 $u_1 = 0$，这是可以允许的。因为形函数 $N_2(x)$ 在节点 1 取值为零，节点 1 的位移没有受节点 2 的位移影响。反过来，如果形函数在其他节点取值不为零，例如，在节点 2 施加位移，将导致节点 1 的位移不为零，与假想的节点 1 固定相违背，这将是不允许的。δ 函数的形式如下：

$$N_i(x_j) = \delta_{ij} = \begin{cases} 1 & (i = j \text{ 且 } i, j = 1, 2, \cdots, n_\text{d}) \\ 0 & (i \neq j \text{ 且 } i, j = 1, 2, \cdots, n_\text{d}) \end{cases} \tag{4.1.13}$$

式中，n_d 为单元节点的最大序列号；i 为形函数的序列号；j 为节点的序列号。当形函数的序

列号 i 与节点的序列号 j 相等时 δ_{ij} 取值为 1，不相等时 δ_{ij} 取值为零。

若将方程(4.1.13)应用到形函数(4.1.11)，则有

$$N_1(x_1)=1-\frac{0}{l^e}=1,\quad N_1(x_2)=1-\frac{l^e}{l^e}=0$$

$$N_2(x_1)=\frac{0}{l^e}=0,\quad N_2(x_2)=\frac{l^e}{l^e}=1$$

当 $i=j$ 时，$\delta_{ij}=1$；当 $i\neq j$ 时，$\delta_{ij}=0$，因而一维杆单元的形函数完全具有 δ 函数的性质，并且满足有限元分析的要求。对于更加复杂的单元，可以利用 δ 函数的性质推导单元形函数的形式。

2) 归一化性质

如果对某一单元施加刚体位移，即在每一节点施加相同的位移，单元将像刚体一样运动，在单元内部既没有应力，也没有应变。归一化性质就是确保单元的形函数能够描述单元的刚体位移，其表达式如下：

$$\sum_{i=1}^{n}N_i(x)=1 \tag{4.1.14}$$

式中，n 为单元的总节点数。对于两节点的一维杆单元，$n=2$，形函数的表达式为式(4.1.11)，则式(4.1.14)的形式为

$$\sum_{i=1}^{2}N_i(x)=N_1(x)+N_2(x)=1-\frac{x}{l^e}+\frac{x}{l^e}=1 \tag{4.1.15}$$

显然两节点一维杆单元的形函数具有归一化性质，适用于有限元分析。单元形函数的归一化性质使其能够用来描述单元的刚体位移。

设单元存在刚体位移，则单元的刚体位移可表示为

$$u_1=u_2=u^h(x) \tag{4.1.16}$$

既然单元位移是刚体位移，那么单元上任一点的位移均相同，将式(4.1.16)代入式(4.1.12)可得

$$u^h(x)=\left(1-\frac{x}{l^e}\right)u^h(x)+\left(\frac{x}{l^e}\right)u^h(x)=\left(1-\frac{x}{l^e}+\frac{x}{l^e}\right)u^h(x) \tag{4.1.17}$$

若式(4.1.17)成立，则只有

$$1-\frac{x}{l^e}+\frac{x}{l^e}=1 \tag{4.1.18}$$

式(4.1.18)与式(4.1.15)一致，因而单元形函数的和必须等于 1，只有满足该条件，单元才能经得起刚体位移的检验。

3. 应变-位移矩阵

由弹性力学可知，已知物体内某点的位移，可以利用几何方程确定该点的应变。方程(4.1.12)给出一维杆单元内任一点沿 x (轴线)方向的位移表达式，只要对该方程取导数，即可确定单元内沿轴向的应变：

$$\varepsilon_x=\frac{\partial}{\partial x}u^h(x) \tag{4.1.19}$$

将方程(4.1.12)代入式(4.1.19)可得

$$\varepsilon_x = \frac{u_2 - u_1}{l^e} \tag{4.1.20}$$

由式(4.1.20)可知，若给定单元节点位移u_2和u_1，单元的应变则为常量，说明两节点的一维杆单元为常应变单元。若实际的杆件内部存在应变梯度，应通过增加单元的数目或采用高阶单元的方法来描述实际杆件。

将方程(4.1.19)改写成矩阵形式：

$$\varepsilon_x = \left[\frac{\partial}{\partial x}\right]\left\{u^h(x)\right\} = \boldsymbol{L}\boldsymbol{u} \tag{4.1.21}$$

式中，$\boldsymbol{L}$为偏微分算子矩阵；$\boldsymbol{u}$为位移函数矩阵。由方程(4.1.9)可知

$$u^h(x) = \boldsymbol{N}\boldsymbol{d}^e \tag{4.1.22}$$

将方程(4.1.22)代入方程(4.1.21)，可得

$$\varepsilon_x = \left[\frac{\partial}{\partial x}\right]\left\{u^h(x)\right\} = \boldsymbol{L}\boldsymbol{u} = \boldsymbol{L}\boldsymbol{N}\boldsymbol{d}^e = \boldsymbol{B}\boldsymbol{d}^e \tag{4.1.23}$$

式中，$\boldsymbol{B}$为应变-位移矩阵(strain-displacement matrix)，其展开形式为

$$\boldsymbol{B} = \boldsymbol{L}\boldsymbol{N} = \left[\frac{\partial}{\partial x}\right]\begin{bmatrix} 1-\dfrac{x}{l^e} & \dfrac{x}{l^e} \end{bmatrix} = \begin{bmatrix} -\dfrac{1}{l^e} & \dfrac{1}{l^e} \end{bmatrix} \tag{4.1.24}$$

应变-位移矩阵是有限元分析中一个重要的矩阵，在整个学习过程中将被广泛使用。

4. 单元刚度矩阵

有限元的单元刚度矩阵(element stiffness matrix)形式为

$$\boldsymbol{k}^e = \int_{V^e} \boldsymbol{B}^{\mathrm{T}}\boldsymbol{D}\boldsymbol{B}\,\mathrm{d}v \tag{4.1.25}$$

式中，$\boldsymbol{B}$为应变-位移矩阵；$\boldsymbol{D}$为材料刚度矩阵；V^e为单元的体积；$\mathrm{d}v$为体积增量。需要注意的是，单元刚度矩阵将应用于所有的单元类型中，在有限元学习和应用中广泛使用。对于一维杆单元，材料刚度矩阵$\boldsymbol{D}$只有一项，即杨氏弹性模量：

$$\boldsymbol{D} = [c_{11}] = E \tag{4.1.26}$$

单元的体积V^e等于杆的横截面积A乘以杆单元的长度l^e，如图 4.9 所示。

$$V^e = Al^e \tag{4.1.27}$$

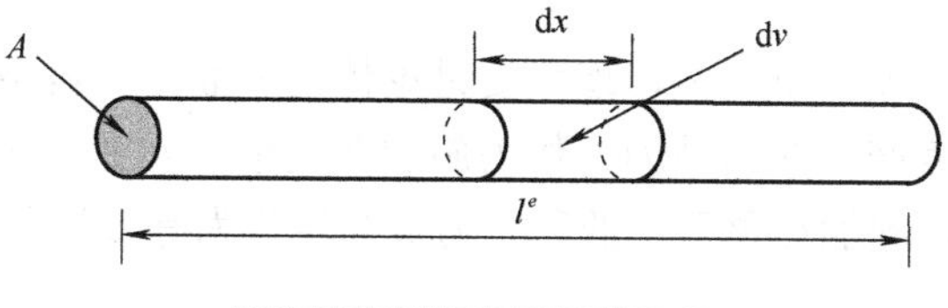

图 4.9　杆单元的几何特征

从图 4.9 可以看出，体积增量$\mathrm{d}v$为

$$\mathrm{d}v = A\mathrm{d}x \tag{4.1.28}$$

将方程(4.1.28)、方程(4.1.26)和方程(4.1.24)代入方程(4.1.25)可得

$$\boldsymbol{k}^e = A\int_0^{l^e} \begin{bmatrix} -\dfrac{1}{l^e} \\ \dfrac{1}{l^e} \end{bmatrix} E \begin{bmatrix} -\dfrac{1}{l^e} & \dfrac{1}{l^e} \end{bmatrix} \mathrm{d}x \tag{4.1.29}$$

遍历单元的长度积分，注意到杆件的横截面积A为常量，从而单元的刚度矩阵为

$$k^e = \frac{AE}{l^e}\begin{bmatrix} 1 & -1 \\ -1 & 1 \end{bmatrix} \tag{4.1.30}$$

因此，根据单元的几何量 A 和 l^e 以及单元材料常数 E，可以获得单元的刚度矩阵。单元刚度矩阵为对称矩阵，主对角线元素均为正值，副对角线元素均为负值。

5. 单元质量矩阵

有限元的单元质量矩阵(element mass matrix)形式为

$$m^e = \int_{V^e} \rho N^{\mathrm{T}} N \mathrm{d}v \tag{4.1.31}$$

式中，ρ 为材料的密度；N 为单元形函数矩阵。但需要注意的是，单元质量矩阵将应用于所有的单元类型中，在有限元学习和应用中广泛使用。单元的体积增量 $\mathrm{d}v$ 已由式(4.1.28)给出，将式(4.1.28)代入式(4.1.31)，遍历单元的长度积分可得

$$m^e = \rho A \int_0^{l^e} N^{\mathrm{T}} N \mathrm{d}x \tag{4.1.32}$$

材料的密度 ρ 和单元的横截面积 A 均为常量，可以提到积分号外。将杆单元的形函数矩阵展开代入式(4.1.32)可得

$$m^e = \rho A \int_0^{l^e} \begin{bmatrix} N_1 N_1 & N_1 N_2 \\ N_2 N_1 & N_2 N_2 \end{bmatrix} \mathrm{d}x \tag{4.1.33}$$

将方程(4.1.10)代入式(4.1.33)可得

$$m^e = \rho A \int_0^{l^e} \begin{bmatrix} 1 - \dfrac{2x}{l^e} + \dfrac{x^2}{l^{e2}} & \dfrac{x}{l^e} - \dfrac{x^2}{l^{e2}} \\ \dfrac{x}{l^e} - \dfrac{x^2}{l^{e2}} & \dfrac{x^2}{l^{e2}} \end{bmatrix} \mathrm{d}x \tag{4.1.34}$$

积分并化简可得

$$m^e = \frac{\rho A l^e}{6}\begin{bmatrix} 2 & 1 \\ 1 & 2 \end{bmatrix} \tag{4.1.35}$$

因此，根据单元的几何量 A 和 l^e 以及单元材料密度 ρ，可以获得单元的质量矩阵。单元质量矩阵为对称矩阵，与单元刚度矩阵不同，单元质量矩阵的所有元素为正值。

6. 节点力列阵

许多形式的力均可施加在单元上，现主要讨论体力和面力。典型的体力主要有重力以及构件因运动而具有加速度产生的惯性力，体力施加在整个单元上。面力是单元外部施加的荷载，作用在单元的表面。施加在单元上的所有力最终转化为等效的节点力。

1)体力

体力转换为等效节点力的转换方程为

$$F_{\mathrm{b}} = \int_{V^e} N^{\mathrm{T}} f_{\mathrm{b}} \mathrm{d}v \tag{4.1.36}$$

式中，F_{b} 为节点力矩阵；N 为单元形函数矩阵；f_{b} 为施加在单元上的体力密度。对于三维问题：

$$f_{\mathrm{b}} = \begin{bmatrix} f_x & f_y & f_z \end{bmatrix}^{\mathrm{T}} \tag{4.1.37}$$

对于两节点一维杆单元，体力只有沿轴线分布的分量 f_x，则 f_{b} 简化为

$$f_{\mathrm{b}} = \begin{bmatrix} f_x & 0 & 0 \end{bmatrix}^{\mathrm{T}} = f_x \tag{4.1.38}$$

f_b 为沿单元轴线的常量，因而方程(4.1.36)简化为

$$\boldsymbol{F}_b = f_x\int_{V^e}\boldsymbol{N}^T \mathrm{d}v \tag{4.1.39}$$

将单元的形函数矩阵 $\boldsymbol{N}$ 的表达式(4.1.10)代入式(4.1.39)，由于 f_y 和 f_z 均为零，只需沿单元长度 x 方向积分，则有

$$\boldsymbol{F}_b = \begin{Bmatrix} f_{b1} \\ f_{b2} \end{Bmatrix} = f_x\int_0^{l^e}\begin{Bmatrix} 1-\dfrac{x}{l^e} \\ \dfrac{x}{l^e} \end{Bmatrix}\mathrm{d}x = f_x\begin{Bmatrix} \dfrac{l^e}{2} \\ \dfrac{l^e}{2} \end{Bmatrix} \tag{4.1.40}$$

单元节点 1 和节点 2 的等效力分别为

$$\begin{cases} f_{b1} = \dfrac{l^e}{2}f_x \\ f_{b2} = \dfrac{l^e}{2}f_x \end{cases} \tag{4.1.41}$$

体力 f_x 是单位长度上的分布力，其单位为 N/m。

2) 面力

面力转换为等效节点力的转换方程为

$$\boldsymbol{F}_s = \int_{S^e}\boldsymbol{N}^T\boldsymbol{f}_s \mathrm{d}S^e \tag{4.1.42}$$

式中，$\boldsymbol{F}_s$ 为面分布荷载的等效节点力矩阵；$\boldsymbol{N}$ 为单元形函数矩阵；S^e 为面分布荷载的面积；$\boldsymbol{f}_s$ 为施加在单元上的面力密度。对于两节点一维杆单元，其面力等效的节点力也可以表示为

$$\boldsymbol{F}_s = \begin{Bmatrix} f_{s1} \\ f_{s2} \end{Bmatrix} \tag{4.1.43}$$

3) 作用在单元上的合力

作用在单元上的合力 $\boldsymbol{f}^e$ 可以看成等效体力和等效面力的矢量和，即

$$\boldsymbol{f}^e = \boldsymbol{F}_b + \boldsymbol{F}_s \tag{4.1.44}$$

其矩阵形式为

$$\boldsymbol{f}^e = \begin{Bmatrix} f_1 \\ f_2 \end{Bmatrix} = \begin{Bmatrix} f_{b1}+f_{s1} \\ f_{b2}+f_{s2} \end{Bmatrix} = \begin{Bmatrix} \dfrac{l^e f_x}{2}+f_{s1} \\ \dfrac{l^e f_x}{2}+f_{s2} \end{Bmatrix} \tag{4.1.45}$$

单元节点 1 和节点 2 的合力分别为

$$\begin{cases} f_1 = \dfrac{l^e f_x}{2}+f_{s1} \\ f_2 = \dfrac{l^e f_x}{2}+f_{s2} \end{cases} \tag{4.1.46}$$

7. 局部坐标系与整体坐标系的变换

1) 平面问题中杆单元的坐标变换

在工程实际中，杆单元可能处于整体坐标系中的任意位置，如图 4.10 所示，在计算中需要将在局部坐标系中得到的单元表达等价地变换到整体坐标系中，从而使不同位置的单元具有公共的坐标基准，以便对各个单元进行集成和装配。图 4.10 中的整体坐标系为 $\overline{Oxy}$，杆单

元的局部坐标系为 Ox 。

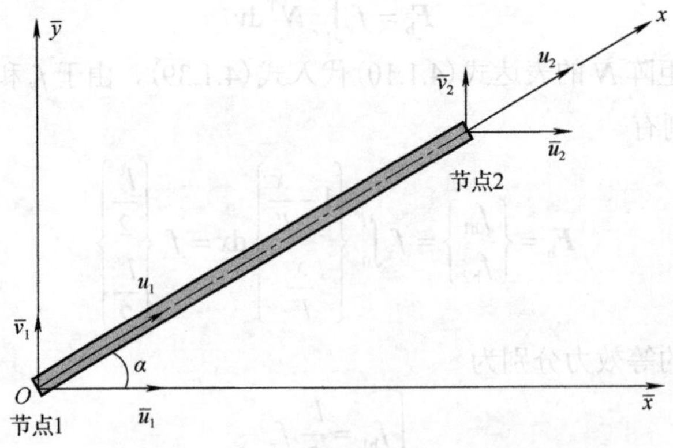

图 4.10　平面问题中的杆单元坐标变换

局部坐标系中的节点位移为

$$\boldsymbol{d}^e = \begin{bmatrix} u_1 & u_2 \end{bmatrix}^{\mathrm{T}} \tag{4.1.47}$$

整体坐标系中的节点位移为

$$\bar{\boldsymbol{d}}^e = \begin{bmatrix} \bar{u}_1 & \bar{v}_1 & \bar{u}_2 & \bar{v}_2 \end{bmatrix}^{\mathrm{T}} \tag{4.1.48}$$

如图 4.10 所示，在节点 1，整体坐标系中的节点位移 $\bar{u}_1$ 和 $\bar{v}_1$ 合成的结果应完全等效于局部坐标系中的 u_1 。同理，在节点 2，整体坐标系中的节点位移 $\bar{u}_2$ 和 $\bar{v}_2$ 合成的结果应完全等效于局部坐标系中的 u_2 。存在以下的等效变换关系：

$$\begin{cases} u_1 = \bar{u}_1 \cos\alpha + \bar{v}_1 \sin\alpha \\ u_2 = \bar{u}_2 \cos\alpha + \bar{v}_2 \sin\alpha \end{cases} \tag{4.1.49}$$

写成矩阵形式为

$$\boldsymbol{d}^e = \begin{Bmatrix} u_1 \\ u_2 \end{Bmatrix} = \begin{bmatrix} \cos\alpha & \sin\alpha & 0 & 0 \\ 0 & 0 & \cos\alpha & \sin\alpha \end{bmatrix} \begin{Bmatrix} \bar{u}_1 \\ \bar{v}_1 \\ \bar{u}_2 \\ \bar{v}_2 \end{Bmatrix} = \boldsymbol{T}\bar{\boldsymbol{d}}^e \tag{4.1.50}$$

其中，$\boldsymbol{T}$ 为坐标的变换矩阵(transformation matrix)，即

$$\boldsymbol{T} = \begin{bmatrix} \cos\alpha & \sin\alpha & 0 & 0 \\ 0 & 0 & \cos\alpha & \sin\alpha \end{bmatrix} \tag{4.1.51}$$

节点力同样可以用变换矩阵变换为

$$\bar{\boldsymbol{f}}^e = \boldsymbol{T}^{\mathrm{T}} \boldsymbol{f}^e \tag{4.1.52}$$

式中，$\bar{\boldsymbol{f}}^e$ 为整体坐标系下的节点力，其表达式为

$$\bar{\boldsymbol{f}}^e = \begin{bmatrix} \bar{f}_{1x} & \bar{f}_{1y} & \bar{f}_{2x} & \bar{f}_{2y} \end{bmatrix}^{\mathrm{T}} \tag{4.1.53}$$

2) 空间问题中杆单元的坐标变换

空间问题中的杆单元如图 4.11 所示。

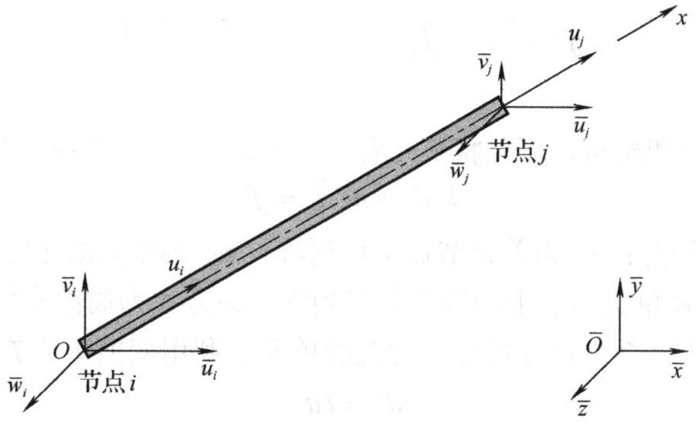

图 4.11　空间问题中的杆单元坐标变换

杆单元在局部坐标系中的节点位移为

$$\boldsymbol{d}^e = \begin{bmatrix} u_i & u_j \end{bmatrix}^{\mathrm{T}} \tag{4.1.54}$$

在整体坐标系中的节点位移为

$$\bar{\boldsymbol{d}}^e = \begin{bmatrix} \bar{u}_i & \bar{v}_i & \bar{w}_i & \bar{u}_j & \bar{v}_j & \bar{w}_j \end{bmatrix}^{\mathrm{T}} \tag{4.1.55}$$

杆单元轴线在整体坐标系中的方向余弦为

$$\begin{cases} l_{ij} = \cos(x,\ \bar{x}) = \dfrac{\bar{x}_j - \bar{x}_i}{l_e} \\ m_{ij} = \cos(x,\ \bar{y}) = \dfrac{\bar{y}_j - \bar{y}_i}{l_e} \\ n_{ij} = \cos(x,\ \bar{z}) = \dfrac{\bar{z}_j - \bar{z}_i}{l_e} \end{cases} \tag{4.1.56}$$

式中，$(\bar{x}_i,\ \bar{y}_i,\ \bar{z}_i)$和$(\bar{x}_j,\ \bar{y}_j,\ \bar{z}_j)$分别是节点 i 和节点 j 在整体坐标系中的位置；l^e 是杆单元的长度，其大小为

$$l^e = \sqrt{(\bar{x}_j - \bar{x}_i)^2 + (\bar{y}_j - \bar{y}_i)^2 + (\bar{z}_j - \bar{z}_i)^2} \tag{4.1.57}$$

和平面问题类似，$\boldsymbol{d}^e$ 和 $\bar{\boldsymbol{d}}^e$ 之间存在以下变换关系：

$$\boldsymbol{d}^e = \begin{Bmatrix} u_i \\ u_j \end{Bmatrix} = \begin{bmatrix} l_{ij} & m_{ij} & n_{ij} & 0 & 0 & 0 \\ 0 & 0 & 0 & l_{ij} & m_{ij} & n_{ij} \end{bmatrix} \begin{Bmatrix} \bar{u}_i \\ \bar{v}_i \\ \bar{w}_i \\ \bar{u}_j \\ \bar{v}_j \\ \bar{w}_j \end{Bmatrix} = \boldsymbol{T}\bar{\boldsymbol{d}}^e \tag{4.1.58}$$

式中，坐标变换矩阵 $\boldsymbol{T}$ 为

$$\boldsymbol{T} = \begin{bmatrix} l_{ij} & m_{ij} & n_{ij} & 0 & 0 & 0 \\ 0 & 0 & 0 & l_{ij} & m_{ij} & n_{ij} \end{bmatrix} \tag{4.1.59}$$

节点力同样可以用变换矩阵变换为

$$\bar{\boldsymbol{f}}^e = \boldsymbol{T}^{\mathrm{T}} \boldsymbol{f}^e$$

式中，$\bar{\boldsymbol{f}}^e$ 为整体坐标系下的节点力，其表达式为

$$\overline{\boldsymbol{f}}^e = \begin{bmatrix} \overline{f}_{ix} & \overline{f}_{iy} & \overline{f}_{iz} & \overline{f}_{jx} & \overline{f}_{jy} & \overline{f}_{jz} \end{bmatrix}^{\mathrm{T}} \tag{4.1.60}$$

8. 单元方程

由于单元具有刚度和质量，可以将单元看作一个质量-弹簧系统，其控制微分方程为

$$\boldsymbol{k}^e \boldsymbol{d}^e + \boldsymbol{m}^e \ddot{\boldsymbol{d}}^e = \boldsymbol{f}^e \tag{4.1.61}$$

式中，$\boldsymbol{k}^e$ 为单元刚度矩阵；$\boldsymbol{d}^e$ 为单元节点位移列阵；$\boldsymbol{m}^e$ 为单元质量矩阵；$\ddot{\boldsymbol{d}}^e$ 为单元节点加速度列阵；$\boldsymbol{f}^e$ 为施加在单元节点上的等效荷载列阵。该方程为局部坐标系形式，在工程应用中应将其变换到整体坐标系，以分析任意位置的单元。利用变换矩阵 $\boldsymbol{T}$，则有

$$\boldsymbol{d}^e = \boldsymbol{T}\overline{\boldsymbol{d}}^e \tag{4.1.62}$$

局部坐标系下的单元节点加速度列阵 $\ddot{\boldsymbol{d}}^e$ 同样可以变换为

$$\ddot{\boldsymbol{d}}^e = \boldsymbol{T}\ddot{\overline{\boldsymbol{d}}}^e \tag{4.1.63}$$

将式(4.1.62)和式(4.1.63)代入式(4.1.61)可得

$$\boldsymbol{k}^e \boldsymbol{T}\overline{\boldsymbol{d}}^e + \boldsymbol{m}^e \boldsymbol{T}\ddot{\overline{\boldsymbol{d}}}^e = \boldsymbol{f}^e \tag{4.1.64}$$

式(4.1.64)的等号两边同时左乘 $\boldsymbol{T}^{\mathrm{T}}$，则有

$$\boldsymbol{T}^{\mathrm{T}}\boldsymbol{k}^e \boldsymbol{T}\overline{\boldsymbol{d}}^e + \boldsymbol{T}^{\mathrm{T}}\boldsymbol{m}^e \boldsymbol{T}\ddot{\overline{\boldsymbol{d}}}^e = \boldsymbol{T}^{\mathrm{T}}\boldsymbol{f}^e \tag{4.1.65}$$

从而可得整体坐标系下有限元方程的形式：

$$\boldsymbol{K}^e \overline{\boldsymbol{d}}^e + \boldsymbol{M}^e \ddot{\overline{\boldsymbol{d}}}^e = \overline{\boldsymbol{f}}^e \tag{4.1.66}$$

式中，$\boldsymbol{K}^e$ 为整体坐标系下的单元刚度矩阵；$\boldsymbol{M}^e$ 为整体坐标系下的单元质量矩阵；$\ddot{\overline{\boldsymbol{d}}}^e$ 为整体坐标系下单元节点加速度列阵；$\overline{\boldsymbol{f}}^e$ 为整体坐标系下的单元节点荷载列阵。

整体坐标系下的单元刚度矩阵为

$$\boldsymbol{K}^e = \boldsymbol{T}^{\mathrm{T}}\boldsymbol{k}^e \boldsymbol{T} \tag{4.1.67}$$

对于空间杆单元，其展开形式为

$$\boldsymbol{K}^e = \begin{bmatrix} l_{ij} & 0 \\ m_{ij} & 0 \\ n_{ij} & 0 \\ 0 & l_{ij} \\ 0 & m_{ij} \\ 0 & n_{ij} \end{bmatrix} \frac{EA^e}{l^e} \begin{bmatrix} 1 & -1 \\ -1 & 1 \end{bmatrix} \begin{bmatrix} l_{ij} & m_{ij} & n_{ij} & 0 & 0 & 0 \\ 0 & 0 & 0 & l_{ij} & m_{ij} & n_{ij} \end{bmatrix} \tag{4.1.68}$$

矩阵运算后可得

$$\boldsymbol{K}^e = \frac{EA^e}{l^e} \begin{bmatrix} l_{ij}^2 & l_{ij}m_{ij} & l_{ij}n_{ij} & -l_{ij}^2 & -l_{ij}m_{ij} & -l_{ij}n_{ij} \\ l_{ij}m_{ij} & m_{ij}^2 & m_{ij}n_{ij} & -l_{ij}m_{ij} & -m_{ij}^2 & -m_{ij}n_{ij} \\ l_{ij}n_{ij} & m_{ij}n_{ij} & n_{ij}^2 & -l_{ij}n_{ij} & -m_{ij}n_{ij} & -n_{ij}^2 \\ -l_{ij}^2 & -l_{ij}m_{ij} & -l_{ij}n_{ij} & l_{ij}^2 & l_{ij}m_{ij} & l_{ij}n_{ij} \\ -l_{ij}m_{ij} & -m_{ij}^2 & -m_{ij}n_{ij} & l_{ij}m_{ij} & m_{ij}^2 & m_{ij}n_{ij} \\ -l_{ij}n_{ij} & -m_{ij}n_{ij} & -n_{ij}^2 & l_{ij}m_{ij} & m_{ij}n_{ij} & n_{ij}^2 \end{bmatrix} \tag{4.1.69}$$

若将式(4.1.69)用分块矩阵表示，则为

$$\boldsymbol{K}^e = \frac{EA^e}{l^e} \begin{bmatrix} \boldsymbol{A} & -\boldsymbol{A} \\ -\boldsymbol{A} & \boldsymbol{A} \end{bmatrix} \tag{4.1.70}$$

式中，$\boldsymbol{A}$ 为

$$\boldsymbol{A}=\begin{bmatrix} l_{ij}^2 & l_{ij}m_{ij} & l_{ij}n_{ij} \\ l_{ij}m_{ij} & m_{ij}^2 & m_{ij}n_{ij} \\ l_{ij}n_{ij} & m_{ij}n_{ij} & n_{ij}^2 \end{bmatrix} \tag{4.1.71}$$

整体坐标系下的单元质量矩阵为

$$\boldsymbol{M}^e=\boldsymbol{T}^{\mathrm{T}}\boldsymbol{m}^e\boldsymbol{T} \tag{4.1.72}$$

对于空间杆单元，其展开形式为

$$\boldsymbol{M}^e=\begin{bmatrix} l_{ij} & 0 \\ m_{ij} & 0 \\ n_{ij} & 0 \\ 0 & l_{ij} \\ 0 & m_{ij} \\ 0 & n_{ij} \end{bmatrix}\frac{\rho A^e l^e}{6}\begin{bmatrix} 2 & 1 \\ 1 & 2 \end{bmatrix}\begin{bmatrix} l_{ij} & m_{ij} & n_{ij} & 0 & 0 & 0 \\ 0 & 0 & 0 & l_{ij} & m_{ij} & n_{ij} \end{bmatrix} \tag{4.1.73}$$

矩阵运算后可得

$$\boldsymbol{M}^e=\frac{\rho A^e l^e}{6}\begin{bmatrix} 2l_{ij}^2 & 2l_{ij}m_{ij} & 2l_{ij}n_{ij} & l_{ij}^2 & l_{ij}m_{ij} & l_{ij}n_{ij} \\ 2l_{ij}m_{ij} & 2m_{ij}^2 & 2m_{ij}n_{ij} & l_{ij}m_{ij} & m_{ij}^2 & m_{ij}n_{ij} \\ 2l_{ij}n_{ij} & 2m_{ij}n_{ij} & 2n_{ij}^2 & l_{ij}n_{ij} & m_{ij}n_{ij} & n_{ij}^2 \\ l_{ij}^2 & l_{ij}m_{ij} & l_{ij}n_{ij} & 2l_{ij}^2 & 2l_{ij}m_{ij} & 2l_{ij}n_{ij} \\ l_{ij}m_{ij} & m_{ij}^2 & m_{ij}n_{ij} & 2l_{ij}m_{ij} & 2m_{ij}^2 & 2m_{ij}n_{ij} \\ l_{ij}n_{ij} & m_{ij}n_{ij} & n_{ij}^2 & 2l_{ij}m_{ij} & 2m_{ij}n_{ij} & 2n_{ij}^2 \end{bmatrix} \tag{4.1.74}$$

若将式(4.1.74)用式(4.1.71)的子矩阵 $\boldsymbol{A}$ 表示，其分块矩阵为

$$\boldsymbol{M}^e=\frac{\rho A^e l^e}{6}\begin{bmatrix} 2\boldsymbol{A} & \boldsymbol{A} \\ \boldsymbol{A} & 2\boldsymbol{A} \end{bmatrix} \tag{4.1.75}$$

整体坐标系下的单元节点荷载列阵为

$$\bar{\boldsymbol{f}}^e=\boldsymbol{T}^{\mathrm{T}}\boldsymbol{f}^e$$

对于空间杆单元，其展开形式为

$$\bar{\boldsymbol{f}}^e=\begin{bmatrix} l_{ij} & 0 \\ m_{ij} & 0 \\ n_{ij} & 0 \\ 0 & l_{ij} \\ 0 & m_{ij} \\ 0 & n_{ij} \end{bmatrix}\begin{Bmatrix} \dfrac{l^e f_x}{2}+f_{\mathrm{s}1} \\ \dfrac{l^e f_x}{2}+f_{\mathrm{s}2} \end{Bmatrix} \tag{4.1.76}$$

矩阵运算后可得

$$\bar{\boldsymbol{f}}^e=\begin{Bmatrix} \bar{f}_{ix} \\ \bar{f}_{iy} \\ \bar{f}_{iz} \\ \bar{f}_{jx} \\ \bar{f}_{jy} \\ \bar{f}_{jz} \end{Bmatrix}=\begin{Bmatrix} \left(l^e f_x/2+f_{\mathrm{s}1}\right)l_{ij} \\ \left(l^e f_x/2+f_{\mathrm{s}1}\right)m_{ij} \\ \left(l^e f_x/2+f_{\mathrm{s}1}\right)n_{ij} \\ \left(l^e f_x/2+f_{\mathrm{s}2}\right)l_{ij} \\ \left(l^e f_x/2+f_{\mathrm{s}2}\right)m_{ij} \\ \left(l^e f_x/2+f_{\mathrm{s}2}\right)n_{ij} \end{Bmatrix} \tag{4.1.77}$$

需要注意的是，在三维空间整体坐标系下单元刚度矩阵 $\boldsymbol{K}^e$ 和单元质量矩阵 $\boldsymbol{M}^e$ 均为 6×6 的对称矩阵，而单元节点荷载矩阵为 6×1 的列阵。

4.2　刚度矩阵的组装及特点

1. 利用最小势能原理建立有限元方程

当结构处于平衡状态，即单元的加速度 $\ddot{\overline{\boldsymbol{d}}}^e \equiv 0$ 时，单元的势能为

$$\Pi^e = \frac{1}{2}\overline{\boldsymbol{d}}^{e\mathrm{T}}\boldsymbol{K}^e\overline{\boldsymbol{d}}^e - \overline{\boldsymbol{d}}^{e\mathrm{T}}\overline{\boldsymbol{f}}^e \tag{4.2.1}$$

对于离散模型，整个结构的势能等于各单元势能的和，则有

$$\Pi_p = \frac{1}{2}\sum\overline{\boldsymbol{d}}^{e\mathrm{T}}\boldsymbol{K}^e\overline{\boldsymbol{d}}^e - \sum\overline{\boldsymbol{d}}^{e\mathrm{T}}\overline{\boldsymbol{f}}^e \tag{4.2.2}$$

将单元节点位移 $\overline{\boldsymbol{d}}^e$ 用结构节点位移 $\boldsymbol{a}$ 表示为

$$\overline{\boldsymbol{d}}^e = \boldsymbol{G}^e\boldsymbol{a} \tag{4.2.3}$$

式中，$\boldsymbol{G}^e$ 称为单元节点转换矩阵。以平面桁架结构为例，设整个结构的节点为 n，则有

$$\boldsymbol{a} = \begin{bmatrix} u_1 & v_1 & u_2 & v_2 & \cdots & u_i & v_i & \cdots & u_n & v_n \end{bmatrix}^{\mathrm{T}} \tag{4.2.4}$$

$$\begin{matrix} 1 & 2 & \cdots & 2i-1 & 2i & \cdots & 2j-1 & 2j & \cdots & 2n \end{matrix}$$

$$\boldsymbol{G}^e_{4\times 2n} = \begin{bmatrix} 0 & 0 & \cdots & 1 & 0 & \cdots & 0 & 0 & \cdots & 0 \\ 0 & 0 & \cdots & 0 & 1 & \cdots & 0 & 0 & \cdots & 0 \\ 0 & 0 & \cdots & 0 & 0 & \cdots & 1 & 0 & \cdots & 0 \\ 0 & 0 & \cdots & 0 & 0 & \cdots & 0 & 1 & \cdots & 0 \end{bmatrix} \tag{4.2.5}$$

将式(4.2.3)代入式(4.2.2)，可得

$$\Pi_p = \boldsymbol{a}^{\mathrm{T}}\frac{1}{2}\sum(\boldsymbol{G}^{e\mathrm{T}}\boldsymbol{K}^e\boldsymbol{G}^e\boldsymbol{a}) - \boldsymbol{a}^{\mathrm{T}}\sum\boldsymbol{G}^{e\mathrm{T}}\overline{\boldsymbol{f}}^e \tag{4.2.6}$$

令

$$\boldsymbol{K} = \sum\boldsymbol{G}^{e\mathrm{T}}\boldsymbol{K}^e\boldsymbol{G}^e, \qquad \boldsymbol{P} = \sum\boldsymbol{G}^{e\mathrm{T}}\overline{\boldsymbol{f}}^e \tag{4.2.7}$$

式中，$\boldsymbol{K}$、$\boldsymbol{P}$ 分别称为结构整体刚度矩阵和结构节点荷载列阵。式(4.2.6)可以改写为

$$\Pi_p = \frac{1}{2}\boldsymbol{a}^{\mathrm{T}}\boldsymbol{K}\boldsymbol{a} - \boldsymbol{a}^{\mathrm{T}}\boldsymbol{P} \tag{4.2.8}$$

离散结构的总势能 Π_p 的未知变量是结构的节点位移 $\boldsymbol{a}$，根据变分原理，泛函 Π_p 取驻值的条件是它的一阶变分为零，$\delta\Pi_p = 0$，即

$$\frac{\partial\Pi_p}{\partial\boldsymbol{a}} = 0 \tag{4.2.9}$$

从而得到有限元的求解方程为

$$\boldsymbol{K}\boldsymbol{a} = \boldsymbol{P} \tag{4.2.10}$$

结构整体刚度矩阵 $\boldsymbol{K}$ 和结构节点荷载列阵 $\boldsymbol{P}$ 都是由单元刚度矩阵 $\boldsymbol{K}^e$ 和单元等效荷载列阵 $\overline{\boldsymbol{f}}^e$ 集合而成的。

2. 单元刚度矩阵的特点

单元刚度矩阵中任一元素 K_{ij}^e 的物理意义为：当单元的第 j 个节点位移为单位位移而其他

节点的位移为零时，需要在单元第 i 个节点施加的节点力大小。单元的刚性大，使节点产生单位位移的节点力则大。因此单元刚度矩阵中的每个元素反映了单元刚性，称为刚度系数。

单元刚度矩阵具有以下特点。

1) 对称性

可由式(4.1.69)或式(4.1.70)得到。

2) 奇异性

单元刚度矩阵 $\boldsymbol{K}^e$ 是奇异的，它不存在逆矩阵。单元刚度矩阵奇异的原因为：单元处于平衡状态时，节点力相互不独立，它们必须满足平衡方程，因而它们是线性相关的。另外，即使给定满足平衡条件的单元节点力 $\bar{\boldsymbol{f}}^e$，也不能确定单元节点的位移 $\bar{\boldsymbol{d}}^e$，因为单元还可以有任意的刚体位移，对于平面问题，这种刚体位移是两个方向的平移和一个面内的转动。

3) 主元素非负

由式(4.1.69)或式(4.1.70)可以看出，在整体坐标系下单元刚度矩阵的主元素非负。由式(4.1.30)可以看出，在局部坐标系下单元刚度矩阵的主元素恒为正。

3. 结构整体刚度矩阵的组装

式(4.2.10)给出了结构整体刚度矩阵和结构节点荷载列阵由单元刚度矩阵和单元等效荷载列阵集成的表达式，集成或组装是通过单元节点转换矩阵 $\boldsymbol{G}$ 实现的。单元刚度矩阵转换的目的是将其扩大到与结构整体刚度矩阵同阶，以便进行矩阵合成。单元等效荷载列阵转换的目的是将单元节点荷载列阵扩大到与结构节点荷载列阵同阶，并将单元节点荷载按节点自由度顺序入位。经过转换叠加后，可以得到结构整体刚度矩阵 $\boldsymbol{K}$ 和结构节点荷载列阵 $\boldsymbol{P}$。

在实际的计算中遵循“整体编号，对号入座”的原则，即在计算得到 $\boldsymbol{K}^e$ 和 $\boldsymbol{P}^e$ 的各元素后，只需按照单元的节点自由度编码，对号入座地叠加到结构整体刚度矩阵和结构节点荷载列阵的相应位置上即可实现。

4. 结构整体刚度矩阵的特点

结构整体刚度矩阵 $\boldsymbol{K}$ 是由单元刚度矩阵集合而成的，它与单元刚度矩阵类似，也具有明显的物理意义。有限元的求解方程(4.2.10)是结构离散后节点的平衡方程。结构整体刚度矩阵 $\boldsymbol{K}$ 的任一元素 K_{ij} 的物理意义是：结构第 j 个节点位移为单位 1 而其他节点位移为零时，需要在第 i 个节点上施加的节点力大小。与单元的不同之处在于结构是单元的集合体，每个单元都对结构起一定的作用。由于单元刚度矩阵具有对称性和奇异性，由它们集成的结构整体刚度矩阵也具有对称性和奇异性，即结构必须补充能够限制刚体位移的约束条件才能消除 $\boldsymbol{K}$ 的奇异性，以便通过方程(4.2.10)求解结构节点位移。

连续体离散为有限个单元体，每个节点的相关单元只是围绕在该节点周围的少数几个，一个节点通过相关单元与之发生关系的相关节点也只是它周围的少数几个，因此虽然总体单元数和节点数很多，结构整体刚度矩阵的阶数很高，但刚度矩阵中非零元素很少，刚度矩阵具有大型性和稀疏性。只要节点编号合理，稀疏的非零元素将集中在以主对角线为中心的一条带状区域内，即结构整体刚度矩阵具有带状分布特点，如图 4.12 所示。

综上所述，有限元法最后建立的方程组的大型系数矩阵 $\boldsymbol{K}$ 具有以下性质：①对称性；②奇异性；③半正定性；④稀疏性；⑤非零元素呈带状分布。由于是大型的方程组，在求解方程时，除引入位移边界条件消除奇异性外，其他特点都必须在解方程中予以充分考虑并利用，以提高求解的效率。

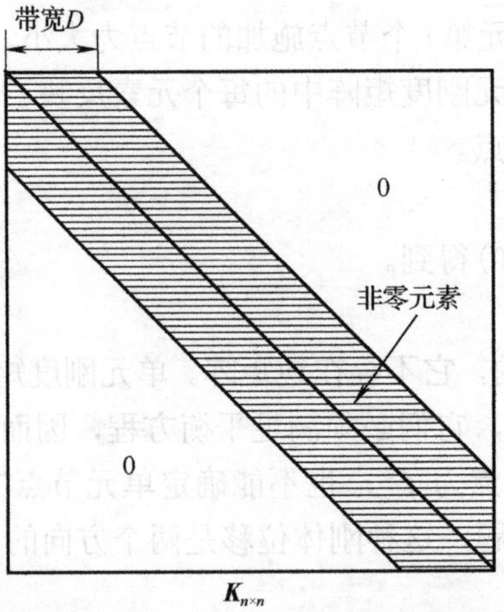

图 4.12　结构整体刚度矩阵的带状分布

4.3　杆单元应用举例

【例 4.1】如图 4.13(a)所示的结构具有一个 1.2 mm 的间隙，已知材料常数 $E=20\ \text{GPa}$，外力 $F=60\ \text{kN}$，杆的横截面积 $A=250\ \text{mm}^2$。试求该结构的位移场、应力场以及支座反力。

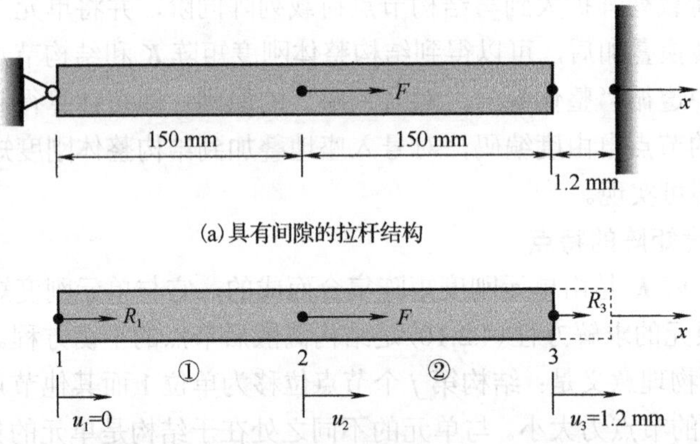

(a)具有间隙的拉杆结构

(b)单元划分及节点编号

图 4.13　具有间隙的拉杆结构及单元划分

解：(1)结构的离散与编号。

根据杆的几何特点与受力特点，采用两个杆单元进行分析，其单元划分和节点编号如图 4.13(b)所示。

(2)各个单元的矩阵描述。

分别计算各个单元的刚度矩阵：

$$\boldsymbol{K}^{(1)}=\frac{EA}{l}\begin{bmatrix}1 & -1\\ -1 & 1\end{bmatrix}=\frac{10^5}{3}\begin{bmatrix}1 & -1\\ -1 & 1\end{bmatrix}\begin{matrix}\leftarrow u_1\\ \leftarrow u_2\end{matrix}\quad(\text{列对应 } u_1,\ u_2)$$

$$\begin{matrix} & & & u_2 & u_3 \\ & & & \downarrow & \downarrow \end{matrix}$$

$$\boldsymbol{K}^{(2)}=\frac{EA}{l}\begin{bmatrix}1 & -1\\ -1 & 1\end{bmatrix}=\frac{10^5}{3}\begin{bmatrix}1 & -1\\ -1 & 1\end{bmatrix}\begin{matrix}\leftarrow u_2\\ \leftarrow u_3\end{matrix}$$

节点力列阵为

$$\boldsymbol{P}=\begin{bmatrix}P_1 & P_2 & P_3\end{bmatrix}^{\mathrm{T}}=\begin{bmatrix}R_1 & 60\times10^3 & R_3\end{bmatrix}^{\mathrm{T}}$$

式中，R_1为节点 1 处的支座反力；R_3为节点 3 处的支座反力。

(3) 建立整体刚度方程。

$$\begin{matrix} u_1 & u_2 & u_3 \\ \downarrow & \downarrow & \downarrow \end{matrix}$$

$$\boldsymbol{K}=\boldsymbol{K}^{(1)}+\boldsymbol{K}^{(2)}=\frac{10^5}{3}\begin{bmatrix}1 & -1 & 0\\ -1 & 2 & -1\\ 0 & -1 & 1\end{bmatrix}\begin{matrix}\leftarrow u_1\\ \leftarrow u_2\\ \leftarrow u_3\end{matrix}$$

整体刚度方程为

$$\frac{10^5}{3}\begin{bmatrix}1 & -1 & 0\\ -1 & 2 & -1\\ 0 & -1 & 1\end{bmatrix}\begin{Bmatrix}u_1\\ u_2\\ u_3\end{Bmatrix}=\begin{Bmatrix}R_1\\ 60\times10^3\\ R_3\end{Bmatrix}$$

(4) 边界条件的处理及刚度方程的求解。

考虑以下几种情形。

① 判断接触是否发生。

假定节点 3 为自由端，所对应的约束不存在，则对应的条件为

$$u_1=0\text{，}\ R_3=0$$

将该条件代入刚度方程中，可求出$u_3=1.8\ \mathrm{mm}$，实际情况是节点 3 与约束之间的距离仅有 1.2 mm。因此可以判定节点 3 将与约束接触。

② 接触发生的临界条件。

改变外力F的数值，使其成为临界外力F_{cr}，此时的临界条件为

$$u_1=0\text{，}\ u_3=1.2\ \mathrm{mm}\text{，}\ R_3=0$$

则刚度方程变为

$$\frac{10^5}{3}\begin{bmatrix}1 & -1 & 0\\ -1 & 2 & -1\\ 0 & -1 & 1\end{bmatrix}\begin{Bmatrix}0\\ u_2\\ 1.2\end{Bmatrix}=\begin{Bmatrix}R_1\\ F_{\mathrm{cr}}\\ 0\end{Bmatrix}$$

求解该方程可得

$$u_2=1.2\ \mathrm{mm}\text{，}\ F_{\mathrm{cr}}=40\times10^3\ \mathrm{N}\text{，}\ R_1=-40\times10^3\ \mathrm{N}$$

③ 接触发生后的情形。

发生接触后，相应的位移边界条件为

$$u_1=0\text{，}\ u_3=1.2\ \mathrm{mm}$$

则刚度方程变为

$$\frac{10^5}{3}\begin{bmatrix}1 & -1 & 0\\ -1 & 2 & -1\\ 0 & -1 & 1\end{bmatrix}\begin{Bmatrix}0\\ u_2\\ 1.2\end{Bmatrix}=\begin{Bmatrix}R_1\\ 60\times10^3\\ R_3\end{Bmatrix}$$

求解该方程可得

$$u_2=1.5\text{ mm}，\quad R_1=-50\times10^3\text{ N}，\quad R_3=-10\times10^3\text{ N}$$

(5) 各单元的应力。

利用情形③的计算结果，可以求得

$$\sigma^{(1)}=\frac{E}{l}\{-1\quad 1\}\begin{Bmatrix}u_1\\ u_2\end{Bmatrix}=\frac{20\times10^3}{150}\{-1\quad 1\}\begin{Bmatrix}0\\ 1.5\end{Bmatrix}=200\text{ (MPa)}$$

$$\sigma^{(2)}=\frac{E}{l}\{-1\quad 1\}\begin{Bmatrix}u_2\\ u_3\end{Bmatrix}=\frac{20\times10^3}{150}\{-1\quad 1\}\begin{Bmatrix}1.5\\ 1.2\end{Bmatrix}=-40\text{ (MPa)}$$

【例 4.2】 图 4.14 为三杆平面桁架结构，设材料的弹性模量 $E=200\text{ GPa}$，杆的横截面积 $A=100\text{ mm}^2$。试求节点位移、约束反力及单元应变、应力、内力。

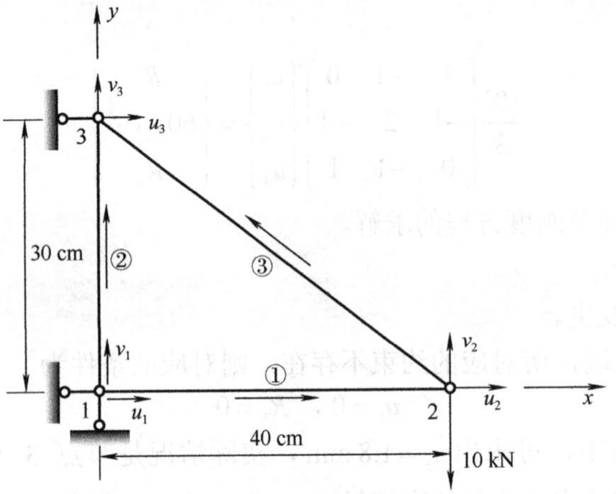

图 4.14 三杆平面桁架结构

解： (1) 结构的离散与编号。

对该结构进行自然离散，节点编号和单元编号及单元的方向如图 4.14 所示，有关节点和单元的信息见表 4.1～表 4.3。

表 4.1 节点与坐标

节点	x /cm	y /cm
1	0	0
2	40	0
3	0	30

表 4.2 单元编号及对应节点编号

单元编号	节点编号	
①	1	2
②	1	3
③	2	3

表 4.3　单元长度及方向余弦

单元编号	单元长度 l/mm	方向余弦 n_x	方向余弦 n_y
①	400	1	0
②	300	0	1
③	500	−0.8	0.6

(2) 各单元的矩阵描述。

由于所分析的结构包含斜杆，所以必须在整体坐标系下对节点位移进行描述，所推导的单元刚度矩阵也要进行变换，各单元经坐标变换后的刚度矩阵为

$$\boldsymbol{K}^{(1)}=\frac{200\times10^3\times100}{400}\begin{bmatrix}1&0&-1&0\\0&0&0&0\\-1&0&1&0\\0&0&0&0\end{bmatrix}\begin{matrix}\leftarrow u_1\\\leftarrow v_1\\\leftarrow u_2\\\leftarrow v_2\end{matrix}\quad(\text{列}: u_1\ v_1\ u_2\ v_2)$$

$$\boldsymbol{K}^{(2)}=\frac{200\times10^3\times100}{300}\begin{bmatrix}0&0&0&0\\0&1&0&-1\\0&0&0&0\\0&-1&0&1\end{bmatrix}\begin{matrix}\leftarrow u_1\\\leftarrow v_1\\\leftarrow u_3\\\leftarrow v_3\end{matrix}\quad(\text{列}: u_1\ v_1\ u_3\ v_3)$$

$$\boldsymbol{K}^{(3)}=\frac{200\times10^3\times100}{500}\begin{bmatrix}0.64&-0.48&-0.64&0.48\\-0.48&0.36&0.48&-0.36\\-0.64&0.48&0.64&-0.48\\0.48&-0.36&-0.48&0.36\end{bmatrix}\begin{matrix}\leftarrow u_2\\\leftarrow v_2\\\leftarrow u_3\\\leftarrow v_3\end{matrix}\quad(\text{列}: u_2\ v_2\ u_3\ v_3)$$

(3) 建立整体刚度方程。

将所得到的各单元刚度矩阵按节点编号进行组装，可以形成整体刚度矩阵，同时将所有节点荷载也进行组装。

整体刚度矩阵为

$$\boldsymbol{K}=\boldsymbol{K}^{(1)}+\boldsymbol{K}^{(2)}+\boldsymbol{K}^{(3)}$$

$$\boldsymbol{K}=\frac{200\times10^3\times100}{6000}\begin{bmatrix}15&0&-15&0&0&0\\0&20&0&0&0&-20\\-15&0&22.68&-5.76&-7.68&5.76\\0&0&-5.76&4.32&5.76&-4.32\\0&0&-7.68&5.76&7.68&-5.76\\0&-20&5.76&-4.32&-5.76&24.32\end{bmatrix}\begin{matrix}\leftarrow u_1\\\leftarrow v_1\\\leftarrow u_2\\\leftarrow v_2\\\leftarrow u_3\\\leftarrow v_3\end{matrix}\quad(\text{列}: u_1\ v_1\ u_2\ v_2\ u_3\ v_3)$$

节点位移为　　　　　$\boldsymbol{d}=[u_1\quad v_1\quad u_2\quad v_2\quad u_3\quad v_3]^{\mathrm{T}}$

节点力为$\boldsymbol{P}=\boldsymbol{R}+\boldsymbol{F}=[R_{1x}\quad R_{1y}\quad 0\quad -10^4\quad R_{3x}\quad 0]^{\mathrm{T}}$，其中（$R_{1x}$，$R_{1y}$）为节点 1 处沿 x 和 y 方向的支座反力，R_{3x} 为节点 3 处沿 x 方向的支座反力。

整体的刚度方程为

$$\frac{200\times10^3\times100}{6000}\begin{bmatrix}15&0&-15&0&0&0\\0&20&0&0&0&-20\\-15&0&22.68&-5.76&-7.68&5.76\\0&0&-5.76&4.32&5.76&-4.32\\0&0&-7.68&5.76&7.68&-5.76\\0&-20&5.76&-4.32&-5.76&24.32\end{bmatrix}\begin{Bmatrix}u_1\\v_1\\u_2\\v_2\\u_3\\v_3\end{Bmatrix}=\begin{Bmatrix}R_{1x}\\R_{1y}\\0\\-10^4\\R_{3x}\\0\end{Bmatrix}$$

(4) 边界条件的处理及刚度方程的求解。

边界条件 BC(*u*) 为：$u_1=v_1=u_3=0$，代入刚度方程，并划行划列。

$$\frac{200\times10^3\times100}{6000}\begin{bmatrix}15&0&-15&0&0&0\\0&20&0&0&0&-20\\-15&0&22.68&-5.76&-7.68&5.76\\0&0&-5.76&4.32&5.76&-4.32\\0&0&-7.68&5.76&7.68&-5.76\\0&-20&5.76&-4.32&-5.76&24.32\end{bmatrix}\begin{Bmatrix}0\\0\\u_2\\v_2\\0\\v_3\end{Bmatrix}=\begin{Bmatrix}R_{1x}\\R_{1y}\\0\\-10^4\\R_{3x}\\0\end{Bmatrix}$$

化简后得

$$\frac{200\times10^3\times100}{6000}\begin{bmatrix}22.68&-5.76&5.76\\-5.76&4.32&-4.32\\5.76&-4.32&24.32\end{bmatrix}\begin{Bmatrix}u_2\\v_2\\v_3\end{Bmatrix}=\begin{Bmatrix}0\\-10^4\\0\end{Bmatrix}$$

对该方程求解可得

$$\begin{Bmatrix}u_2\\v_2\\v_3\end{Bmatrix}=\begin{Bmatrix}-0.2667\\-1.2000\\-0.1500\end{Bmatrix}\text{mm}$$

则所有节点的位移为

$$\boldsymbol{d}=[0\quad 0\quad -0.2667\quad -1.2000\quad 0\quad -0.1500]^{\mathrm{T}}\ \text{mm}$$

(5) 支座反力的求解。

将求得的节点位移回代整体刚度方程，可求得

$$\begin{bmatrix}R_{1x}\\R_{1y}\\R_{3x}\end{bmatrix}=\frac{200\times10^3\times100}{6000}\begin{bmatrix}15&0&-15&0&0&0\\0&20&0&0&0&-20\\0&0&-7.68&5.76&7.68&-5.76\end{bmatrix}\begin{bmatrix}0\\0\\-0.2667\\-1.2000\\0\\-0.1500\end{bmatrix}=\begin{Bmatrix}1.3333\times10^4\\1.0000\times10^4\\-1.3333\times10^4\end{Bmatrix}\text{(N)}$$

(6) 各单元应力的计算。

$$\sigma^{(1)}=E\cdot\boldsymbol{B}\cdot\boldsymbol{T}\cdot\boldsymbol{d}=\frac{200\times10^3}{400}\begin{bmatrix}-1 & 1\end{bmatrix}\begin{bmatrix}1&0&0&0\\0&0&1&0\end{bmatrix}\begin{Bmatrix}0\\0\\-0.2667\\-1.2000\end{Bmatrix}=-133.3\ (\text{MPa})$$

$$\sigma^{(2)}=E\cdot\boldsymbol{B}\cdot\boldsymbol{T}\cdot\boldsymbol{d}=\frac{200\times10^3}{300}\begin{bmatrix}-1 & 1\end{bmatrix}\begin{bmatrix}0&1&0&0\\0&0&0&1\end{bmatrix}\begin{Bmatrix}0\\0\\0\\-0.1500\end{Bmatrix}=-100.0\ (\text{MPa})$$

$$\sigma^{(3)}=E\cdot\boldsymbol{B}\cdot\boldsymbol{T}\cdot\boldsymbol{d}=\frac{200\times10^3}{500}\begin{bmatrix}-1 & 1\end{bmatrix}\begin{bmatrix}-0.8&0.6&0&0\\0&0&-0.8&0.6\end{bmatrix}\begin{Bmatrix}-0.2667\\-1.2000\\0\\-0.1500\end{Bmatrix}=166.7\ (\text{MPa})$$

(7) 各单元(杆)内力。

$$F_{1\text{N}}=\sigma^{(1)}A=-133.3\times100=-1.333\times10^4\ (\text{N})=-13.33\ (\text{kN})$$

$$F_{2\text{N}}=\sigma^{(2)}A=-100.0\times100=-1.0\times10^4\ (\text{N})=-10\ (\text{kN})$$

$$F_{3\text{N}}=\sigma^{(3)}A=166.7\times100=1.667\times10^4\ (\text{N})=16.67\ (\text{kN})$$

由于本结构为静定桁架结构，感兴趣的读者可用材料力学知识验证。

4.4　平面梁的弯曲问题

设有一受分布荷载作用的简支梁，如图 4.15 所示。其厚度较小，外载沿厚度方向无变化，该问题可简化为一个 Oxy 平面内的问题。

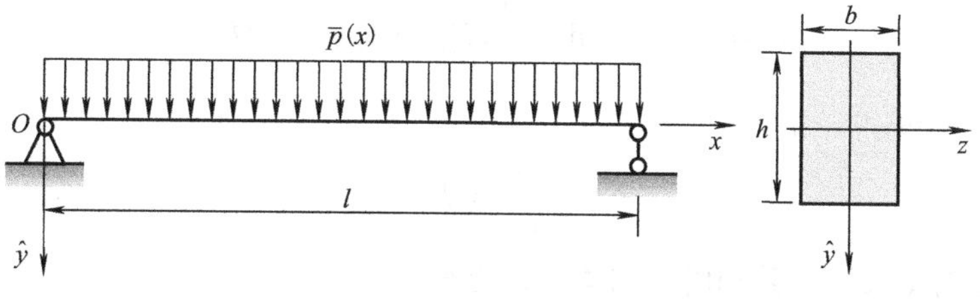

图 4.15　受分布荷载作用的简支梁

1. 基本方程

基本方程可以采用弹性力学(材料力学)的常规方法建立，但所用的变量较多、方程复杂。也可以根据梁的特征进行特征建模，图 4.15 所示问题的特征为：①梁为细长梁，因此可只用 x 坐标进行描述；②主要变形为垂直于 x 的位移，可用挠度 $\hat{y}$ 来描述梁的位移场。针对这两个特征，可以做出以下假设。

(1) 直法线假设。变形前处于梁中面法线上的点在变形过程中始终处于同一直线上，这一直线保持垂直于变形后的中面，而且这些点之间的距离不变。

(2) 小变形假设。梁的挠度与其高度相比很小。

(3) 平面假设。梁的横截面在变形之后仍保持为平面，且垂直于变形后的轴线，仅仅绕某一轴转过一角度。

该问题的三类基本变量如下。

(1) 位移。$v(x,\hat{y}=0)$，表示中性层的挠度。

(2) 应力。正应力 σ_x 对变形的影响起主要作用，该变量对应于梁横截面上的弯矩 M，其他应力分量很小，不考虑。

(3) 应变。与正应力 σ_x 对应，采用 ε_x 表示，二者满足线性关系。

从梁上任取一微段 dx 推导三大方程，微段的受力及截面应力如图 4.16 所示。

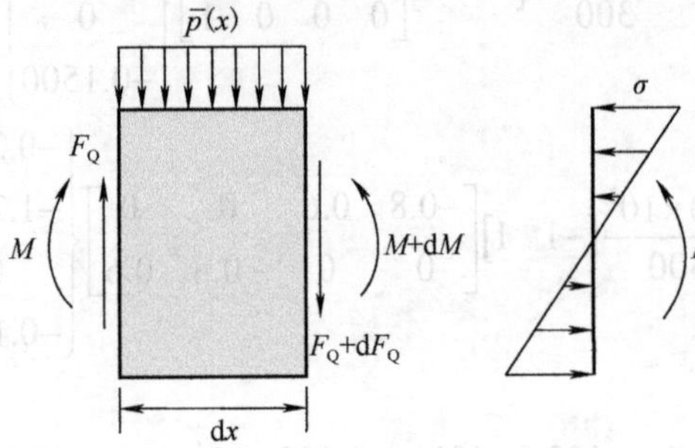

图 4.16　微段受力及截面应力

1) 平衡方程

图 4.16 为平面平行力系，由 y 方向的力平衡条件 $\sum F_y=0$ 得

$$-F_{\mathrm{Q}}+\overline{p}(x)\mathrm{d}x+F_{\mathrm{Q}}+\mathrm{d}F_{\mathrm{Q}}=0$$

简化后可得

$$\frac{\mathrm{d}F_{\mathrm{Q}}}{\mathrm{d}x}+\overline{p}=0 \tag{4.4.1}$$

式中，F_{Q} 为横截面上的剪力，对微段内任一点取矩(可对形心取矩)，由力矩平衡条件 $\sum M=0$ 得

$$M+\mathrm{d}M-\frac{1}{2}F_{\mathrm{Q}}\mathrm{d}x-\frac{1}{2}(F_{\mathrm{Q}}+\mathrm{d}F_{\mathrm{Q}})\mathrm{d}x-M=0$$

略去二阶微小变量 $\mathrm{d}F_{\mathrm{Q}}\mathrm{d}x$，简化后得

$$\frac{\mathrm{d}M}{\mathrm{d}x}=F_{\mathrm{Q}} \tag{4.4.2}$$

将式(4.4.2)两边对 x 求导，并利用式(4.4.1)，可得

$$\frac{\mathrm{d}^2M}{\mathrm{d}x^2}+\overline{p}=0 \tag{4.4.3}$$

将横截面上的应力 σ_x 对 z 轴取矩，应等于横截面上的弯矩 M，即

$$M=\int_A \hat{y}\sigma_x\mathrm{d}A \tag{4.4.4}$$

2) 几何方程

考虑梁的纯弯曲变形，如图 4.17 所示。由变形后的几何关系可得位于 $\hat{y}$ 处纵向纤维层的应变(相对伸长量)为

$$\varepsilon_x=\frac{(\rho-\hat{y})\mathrm{d}\theta-\rho\mathrm{d}\theta}{\rho\mathrm{d}\theta}=-\frac{\hat{y}}{\rho} \tag{4.4.5}$$

式中，ρ 为曲率半径，而曲率 κ 与曲率半径的关系为

$$\kappa=\frac{\mathrm{d}\theta}{\mathrm{d}s}=\frac{\mathrm{d}\theta}{\rho\mathrm{d}\theta}=\frac{1}{\rho} \tag{4.4.6}$$

根据梁的挠度函数 $v(x,\hat{y}=0)$，其曲率 κ 的计算公式为

$$\kappa=\pm\frac{v''(x)}{\left(1+v'^2(x)\right)^{3/2}}\approx\pm v''(x) \tag{4.4.7}$$

式(4.4.7)是在满足小变形假设下，忽略二阶微小变量简化得到的，考虑弯矩正负号的规定并结合图 4.17 的坐标系，式(4.4.7)可进一步简化为

$$\kappa=v''(x)=\frac{\mathrm{d}^2v}{\mathrm{d}x^2} \tag{4.4.8}$$

将式(4.4.6)和式(4.4.8)代入式(4.4.5)，可得

$$\varepsilon_x(x,\hat{y})=-\hat{y}\frac{\mathrm{d}^2v}{\mathrm{d}x^2} \tag{4.4.9}$$

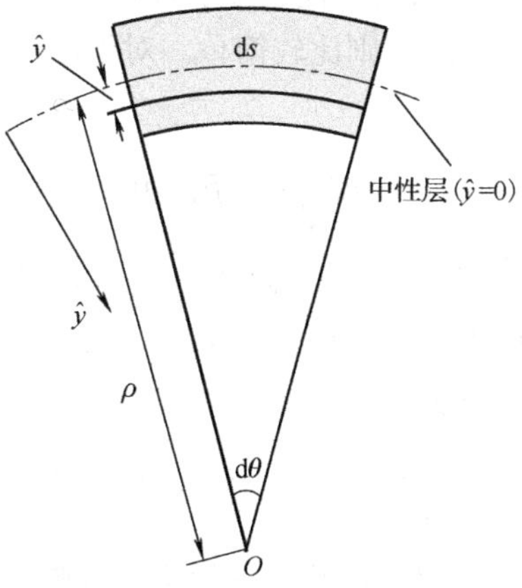

图 4.17　梁的纯弯曲变形

3) 物理方程

根据胡克定律可知

$$\sigma_x=E\varepsilon_x \tag{4.4.10}$$

将几何方程(4.4.9)代入式(4.4.10)，可得物理方程为

$$\sigma_x(x)=-E\hat{y}\frac{\mathrm{d}^2v}{\mathrm{d}x^2} \tag{4.4.11}$$

将式(4.4.11)代回平衡方程(4.4.4)，可得

$$M(x)=\int_A -\hat{y}^2E\frac{\mathrm{d}^2v}{\mathrm{d}x^2}\mathrm{d}A=-EI\frac{\mathrm{d}^2v}{\mathrm{d}x^2} \tag{4.4.12}$$

式中，

$$I=\int_A \hat{y}^2\mathrm{d}A \tag{4.4.13}$$

称为梁横截面的惯性矩。将式(4.4.12)两边对 x 求二阶导数，并代回式(4.4.3)，可得

$$-EI\frac{\mathrm{d}^4v}{\mathrm{d}x^4}+\overline{p}=0 \tag{4.4.14}$$

从以上分析可以看出，若将原始基本变量定义为梁的挠度 $v(x,\hat{y}=0)$，则其他力学参量都

可以基于它进行表达。

4) 边界条件

图 4.15 所示简支梁的边界为梁的两端，在建立平衡方程时已考虑分布荷载，见方程(4.4.14)，因此不能再作为力的边界条件。

两端的位移边界条件：

$$\text{BC}(u):\quad v\big|_{x=0}=0,\qquad v\big|_{x=l}=0 \tag{4.4.15}$$

两端的力(弯矩)边界条件：

$$\text{BC}(p):\quad M\big|_{x=0}=0,\qquad M\big|_{x=l}=0 \tag{4.4.16}$$

根据式(4.4.12)，将弯矩用挠度的二阶导数表示，则式(4.4.16)可变形为

$$\text{BC}(p):\quad v''\big|_{x=0}=0,\qquad v''\big|_{x=l}=0 \tag{4.4.17}$$

2. 方程的求解

若用基于 dxdy 微元体所建立的原始方程进行求解，不仅过于烦琐，而且不易求解，利用基于梁的挠度建立的基本方程进行求解则比较简单。对于图 4.15 所示问题，若梁上的荷载为均布荷载，即 $\overline{p}(x)=\overline{p}_0$，则其方程为

$$-EI\frac{\mathrm{d}^4 v}{\mathrm{d}x^4}+\overline{p}_0=0 \tag{4.4.18}$$

$$\text{BC}(u):\quad v\big|_{x=0}=0,\qquad v\big|_{x=l}=0$$

$$\text{BC}(p):\quad v''\big|_{x=0}=0,\qquad v''\big|_{x=l}=0$$

这是一个四阶常微分方程，其通解为

$$v(x)=\frac{1}{EI}\left(\frac{\overline{p}_0}{24}x^4+C_3x^3+C_2x^2+C_1x+C_0\right) \tag{4.4.19}$$

式中，C_0、C_1、C_2、C_3 为待定常数，由 4 个边界条件可确定，最后的结果为

$$v(x)=\frac{\overline{p}_0}{24EI}\left(x^4-2lx^3+l^3x\right) \tag{4.4.20}$$

梁的跨中挠度为

$$v(x=0.5l)=\frac{5\overline{p}_0 l^4}{384EI} \tag{4.4.21}$$

3. 讨论

梁平面弯曲问题有关能量的物理量如下。

(1) 应变能为

$$\begin{aligned}U&=\frac{1}{2}\int_{\Omega}\sigma_{ij}\varepsilon_{ij}\,\mathrm{d}\Omega\approx\frac{1}{2}\int_{\Omega}\sigma_x\varepsilon_x\,\mathrm{d}\Omega\\&=\frac{1}{2}\int_{\Omega}\left(-E\hat{y}\frac{\mathrm{d}^2v}{\mathrm{d}x^2}\right)\left(-\hat{y}\frac{\mathrm{d}^2v}{\mathrm{d}x^2}\right)\mathrm{d}A\mathrm{d}x\\&=\frac{1}{2}\int_{\Omega}EI_z\left(\frac{\mathrm{d}^2v}{\mathrm{d}x^2}\right)^2\mathrm{d}x\end{aligned} \tag{4.4.22}$$

(2) 外力功为

$$W=\int_l \overline{p}(x)\cdot v(x)\,\mathrm{d}x \tag{4.4.23}$$

(3) 势能为

$$\Pi = U - W = \frac{1}{2}\int_{\Omega} EI_z \left(\frac{\mathrm{d}^2 v}{\mathrm{d}x^2}\right)^2 \mathrm{d}x - \int_l \bar{p}(x)\cdot v(x)\,\mathrm{d}x \tag{4.4.24}$$

4.5　平面梁单元及其坐标变换

1. 局部坐标系下的梁单元

图 4.18 为一局部坐标系下的纯弯曲梁单元，其长度为 l，弹性模量为 E，横截面的惯性矩为 I_z。

梁单元有 2 个端节点，即节点 1 和节点 2，节点位移列阵为

$$\boldsymbol{d}^e = [v_1 \quad \theta_1 \quad v_2 \quad \theta_2]^{\mathrm{T}} \tag{4.5.1}$$

式(4.5.1)表明该单元的节点位移具有 4 个自由度，节点力列阵为

$$\boldsymbol{f}^e = [P_{v1} \quad M_1 \quad P_{v2} \quad M_2]^{\mathrm{T}} \tag{4.5.2}$$

式(4.5.1)中，v_1、θ_1、v_2、θ_2 分别为节点 1 和节点 2 的挠度及转角。若该单元作用有分布荷载，可以将其等效到节点上，即可以表示成式(4.5.2)的形式。和前面推导杆单元的过程类似，利用函数插值、几何方程、物理方程以及势能计算公式，可以将单元的所有力学量用节点位移列阵 $\boldsymbol{d}^e$ 及相关的插值函数来表示。

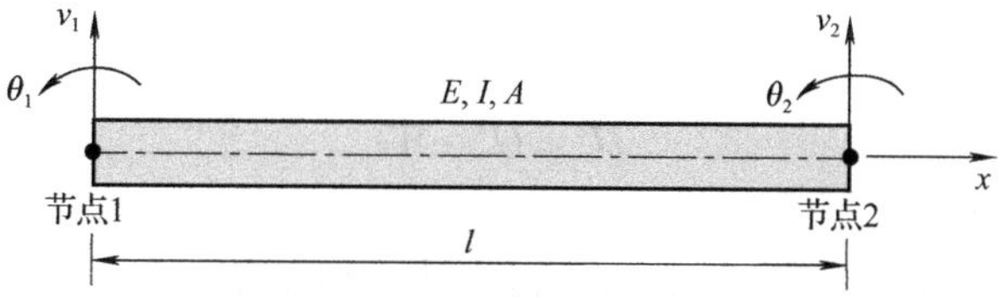

图 4.18　局部坐标系下的纯弯曲梁单元

1) 单元位移场的表达

由于梁单元具有 4 个节点位移条件，可假设位移场(挠度)为具有 4 个待定系数的函数模式，即

$$v(x) = a_0 + a_1 x + a_2 x^2 + a_3 x^3 \tag{4.5.3}$$

式中，a_0、a_1、a_2、a_3 为待定系数。该单元的节点位移条件为

$$\begin{cases} v\big|_{x=0} = v_1, \quad v'\big|_{x=0} = \theta_1 \\ v\big|_{x=l} = v_2, \quad v'\big|_{x=l} = \theta_2 \end{cases} \tag{4.5.4}$$

将式(4.5.4)代入式(4.5.3)，可求得 4 个待定系数，即

$$\begin{cases} a_0 = v_1 \\ a_1 = \theta_1 \\ a_2 = \dfrac{1}{l^2}(-3v_1 - 2\theta_1 l + 3v_2 - \theta_2 l) \\ a_3 = \dfrac{1}{l^3}(2v_1 + \theta_1 l - 2v_2 + \theta_2 l) \end{cases} \tag{4.5.5}$$

将式(4.5.5)代入式(4.5.3)，并令 $\xi = x/l$，整理后可得位移函数的形式为

$$v(x)=(1-3\xi^2+2\xi^3)v_1+l(\xi-2\xi^2+\xi^3)\theta_1+(3\xi^2-2\xi^3)v_2+l(-\xi^2+\xi^3)\theta_2=\boldsymbol{N}(\xi)\cdot\boldsymbol{d}^e \tag{4.5.6}$$

式中，$\boldsymbol{N}(\xi)$ 称为单元形函数矩阵，即

$$\boldsymbol{N}(\xi)=[(1-3\xi^2+2\xi^3)\quad l(\xi-2\xi^2+\xi^3)\quad (3\xi^2-2\xi^3)\quad l(-\xi^2+\xi^3)] \tag{4.5.7}$$

2) 单元应变场的表达

根据纯弯曲梁的几何方程(4.4.9)，梁单元的应变表达式为

$$\varepsilon(x,\hat{y})=-\hat{y}\left[\frac{1}{l^2}(12\xi-6)\quad \frac{1}{l}(6\xi-4)\quad -\frac{1}{l^2}(12\xi-6)\quad \frac{1}{l}(6\xi-2)\right]\cdot\boldsymbol{d}^e=\boldsymbol{B}(\xi)\cdot\boldsymbol{d}^e \tag{4.5.8}$$

式中，$\hat{y}$ 为以中性层为起点的 y 方向的坐标；$\boldsymbol{B}(\xi)$ 为单元的几何函数矩阵，即

$$\boldsymbol{B}(\xi)=-\hat{y}[B_1\quad B_2\quad B_3\quad B_4] \tag{4.5.9}$$

其中，

$$B_1=\frac{1}{l^2}(12\xi-6),\quad B_2=\frac{1}{l}(6\xi-4),\quad B_3=-\frac{1}{l^2}(12\xi-6),\quad B_4=\frac{1}{l}(6\xi-2)$$

3) 单元应力场的表达

根据梁弯曲变形的物理方程(4.4.10)，有

$$\sigma(x,\hat{y})=E\cdot\varepsilon(x,\hat{y})=E\cdot\boldsymbol{B}(x,\hat{y})\cdot\boldsymbol{d}^e=\boldsymbol{S}(x,\hat{y})\cdot\boldsymbol{d}^e \tag{4.5.10}$$

式中，E 为弹性模量；$\boldsymbol{S}(x)$ 为单元的应力函数矩阵，即

$$\boldsymbol{S}(x)=E\cdot\boldsymbol{B}(x) \tag{4.5.11}$$

4) 单元势能的表达

单元的势能为

$$\Pi^e=U^e-W^e \tag{4.5.12}$$

式中，单元的应变能为

$$\begin{aligned}U^e&=\frac{1}{2}\int_0^l\int_A\sigma(x,\hat{y})\cdot\varepsilon(x,\hat{y})\mathrm{d}A\mathrm{d}x=\frac{1}{2}\int_0^l\int_A[\boldsymbol{S}\cdot\boldsymbol{d}^e]^{\mathrm{T}}\cdot[\boldsymbol{B}\cdot\boldsymbol{d}^e]\mathrm{d}A\mathrm{d}x\\&=\frac{1}{2}\boldsymbol{d}^{e\mathrm{T}}\left[\int_0^l\int_A E\boldsymbol{B}^{\mathrm{T}}\cdot\boldsymbol{B}\mathrm{d}A\mathrm{d}x\right]\boldsymbol{d}^e=\frac{1}{2}\boldsymbol{d}^{e\mathrm{T}}\cdot\boldsymbol{K}^e\cdot\boldsymbol{d}^e\end{aligned} \tag{4.5.13}$$

其中，$\boldsymbol{K}^e$ 为单元刚度矩阵，具体形式为

$$\begin{aligned}\boldsymbol{K}^e&=\int_0^l\int_A E\boldsymbol{B}^{\mathrm{T}}\cdot\boldsymbol{B}\mathrm{d}A\mathrm{d}x=E\int_0^l\int_A(-\hat{y})^2\begin{bmatrix}B_1\\B_2\\B_3\\B_4\end{bmatrix}\cdot[B_1\quad B_2\quad B_3\quad B_4]\mathrm{d}A\mathrm{d}x\\&=E\int_A(-\hat{y})^2\mathrm{d}A\cdot\int_0^l\begin{bmatrix}B_1^2&B_1B_2&B_1B_3&B_1B_4\\B_1B_2&B_2^2&B_2B_3&B_2B_4\\B_1B_3&B_2B_3&B_3^2&B_3B_4\\B_1B_4&B_2B_4&B_3B_4&B_4^2\end{bmatrix}\mathrm{d}x\\&=\frac{EI_z}{l^3}\begin{bmatrix}12&6l&-12&6l\\6l&4l^2&-6l&2l^2\\-12&-6l&12&6l\\6l&2l^2&6l&4l^2\end{bmatrix}\end{aligned}$$

即

$$
\boldsymbol{K}^e = \frac{EI_z}{l^3}\begin{bmatrix} 12 & 6l & -12 & 6l \\ 6l & 4l^2 & -6l & 2l^2 \\ -12 & -6l & 12 & 6l \\ 6l & 2l^2 & 6l & 4l^2 \end{bmatrix} \tag{4.5.14}
$$

式中，I_z 为惯性矩，式(4.5.12)中的外力功为

$$
W^e = P_{v1}v_1 + M_1\theta_1 + P_{v2}v_2 + M_2\theta_2 = \boldsymbol{f}^{e\mathrm{T}} \cdot \boldsymbol{d}^e \tag{4.5.15}
$$

5)单元的刚度方程

由最小势能原理，将式(4.5.12)中的 Π^e 对 $\boldsymbol{d}^e$ 取一阶变分，并令其等于零，则可得单元刚度方程为

$$
\underset{(4\times4)}{\boldsymbol{K}^e} \cdot \underset{(4\times1)}{\boldsymbol{d}^e} = \underset{(4\times1)}{\boldsymbol{f}^e} \tag{4.5.16}
$$

式中，刚度矩阵 $\boldsymbol{K}^e$ 和节点力列阵 $\boldsymbol{f}^e$ 的形式分别见式(4.5.14)和式(4.5.2)。

对于局部坐标系下的一般梁单元，可在图 4.18 基础上叠加轴向位移，如图 4.19 所示。由于问题为线弹性，满足叠加原理，故此时节点位移自由度共有 6 个。

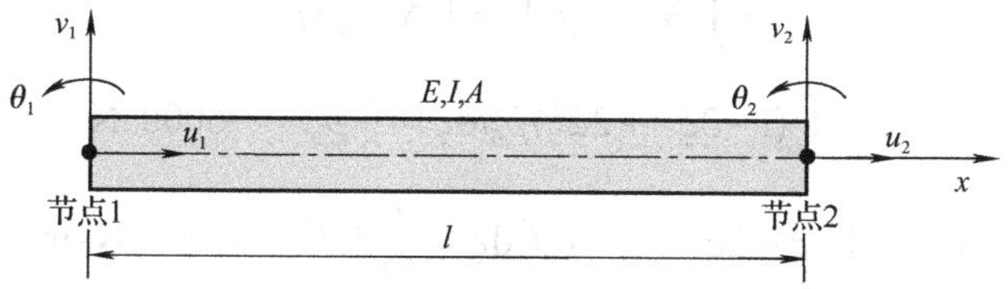

图 4.19　平面梁单元

平面梁单元的节点位移列阵 $\boldsymbol{d}^e$ 和节点力列阵 $\boldsymbol{f}^e$ 分别为

$$
\boldsymbol{d}^e = \begin{bmatrix} u_1 & v_1 & \theta_1 & u_2 & v_2 & \theta_2 \end{bmatrix}^\mathrm{T} \tag{4.5.17}
$$

$$
\boldsymbol{f}^e = \begin{bmatrix} P_{u1} & P_{v1} & M_1 & P_{u2} & P_{v2} & M_2 \end{bmatrix}^\mathrm{T} \tag{4.5.18}
$$

相应的刚度方程为

$$
\underset{(6\times6)}{\boldsymbol{K}^e} \cdot \underset{(6\times1)}{\boldsymbol{d}^e} = \underset{(6\times1)}{\boldsymbol{f}^e} \tag{4.5.19}
$$

对应于图 4.19 的节点位移和式(4.5.17)中节点位移列阵的排列次序，将杆单元刚度矩阵与梁单元刚度矩阵进行组合，可得式(4.5.19)中的单元刚度矩阵，即

$$
\boldsymbol{K}^e = \begin{bmatrix} \frac{EA}{l} & 0 & 0 & -\frac{EA}{l} & 0 & 0 \\ 0 & \frac{12EI}{l^3} & \frac{6EI}{l^2} & 0 & -\frac{12EI}{l^3} & \frac{6EI}{l^2} \\ 0 & \frac{6EI}{l^2} & \frac{4EI}{l} & 0 & -\frac{6EI}{l^2} & \frac{2EI}{l} \\ -\frac{EA}{l} & 0 & 0 & \frac{EA}{l} & 0 & 0 \\ 0 & -\frac{12EI}{l^3} & -\frac{6EI}{l^2} & 0 & \frac{12EI}{l^3} & -\frac{6EI}{l^2} \\ 0 & \frac{6EI}{l^2} & \frac{2EI}{l} & 0 & -\frac{6EI}{l^2} & \frac{4EI}{l} \end{bmatrix} \tag{4.5.20}
$$

【例 4.3】如图 4.20 所示，一简支悬臂梁在右半部分作用有均布荷载，用有限元方法分析该问题，并求单元②的中点位移。梁的参数为：$E = 200\ \text{GPa}$、$I = 4\times10^{-6}\ \text{m}^4$。

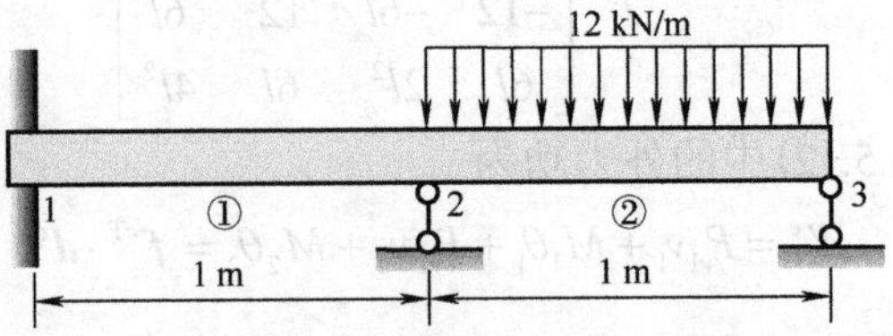

图 4.20　简支悬臂梁结构简图

解：(1)结构的离散与编号。

将结构划分为两个单元，节点位移及单元编号如图 4.21(a)所示。

节点位移列阵为

$$\boldsymbol{d} = [v_1 \quad \theta_1 \quad v_2 \quad \theta_2 \quad v_3 \quad \theta_3]^{\mathrm{T}}$$

对均布荷载进行等效节点荷载计算，根据式(4.1.42)，则有

$$\boldsymbol{F}_l = \int_l \boldsymbol{N}^{\mathrm{T}}(x) f_l \mathrm{d}x = \int_l \boldsymbol{N}^{\mathrm{T}}(\xi) \overline{p}_0 l \mathrm{d}\xi$$

$$F_{2y} = \int_0^1 (1 - 3\xi^2 + 2\xi^3)\overline{p}_0 l \mathrm{d}\xi = \frac{1}{2}\overline{p}_0 l = -6000\ \text{N}$$

$$M_{2\theta} = \int_0^1 (\xi - 2\xi^2 + \xi^3)\overline{p}_0 l^2 \mathrm{d}\xi = \frac{1}{12}\overline{p}_0 l^2 = -1000\ \text{N}\cdot\text{m}$$

$$F_{3y} = \int_0^1 (3\xi^2 - 2\xi^3)\overline{p}_0 l \mathrm{d}\xi = \frac{1}{2}\overline{p}_0 l = -6000\ \text{N}$$

$$M_{3\theta} = \int_0^1 (-\xi^2 + \xi^3)\overline{p}_0 l^2 \mathrm{d}\xi = -\frac{1}{12}\overline{p}_0 l^2 = 1000\ \text{N}\cdot\text{m}$$

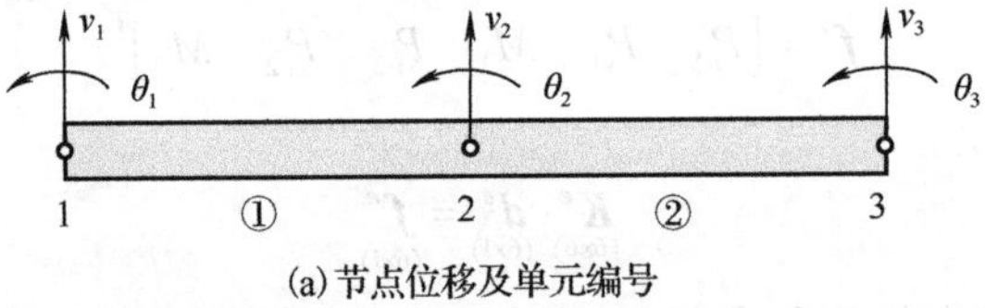

(a)节点位移及单元编号

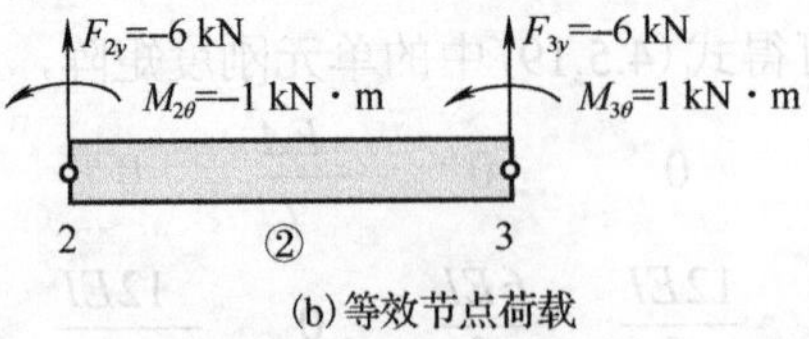

(b)等效节点荷载

图 4.21　节点位移及等效节点荷载

有效荷载列阵为

$$\boldsymbol{f} = [R_{1y} \quad R_{1\theta} \quad R_{2y} + F_{2y} \quad M_{2\theta} \quad R_{3y} + F_{3y} \quad M_{3\theta}]^{\mathrm{T}}$$
$$= [R_{1y} \quad R_{1\theta} \quad R_{2y} - 6000 \quad -1000 \quad R_{3y} - 6000 \quad 1000]^{\mathrm{T}}$$

其中，R_{1y}、$R_{1\theta}$为节点 1 的竖向支反力和支反力矩；R_{2y}、R_{3y}分别为节点 2 和节点 3 的竖向支反力。

(2)各单元的矩阵描述。

分别计算两个单元的刚度矩阵：

$$\begin{matrix} & v_1 & \theta_1 & v_2 & \theta_2 & \\ & \downarrow & \downarrow & \downarrow & \downarrow & \\ \boldsymbol{K}^{(1)} = 8\times10^5 & \left[\begin{matrix} 12 \\ 6 \\ -12 \\ 6 \end{matrix}\right. & \begin{matrix} 6 \\ 4 \\ -6 \\ 2 \end{matrix} & \begin{matrix} -12 \\ -6 \\ 12 \\ -6 \end{matrix} & \left.\begin{matrix} 6 \\ 2 \\ -6 \\ 4 \end{matrix}\right] & \begin{matrix} \leftarrow v_1 \\ \leftarrow \theta_1 \\ \leftarrow v_2 \\ \leftarrow \theta_2 \end{matrix} \end{matrix}$$

$$\begin{matrix} & v_2 & \theta_2 & v_3 & \theta_3 & \\ & \downarrow & \downarrow & \downarrow & \downarrow & \\ \boldsymbol{K}^{(2)} = 8\times10^5 & \left[\begin{matrix} 12 \\ 6 \\ -12 \\ 6 \end{matrix}\right. & \begin{matrix} 6 \\ 4 \\ -6 \\ 2 \end{matrix} & \begin{matrix} -12 \\ -6 \\ 12 \\ -6 \end{matrix} & \left.\begin{matrix} 6 \\ 2 \\ -6 \\ 4 \end{matrix}\right] & \begin{matrix} \leftarrow v_2 \\ \leftarrow \theta_2 \\ \leftarrow v_3 \\ \leftarrow \theta_3 \end{matrix} \end{matrix}$$

(3) 建立整体刚度方程。

整体刚度矩阵为

$$\boldsymbol{K} = \boldsymbol{K}^{(1)} + \boldsymbol{K}^{(2)} = 8\times10^5\begin{bmatrix} 12 & 6 & -12 & 6 & 0 & 0 \\ 6 & 4 & -6 & 2 & 0 & 0 \\ -12 & -6 & 24 & 0 & -12 & 6 \\ 6 & 2 & 0 & 8 & -6 & 2 \\ 0 & 0 & -12 & -6 & 12 & -6 \\ 0 & 0 & 6 & 2 & -6 & 4 \end{bmatrix}$$

整体刚度方程为

$$8\times10^5\begin{bmatrix} 12 & 6 & -12 & 6 & 0 & 0 \\ 6 & 4 & -6 & 2 & 0 & 0 \\ -12 & -6 & 24 & 0 & -12 & 6 \\ 6 & 2 & 0 & 8 & -6 & 2 \\ 0 & 0 & -12 & -6 & 12 & -6 \\ 0 & 0 & 6 & 2 & -6 & 4 \end{bmatrix}\begin{bmatrix} v_1 \\ \theta_1 \\ v_2 \\ \theta_2 \\ v_3 \\ \theta_3 \end{bmatrix} = \begin{bmatrix} R_{1y} \\ R_{1\theta} \\ R_{2y} - 6000 \\ -1000 \\ R_{3y} - 6000 \\ 1000 \end{bmatrix}$$

(4) 边界条件的处理。

该问题的位移自然边界条件为

$$v_1 = 0,\quad \theta_1 = 0,\quad v_2 = 0,\quad v_3 = 0$$

(5) 方程的求解。

将边界条件代入整体刚度方程，简化后可得

$$8\times10^5\begin{bmatrix} 8 & 2 \\ 2 & 4 \end{bmatrix}\begin{bmatrix} \theta_2 \\ \theta_3 \end{bmatrix} = \begin{bmatrix} -1000 \\ 1000 \end{bmatrix}$$

求解方程可得

$$\theta_2 = -2.6786\times10^{-4}\ \text{rad},\qquad \theta_3 = 4.4643\times10^{-4}\ \text{rad}$$

(6) 其他物理量的求解。

将 θ_2、θ_3 代入整体刚度方程，可求得支座约束反力为

$$R_{1y}=-1290.05\ \text{N},\quad R_{1\theta}=-430.02\ \text{N}\cdot\text{m},\quad R_{2y}=8142.86\ \text{N},\quad R_{3y}=5147.18\ \text{N}$$

单元②的位移函数为

$$\begin{aligned}v^{(2)}(x)&=\boldsymbol{N}(x)\cdot\boldsymbol{d}^{(2)}=N_1(x)\cdot v_2+N_2(x)\cdot\theta_2+N_3(x)\cdot v_3+N_4(x)\cdot\theta_3\\&=(1-3\xi^2+2\xi^3)v_2+l(\xi-2\xi^2+\xi^3)\theta_2+(3\xi^2-2\xi^3)v_3+l(-\xi^2+\xi^3)\theta_3\end{aligned}$$

式中，ξ 为单元②的局部无量纲坐标，则单元②中点的挠度为

$$v^{(2)}(\xi=0.5)=-8.93\times10^{-5}\ \text{m}$$

(7) 讨论。

本例可采用力法或位移法求解其精确解，若采用位移法，只有一个基本未知量，即节点2处的转角 θ_2，可求得 θ_2 为

$$\theta_2=-\frac{ql^3}{56EI}=-\frac{12\times10^3}{56\times200\times10^9\times4\times10^{-6}}=-2.6786\times10^{-4}\ \text{(rad)}$$

与有限元法求解的结果一样，感兴趣的读者可验算支反力的大小。

2. 平面梁单元的坐标变换

图 4.22 为一整体坐标系中的平面梁单元，它有两个端节点，梁的长度为 l，弹性模量为 E，横截面积为 A，惯性矩为 I_z。

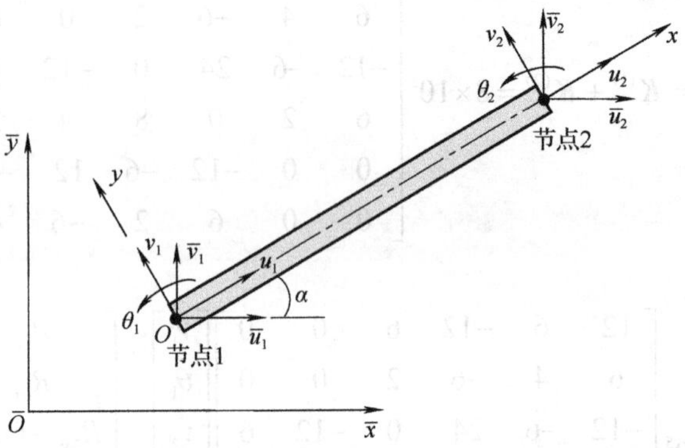

图 4.22　平面问题中的梁单元坐标变换

设局部坐标系下的节点位移列阵为

$$\boldsymbol{d}^e=[u_1\quad v_1\quad \theta_1\quad u_2\quad v_2\quad \theta_2]^{\mathrm{T}}$$

整体坐标系中的节点位移列阵为

$$\bar{\boldsymbol{d}}^e=[\bar{u}_1\quad \bar{v}_1\quad \theta_1\quad \bar{u}_2\quad \bar{v}_2\quad \theta_2]^{\mathrm{T}}\tag{4.5.21}$$

转角 θ_1 和 θ_2 在两个坐标系中是相同的，按照两个坐标系中的位移向量等效原则，两个坐标的变换关系为

$$\begin{cases}u_1=\bar{u}_1\cos\alpha+\bar{v}_1\sin\alpha\\ v_1=-\bar{u}_1\sin\alpha+\bar{v}_1\cos\alpha\\ u_2=\bar{u}_2\cos\alpha+\bar{v}_2\sin\alpha\\ v_2=-\bar{u}_2\sin\alpha+\bar{v}_2\cos\alpha\end{cases}\tag{4.5.22}$$

写成矩阵形式，则有

$$\boldsymbol{d}^e=\boldsymbol{T}^e\cdot\bar{\boldsymbol{d}}^e\tag{4.5.23}$$

式中，$\boldsymbol{T}^e$ 为单元的坐标转换矩阵：

$$
\boldsymbol{T}^e=\begin{bmatrix}\cos\alpha & \sin\alpha & 0 & 0 & 0 & 0\\ -\sin\alpha & \cos\alpha & 0 & 0 & 0 & 0\\ 0 & 0 & 1 & 0 & 0 & 0\\ 0 & 0 & 0 & \cos\alpha & \sin\alpha & 0\\ 0 & 0 & 0 & -\sin\alpha & \cos\alpha & 0\\ 0 & 0 & 0 & 0 & 0 & 1\end{bmatrix} \tag{4.5.24}
$$

与平面杆单元的坐标变换类似，梁单元在整体坐标系下的刚度方程为

$$
\underset{(6\times6)}{\overline{\boldsymbol{K}}^e}\cdot\underset{(6\times1)}{\overline{\boldsymbol{d}}^e}=\underset{(6\times1)}{\overline{\boldsymbol{f}}^e} \tag{4.5.25}
$$

式中，

$$
\underset{(6\times6)}{\overline{\boldsymbol{K}}^e}=\underset{(6\times6)}{\boldsymbol{T}^{e\mathrm{T}}}\cdot\underset{(6\times6)}{\boldsymbol{K}^e}\cdot\underset{(6\times6)}{\boldsymbol{T}^e} \tag{4.5.26}
$$

$$
\underset{(6\times1)}{\overline{\boldsymbol{f}}^e}=\underset{(6\times6)}{\boldsymbol{T}^{e\mathrm{T}}}\cdot\underset{(6\times1)}{\boldsymbol{f}^e} \tag{4.5.27}
$$

【例 4.4】图 4.23 为平面框架结构，其顶端受均布荷载作用，用有限元分析该结构的位移。结构中各截面的参数均为：$E=2.0\times10^{11}$ Pa，$I=9.0\times10^{-6}$ m^4，$A=6.0\times10^{-4}$ m^2。

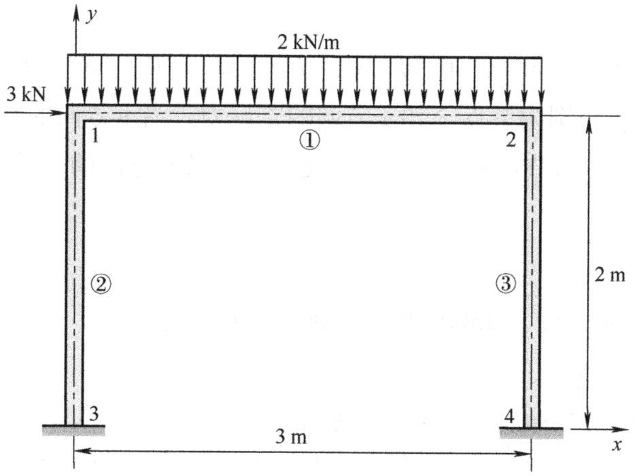

图 4.23　平面框架结构

解：(1) 结构的离散与编号。

将框架结构自然离散成 3 个单元，节点位移及单元编号见图 4.24，节点及单元的信息见表 4.4。

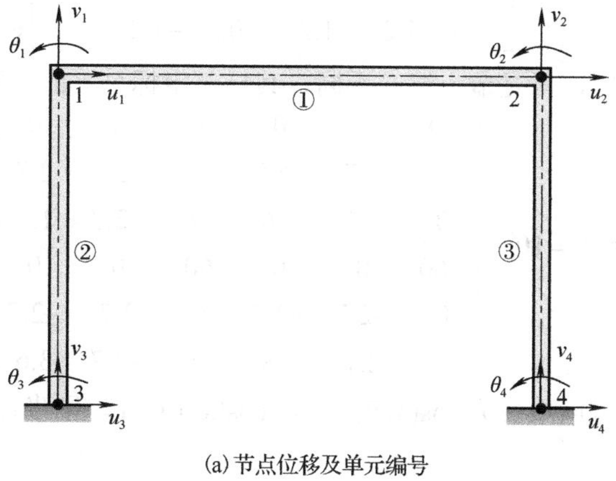

(a) 节点位移及单元编号

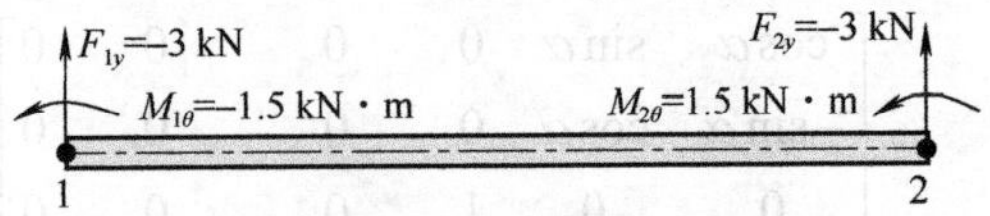

(b) 单元①的等效节点荷载

图 4.24　节点位移及等效节点荷载

表 4.4　例 4.4 的单元编号及节点编号

单元编号	节点编号	
①	1	2
②	3	1
③	4	2

节点的位移列阵为

$$\boldsymbol{d}=[u_1 \quad v_1 \quad \theta_1 \quad u_2 \quad v_2 \quad \theta_2 \quad u_3 \quad v_3 \quad \theta_3 \quad u_4 \quad v_4 \quad \theta_4]^{\mathrm{T}}$$

等效节点荷载列阵为

$$\boldsymbol{F}=[F_{1x} \quad F_{1y} \quad M_{1\theta} \quad 0 \quad F_{2y} \quad M_{2\theta} \quad 0 \quad 0 \quad 0 \quad 0 \quad 0 \quad 0]^{\mathrm{T}}$$

支座反力列阵为

$$\boldsymbol{R}=\begin{bmatrix}0 & 0 & 0 & 0 & 0 & 0 & R_{3x} & R_{3y} & M_{3\theta} & R_{4x} & R_{4y} & M_{4\theta}\end{bmatrix}^{\mathrm{T}}$$

式中，R_{3x}、R_{3y}、$M_{3\theta}$ 分别为节点 3 沿 x 方向的支反力、沿 y 方向的支反力和支座的支反力矩；R_{4x}、R_{4y}、$M_{4\theta}$ 分别为节点 4 沿 x 方向的支反力、沿 y 方向的支反力和支座的支反力矩，均为未知。

总的节点荷载列阵为

$$\boldsymbol{f}=\boldsymbol{F}+\boldsymbol{R}=\begin{bmatrix}3000 & -3000 & -1500 & 0 & -3000 & 1500 & R_{3x} & R_{3y} & M_{3\theta} & R_{4x} & R_{4y} & M_{4\theta}\end{bmatrix}^{\mathrm{T}}$$

(2) 各单元的矩阵描述。

单元①的局部坐标与整体坐标一致，其刚度矩阵为

$$\boldsymbol{K}^{(1)}=10^6\times\begin{bmatrix}40 & 0 & 0 & -40 & 0 & 0\\ 0 & 0.8 & 1.2 & 0 & -0.8 & 1.2\\ 0 & 1.2 & 2.4 & 0 & -1.2 & 1.2\\ -40 & 0 & 0 & 40 & 0 & 0\\ 0 & -0.8 & -1.2 & 0 & 0.8 & -1.2\\ 0 & 1.2 & 1.2 & 0 & -1.2 & 2.4\end{bmatrix}\begin{matrix}\leftarrow u_1\\ \leftarrow v_1\\ \leftarrow \theta_1\\ \leftarrow u_2\\ \leftarrow v_2\\ \leftarrow \theta_2\end{matrix}$$

单元②和单元③形状相同，只是节点编号不同，其局部坐标系下的刚度矩阵为

$$\hat{\boldsymbol{K}}^{(2)}=10^6\times\begin{bmatrix}60 & 0 & 0 & -60 & 0 & 0\\ 0 & 2.7 & 2.7 & 0 & -2.7 & 2.7\\ 0 & 2.7 & 3.6 & 0 & -2.7 & 1.8\\ -60 & 0 & 0 & 60 & 0 & 0\\ 0 & -2.7 & -2.7 & 0 & 2.7 & -2.7\\ 0 & 2.7 & 1.8 & 0 & -2.7 & 3.6\end{bmatrix}$$

单元②和单元③轴线的方向余弦为 $\cos(x,\overline{x})=0$，$\cos(x,\overline{y})=1$，则坐标转换矩阵为

$$
\boldsymbol{T}=\begin{bmatrix} 0 & 1 & 0 & 0 & 0 & 0 \\ -1 & 0 & 0 & 0 & 0 & 0 \\ 0 & 0 & 1 & 0 & 0 & 0 \\ 0 & 0 & 0 & 0 & 1 & 0 \\ 0 & 0 & 0 & -1 & 0 & 0 \\ 0 & 0 & 0 & 0 & 0 & 1 \end{bmatrix}
$$

则整体坐标系下单元②和单元③的刚度矩阵为

$$
\boldsymbol{K}^{(2)}=\boldsymbol{T}^{\mathrm{T}}\cdot\hat{\boldsymbol{K}}^{(2)}\cdot\boldsymbol{T}=10^{6}\times\begin{bmatrix} 2.7 & 0 & -2.7 & -2.7 & 0 & -2.7 \\ 0 & 60 & 0 & 0 & -60 & 0 \\ -2.7 & 0 & 3.6 & 2.7 & 0 & 1.8 \\ -2.7 & 0 & 2.7 & 2.7 & 0 & 2.7 \\ 0 & -60 & 0 & 0 & 60 & 0 \\ -2.7 & 0 & 1.8 & 2.7 & 0 & 3.6 \end{bmatrix}
$$

这两个单元所对应的节点位移列阵分别为

$$
\text{单元②：}[u_3 \quad v_3 \quad \theta_3 \quad u_1 \quad v_1 \quad \theta_1]^{\mathrm{T}}
$$

$$
\text{单元③：}[u_4 \quad v_4 \quad \theta_4 \quad u_2 \quad v_2 \quad \theta_2]^{\mathrm{T}}
$$

(3) 建立整体刚度方程。

组装整体刚度矩阵并形成整体刚度方程：

$$
\boldsymbol{K}\cdot\boldsymbol{d}=\boldsymbol{f}
$$

式中，刚度矩阵的装配关系为

$$
\boldsymbol{K}=\boldsymbol{K}^{(1)}+\boldsymbol{K}^{(2)}+\boldsymbol{K}^{(3)}
$$

整体刚度矩阵的具体表达式为

$$
\boldsymbol{K}=10^{6}\times\begin{bmatrix}
42.7 & 0 & 2.7 & -40 & 0 & 0 & -2.7 & 0 & 2.7 & 0 & 0 & 0 \\
0 & 60.8 & 1.2 & 0 & -0.8 & 1.2 & 0 & -60 & 0 & 0 & 0 & 0 \\
2.7 & 1.2 & 6.0 & 0 & -1.2 & 1.2 & -2.7 & 0 & 1.8 & 0 & 0 & 0 \\
-40 & 0 & 0 & 42.7 & 0 & 2.7 & 0 & 0 & 0 & -2.7 & 0 & 2.7 \\
0 & -0.8 & -1.2 & 0 & 60.8 & -1.2 & 0 & 0 & 0 & 0 & -60 & 0 \\
0 & 1.2 & 1.2 & 2.7 & -1.2 & 6.0 & 0 & 0 & 0 & -2.7 & 0 & 1.8 \\
-2.7 & 0 & -2.7 & 0 & 0 & 0 & 2.7 & 0 & -2.7 & 0 & 0 & 0 \\
0 & -60 & 0 & 0 & 0 & 0 & 0 & 60 & 0 & 0 & 0 & 0 \\
2.7 & 0 & 1.8 & 0 & 0 & 0 & -2.7 & 0 & 3.6 & 0 & 0 & 0 \\
0 & 0 & 0 & -2.7 & 0 & -2.7 & 0 & 0 & 0 & 2.7 & 0 & -2.7 \\
0 & 0 & 0 & 0 & -60 & 0 & 0 & 0 & 0 & 0 & 60 & 0 \\
0 & 0 & 0 & 2.7 & 0 & 1.8 & 0 & 0 & 0 & -2.7 & 0 & 3.6
\end{bmatrix}
$$

(4) 边界条件的处理及刚度方程的求解。

该问题的边界条件为

$$
u_3=v_3=\theta_3=u_4=v_4=\theta_4=0
$$

处理边界后的刚度方程为

$$10^6 \times \begin{bmatrix} 42.7 & 0 & 2.7 & -40 & 0 & 0 \\ 0 & 60.8 & 1.2 & 0 & -0.8 & 1.2 \\ 2.7 & 1.2 & 6.0 & 0 & -1.2 & 1.2 \\ -40 & 0 & 0 & 42.7 & 0 & 2.7 \\ 0 & -0.8 & -1.2 & 0 & 60.8 & -1.2 \\ 0 & 1.2 & 1.2 & 2.7 & -1.2 & 6.0 \end{bmatrix} \begin{bmatrix} u_1 \\ v_1 \\ \theta_1 \\ u_2 \\ v_2 \\ \theta_2 \end{bmatrix} = \begin{bmatrix} 3000 \\ -3000 \\ -1500 \\ 0 \\ -3000 \\ 1500 \end{bmatrix}$$

求解后的结果为

$$\begin{cases} u_1 = 0.9248 \text{ mm} \\ v_1 = -0.0367 \text{ mm} \\ \theta_1 = -0.6691 \times 10^{-3} \text{ rad} \\ u_2 = 0.8671 \text{ mm} \\ v_2 = -0.0633 \text{ mm} \\ \theta_2 = -0.0117 \times 10^{-3} \text{ rad} \end{cases}$$

节点 3 的支反力为

$$\begin{cases} R_{3x} = -690.39 \text{ N} \\ R_{3y} = -2202.00 \text{ N} \\ M_{3\theta} = 1292.58 \text{ N} \cdot \text{m} \end{cases}$$

节点 4 的支反力为

$$\begin{cases} R_{4x} = -2309.58 \text{ N} \\ R_{4y} = 3798.00 \text{ N} \\ M_{4\theta} = 2320.11 \text{ N} \cdot \text{m} \end{cases}$$

(5) 讨论。

本例可采用结构力学的力法或位移法进行精确求解，均有 3 个基本未知量，精确解求解过程略。

4.6 杆件的扭转有限元分析

受扭矩作用的等截面直杆单元和受轴力作用的直杆单元同属于一维 C_0 型单元，故只要将杆单元的各个方程和表达式相应量的物理意义与符号用扭转问题的物理量与符号替换，就可以用于扭转问题。其表达式如下。

几何关系：

$$\alpha = \frac{\mathrm{d}\theta_x}{\mathrm{d}x} \tag{4.6.1}$$

物理方程：

$$M = GJ\alpha \tag{4.6.2}$$

平衡方程：

$$\frac{\mathrm{d}M}{\mathrm{d}x} = GJ\frac{\mathrm{d}^2\theta_x}{\mathrm{d}x^2} = m_l(x) \tag{4.6.3}$$

边界条件：

$$\begin{cases} \mathrm{BC}(u):\ \theta_x = \bar{\theta}_x \\ \mathrm{BC}(p):\ M = \bar{M} \end{cases} \tag{4.6.4}$$

式中，θ_x 为截面绕杆中心轴线的转角；α 为截面的扭转率，即单位长度的扭转角；M 为扭矩；J 为截面的扭转惯性矩(极惯性矩)，不同截面形状的极惯性矩可在有关手册中查到；$m_l(x)$ 为外部荷载的分布扭矩，一般情况下 $m_l(x)=0$；$\bar{\theta}_x$ 和 $\bar{M}$ 分别为杆件端部给定的转角和扭矩，若端部固定，则 $\bar{\theta}_x=0$；若端部自由，则 $\bar{M}=0$。

最小势能原理的泛函表达式为

$$\Pi(\theta_x) = \int_l \frac{1}{2} GJ \left(\frac{\mathrm{d}\theta_x}{\mathrm{d}x} \right)^2 \mathrm{d}x - \int_l m_l(x)\theta_x \mathrm{d}x \tag{4.6.5}$$

单元的插值函数、刚度矩阵以及荷载向量和杆单元的类似，如

$$\boldsymbol{K}^e = \int_l \frac{2GJ}{l} \left(\frac{\mathrm{d}N}{\mathrm{d}\xi} \right)^{\mathrm{T}} \left(\frac{\mathrm{d}N}{\mathrm{d}\xi} \right) \mathrm{d}\xi = \frac{GJ}{l} \begin{bmatrix} 1 & -1 \\ -1 & 1 \end{bmatrix} \tag{4.6.6}$$

严格来讲，以上给出的扭转方程只适用于自由扭转情况。因为除圆形截面杆件以外，扭转变形后，截面不再保持平面，即发生翘曲。在实际结构中，这种翘曲将受到限制，要精确分析翘曲情况下的扭转变形，应采用约束扭转理论。很显然，由于两种扭转理论存在差异，计算结果自然不同，但采用约束扭转理论将使问题复杂化，因而在通常的有限元分析中仍采用自由扭转理论。只有在杆件截面含有两个对称轴的情况下(如圆形、椭圆形、矩形)，截面才绕杆的中心(形心)转动，在分析杆系结构并涉及轴力、扭矩、弯矩共同作用时，要特别注意这一点。

4.7　空间梁单元及其坐标变换

1. 空间梁单元

空间梁单元除受轴力和弯矩以外，还可能承受扭矩的作用，而且弯矩可能同时作用在两个坐标平面内，即双向弯曲。图 4.25 为一局部坐标系下的空间梁单元，其长度为 l，弹性模量为 E，横截面的惯性矩分别为 I_z 和 I_y，横截面的扭转惯性矩为 J。

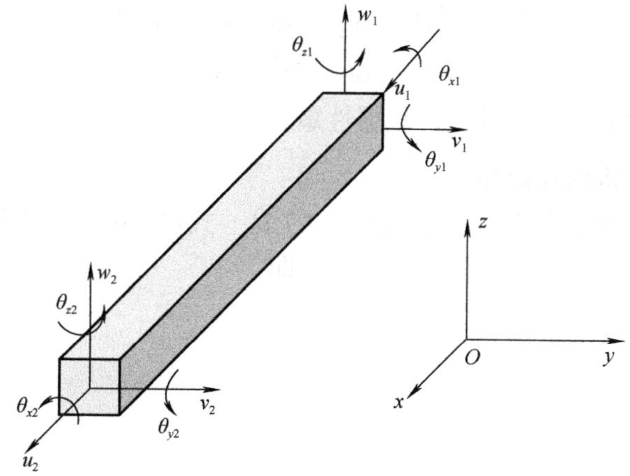

图 4.25　局部坐标系下的空间梁单元

对应于图 4.25 中的梁单元，有两个端节点，每一个节点的位移有 6 个分量，即存在 6 个自由度，整个单元共有 12 个自由度，其局部坐标系下的节点位移列阵 $\boldsymbol{d}^e$ 和节点荷载列阵 $\boldsymbol{f}^e$ 为

$$\boldsymbol{d}^e=[u_1\quad v_1\quad w_1\quad \theta_{x1}\quad \theta_{y1}\quad \theta_{z1}\quad u_2\quad v_2\quad w_2\quad \theta_{x2}\quad \theta_{y2}\quad \theta_{z2}]^{\mathrm{T}} \tag{4.7.1}$$

$$\boldsymbol{f}^e=[F_{u1}\quad F_{v1}\quad F_{w1}\quad M_{x1}\quad M_{y1}\quad M_{z1}\quad F_{u2}\quad F_{v2}\quad F_{w2}\quad M_{x2}\quad M_{y2}\quad M_{z2}]^{\mathrm{T}} \tag{4.7.2}$$

分别基于先前介绍的杆单元、平面梁单元以及扭转单元的刚度矩阵写出图 4.25 中对应于各节点位移的刚度矩阵，然后进行扩充组合以形成完整的刚度矩阵。

1) 对应于节点位移(u_1，u_2)

这是轴向位移，根据式(4.1.30)，其刚度矩阵为

$$\boldsymbol{K}^e_{u_1u_2}=\frac{EA}{l}\begin{bmatrix}1 & -1\\ -1 & 1\end{bmatrix} \tag{4.7.3}$$

2) 对应于节点位移(θ_{x1}，θ_{x2})

这是杆件受扭转，根据式(4.6.6)，其刚度矩阵为

$$\boldsymbol{K}^e_{\theta_{x1}\theta_{x2}}=\frac{GJ}{l}\begin{bmatrix}1 & -1\\ -1 & 1\end{bmatrix} \tag{4.7.4}$$

3) 对应于 Oxy 平面内的节点位移(v_1，θ_{z1}，v_2，θ_{z2})

这是杆件在 Oxy 平面内的弯曲，根据式(4.5.14)，其刚度矩阵为

$$\boldsymbol{K}^e_{Oxy}=\frac{EI_z}{l^3}\begin{bmatrix}12 & 6l & -12 & 6l\\ 6l & 4l^2 & -6l & 2l^2\\ -12 & -6l & 12 & 6l\\ 6l & 2l^2 & 6l & 4l^2\end{bmatrix} \tag{4.7.5}$$

式中，I_z 为横截面绕平行于 z 轴的中性轴惯性矩。

4) 对应于 Oxz 平面内的节点位移(w_1，θ_{y1}，w_2，θ_{y2})

这是杆件在 Oxz 平面内的弯曲，根据式(4.5.14)，其刚度矩阵为

$$\boldsymbol{K}^e_{Oxz}=\frac{EI_y}{l^3}\begin{bmatrix}12 & 6l & -12 & 6l\\ 6l & 4l^2 & -6l & 2l^2\\ -12 & -6l & 12 & 6l\\ 6l & 2l^2 & 6l & 4l^2\end{bmatrix} \tag{4.7.6}$$

式中，I_y 为横截面绕平行于 y 轴的中性轴惯性矩。

5) 空间两单元的整体刚度矩阵

对应于式(4.7.1)中的节点位移次序，将式(4.7.3)～式(4.7.6)的刚度矩阵扩充后进行组装，可形成局部坐标系空间梁单元的整体刚度矩阵，即

$$
\boldsymbol{K}^e=\left[\begin{array}{cccccc:cccccc}
\frac{EA}{l} & 0 & 0 & 0 & 0 & 0 & -\frac{EA}{l} & 0 & 0 & 0 & 0 & 0 \\
 & \frac{12EI_z}{l^3} & 0 & 0 & 0 & \frac{6EI_z}{l^2} & 0 & -\frac{12EI_z}{l^3} & 0 & 0 & 0 & \frac{6EI_z}{l^2} \\
 & & \frac{12EI_y}{l^3} & 0 & -\frac{6EI_y}{l^2} & 0 & 0 & 0 & -\frac{12EI_y}{l^3} & 0 & -\frac{6EI_y}{l^2} & 0 \\
 & & & \frac{GJ}{l} & 0 & 0 & 0 & 0 & 0 & -\frac{GJ}{l} & 0 & 0 \\
 & & & & \frac{4EI_y}{l} & 0 & 0 & 0 & \frac{6EI_y}{l^2} & 0 & \frac{2EI_y}{l} & 0 \\
 & & & & & \frac{4EI_z}{l} & 0 & -\frac{6EI_z}{l^2} & 0 & 0 & 0 & \frac{2EI_z}{l} \\
\hdashline
 & & & & & & \frac{EA}{l} & 0 & 0 & 0 & 0 & 0 \\
 & & & & & & & \frac{12EI_z}{l^3} & 0 & 0 & 0 & -\frac{6EI_z}{l^2} \\
 & & \text{对} & & & & & & \frac{12EI_y}{l^3} & 0 & \frac{6EI_y}{l^2} & 0 \\
 & & & & & & & & & \frac{GJ}{l} & 0 & 0 \\
 & & & & \text{称} & & & & & & \frac{4EI_y}{l} & 0 \\
 & & & & & & & & & & & \frac{4EI_z}{l}
\end{array}\right] \tag{4.7.7}
$$

2. 空间梁单元的坐标变换

空间梁单元的坐标变换原理与平面梁单元的坐标变换相同，只要分别写出两个坐标系中的位移向量的等效关系则可得坐标变换矩阵。

局部坐标系中的空间梁单元位移列阵为

$$
\boldsymbol{d}^e=[u_1 \quad v_1 \quad w_1 \quad \theta_{x1} \quad \theta_{y1} \quad \theta_{z1} \quad u_2 \quad v_2 \quad w_2 \quad \theta_{x2} \quad \theta_{y2} \quad \theta_{z2}]^{\mathrm{T}}
$$

整体坐标系中的节点位移列阵为

$$
\bar{\boldsymbol{d}}^e=[\bar{u}_1 \quad \bar{v}_1 \quad \bar{w}_1 \quad \bar{\theta}_{x1} \quad \bar{\theta}_{y1} \quad \bar{\theta}_{z1} \quad \bar{u}_2 \quad \bar{v}_2 \quad \bar{w}_2 \quad \bar{\theta}_{x2} \quad \bar{\theta}_{y2} \quad \bar{\theta}_{z2}]^{\mathrm{T}} \tag{4.7.8}
$$

利用两组坐标系中的位移分量，可分别推导出相应的转换关系。对于端节点 1，有

$$
\begin{bmatrix} u_1 \\ v_1 \\ w_1 \end{bmatrix}=\begin{bmatrix} \bar{u}_1\cos(x,\bar{x})+\bar{v}_1\cos(x,\bar{y})+\bar{w}_1\cos(x,\bar{z}) \\ \bar{u}_1\cos(y,\bar{x})+\bar{v}_1\cos(y,\bar{y})+\bar{w}_1\cos(y,\bar{z}) \\ \bar{u}_1\cos(z,\bar{x})+\bar{v}_1\cos(z,\bar{y})+\bar{w}_1\cos(z,\bar{z}) \end{bmatrix}=\boldsymbol{\lambda}\cdot\begin{bmatrix} \bar{u}_1 \\ \bar{v}_1 \\ \bar{w}_1 \end{bmatrix} \tag{4.7.9}
$$

$$
\begin{bmatrix} \theta_{x1} \\ \theta_{y1} \\ \theta_{z1} \end{bmatrix}=\begin{bmatrix} \bar{\theta}_{x1}\cos(x,\bar{x})+\bar{\theta}_{y1}\cos(x,\bar{y})+\bar{\theta}_{z1}\cos(x,\bar{z}) \\ \bar{\theta}_{x1}\cos(y,\bar{x})+\bar{\theta}_{y1}\cos(y,\bar{y})+\bar{\theta}_{z1}\cos(y,\bar{z}) \\ \bar{\theta}_{x1}\cos(z,\bar{x})+\bar{\theta}_{y1}\cos(z,\bar{y})+\bar{\theta}_{z1}\cos(z,\bar{z}) \end{bmatrix}=\boldsymbol{\lambda}\cdot\begin{bmatrix} \bar{\theta}_{x1} \\ \bar{\theta}_{y1} \\ \bar{\theta}_{z1} \end{bmatrix} \tag{4.7.10}
$$

同理，对于端节点 2，存在以下变换关系：

$$
\begin{bmatrix} u_2 \\ v_2 \\ w_2 \end{bmatrix}=\boldsymbol{\lambda}\cdot\begin{bmatrix} \bar{u}_2 \\ \bar{v}_2 \\ \bar{w}_2 \end{bmatrix} \tag{4.7.11}
$$

$$\begin{bmatrix} \theta_{x2} \\ \theta_{y2} \\ \theta_{z2} \end{bmatrix} = \boldsymbol{\lambda} \cdot \begin{bmatrix} \bar{\theta}_{x2} \\ \bar{\theta}_{y2} \\ \bar{\theta}_{z2} \end{bmatrix} \tag{4.7.12}$$

式中，$\boldsymbol{\lambda}$ 为节点坐标变换矩阵：

$$\boldsymbol{\lambda} = \begin{bmatrix} \cos(x,\bar{x}) & \cos(x,\bar{y}) & \cos(x,\bar{z}) \\ \cos(y,\bar{x}) & \cos(y,\bar{y}) & \cos(y,\bar{z}) \\ \cos(z,\bar{x}) & \cos(z,\bar{y}) & \cos(z,\bar{z}) \end{bmatrix} \tag{4.7.13}$$

其中，$\cos(x,\bar{x}),\cdots,\cos(z,\bar{z})$ 分别表示局部坐标轴（x,y,z）对整体坐标轴（$\bar{x},\bar{y},\bar{z}$）的方向余弦。将式(4.7.9)～式(4.7.12)写在一起，则有

$$\boldsymbol{d}^e = \boldsymbol{T}^e \cdot \bar{\boldsymbol{d}}^e \tag{4.7.14}$$

式中，$\boldsymbol{T}^e$ 为坐标转换矩阵：

$$\boldsymbol{T}^e = \begin{bmatrix} \lambda & 0 & 0 & 0 \\ 0 & \lambda & 0 & 0 \\ 0 & 0 & \lambda & 0 \\ 0 & 0 & 0 & \lambda \end{bmatrix} \tag{4.7.15}$$

因有坐标变换矩阵，故很容易写出整体坐标系下的刚度矩阵和刚度方程。

4.8　梁单元应用举例

【例 4.5】刚性梁连接的拉杆结构分析。

如图 4.26 所示的结构，AB 为刚性梁，A 端为铰接，B 端作用有一向下的力 $F = 30\ \text{kN}$，各杆及梁的自重均忽略不计，试用有限元方法对该结构进行分析，材料及结构参数如下。

杆 CD 为钢：$E_1 = 200\ \text{GPa}$，$A_1 = 1200\ \text{mm}^2$，$l_1 = 3.0\ \text{m}$。

杆 BE 为铝：$E_2 = 70\ \text{GPa}$，$A_2 = 800\ \text{mm}^2$，$l_2 = 2.0\ \text{m}$。

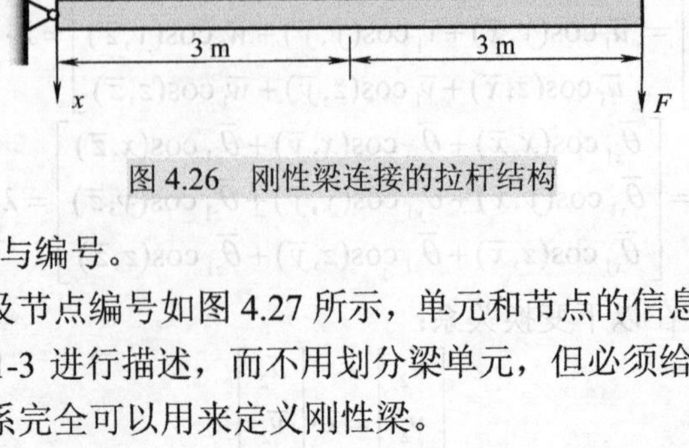

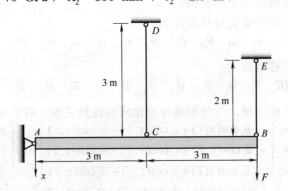

图 4.26　刚性梁连接的拉杆结构

解：(1) 结构的离散与编号。

该结构的单元编号及节点编号如图 4.27 所示，单元和节点的信息见表 4.5。由于 AB 为刚性梁，所以只用节点 5-1-3 进行描述，而不用划分梁单元，但必须给出 u_1、u_3、u_5 之间的刚体位移约束关系，该关系完全可以用来定义刚性梁。

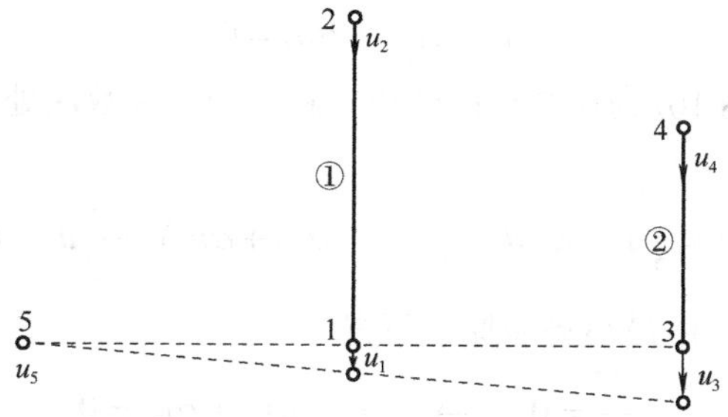

图 4.27　例 4.5 的结构的单元编号及节点编号

表 4.5　例 4.5 的单元编号和节点编号

单元编号	节点编号	
①	2	1
②	4	3

结构总节点位移列阵为

$$\boldsymbol{d}=[u_1 \quad u_2 \quad u_3 \quad u_4 \quad u_5]^{\mathrm{T}} \tag{4.8.1}$$

结构总节点外载列阵为

$$\boldsymbol{F}=[0 \quad 0 \quad 3\times10^4 \quad 0 \quad 0]^{\mathrm{T}} \tag{4.8.2}$$

约束的支反力列阵为

$$\boldsymbol{R}=[0 \quad R_2 \quad 0 \quad R_4 \quad R_5]^{\mathrm{T}} \tag{4.8.3}$$

结构总节点荷载列阵为

$$\boldsymbol{f}=\boldsymbol{F}+\boldsymbol{R}=[0 \quad R_2 \quad 3\times10^4 \quad R_4 \quad R_5]^{\mathrm{T}} \tag{4.8.4}$$

式中，R_2、R_4、R_5 分别为节点 2、4、5 的竖向支座反力。

(2) 各单元的矩阵描述。

$$\boldsymbol{K}^{(1)}=\frac{E_1A_1}{l_1}\begin{bmatrix}1 & -1\\ -1 & 1\end{bmatrix}=10^7\times\begin{bmatrix}8 & -8\\ -8 & 8\end{bmatrix}\begin{matrix}\leftarrow u_2\\ \leftarrow u_1\end{matrix} \tag{4.8.5}$$

$$\boldsymbol{K}^{(2)}=\frac{E_2A_2}{l_2}\begin{bmatrix}1 & -1\\ -1 & 1\end{bmatrix}=10^7\times\begin{bmatrix}2.8 & -2.8\\ -2.8 & 2.8\end{bmatrix}\begin{matrix}\leftarrow u_4\\ \leftarrow u_3\end{matrix} \tag{4.8.6}$$

(3) 建立整体刚度方程。

整体刚度方程为

$$\boldsymbol{K}\cdot\boldsymbol{d}=\boldsymbol{f} \tag{4.8.7}$$

式中，刚度矩阵的装配关系为

$$\boldsymbol{K}=\boldsymbol{K}^{(1)}+\boldsymbol{K}^{(2)} \tag{4.8.8}$$

方程(4.8.8)的具体形式为

$$10^7\times\begin{bmatrix}8 & -8 & 0 & 0 & a_{15}\\ -8 & 8 & 0 & 0 & 0\\ 0 & 0 & 2.8 & -2.8 & a_{35}\\ 0 & 0 & -2.8 & 2.8 & 0\\ a_{15} & 0 & a_{35} & 0 & a_{55}\end{bmatrix}\begin{bmatrix}u_1\\ u_2\\ u_3\\ u_4\\ u_5\end{bmatrix}=\begin{bmatrix}0\\ R_2\\ 3\times10^4\\ R_4\\ R_5\end{bmatrix} \tag{4.8.9}$$

式中，a_{15}, a_{35}, a_{55} 为与刚性梁相关的系数，其关系由刚性约束决定。采用罚函数法确定以上参数。对于节点 1、3、5 的位移 u_1、u_3、u_5 存在几何协调关系：

$$u_1 + \alpha u_3 + \alpha u_5 = 0 \tag{4.8.10}$$

式中，$\alpha = -0.5$，条件(4.8.10)为该结构的约束方程。用罚函数法处理约束方程后，原来的势能表达式变为

$$\Pi = \frac{1}{2}\boldsymbol{d}^{\mathrm{T}} \cdot \boldsymbol{K} \cdot \boldsymbol{d} + \frac{1}{2}c(u_1 + \alpha u_3 + \alpha u_5)^2 - \frac{1}{2}\boldsymbol{d}^{\mathrm{T}} \cdot \boldsymbol{f} \tag{4.8.11}$$

式中，c 为足够大的常数，由最小势能原理可得

$$\frac{\partial \Pi}{\partial c} = 0 \quad \rightarrow \quad u_1 + \alpha u_3 + \alpha u_5 = 0 \tag{4.8.12}$$

$$\frac{\partial \Pi}{\partial \boldsymbol{d}} = 0 \rightarrow \boldsymbol{K} \cdot \boldsymbol{d} + \begin{bmatrix} c & 0 & \alpha c & 0 & \alpha c \\ 0 & 0 & 0 & 0 & 0 \\ \alpha c & 0 & \alpha^2 c & 0 & \alpha c \\ 0 & 0 & 0 & 0 & 0 \\ \alpha c & 0 & \alpha c & 0 & \alpha^2 c \end{bmatrix} \cdot \boldsymbol{d} - \boldsymbol{f} = 0 \tag{4.8.13}$$

若取 $c = 10^{11}$，为相对较大的一个数，则耦合约束方程的刚度方程为

$$10^7 \times \begin{bmatrix} 8+10^4 & -8 & -5\times10^3 & 0 & -5\times10^3 \\ -8 & 8 & 0 & 0 & 0 \\ -5\times10^3 & 0 & 2.8+2.5\times10^3 & -2.8 & -5\times10^3 \\ 0 & 0 & -2.8 & 2.8 & 0 \\ -5\times10^3 & 0 & -5\times10^3 & 0 & 2.5\times10^3 \end{bmatrix} \begin{bmatrix} u_1 \\ u_2 \\ u_3 \\ u_4 \\ u_5 \end{bmatrix} = \begin{bmatrix} 0 \\ R_2 \\ 3\times10^4 \\ R_4 \\ R_5 \end{bmatrix} \tag{4.8.14}$$

(4) 边界条件的处理及刚度方程的求解。

该问题的边界条件为

$$u_2 = u_4 = u_5 = 0 \tag{4.8.15}$$

求解刚度方程(4.8.14)，可得

$$u_1 = 0.3124\ \text{mm}, \quad u_3 = 0.6252\ \text{mm} \tag{4.8.16}$$

(5) 其他物理量的求解。

各单元应力为

$$\sigma^{(1)} = E_1 \cdot \boldsymbol{B}^{(1)} \cdot \boldsymbol{d}^{(1)} = \frac{2\times10^5}{3000}\begin{bmatrix} -1 & 1 \end{bmatrix}\begin{bmatrix} u_2 \\ u_1 \end{bmatrix} = 20.83\ \text{MPa} \tag{4.8.17}$$

$$\sigma^{(2)} = E_2 \cdot \boldsymbol{B}^{(2)} \cdot \boldsymbol{d}^{(2)} = \frac{7\times10^4}{2000}\begin{bmatrix} -1 & 1 \end{bmatrix}\begin{bmatrix} u_4 \\ u_3 \end{bmatrix} = 21.88\ \text{MPa} \tag{4.8.18}$$

(6) 支反力的计算。

将节点位移计算结果(4.8.16)代入刚度方程(4.8.14)，可得

$$\begin{cases} R_2 = -2.50\times10^4\ \text{N} \\ R_4 = -1.75\times10^4\ \text{N} \\ R_5 = -4.69\times10^7\ \text{N} \end{cases} \tag{4.8.19}$$

(7) 讨论。

如果在节点 3 处将外力 F 去掉，改为施加一个向下的竖向位移 $\delta = 2$ mm，求解该结构的各点位移、各单元的应力以及支座反力。

此时的位移边界条件为

$$u_2 = u_4 = u_5 = 0, \quad u_3 = \delta = 2\ \text{mm} \tag{4.8.20}$$

总的荷载列阵为

$$\boldsymbol{f}=[0 \quad R_2 \quad F_3 \quad R_4 \quad R_5]^{\mathrm{T}} \tag{4.8.21}$$

式中，F_3 为作用节点3上引起已知位移的待求外力，将式(4.8.20)及式(4.8.21)代入式(4.8.14)，可求得

$$u_1=0.9992\ \mathrm{mm} \tag{4.8.22}$$

单元应力为

$$\sigma^{(1)}=E_1\cdot\boldsymbol{B}^{(1)}\cdot\boldsymbol{d}^{(1)}=\frac{2\times10^5}{3000}[-1 \quad 1]\begin{bmatrix}u_2\\u_1\end{bmatrix}=66.61\ \mathrm{MPa} \tag{4.8.23}$$

$$\sigma^{(2)}=E_2\cdot\boldsymbol{B}^{(2)}\cdot\boldsymbol{d}^{(2)}=\frac{7\times10^4}{2000}[-1 \quad 1]\begin{bmatrix}u_4\\u_3\end{bmatrix}=70.00\ \mathrm{MPa} \tag{4.8.24}$$

支座反力及外载为

$$\begin{cases}R_2=-7.99\times10^4\ \mathrm{N}\\F_3=9.60\times10^4\ \mathrm{N}\\R_4=-5.60\times10^4\ \mathrm{N}\\R_5=-1.50\times10^8\ \mathrm{N}\end{cases} \tag{4.8.25}$$

利用材料力学知识可求该结构的精确解，当施加外力时，节点位移为 $u_1=0.3214\ \mathrm{mm}$、$u_3=0.6429\ \mathrm{mm}$；节点荷载为 $R_2=-2.57\times10^4\ \mathrm{N}$、$R_4=-1.80\times10^4\ \mathrm{N}$、$R_5=-1.37\times10^4\ \mathrm{N}$；当施加节点位移时，节点位移为 $u_1=1.0\ \mathrm{mm}$，节点荷载为 $R_2=-8.0\times10^4\ \mathrm{N}$、$F_3=9.6\times10^4\ \mathrm{N}$、$R_4=-5.6\times10^4\ \mathrm{N}$、$R_5=-4.0\times10^4\ \mathrm{N}$。从计算结果的对比可以看出，节点位移是准确的，而节点荷载特别是 A 处的反力相差很大。原因是 AB 刚性梁不是作为单元考虑，而是只引入了几何约束条件，不能正确反映相应的平衡关系，所以位移结果相对精确，荷载误差较大。

【例4.6】匀速旋转杆件的有限元分析。

图4.28所示的一根杆件，在平面内做匀速旋转运动，其角速度 $\omega=60\ \mathrm{rad/s}$，假定只考虑离心力的作用，不考虑杆件的弯曲效应，用两个3节点杆单元分析该问题。已知杆件的弹性模量 $E=70\ \mathrm{GPa}$，横截面积 $A=600\ \mathrm{mm}^2$，密度 $\rho=2.8\times10^3\ \mathrm{kg/m}^3$。

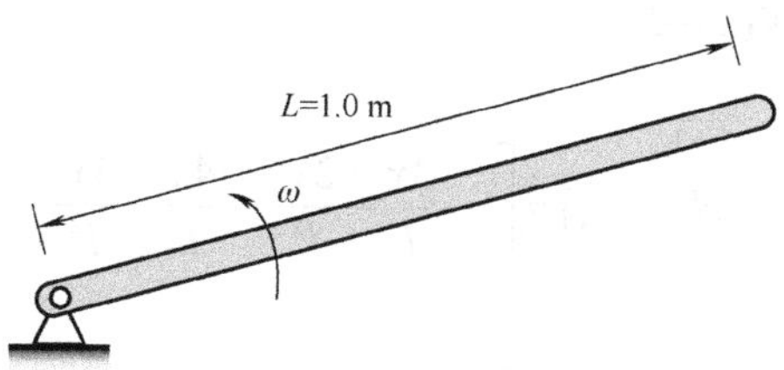

图4.28 匀速旋转的杆件

解：(1)结构的离散与编号。

该结构的单元编号及节点编号见图4.29，有关节点及单元的信息见表4.6。

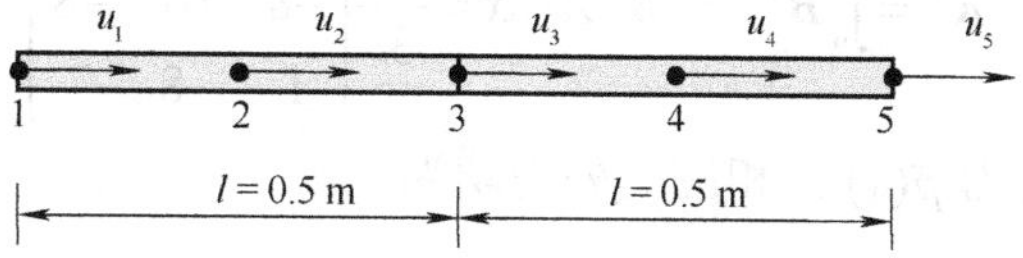

图4.29 例4.6的结构的单元编号及节点编号

表 4.6 例 4.6 的单元编号和节点编号

单元编号	节点编号		
①	1	2	3
②	3	4	5

节点位移列阵为

$$\boldsymbol{d}=[u_1\quad u_2\quad u_3\quad u_4\quad u_5]^{\mathrm{T}}$$

节点外载列阵为

$$\boldsymbol{F}=[F_1\quad F_2\quad F_3\quad F_4\quad F_5]^{\mathrm{T}} \tag{4.8.26}$$

约束的支反力列阵为

$$\boldsymbol{R}=[R_1\quad 0\quad 0\quad 0\quad 0]^{\mathrm{T}} \tag{4.8.27}$$

结构总节点荷载列阵为

$$\boldsymbol{f}=\boldsymbol{F}+\boldsymbol{R}=[F_1+R_1\quad F_2\quad F_3\quad F_4\quad F_5]^{\mathrm{T}} \tag{4.8.28}$$

式中，$F_1, F_2, \cdots, F_5$ 分别为等效在对应节点上的离心惯性力；R_1 为节点 1 的支座反力。

(2) 各单元的矩阵描述。

先推导 3 节点杆单元的刚度矩阵，其位移模式为

$$u(x)=a_0+a_1x+a_2x^2 \tag{4.8.29}$$

节点位移条件为

$$u(x=0)=u_1,\quad u(x=0.5l)=u_2,\quad u(x=l)=u_3 \tag{4.8.30}$$

将式(4.8.30)代入式(4.8.29)，得

$$a_0=u_1,\quad a_1=\frac{1}{l}(4u_2-3u_1-u_3),\quad a_2=\frac{1}{l^2}(2u_3-4u_2+2u_1) \tag{4.8.31}$$

将式(4.8.31)代入式(4.8.29)，有

$$\begin{aligned}u(x)&=N_1(x)u_1+N_2(x)u_2+N_3(x)u_3\\&=\left(1-\frac{3x}{l}+\frac{2x^2}{l^2}\right)u_1+\left(\frac{4x}{l}-\frac{4x^2}{l^2}\right)u_2+\left(-\frac{x}{l}+\frac{2x^2}{l^2}\right)u_3\\&=\boldsymbol{N}(x)\cdot\boldsymbol{d}^e\end{aligned} \tag{4.8.32}$$

单元的形函数矩阵为

$$\boldsymbol{N}(x)=[N_1\quad N_2\quad N_3]=\begin{bmatrix}1-\dfrac{3x}{l}+\dfrac{2x^2}{l^2} & \dfrac{4x}{l}-\dfrac{4x^2}{l^2} & -\dfrac{x}{l}+\dfrac{2x^2}{l^2}\end{bmatrix} \tag{4.8.33}$$

单元的几何函数矩阵为

$$\boldsymbol{B}(x)=\frac{\mathrm{d}\boldsymbol{N}(x)}{\mathrm{d}x}=\begin{bmatrix}-\dfrac{3}{l}+\dfrac{4x}{l^2} & \dfrac{4}{l}-\dfrac{8x}{l^2} & -\dfrac{1}{l}+\dfrac{4x}{l^2}\end{bmatrix} \tag{4.8.34}$$

单元的刚度矩阵为

$$\boldsymbol{K}^e=\int_0^l \boldsymbol{B}^{\mathrm{T}}\cdot E\cdot\boldsymbol{B}\cdot A\cdot\mathrm{d}x=\frac{EA}{3l}\begin{bmatrix}7 & -8 & 1\\-8 & 16 & -8\\1 & -8 & 7\end{bmatrix} \tag{4.8.35}$$

对于作用于单元的分布外力 $\overline{p}(x)$，相应的外力功为

$$
\begin{aligned}
W &= \int_0^l \overline{p}(x)\cdot u(x)\mathrm{d}x = \int_0^l \overline{p}(x)[N_1(x) \quad N_2(x) \quad N_3(x)]\boldsymbol{d}^e\mathrm{d}x \\
&= [F_1 \quad F_2 \quad F_3]\cdot \boldsymbol{d}^e = \boldsymbol{F}^{\mathrm{T}}\cdot \boldsymbol{d}^e
\end{aligned} \tag{4.8.36}
$$

式中，

$$
\begin{cases}
F_1 = \int_0^l \overline{p}(x)\cdot N_1(x)\mathrm{d}x \\
F_2 = \int_0^l \overline{p}(x)\cdot N_2(x)\mathrm{d}x \\
F_3 = \int_0^l \overline{p}(x)\cdot N_3(x)\mathrm{d}x
\end{cases} \tag{4.8.37}
$$

为等效在节点上的外载。单位长度的离心力可表示为

$$
\overline{p}(x) = \rho r\omega^2 A \tag{4.8.38}
$$

式中，r 为点到转动中心的距离，利用式(4.8.37)和式(4.8.38)，可得单元①的等效节点荷载为

$$
\boldsymbol{F}^{(1)} = \rho l^2\omega^2 A\begin{bmatrix} 0 & \dfrac{1}{3} & \dfrac{1}{6}\end{bmatrix}^{\mathrm{T}} \tag{4.8.39}
$$

单元②的等效节点荷载为

$$
\boldsymbol{F}^{(2)} = \rho l^2\omega^2 A\begin{bmatrix} \dfrac{1}{6} & 1 & \dfrac{1}{3}\end{bmatrix}^{\mathrm{T}} \tag{4.8.40}
$$

则节点的外载列阵为

$$
\boldsymbol{F} = \boldsymbol{F}^{(1)} + \boldsymbol{F}^{(2)} = \rho l^2\omega^2 A\begin{bmatrix} 0 & \dfrac{1}{3} & \dfrac{1}{3} & 1 & \dfrac{1}{3}\end{bmatrix}^{\mathrm{T}} \tag{4.8.41}
$$

(3) 建立整体刚度方程。

组装整体刚度矩阵并形成整体刚度方程：

$$
\boldsymbol{K}\cdot\boldsymbol{d} = \boldsymbol{f}
$$

式中，刚度矩阵的装配关系为

$$
\boldsymbol{K} = \boldsymbol{K}^{(1)} + \boldsymbol{K}^{(2)}
$$

方程(4.8.7)的具体形式为

$$
2.8\times 10^7 \times \begin{bmatrix} 7 & -8 & 1 & 0 & 0 \\ -8 & 16 & -8 & 0 & 0 \\ 1 & -8 & 14 & -8 & 1 \\ 0 & 0 & -8 & 16 & -8 \\ 0 & 0 & 1 & -8 & 7 \end{bmatrix}\begin{bmatrix} u_1 \\ u_2 \\ u_3 \\ u_4 \\ u_5 \end{bmatrix} = \begin{bmatrix} R_1 \\ 504 \\ 504 \\ 1512 \\ 504 \end{bmatrix} \tag{4.8.42}
$$

(4) 边界条件的处理及刚度方程的求解。

该问题的边界条件为 $u_1 = 0$，将其代入方程(4.8.42)进行求解，其结果为

$$
\begin{aligned}
u_2 &= 0.01762\ \text{mm} \\
u_3 &= 0.03300\ \text{mm} \\
u_4 &= 0.04388\ \text{mm} \\
u_5 &= 0.04800\ \text{mm}
\end{aligned} \tag{4.8.43}
$$

(5) 其他物理量的求解。

求各单元的应力，对于单元①：

$$\sigma^{(1)} = E\varepsilon^{(1)} = E\boldsymbol{B}\cdot\boldsymbol{d}^{(1)} = E\left[\left(-\frac{3}{l}+\frac{4x}{l^2}\right)u_1+\left(\frac{4}{l}-\frac{8x}{l^2}\right)u_2+\left(-\frac{1}{l}+\frac{4x}{l^2}\right)u_3\right] \tag{4.8.44}$$

式中，x 对应于单元①的局部坐标 $x^{(1)}$。

节点 1：$\sigma^{(1)}(x^{(1)}=0)=\dfrac{E}{l}(4u_2-u_3)=5.25\ \text{MPa}$

节点 2：$\sigma^{(1)}(x^{(1)}=0.5l)=\dfrac{E}{l}u_3=4.62\ \text{MPa}$

节点 3：$\sigma^{(1)}(x^{(1)}=l)=\dfrac{E}{l}(3u_3-4u_2)=3.99\ \text{MPa}$

对于单元②：

$$\sigma^{(2)} = E\left[\left(-\frac{3}{l}+\frac{4x}{l^2}\right)u_3+\left(\frac{4}{l}-\frac{8x}{l^2}\right)u_4+\left(-\frac{1}{l}+\frac{4x}{l^2}\right)u_5\right] \tag{4.8.45}$$

式中，x 对应于单元②的局部坐标 $x^{(2)}$。

节点 3：$\sigma^{(2)}(x^{(2)}=0)=\dfrac{E}{l}(4u_4-3u_3-u_5)=3.99\ \text{MPa}$

节点 4：$\sigma^{(2)}(x^{(2)}=0.5l)=\dfrac{E}{l}(u_5-u_3)=2.10\ \text{MPa}$

节点 5：$\sigma^{(2)}(x^{(2)}=l)=\dfrac{E}{l}(u_3-4u_4+3u_5)=0.21\ \text{MPa}$

而该问题的精确解为

$$\sigma=\frac{\rho\omega^2}{2}(L^2-x^2)=5.04(1-x^2) \tag{4.8.46}$$

将有限元求得的应力分布与精确解进行比较，如图 4.30 所示。

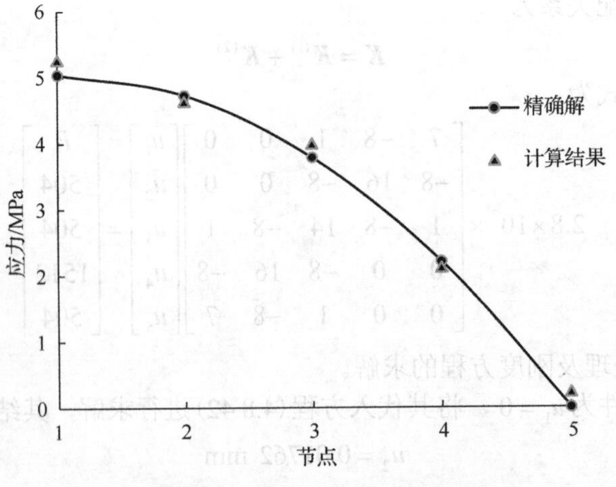

图 4.30　有限元计算结果与精确解的比较

(6) 支反力的计算。

将节点位移计算结果(4.8.43)代入整体刚度方程(4.8.42)，可求得支反力为

$$R_1=3.023\ \text{kN}$$

【例 4.7】 悬臂梁受压的间隙接触问题。

如图 4.31 所示的悬臂梁与一顶杆受压接触，悬臂梁与垂直顶杆有一间隙 $\varDelta = 10$ mm，悬臂梁在 B 端作用一集中力 $F_B = 100$ kN，试分析各节点的位移，相关参数如下。

悬臂梁：$E = 200$ GPa，$I = 1.0 \times 10^{-5}$ m^4，$l = 1.0$ m。

垂直顶杆：$E = 200$ GPa，$A = 1.0 \times 10^{-3}$ m^2。

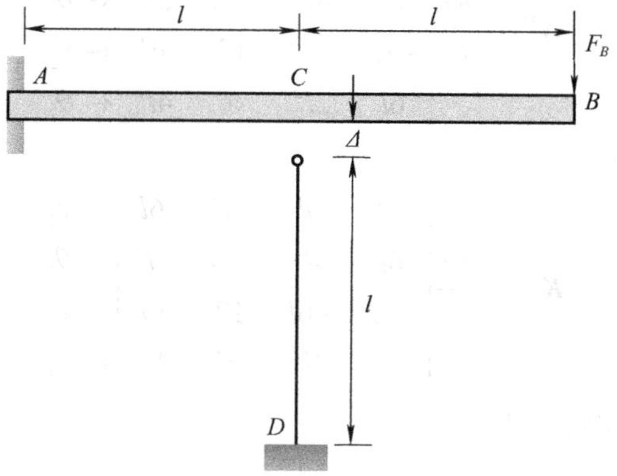

图 4.31　悬臂梁受压接触问题

解：(1) 结构的离散与编号。

对该系统进行离散，单元编号及节点编号如图 4.32 所示，有关节点及单元的信息见表 4.7。

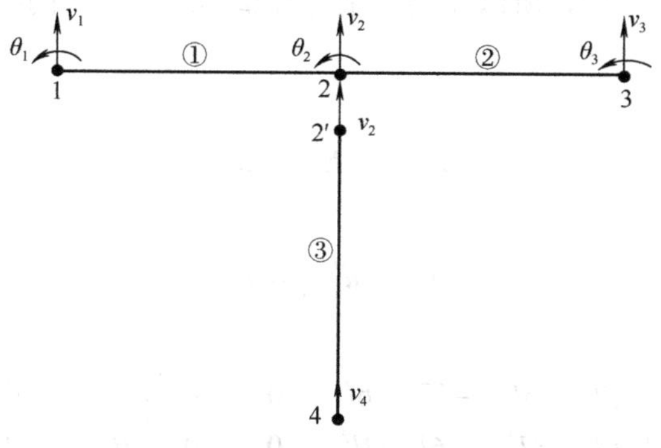

图 4.32　例 4.7 的结构的单元编号及节点编号

表 4.7　例 4.7 的单元编号和节点编号

单元编号	节点编号	
①	1	2
②	2	3
③	4	2

节点位移列阵为

$$\boldsymbol{d} = [v_1 \quad \theta_1 \quad v_2 \quad \theta_2 \quad v_3 \quad \theta_3 \quad v_4]^{\mathrm{T}} \tag{4.8.47}$$

节点外载列阵为

$$\boldsymbol{F} = [0 \quad 0 \quad 0 \quad 0 \quad F_B \quad 0 \quad 0]^{\mathrm{T}} \tag{4.8.48}$$

约束的支反力列阵为

$$\boldsymbol{R}=[R_{v1}\quad R_{\theta1}\quad 0\quad 0\quad 0\quad 0\quad R_{v4}]^{\mathrm{T}} \tag{4.8.49}$$

式中，R_{v1}、$R_{\theta1}$为节点 1 的垂直反力和力矩；R_{v4}为压杆D点的支反力。

(2) 各单元的矩阵描述。

单元①的刚度矩阵为

$$\boldsymbol{K}^{(1)}=\frac{EI}{l^3}\begin{bmatrix}12 & 6l & -12 & 6l\\ 6l & 4l^2 & -6l & 2l^2\\ -12 & -6l & 12 & 6l\\ 6l & 2l^2 & 6l & 4l^2\end{bmatrix}\begin{matrix}\leftarrow v_1\\ \leftarrow \theta_1\\ \leftarrow v_2\\ \leftarrow \theta_2\end{matrix} \tag{4.8.50}$$

单元②的刚度矩阵为

$$\boldsymbol{K}^{(2)}=\frac{EI}{l^3}\begin{bmatrix}12 & 6l & -12 & 6l\\ 6l & 4l^2 & -6l & 2l^2\\ -12 & -6l & 12 & 6l\\ 6l & 2l^2 & 6l & 4l^2\end{bmatrix}\begin{matrix}\leftarrow v_2\\ \leftarrow \theta_2\\ \leftarrow v_3\\ \leftarrow \theta_3\end{matrix} \tag{4.8.51}$$

单元③为杆单元，其刚度矩阵为

$$\boldsymbol{K}^{(3)}=\frac{EA}{l}\begin{bmatrix}1 & -1\\ -1 & 1\end{bmatrix}\begin{matrix}\leftarrow v_4\\ \leftarrow v_2\end{matrix} \tag{4.8.52}$$

(3) 建立整体刚度方程并求解。

组装整体刚度矩阵并形成整体刚度方程进行求解。由于该问题分为接触前和接触后两个阶段，这两个阶段的结构不同，所以需要分别进行整体刚度矩阵的组装。

① 接触前的状态。

整体刚度矩阵为

$$\boldsymbol{K}'_{\text{step1}}=\boldsymbol{K}^{(1)}+\boldsymbol{K}^{(2)} \tag{4.8.53}$$

这时的整体刚度方程为

$$\boldsymbol{K}'_{\text{step1}}\cdot\boldsymbol{d}'_{\text{step1}}=\boldsymbol{f}'_{\text{step1}} \tag{4.8.54}$$

具体地有

$$\frac{EI}{l^3}\begin{bmatrix}12 & 6l & -12 & 6l & 0 & 0\\ 6l & 4l^2 & -6l & 2l^2 & 0 & 0\\ -12 & -6l & 24 & 0 & -12 & 6l\\ 6l & 2l^2 & 0 & 8l^2 & -6l & 2l^2\\ 0 & 0 & -12 & -6l & 12 & -6l\\ 0 & 0 & 6l & 2l^2 & -6l & 4l^2\end{bmatrix}\begin{bmatrix}v'_1\\ \theta'_1\\ v'_2\\ \theta'_2\\ v'_3\\ \theta'_3\end{bmatrix}=\begin{bmatrix}R'_{v1}\\ R'_{\theta1}\\ 0\\ 0\\ F'_{B-\text{cr}}\\ 0\end{bmatrix} \tag{4.8.55}$$

式中，$F'_{B-\text{cr}}$为发生接触时需要在B点施加的临界力，为待求量。显然，发生接触时的临界条件为$v'_2=-\varDelta=-0.01\ \text{m}$，此时的位移列阵为

$$\boldsymbol{d}_{\text{step1}}=[v'_1\quad \theta'_1\quad v'_2\quad \theta'_2\quad v'_3\quad \theta'_3]^{\mathrm{T}}=[0\quad 0\quad -\varDelta\quad \theta'_2\quad v'_3\quad \theta'_3]^{\mathrm{T}} \tag{4.8.56}$$

将该边界条件代入方程(4.8.55)，可以求出

$$\begin{cases}\theta'_2=-0.018\ \text{rad}\\ v'_3=-0.032\ \text{m}\\ \theta'_3=-0.024\ \text{rad}\end{cases} \tag{4.8.57}$$

再将所求得的节点位移式(4.8.57)代入整体刚度方程(4.8.55)，可求支反力及临界力 $F'_{B-\mathrm{cr}}$：

$$\begin{cases} R'_{v1} = 24\ \mathrm{kN} \\ R'_{\theta 1} = 48\ \mathrm{kN \cdot m} \\ F'_{B-\mathrm{cr}} = -24\ \mathrm{kN} \end{cases} \tag{4.8.58}$$

显然，当 B 的实际外载 $|F_B| > |F'_{B-\mathrm{cr}}|$ 时，发生接触，否则不会产生接触。

② 接触后的状态。

此时整体刚度矩阵为

$$\boldsymbol{K}''_{\mathrm{step2}} = \boldsymbol{K}^{(1)} + \boldsymbol{K}^{(2)} + \boldsymbol{K}^{(3)} \tag{4.8.59}$$

整体刚度方程为

$$\boldsymbol{K}''_{\mathrm{step1}} \cdot \boldsymbol{d}''_{\mathrm{step1}} = \boldsymbol{f}''_{\mathrm{step1}} \tag{4.8.60}$$

具体形式为

$$\frac{EI}{l^3}\begin{bmatrix} 12 & 6l & -12 & 6l & 0 & 0 & 0 \\ 6l & 4l^2 & -6l & 2l^2 & 0 & 0 & 0 \\ -12 & -6l & 24+\dfrac{Al^2}{I} & 0 & -12 & 6l & -\dfrac{Al^2}{I} \\ 6l & 2l^2 & 0 & 8l^2 & -6l & 2l^2 & 0 \\ 0 & 0 & -12 & -6l & 12 & -6l & 0 \\ 0 & 0 & 6l & 2l^2 & -6l & 4l^2 & 0 \\ 0 & 0 & -\dfrac{Al^2}{I} & 0 & 0 & 0 & \dfrac{Al^2}{I} \end{bmatrix}\begin{bmatrix} v''_1 \\ \theta''_1 \\ v''_2 \\ \theta''_2 \\ v''_3 \\ \theta''_3 \\ v''_4 \end{bmatrix} = \begin{bmatrix} R''_{v1} \\ R''_{\theta 1} \\ 0 \\ 0 \\ F''_B \\ 0 \\ R''_{v4} \end{bmatrix} \tag{4.8.61}$$

此时的节点位移 $\boldsymbol{d}''_{\mathrm{step1}}$ 既包括梁单元①和②的节点位移，也包括杆单元③的节点位移。节点位移边界条件为

$$v''_1 = \theta''_1 = v''_4 = 0 \tag{4.8.62}$$

施加在 B 点的外力为

$$F''_B = F_B - F'_{B-\mathrm{cr}} = -7.6\times 10^4\ \mathrm{N} \tag{4.8.63}$$

将位移边界条件代入整体刚度方程(4.8.61)，求得

$$\begin{cases} v''_2 = -9.223\times 10^{-4}\ \mathrm{m} \\ \theta''_2 = -1.088\times 10^{-2}\ \mathrm{rad} \\ v''_3 = -2.447\times 10^{-2}\ \mathrm{m} \\ \theta''_3 = -2.988\times 10^{-2}\ \mathrm{rad} \end{cases} \tag{4.8.64}$$

再将式(4.8.64)代入整体刚度方程(4.8.61)，求得支反力

$$\begin{cases} R''_{v1} = -1.085\times 10^5\ \mathrm{N} \\ R''_{\theta 1} = -3.247\times 10^4\ \mathrm{N \cdot m} \\ R''_{v4} = 1.845\times 10^5\ \mathrm{N} \end{cases} \tag{4.8.65}$$

(4) 两次结果的合成。

上面分两次施加外载并进行求解，可以说加载为一个增量过程，最后叠加的外载应达到所施加的总外载。因此，最后的结果应是两次加载结果的合成，即最终的位移为

$$
\begin{cases}
v_2 = -\Delta_1 + v_2'' = -1.092\times10^{-2}\ \text{m} \\
\theta_2 = \theta_2' + \theta_2'' = -2.888\times10^{-2}\ \text{rad} \\
v_3 = v_3' + v_3'' = -5.647\times10^{-2}\ \text{m} \\
\theta_3 = \theta_3' + \theta_3'' = -5.388\times10^{-2}\ \text{rad}
\end{cases} \tag{4.8.66}
$$

总的节点力为

$$
\begin{cases}
f_{v1} = R_{v1}' + R_{v1}'' = -8.450\times10^{4}\ \text{N} \\
f_{\theta1} = R_{\theta1}' + R_{\theta1}'' = 1.553\times10^{4}\ \text{N}\cdot\text{m} \\
f_{v4} = R_{v4}' + R_{v4}'' = 1.845\times10^{5}\ \text{N}
\end{cases} \tag{4.8.67}
$$

(5) 讨论。

该问题也可用材料力学知识求解，采用力法，只有一个未知量。其精确解为

$$
\begin{cases}
f_{v1} = -8.4466\times10^{4}\ \text{N} \\
f_{\theta1} = 1.5534\times10^{4}\ \text{N}\cdot\text{m} \\
f_{v4} = 1.8447\times10^{5}\ \text{N}
\end{cases} \tag{4.8.68}
$$

$$
\begin{cases}
v_2 = -1.0922\times10^{-2}\ \text{m} \\
\theta_2 = -2.888\times10^{-2}\ \text{rad} \\
v_3 = -5.647\times10^{-2}\ \text{m} \\
\theta_3 = -5.388\times10^{-2}\ \text{rad}
\end{cases} \tag{4.8.69}
$$

比较式(4.8.66)与式(4.8.69)以及式(4.8.67)与式(4.8.68)，可见有限元计算结果与精确解几乎完全相同。

4.9 考虑剪切应变的梁单元

以上讨论的梁单元基于变形前垂直于中性层的横截面，变形后仍然保持垂直的 Kirchhoff 假设。通常所说的梁单元指的就是这种单元，它在实际中得到广泛应用，一般情况下也能得到满意的结果。但是应该注意的是，它以梁的高度 h 远小于跨度 l 为条件，即细长梁。这是因为只有在此条件下，才能忽略横向剪切变形的影响。但在工程实际中，也常常遇到需要考虑横向剪切应变影响的情况，如高度相对于跨度不太小的高梁即属于此情况。此时梁内的剪力 F_Q 所产生的剪切变形将引起梁的附加挠度，并使原来垂直于中性层的横截面变形后不再与中性层垂直，且发生翘曲。但在考虑剪切变形的梁弯曲理论中，仍然假定原来垂直于中性层的横截面变形后仍保持平面。根据该假设，梁变形的几何描述如图 4.33 所示。

设梁的剪切变形为 γ，则

$$
\gamma = \frac{\mathrm{d}v}{\mathrm{d}x} - \theta \tag{4.9.1}
$$

式中，v 为梁的挠度；θ 为由弯曲引起的截面转动。显然，若忽略剪切变形，即 $\gamma = 0$，则有

$$
\theta = \frac{\mathrm{d}v}{\mathrm{d}x} \tag{4.9.2}
$$

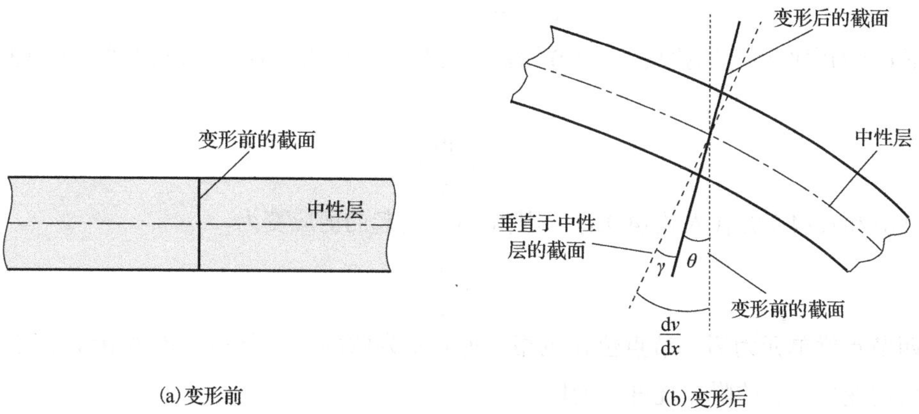

图 4.33　具有剪切变形影响的梁变形几何描述

此为细长梁情形，即变形后的横截面仍然垂直于中性层。对于变形后转动了 θ 的截面，梁的曲率定义为

$$\kappa=-\frac{\mathrm{d}\theta}{\mathrm{d}x} \tag{4.9.3}$$

截面上由剪应变引起的应变能密度为

$$u_\gamma=\frac{1}{2}\tau\gamma=\frac{1}{2}G\gamma^2 \tag{4.9.4}$$

而剪切变形的应变能为

$$U_\gamma=\int_\Omega u_\gamma\mathrm{d}\Omega=\int_0^l\int_A\frac{1}{2}G\gamma^2\mathrm{d}A\mathrm{d}x \tag{4.9.5}$$

为了处理上的方便，假定 γ 在横截面上均匀分布，因此需要引进一个不均匀程度的校正因子 k，以便将式(4.9.5)简化为

$$U_\gamma=\int_0^l\frac{\gamma^2GA}{2k}\mathrm{d}x \tag{4.9.6}$$

在已有的研究工作中，有不同的修正方法。一种理论认为 γ 应取中性层处的实际剪应变，也就是横截面上的最大剪应变。据此，矩形截面 $k=3/2$、圆形截面 $k=4/3$。另一种理论认为等效应变能相等，即采用校正因子计算的应变能应等于按实际剪应力以及剪应变计算出的应变能。据此，矩形截面 $k=6/5$，圆形截面 $k=10/9$。在有限元分析中，一般采用应变能等效的校正方法，即结构力学所采用的方法。

在考虑剪切变形的影响后，梁弯曲问题的最小势能原理的泛函可表示为

$$\Pi=\int_0^l\frac{1}{2}EI\kappa^2\mathrm{d}x+\int_0^l\frac{1}{2}\frac{GA}{k}\gamma^2\mathrm{d}x-\int_0^l qv\mathrm{d}x-\sum P_jv_j-\sum M_k\theta_k \tag{4.9.7}$$

式中，q 为横向作用的分布荷载集度；P_j、v_j 分别为横向集中荷载以及对应截面上的挠度；M_k、θ_k 分别为横向集中力矩以及对应截面上的转角。

基于最小势能原理，考虑剪切变形影响与不考虑剪切变形影响的梁单元相同，仍以 v、θ 为节点参数，但在刚度矩阵中引入剪切变形的影响。在刚度矩阵中引入剪切变形影响的方法有两种。

1. 在经典梁单元的基础上引入剪切变形的影响

考虑剪切变形的影响时，梁的挠度可表示为两部分的叠加，即

$$v(x) = v^{\mathrm{b}}(x) + v^{\mathrm{s}}(x) \tag{4.9.8}$$

式中，$v^{\mathrm{b}}(x)$ 为弯曲引起的挠度；$v^{\mathrm{s}}(x)$ 为剪切变形引起的附加挠度。从而截面由弯曲引起的转角为

$$\theta = \frac{\mathrm{d}v^{\mathrm{b}}}{\mathrm{d}x} \tag{4.9.9}$$

将式(4.9.8)和式(4.9.9)代入式(4.9.1)，则由 $v^{\mathrm{s}}(x)$ 引起的剪应变为

$$\gamma = \frac{\mathrm{d}v^{\mathrm{s}}}{\mathrm{d}x} \tag{4.9.10}$$

以两节点梁单元为例，节点位移也相应地表示为两部分，分别为 $\boldsymbol{d}_{\mathrm{b}}^{e}$ 和 $\boldsymbol{d}_{\mathrm{s}}^{e}$，由于 $v^{\mathrm{s}}(x)$ 只代表由剪切变形引起的附加挠度，所以

$$\boldsymbol{d}_{\mathrm{b}}^{e} = [v_1^{\mathrm{b}} \quad \theta_1 \quad v_2^{\mathrm{b}} \quad \theta_2]^{\mathrm{T}} \tag{4.9.11}$$

$$\boldsymbol{d}_{\mathrm{s}}^{e} = [v_1^{\mathrm{s}} \quad v_2^{\mathrm{s}}]^{\mathrm{T}} \tag{4.9.12}$$

式中，

$$\theta_1 = \left.\frac{\mathrm{d}v^{\mathrm{b}}}{\mathrm{d}x}\right|_{x=0}, \qquad \theta_2 = \left.\frac{\mathrm{d}v^{\mathrm{b}}}{\mathrm{d}x}\right|_{x=l} \tag{4.9.13}$$

对于弯曲引起的挠度 $v^{\mathrm{b}}(x)$，使用原来的三次函数插值模式。而对于剪切变形引起的附加挠度 $v^{\mathrm{s}}(x)$，则采用线性函数插值模式，可以推导出各自位移函数的表达式：

$$v^{\mathrm{b}}(x) = N_1 v_1^{\mathrm{b}} + N_2\theta_1 + N_3 v_2^{\mathrm{b}} + N_4\theta_2 = \boldsymbol{N}^{\mathrm{b}}(x)\cdot\boldsymbol{d}_{\mathrm{b}}^{e} \tag{4.9.14}$$

$$v^{\mathrm{s}}(x) = \left(1 - \frac{x}{l}\right)v_1^{\mathrm{s}} + \left(\frac{x}{l}\right)v_2^{\mathrm{s}} = N_5 v_1^{\mathrm{s}} + N_6 v_2^{\mathrm{s}} = \boldsymbol{N}^{\mathrm{s}}(x)\cdot\boldsymbol{d}_{\mathrm{s}}^{e} \tag{4.9.15}$$

将式(4.9.14)和式(4.9.15)代入式(4.9.7)，并求极小值，可分别建立各自的单元刚度方程：

$$\begin{cases} \boldsymbol{K}_{\mathrm{b}}\cdot\boldsymbol{d}_{\mathrm{b}}^{e} = \boldsymbol{f}_{\mathrm{b}}^{e} \\ \boldsymbol{K}_{\mathrm{s}}\cdot\boldsymbol{d}_{\mathrm{s}}^{e} = \boldsymbol{f}_{\mathrm{s}}^{e} \end{cases} \tag{4.9.16}$$

式中，$\boldsymbol{K}_{\mathrm{b}}$ 和 $\boldsymbol{f}_{\mathrm{b}}^{e}$ 与前面细长梁纯弯曲时的刚度矩阵和荷载列阵相同，而对应于剪切变形的 $\boldsymbol{K}_{\mathrm{s}}$ 和 $\boldsymbol{f}_{\mathrm{s}}^{e}$ 分别为

$$\boldsymbol{K}_{\mathrm{s}} = \frac{GA}{kl}\begin{bmatrix} 1 & -1 \\ -1 & 1 \end{bmatrix} \tag{4.9.17}$$

$$\boldsymbol{f}_{\mathrm{s}}^{e} = \int_0^l \boldsymbol{N}^{\mathrm{sT}} q(x)\,\mathrm{d}x + \sum \boldsymbol{N}^{\mathrm{sT}}(x)P_j \tag{4.9.18}$$

式(4.9.16)中的两个方程无耦合关系，每个节点有 3 个位移参数：v_i^{b}、v_i^{s}、θ_i（$i=1,2$）。实际上可以在单元层次上利用平衡方程，使每个节点只保留 2 个独立的位移参数。首先由弹性关系可得

$$F_{\mathrm{Q}} = \int_A \tau\mathrm{d}A = \frac{\tau A}{k} = \frac{\gamma GA}{k} \tag{4.9.19}$$

将式(4.9.10)代入式(4.9.19)，并考虑式(4.9.15)，有

$$F_{\mathrm{Q}} = \frac{GA}{k}\frac{\mathrm{d}v^{\mathrm{s}}}{\mathrm{d}x} = \frac{GA}{k}\left(\frac{\mathrm{d}N_5}{\mathrm{d}x}v_1^{\mathrm{s}} + \frac{\mathrm{d}N_6}{\mathrm{d}x}v_2^{\mathrm{s}}\right) = \frac{GA}{kl}(v_2^{\mathrm{s}} - v_1^{\mathrm{s}}) \tag{4.9.20}$$

$$
\begin{aligned}
M &= -EI\kappa = -EI\frac{\mathrm{d}^2 v^{\mathrm{b}}}{\mathrm{d}x^2} \\
&= -\frac{EI}{l^2}\left[\left(6-\frac{12x}{l}\right)(v_2^{\mathrm{b}}-v_1^{\mathrm{b}})+l\left(\frac{6x}{l}-4\right)\theta_1+l\left(\frac{6x}{l}-2\right)\theta_2\right]
\end{aligned} \tag{4.9.21}
$$

再利用平衡方程可得

$$
F_{\mathrm{Q}} = \frac{\mathrm{d}M}{\mathrm{d}x} = \frac{6EI}{l^3}\left[2(v_2^{\mathrm{b}}-v_1^{\mathrm{b}})-l(\theta_1+\theta_2)\right] \tag{4.9.22}
$$

还有几何关系为

$$
v_2 - v_1 = v_2^{\mathrm{b}} - v_1^{\mathrm{b}} + v_2^{\mathrm{s}} - v_1^{\mathrm{s}} \tag{4.9.23}
$$

经简单运算，可得

$$
\begin{cases}
v_2^{\mathrm{b}} - v_1^{\mathrm{b}} = \dfrac{1}{1+b}(v_2-v_1)+\dfrac{lb}{2(1+b)}(\theta_1+\theta_2) \\
v_2^{\mathrm{s}} - v_1^{\mathrm{s}} = \dfrac{1}{1+b}(v_2-v_1)-\dfrac{lb}{2(1+b)}(\theta_1+\theta_2)
\end{cases} \tag{4.9.24}
$$

式中，

$$
b = \frac{12EIk}{GAl^2} \tag{4.9.25}
$$

将式(4.9.24)代入式(4.9.16)，使与 v_1、v_2、θ_1、θ_2 有关的 4×4 的矩阵 $\boldsymbol{K}_{\mathrm{b}}$，经合并 2 阶 $\boldsymbol{K}_{\mathrm{s}}$ 矩阵，成为 6×6 的矩阵，得最终的单元刚度方程 $\boldsymbol{K}\cdot\boldsymbol{d}_{\mathrm{b}}^{e}=\boldsymbol{f}_{\mathrm{b}}^{e}$，其中，

$$
\boldsymbol{K} = \frac{EI}{(1+b)l^3}\begin{bmatrix}
12 & 6l & -12 & 6l \\
6l & (4+b)l^2 & -6l & (2-b)l^2 \\
-12 & -6l & 12 & -6l \\
6l & (2-b)l^2 & -6l & (4+b)l^2
\end{bmatrix}\begin{matrix}\leftarrow v_1\\ \leftarrow \theta_1\\ \leftarrow v_2\\ \leftarrow \theta_2\end{matrix} \tag{4.9.26}
$$

$$
\boldsymbol{d}^{e} = [v_1 \quad \theta_1 \quad v_2 \quad \theta_2]^{\mathrm{T}} \tag{4.9.27}
$$

$$
\boldsymbol{f}^{e} = \int_0^l \bar{\boldsymbol{N}}^{\mathrm{T}} q(x)\mathrm{d}x + \sum \bar{\boldsymbol{N}}^{\mathrm{T}} P_j - \sum \frac{\mathrm{d}\bar{\boldsymbol{N}}^{\mathrm{T}}}{\mathrm{d}x} M_k \tag{4.9.28}
$$

$$
\bar{\boldsymbol{N}} = \left[\frac{1}{2}(N_1+N_5) \quad N_2 \quad \frac{1}{2}(N_3+N_6) \quad N_4\right] \tag{4.9.29}
$$

对照前面无剪切变形影响的梁单元刚度矩阵可以看出，剪切变形的影响通过系数 b 反映在刚度矩阵中，使得梁的刚度变小，对于矩形截面有

$$
b = \frac{6Eh^2}{5Gl^2} = \frac{12(1+\mu)h^2}{5l^2}
$$

当 $h \ll l$ 时，即细长梁情形，有 $b \to 0$，则剪切变形的影响可以忽略。

2. 考虑剪切变形影响的 Timoshenko 梁单元

前面所构造的考虑剪切变形的梁单元用到了式(4.9.9)，即 $\theta = \mathrm{d}v^{\mathrm{b}}/\mathrm{d}x$。从函数的连续性来看，在单元之间要求由弯曲引起的截面转动满足连续性，即要求 $v^{\mathrm{b}}(x)$ 的一阶导数连续，这类单元称为 C_1 型单元。如果对挠度函数 $v(x)$ 和 $\theta(x)$ 进行单独插值，并且考虑剪切变形的影响，这样所构造出的单元就是 Timoshenko 梁单元。下面仅推导两节点的 Timoshenko 梁单元。

设单元的总挠度函数 $v(x)$ 和截面的转角函数 $\theta(x)$ 的单元插值模式为

$$
v(x) = N_1(x)v_1 + N_2(x)v_2 \tag{4.9.30}
$$

$$\theta(x)=N_1(x)\theta_1+N_2(x)\theta_2 \tag{4.9.31}$$

式中，v_1、v_2分别为梁单元节点1和节点2的挠度；θ_1、θ_2分别为梁单元节点1和节点2的弯曲转角。形函数为

$$N_1(x)=1-\frac{x}{l},\quad N_2(x)=\frac{x}{l} \tag{4.9.32}$$

由式(4.9.1)可得，剪应变为

$$\gamma=\frac{\mathrm{d}v(x)}{\mathrm{d}x}-\theta(x)=\left(-\frac{1}{l}\right)v_1+\left(\frac{1}{l}\right)v_2-\left(1-\frac{x}{l}\right)\theta_1-\left(\frac{x}{l}\right)\theta_2 \tag{4.9.33}$$

弯曲曲率为

$$\kappa=-\frac{\mathrm{d}\theta(x)}{\mathrm{d}x}=\left[-\frac{\mathrm{d}N_1(x)}{\mathrm{d}x}\right]\theta_1+\left[-\frac{\mathrm{d}N_2(x)}{\mathrm{d}x}\right]\theta_2=\left(\frac{1}{l}\right)\theta_1-\left(\frac{1}{l}\right)\theta_2 \tag{4.9.34}$$

节点位移列阵仍为式(4.9.27)，即

$$\boldsymbol{d}^e=[v_1\quad \theta_1\quad v_2\quad \theta_2]^{\mathrm{T}}$$

则式(4.9.33)可改写为

$$\gamma=\boldsymbol{B}^{\mathrm{s}}(x)\cdot\boldsymbol{d}^e \tag{4.9.35}$$

式中，$\boldsymbol{B}^{\mathrm{s}}$为剪切几何函数矩阵：

$$\boldsymbol{B}^{\mathrm{s}}=\begin{bmatrix}-\frac{1}{l} & \frac{x}{l}-1 & \frac{1}{l} & -\frac{x}{l}\end{bmatrix} \tag{4.9.36}$$

同理，弯曲曲率式(4.9.34)可改写为

$$\kappa=\boldsymbol{B}^{\mathrm{b}}(x)\cdot\boldsymbol{d}^e \tag{4.9.37}$$

式中，$\boldsymbol{B}^{\mathrm{b}}$为曲率几何函数矩阵：

$$\boldsymbol{B}^{\mathrm{b}}=\begin{bmatrix}0 & \frac{1}{l} & 0 & -\frac{1}{l}\end{bmatrix} \tag{4.9.38}$$

将式(4.9.35)和式(4.9.37)代入考虑剪切势能的泛函式(4.9.7)，则可得到

$$\Pi^e=\frac{1}{2}\boldsymbol{d}^{e\mathrm{T}}\boldsymbol{K}^{\mathrm{b}}\boldsymbol{d}^e+\frac{1}{2}\boldsymbol{d}^{e\mathrm{T}}\boldsymbol{K}^{\mathrm{s}}\boldsymbol{d}^e-\boldsymbol{f}^{e\mathrm{T}}\boldsymbol{d}^e=\frac{1}{2}\boldsymbol{d}^{e\mathrm{T}}\boldsymbol{K}^e\boldsymbol{d}^e-\boldsymbol{f}^{e\mathrm{T}}\boldsymbol{d}^e \tag{4.9.39}$$

式中，单元刚度矩阵由两部分组成：

$$\boldsymbol{K}^e=\boldsymbol{K}^{\mathrm{b}}+\boldsymbol{K}^{\mathrm{s}} \tag{4.9.40}$$

$\boldsymbol{K}^{\mathrm{b}}$为弯曲刚度矩阵：

$$\boldsymbol{K}^{\mathrm{b}}=\int_0^l(\boldsymbol{B}^{\mathrm{b}})^{\mathrm{T}}\cdot EI\cdot\boldsymbol{B}^{\mathrm{b}}\mathrm{d}x=\frac{EI}{l}\begin{bmatrix}0 & 0 & 0 & 0\\ 0 & 1 & 0 & -1\\ 0 & 0 & 0 & 0\\ 0 & -1 & 0 & 1\end{bmatrix}\begin{matrix}\leftarrow v_1\\ \leftarrow\theta_1\\ \leftarrow v_2\\ \leftarrow\theta_2\end{matrix} \tag{4.9.41}$$

而$\boldsymbol{K}^{\mathrm{s}}$为剪切变形刚度矩阵：

$$\boldsymbol{K}^{\mathrm{s}}=\int_0^l(\boldsymbol{B}^{\mathrm{s}})^{\mathrm{T}}\cdot\frac{GA}{k}\cdot\boldsymbol{B}^{\mathrm{s}}\mathrm{d}x=\frac{GA}{6kl}\begin{bmatrix}6 & 3l & -6 & 3l\\ 3l & 2l^2 & -3l & l^2\\ -6 & -3l & 6 & -3l\\ 3l & l^2 & -3l & 2l^2\end{bmatrix}\begin{matrix}\leftarrow v_1\\ \leftarrow\theta_1\\ \leftarrow v_2\\ \leftarrow\theta_2\end{matrix} \tag{4.9.42}$$

3. 剪切自锁及其处理方法

可以验证，$\boldsymbol{K}^{s}$的秩为 2，即存在非零的二阶子行列式。对于此单元，每增加一个单元，增加的自由度数也是 2，因此$\boldsymbol{K}^{s}$是非奇异的。当梁为薄梁时，即$l/h\to\infty$，希望此时的剪应变γ为零，由式(4.9.33)，若强制令其为零，则有

$$\gamma=\frac{1}{l}(v_2-v_1)-\theta_1+\frac{x}{l}(\theta_1-\theta_2)=0$$

这是一个线性函数，要使该式在单元内处处满足，除常数项之和为零外，还必须使x的一次项为零，即要求$\theta_1=\theta_2$。由于$\theta(x)$为线性函数，要满足$\theta_1=\theta_2$，则必然有$\theta(x)=\theta_1=\theta_2$，即$\theta(x)$为常数，这意味着梁不发生弯曲变形，与真实情况相违背，这种情况称为**剪切自锁**(shear locking)。

引起剪切自锁的原因是，在剪应变γ的表达式中，$\mathrm{d}v/\mathrm{d}x$和$\theta(x)$的函数表达式不是相同的阶次，因而不能恒满足$\gamma=\mathrm{d}v/\mathrm{d}x-\theta=0$这一细长梁的约束条件，也就是在梁或板很薄时，不适当地夸大了剪切应变能的量级。

为避免剪切自锁，现已提出多种方案，它们的基本点都是在计算剪应变时，使$\mathrm{d}v/\mathrm{d}x$和$\theta^{b}(x)$预先保持同阶。具体有减缩积分(reduced integration)、假设剪应变(assumed shear strain)、替代插值函数(substitutive interpolation function)等，下面以减缩积分为例进行分析。

减缩积分就是数值积分采用比精确积分要求少的积分点数。以两节点 Timoshenko 梁单元为例，为了精确积分，剪切应变能项需要采用两点积分。减缩积分方案采用一点积分，这样一来，$\theta(x)$项不能被精确积分，实际上以该积分点(单元中心)θ的数值代替了在单元内的线性变化，从而使它与$\mathrm{d}v/\mathrm{d}x$保持同阶，因而使约束条件$\mathrm{d}v/\mathrm{d}x-\theta=0$有可能处处满足。这样做的结果表现为$\boldsymbol{K}^{s}$是秩为 1 的矩阵，使$\boldsymbol{K}^{s}$保持奇异性。两节点单元采用减缩积分后的具体表达式为

$$\boldsymbol{K}^{s}=\frac{GA}{4kl}\begin{bmatrix}4 & 2l & -4 & 2l\\ 2l & l^2 & -2l & l^2\\ -4 & -2l & 4 & -2l\\ 2l & l^2 & -2l & l^2\end{bmatrix}\begin{matrix}\leftarrow v_1\\ \leftarrow \theta_1\\ \leftarrow v_2\\ \leftarrow \theta_2\end{matrix} \tag{4.9.43}$$

可以检验，式(4.9.43)中的任一二阶子行列式都等于零，因此它是秩为 1 的矩阵。而每增加一个单元，增加的自由度数也是 2，因此$\boldsymbol{K}^{s}$是奇异的。现在以式(4.9.43)第一行为例，将其乘以$\boldsymbol{d}^{e}$有

$$\boldsymbol{K}_1^{s}\cdot\boldsymbol{d}^{e}=v_1+\frac{l}{2}\theta_1-v_2+\frac{l}{2}\theta_2=(v_1-v_2)+\frac{l}{2}(\theta_1+\theta_2) \tag{4.9.44}$$

在$l/h\to\infty$情形下，有

$$\frac{\mathrm{d}v_1}{\mathrm{d}x}=\theta_1,\quad \frac{\mathrm{d}v_2}{\mathrm{d}x}=\theta_2 \tag{4.9.45}$$

从而可得

$$v_2-v_1=\theta_{\mathrm{m}}l=\frac{\theta_1+\theta_2}{2}l \tag{4.9.46}$$

式中，θ_{m}为梁两节点转角的平均值，将式(4.9.46)代入式(4.9.44)可得

$$\boldsymbol{K}_1^{s}\cdot\boldsymbol{d}^{e}=0 \tag{4.9.47}$$

对于式(4.9.43)的其他几行，也可以得到同样的结论，从而验证了$\boldsymbol{K}^{s}$的奇异性。

当采用减缩积分方案时，还应检查 $\boldsymbol{K}$ 是否满足非奇异性的要求。因为 $\boldsymbol{K}^e=\boldsymbol{K}^{\rm b}+\boldsymbol{K}^{\rm s}$，当采用减缩积分方案时，$\boldsymbol{K}^{\rm b}$ 和 $\boldsymbol{K}^{\rm s}$ 的秩都等于 1，所以 $\boldsymbol{K}^e$ 的秩为 2。而每增加一个单元，增加的自由度数也是 2，正好等于 $\boldsymbol{K}^e$ 的秩，所以 $\boldsymbol{K}$ 的非奇异性得到保证。

4. Timoshenko 梁单元的收敛性

因为式(4.9.7)中 Π 导数的最高阶数为 1，因此只要求 v 和 θ 的 0 阶导数在单元交界面上保持连续，即单元只要求 C_0 连续性。节点参数包括 v 和 θ，显然连续性得到满足。至于完备性要求，单元应包含能够描述图 4.34 所示刚体运动和常应变状态的位移模式。刚体运动包含刚体平移和刚体转动两种模式；常应变状态包含常剪切应变和常弯曲应变两种模式。图 4.34 还分别给出对应的 4 种模式的 v 和 θ 的函数表示。从这些函数表达式可以看出，只包含 v 一次函数的 2 节点梁单元缺少描述常弯曲状态的位移模式。如果采用 2 节点梁单元分析纯弯曲状态，必然伴随剪切应变。为此推荐采用 3 节点或 4 节点的 Timoshenko 梁单元，因为它们具有 2 次或 3 次的 v 函数，包含描述纯弯曲应力状态的位移模式。

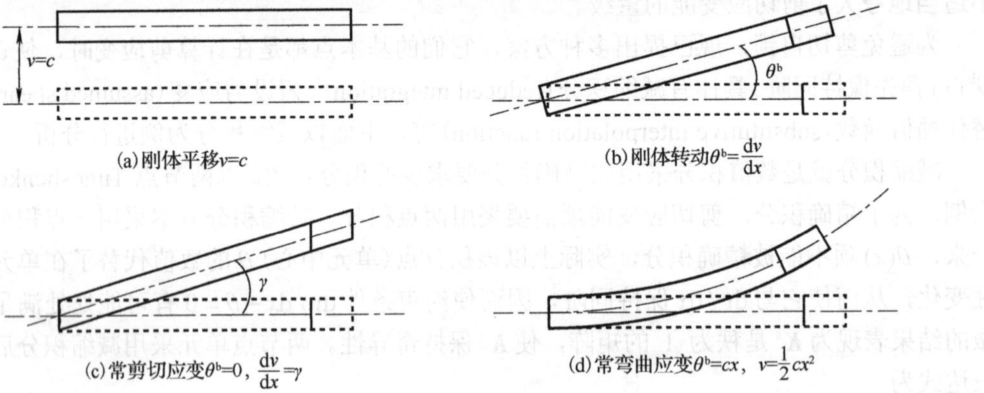

图 4.34　Timoshenko 梁单元完备性的要求

若采用多节点的 Timoshenko 梁单元，其位移函数插值模式为

$$v=\sum_{i=1}^{n}N_i v_i,\quad \theta=\sum_{i=1}^{n}N_i\theta_i \tag{4.9.48}$$

式中，n 为单元节点数；N_i 为拉格朗日(Lagrange)插值多项式。从而有限元方程为

$$\boldsymbol{K}\cdot\boldsymbol{d}=\boldsymbol{f} \tag{4.9.49}$$

式中，$\boldsymbol{K}=\sum\boldsymbol{K}^e$，$\boldsymbol{d}=\sum\boldsymbol{d}^e$，$\boldsymbol{f}=\sum\boldsymbol{f}^e$。

$$\boldsymbol{K}^e=\boldsymbol{K}^{\rm b}+\boldsymbol{K}^{\rm s}$$

$$\boldsymbol{K}^{\rm b}=EI\int_0^l(\boldsymbol{B}^{\rm b})^{\rm T}\boldsymbol{B}^{\rm b}{\rm d}x \tag{4.9.50}$$

$$\boldsymbol{K}^{\rm s}=\frac{GA}{k}\int_0^l(\boldsymbol{B}^{\rm s})^{\rm T}\boldsymbol{B}^{\rm s}{\rm d}x \tag{4.9.51}$$

$$\boldsymbol{B}^{\rm b}=\begin{bmatrix}\boldsymbol{B}_1^{\rm b} & \boldsymbol{B}_2^{\rm b} & \cdots & \boldsymbol{B}_n^{\rm b}\end{bmatrix} \tag{4.9.52}$$

$$\boldsymbol{B}^{\rm s}=\begin{bmatrix}\boldsymbol{B}_1^{\rm s} & \boldsymbol{B}_2^{\rm s} & \cdots & \boldsymbol{B}_n^{\rm s}\end{bmatrix} \tag{4.9.53}$$

$$\boldsymbol{B}_i^{\rm b}=\begin{bmatrix}0\\ -\dfrac{{\rm d}N_i}{{\rm d}x}\end{bmatrix}\quad(i=1,2,\cdots,n) \tag{4.9.54}$$

$$\boldsymbol{B}_i^{\mathrm{s}} = \begin{bmatrix} \dfrac{\mathrm{d}N_i}{\mathrm{d}x} \\ -N_i \end{bmatrix} \quad (i=1,2,\cdots,n) \tag{4.9.55}$$

$$\boldsymbol{f}^e = \int_0^l [q \quad 0]\boldsymbol{N}\,\mathrm{d}x + \sum[P_j \quad 0]\boldsymbol{N}(x_j) - \sum[0 \quad M_k]\boldsymbol{N}(x_k) \tag{4.9.56}$$

$$\boldsymbol{N} = \begin{bmatrix} \boldsymbol{N}_1 & \boldsymbol{N}_2 & \cdots & \boldsymbol{N}_n \end{bmatrix}^{\mathrm{T}} \tag{4.9.57}$$

$$\boldsymbol{N}_i = \begin{bmatrix} N_i & 0 \\ 0 & N_i \end{bmatrix} \quad (i=1,2,\cdots,n) \tag{4.9.58}$$

$$\boldsymbol{d}^e = \begin{bmatrix} \boldsymbol{d}_1^{\mathrm{T}} & \boldsymbol{d}_2^{\mathrm{T}} & \cdots & \boldsymbol{d}_n^{\mathrm{T}} \end{bmatrix}^{\mathrm{T}} \tag{4.9.59}$$

$$\boldsymbol{d}_i = \begin{bmatrix} v_i \\ \theta_i \end{bmatrix} \quad (i=1,2,\cdots,n) \tag{4.9.60}$$

【例 4.8】 承受端部荷载的悬臂梁。

分别利用经典梁单元和Timoshenko梁单元(各一个单元)计算图4.35所示悬臂梁在端部承受弯矩 M 和横向力 P 时的端部挠度 δ 。

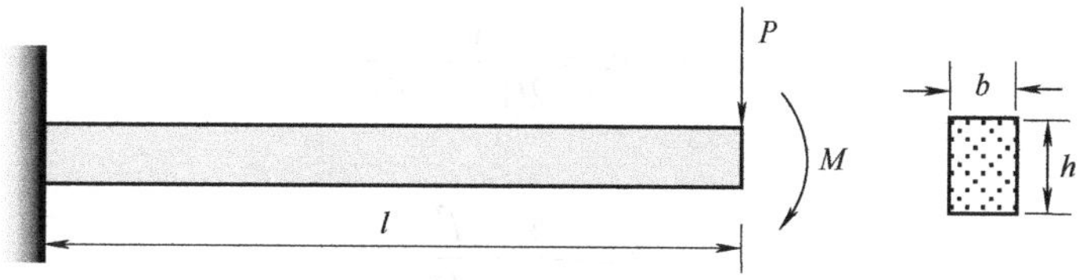

图 4.35　承受端部荷载的悬臂梁

解：(1)用经典梁单元求解。

当用一个单元计算时，固定端条件是 $v_1 = \theta_1 = 0$ 。只需对荷载作用端的位移 v_2、θ_2 形成求解方程。

① 端部受集中弯矩 M，求解方程为

$$\frac{EI}{l^3}\begin{bmatrix} 12 & -6l \\ -6l & 4l^2 \end{bmatrix}\begin{bmatrix} v_2 \\ \theta_2 \end{bmatrix} = \begin{bmatrix} 0 \\ M \end{bmatrix} \tag{4.9.61}$$

求解方程得

$$\delta = v_2 = \frac{Ml^2}{2EI} \tag{4.9.62}$$

② 端部受集中力 P，求解方程为

$$\frac{EI}{l^3}\begin{bmatrix} 12 & -6l \\ -6l & 4l^2 \end{bmatrix}\begin{bmatrix} v_2 \\ \theta_2 \end{bmatrix} = \begin{bmatrix} P \\ 0 \end{bmatrix} \tag{4.9.63}$$

求解方程得

$$\delta = v_2 = \frac{Pl^3}{3EI} \tag{4.9.64}$$

从以上结果可以看出，利用一个单元求解，就可以得到和材料力学理论解完全相同的结果。这是由于经典梁单元中 v 是三次函数，它包含上述两种受力状态所需的位移函数。

(2)用 Timoshenko 梁单元求解。

① 端部受集中弯矩 M，采用精确积分得到的求解方程为

$$\begin{bmatrix} \dfrac{GA}{kl} & -\dfrac{GA}{2k} \\ -\dfrac{GA}{2k} & \dfrac{GAl}{3k}+\dfrac{EI}{l} \end{bmatrix} \begin{bmatrix} v_2 \\ \theta_2 \end{bmatrix} = \begin{bmatrix} 0 \\ M \end{bmatrix} \tag{4.9.65}$$

求解方程得

$$\delta = v_2 = \frac{Ml^2}{2EI\left(1+\dfrac{GAl^2}{kEI}\right)} \tag{4.9.66}$$

对于矩形截面，有

$$k=\frac{6}{5}, \quad A=bh, \quad I=\frac{bh^3}{12}$$

以及

$$G=\frac{E}{2(1+\mu)}$$

利用以上关系将式(4.9.66)简化，可得

$$\delta = v_2 = \frac{Ml^2}{2(1+\alpha)EI} \tag{4.9.67}$$

式中，

$$\alpha = \frac{5}{1+\mu}\cdot\frac{l^2}{h^2}$$

② 端部受集中弯矩M，采用减缩积分方案得到的求解方程为

$$\begin{bmatrix} \dfrac{GA}{kl} & -\dfrac{GA}{2k} \\ -\dfrac{GA}{2k} & \dfrac{GAl}{4k}+\dfrac{EI}{l} \end{bmatrix} \begin{bmatrix} v_2 \\ \theta_2 \end{bmatrix} = \begin{bmatrix} 0 \\ M \end{bmatrix} \tag{4.9.68}$$

求解方程得

$$\delta = v_2 = \frac{Ml^2}{2EI} \tag{4.9.69}$$

将以上结果和材料力学解答比较可见，当采用精确积分时，分母中增加了一个α因子，这是附加剪切应变的影响。虽然真实应力状态中并不存在剪切应变，但两节点 Timoshenko 梁单元不能描述纯弯曲状态，导致虚假的附加剪切应变，此应变可表示为

$$\gamma = \frac{\mathrm{d}v}{\mathrm{d}x}-\theta = \frac{v_2}{l}-\frac{x}{l}\theta_2 = \left(\frac{1}{2}-\frac{x}{l}\right)\cdot\frac{Ml}{(1+\alpha)EI} \tag{4.9.70}$$

虚假的附加剪切应变对挠度δ的影响随着梁变薄而增大，当$h/l\to 0$时，$\delta = v_2 \to 0$，此时γ也趋于 0，即发生剪切自锁现象。

当采用减缩积分方案时，虽然两节点单元的挠度v仍是线性分布，但是计算得到的δ仍和材料力学解答一致。

③ 端部受集中力P，精确积分计算结果为

$$\delta = v_2 = \frac{Pl^3}{3EI}\cdot\frac{1+\beta_1}{1+\beta_2} \tag{4.9.71}$$

式中，

$$\beta_1 = \frac{3(1+\mu)}{5} \cdot \frac{h^2}{l^2}, \quad \beta_2 = \frac{5}{4(1+\mu)} \cdot \frac{l^2}{h^2} \tag{4.9.72}$$

④ 端部受集中力 P，减缩积分计算结果为

$$\delta = v_2 = \frac{Pl^3}{4EI} \cdot \left(1 + \frac{1}{\beta_2}\right) \tag{4.9.73}$$

以上两个结果的分子中分别出现了 β_1 和 $1/\beta_2$ 的因子，它们反映了剪切变形引起的附加挠度。当 $h/l \to 0$ 时，附加挠度也趋于零，这是合理的。不同的是在精确积分结果的分母中出现了 β_2 因子，当 $h/l \to 0$ 时，它将使 $\delta = v_2 \to 0$，即产生剪切自锁现象。而减缩积分则无附加因子，因此当 $h/l \to 0$ 时，不会产生剪切自锁现象。但计算结果仍与材料力学解答存在较大差异，这是由于两节点 Timoshenko 梁单元不像经典梁单元在位移模式中精确包含三次函数。在实际中可通过增加单元数或改用高次单元来提高计算精度。

对于 3 节点以上的高次 Timoshenko 梁单元，虽然采用精确积分不会发生剪切自锁现象，但由于单元刚度偏大，所以建议采用减缩积分等方法以改善单元的性能。

4.10　杆件系统简介

杆件系统是指由杆件组成的结构系统，如果组成结构的杆件不仅自身几何结构在同一平面内，其所承受的荷载也都处于该平面内，则称为平面杆件系统。反之，如果不限于一个平面内，则称为空间杆件系统。杆件系统可以用杆-梁单元(简称杆单元)进行离散。一般情况下，单元不是单独以拉压、扭转、弯曲状态工作，而是以它们的共同作用工作。它们的单元特征矩阵将是不同单元特征矩阵的组合。由于系统内各个杆件通常不处于同一轴线，甚至不处于同一平面，进行结构离散时，首先应建立一个共用的整体坐标系，然后通过坐标变换将各个建立于单元局部坐标系的单元特征矩阵转换到整体坐标系内。

杆件系统分析时，除必要的坐标变换之外，还可能会遇到铰接点的处理问题。在杆件系统中，杆与杆之间的连接不仅有刚接，还可能有铰接，如图 4.36 所示。图中有 4 根杆件汇交于节点 4，其中杆件②与节点 4 铰接，其余杆件则为刚接。

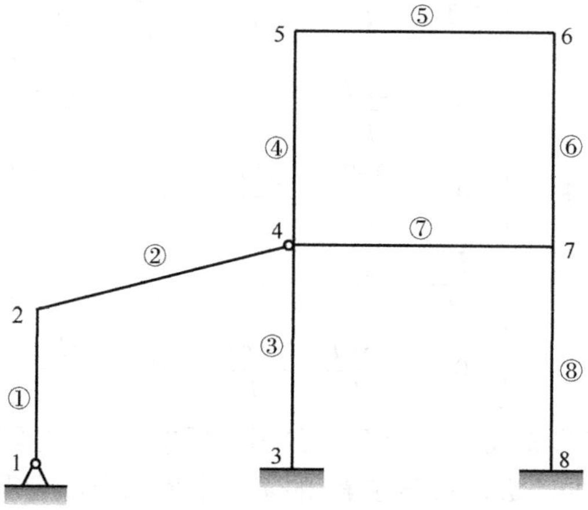

图 4.36　有铰接的杆件系统

(1) 节点上各杆具有相同的线位移，但截面转动不同。刚接于节点上的各杆具有相同截面转动，而与之铰接的杆件却具有不同的截面转动。在图 4.36 所示结构中，受载后，在节点 4 处，杆件③、④、⑦将具有相同的截面转动，而杆件②却具有与其他杆件不同的截面转动。

(2) 节点上具有铰接的杆端不承受弯矩，因此在节点上只有刚接的各杆杆端弯矩参与节点的力矩平衡。在图 4.36 所示结构中，杆件②在铰接端的杆端弯矩为零，只有杆件③、④、⑦在节点 4 上与外力矩保持平衡。

这时在单元②的铰接端，只有位移自由度参与总体集成，而转动自由度不参与总体集成。因此对于单元②来说，此自由度属于内部自由度性质，为了算法上的方便，在总体集成前，应在单元层次上将此自由度凝聚掉(结构力学中称为自由度释放)。现以两节点平面杆单元且弯曲单元采用经典梁单元的情况为例简单介绍凝聚自由度的方法。此单元参加系统集成前，在自身局部坐标系内的有限元方程可以表示为

$$\begin{bmatrix} \boldsymbol{K}_0 & \boldsymbol{K}_{0c} \\ \boldsymbol{K}_{c0} & \boldsymbol{K}_{cc} \end{bmatrix}^e \begin{bmatrix} \boldsymbol{a}_0 \\ \boldsymbol{a}_c \end{bmatrix}^e = \begin{bmatrix} \boldsymbol{P}_0 \\ \boldsymbol{P}_c \end{bmatrix}^e \tag{4.10.1}$$

式中，$\boldsymbol{a}_c$ 是单元中需要凝聚掉的自由度；$\boldsymbol{a}_0$ 是单元中需要保留且即将参与系统集成的自由度。单元刚度矩阵和节点荷载列阵也相应表示成分块矩阵的形式。

由式(4.10.1)可得

$$\boldsymbol{K}_{c0}\boldsymbol{a}_0 + \boldsymbol{K}_{cc}\boldsymbol{a}_c = \boldsymbol{P}_c$$

变形后有

$$\boldsymbol{a}_c = \boldsymbol{K}_{cc}^{-1}\left(\boldsymbol{P}_c - \boldsymbol{K}_{c0}\boldsymbol{a}_0\right) \tag{4.10.2}$$

将式(4.10.2)代回式(4.10.1)，可以得到凝聚后的单元方程为

$$\boldsymbol{K}^*\boldsymbol{a}_0 = \boldsymbol{P}_0^* \tag{4.10.3}$$

式中，

$$\begin{cases} \boldsymbol{K}^* = \boldsymbol{K}_0 - \boldsymbol{K}_{0c}\boldsymbol{K}_{cc}^{-1}\boldsymbol{K}_{c0} \\ \boldsymbol{P}_0^* = \boldsymbol{P}_0 - \boldsymbol{K}_{0c}\boldsymbol{K}_{cc}^{-1}\boldsymbol{P}_c \end{cases} \tag{4.10.4}$$

对于图 4.36 所示结构中的单元②，经凝聚后的单元局部坐标系内的单元刚度矩阵 $\boldsymbol{K}^*$ 形式为

$$\boldsymbol{K}^* = \begin{bmatrix} \frac{EA}{l} & 0 & 0 & -\frac{EA}{l} & 0 \\ 0 & \frac{3EI}{l^3} & \frac{3EI}{l^2} & 0 & -\frac{3EI}{l^3} \\ 0 & \frac{3EI}{l^2} & \frac{3EI}{l} & 0 & -\frac{3EI}{l^2} \\ -\frac{EA}{l} & 0 & 0 & \frac{EA}{l} & 0 \\ 0 & -\frac{3EI}{l^3} & -\frac{3EI}{l^2} & 0 & \frac{3EI}{l^3} \end{bmatrix} \tag{4.10.5}$$

凝聚前的单元刚度矩阵 $\boldsymbol{K}^e$ 是 6×6 矩阵，经凝聚后单元刚度矩阵 $\boldsymbol{K}^*$ 是 5×5 矩阵。为便于运算，$\boldsymbol{K}^*$ 仍可保留原来的阶数，只要在 $\boldsymbol{K}^*$ 的基础上增加全部为零元素的第 6 行和第 6 列即可。

凝聚后的节点荷载列阵 $\boldsymbol{P}_0^*$ 也可以按式(4.10.4)计算，并仍保留凝聚前的阶数，只需增加零元素在它的第 6 个元素的位置即可。

在结构系统中两端都为铰接的单元也可以按上述方法处理，在参加系统集成前，先将单元两端的转动自由度凝聚掉，并在相关的行及列上补充零元素，使单元刚度矩阵仍保持为原来的阶数，以利于程序的统一及运算。以杆单元为例，经凝聚并保留原来阶数的单元刚度矩阵可以表示为

$$\boldsymbol{K}^e=\begin{bmatrix}\dfrac{EA}{l} & 0 & 0 & -\dfrac{EA}{l} & 0 & 0\\ 0 & 0 & 0 & 0 & 0 & 0\\ 0 & 0 & 0 & 0 & 0 & 0\\ -\dfrac{EA}{l} & 0 & 0 & \dfrac{EA}{l} & 0 & 0\\ 0 & 0 & 0 & 0 & 0 & 0\\ 0 & 0 & 0 & 0 & 0 & 0\end{bmatrix} \tag{4.10.6}$$

以上分析不仅适用于经典梁单元，同样适用于 Timoshenko 梁单元，包括多节点的梁单元。

习　题

4.1　如图所示，一个由两根杆组成的结构，两杆分别沿 x、y 方向。结构参数为：$E_1=E_2=200\ \text{GPa}$，$A_1=2A_2=200\ \text{mm}^2$。试求解：

(1) 各单元的刚度矩阵；

(2) 结构的整体刚度矩阵；

(3) 节点 2 的位移 u_2、v_2；

(4) 各单元的应力；

(5) 支座反力。

4.2　如图所示，上端为铰支的垂直悬挂的等截面直杆受自重作用，截面积为 A，长度为 l，密度为 ρ。如果用一维杆单元来求解杆内的应力分布，问应采用单元的节点数？在什么位置有限元分析结果可以达到解析解的精度？并给出它们的数值。

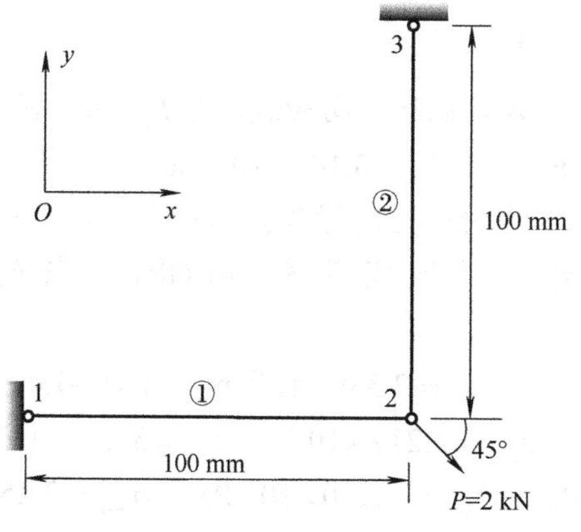

习题 4.1 图

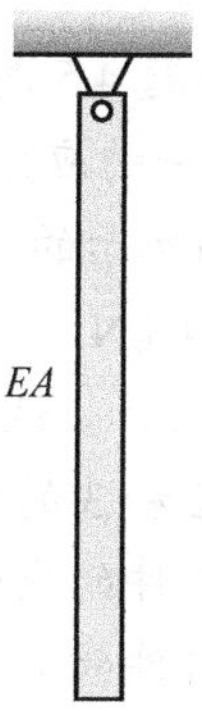

习题 4.2 图

4.3 试求图示平面桁架结构的节点位移和单元应力。垂直向下的 10 kN 荷载作用于节点 4 上，结构的其他参数为：各杆的弹性模量和横截面积均相同，$E=200$ GPa，$A=200\ \text{mm}^2$。

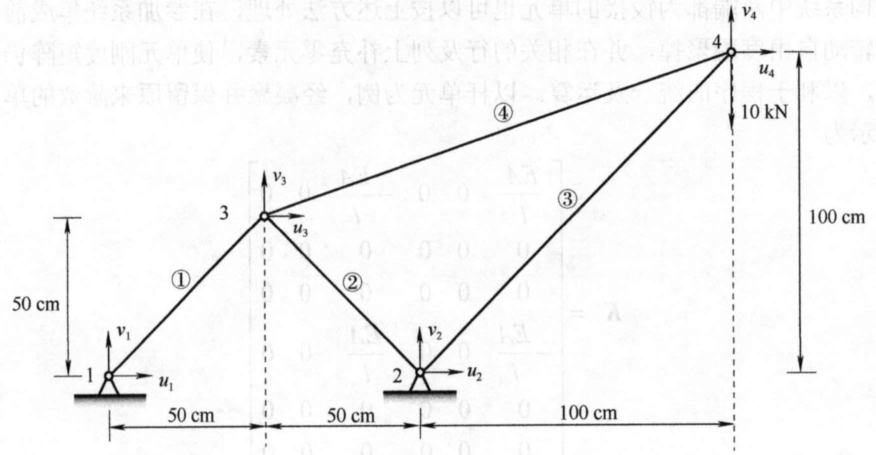

习题 4.3 图

4.4 节点上的集中荷载可以直接加入荷载列阵中吗？如果集中荷载不作用在节点上又该如何处理？试以 2 节点杆单元和梁单元为例分别进行讨论。

4.5 一大型铰接桁架结构如图所示，设计荷载作用在节点 2 上，$F_x=10$ kN，$F_y=20$ kN。杆件材料为钢材，弹性模量 $E=210$ GPa，每根杆件的横截面积 $A=0.15\ \text{m}^2$。试用有限元方法求每根杆件的应力。（$\sigma^{(1)}=-4.969\times10^4$ Pa，$\sigma^{(2)}=-1.571\times10^5$ Pa。）

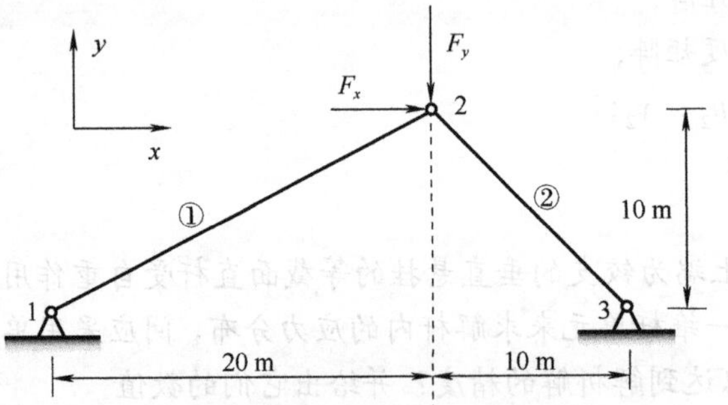

习题 4.5 图

4.6 在习题 4.5 图中，其他条件均不变，只是撤除竖向荷载，即 $F_y=0$，保留水平荷载，试计算每根杆件的应力。（$\sigma^{(1)}=4.969\times10^4$ Pa，$\sigma^{(2)}=-3.143\times10^4$ Pa。）

4.7 如图所示的三杆桁架结构，在节点 3 作用一竖向荷载 $F_y=1$ kN，在节点 2 作用一水平荷载 $F_x=4$ kN。结构所用材料为铝，弹性模量 $E=70$ GPa，杆的横截面积 $A=3.14\times10^{-4}\ \text{m}^2$。试求：

(1) 节点 2 和 3 的位移（$u_2=4.777\times10^{-5}$ m，$u_3=2.389\times10^{-5}$ m，$v_3=-1.423\times10^{-5}$ m）；

(2) 每个杆件的应变（$\varepsilon_{1-2}=1.590\times10^{-4}$，$\varepsilon_{2-3}=3.217\times10^{-5}$，$\varepsilon_{3-1}=3.217\times10^{-5}$）；

(3) 每个杆件的应力（$\sigma_{1-2}=1.115\times10^7$ Pa，$\sigma_{2-3}=2.250\times10^6$ Pa，$\sigma_{3-1}=2.250\times10^6$ Pa）。

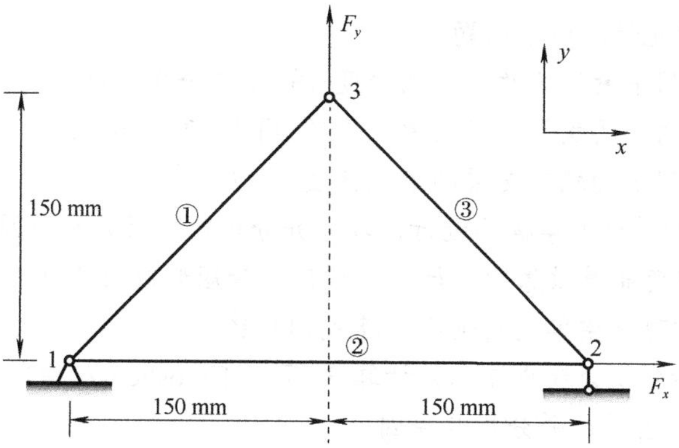

习题 4.7 图

4.8　由钢杆组成如图所示的桁架结构，已知材料的弹性模量 $E = 210$ GPa，杆的直径 $d = 20$ mm，材料的密度 $\rho = 7850$ kg/m^3。在节点 2 作用一水平荷载 $F_x = 0.5$ kN，试求：

(1)整体坐标系下节点的位移（$u_2 = 0.1425 \times 10^{-4}$ m，$v_2 = -0.005 \times 10^{-4}$ m）；

(2)局部坐标系下每个单元的应变（$\varepsilon_{1-2} = 7.375 \times 10^{-6}$，$\varepsilon_{2-3} = -5.300 \times 10^{-6}$）；

(3)局部坐标系下每个单元的应力（$\sigma_{1-2} = 1.5487 \times 10^{6}$ Pa，$\sigma_{2-3} = -1.1130 \times 10^{6}$ Pa）。

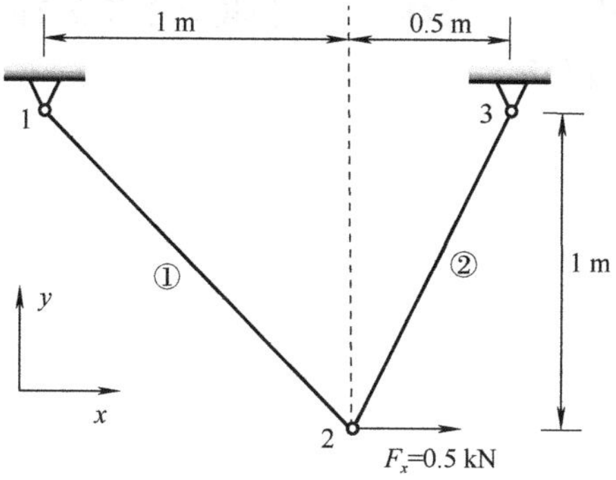

习题 4.8 图

4.9　对于如图所示的变截面杆件，若用一个一维 2 节点的等效杆单元进行建模，试用线性位移场

$$u(x) = \left(1 - \frac{x}{L}\right)u_1 + \frac{x}{L}u_2$$

和最小势能原理，推导相应的刚度矩阵，此杆件的厚度为均匀厚度 b。

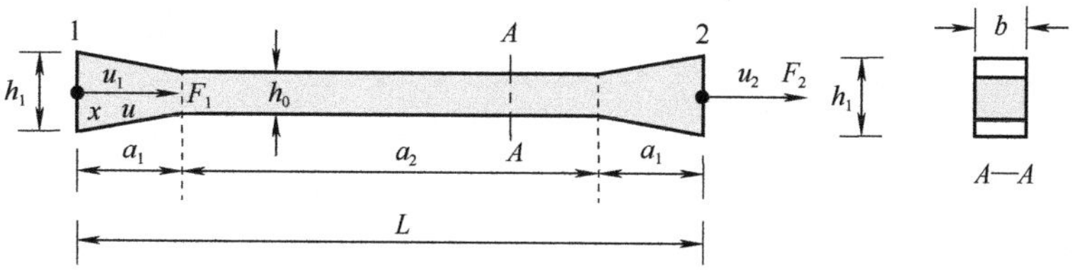

习题 4.9 图

4.10 用经典梁单元计算以下问题:

(1) 均布荷载 q 作用下悬臂梁的自由端挠度(用 1、2 个单元);

(2) 均布荷载 q 作用下两端简支梁的中点挠度(用 1、2 个单元);

(3) 均布荷载 q 作用下两端固支梁的中点挠度(用 2、4 个单元)。

列表将计算结果和材料力学解答进行比较，并分析产生误差的原因。

4.11 根据剪切应变能等效原理，计算圆形截面和矩形截面的剪切校正因子。

4.12 试推导考虑剪切梁单元的刚度矩阵式(4.9.26)。

4.13 分别利用精确积分和减缩积分计算 3 节点 Timoshenko 梁单元的刚度矩阵 $\boldsymbol{K}^e$，检查它们是否能避免剪切自锁，并分析其原因。

4.14 分别采用两个 2 节点和一个 3 节点 Timoshenko 梁单元计算悬臂梁承受: ① 端部弯矩 M；② 端部横向集中力 P；③ 均布荷载 q 时的自由端挠度，将结果与材料力学解答进行比较，并分析产生误差的原因。

4.15 如何利用凝聚旋转自由度的方法计算均布荷载 q 作用下两端简支梁的中点挠度，试用 1 个和 2 个单元进行计算，并将计算的步骤和结果与习题 4.10(2) 进行比较。

4.16 在杆件系统中若不采用凝聚自由度的方法，如何实现铰接端条件，并比较算法上的利弊。

4.17 对于平面杆系结构中一端铰接和两端铰接的 2 节点 Timoshenko 梁单元，试推导出它经凝聚和扩展后的单元刚度矩阵。

第 5 章　平面连续体单元

5.1　连续体的离散过程及特征

杆梁结构由于有自然的连接关系，可以在连接点处直接将其进行自然的离散，而连续体则不同，它的内部由于没有自然的连接点，必须完全通过人工的方法进行离散。有限元方法则成功地处理了连续体以及连续场问题，Courant 在 1943 年使用三角形区域的分片连续函数和最小势能原理处理了连续体问题。

本章将讨论平面连续体问题的有限元方法，重点介绍 3 节点三角形单元，简单介绍 4 节点四边形单元。

杆梁结构由于本身存在自然的连接关系即自然节点，所以它们的离散化称为自然离散，这样的计算模型对原始结构能够进行很好的描述。而连续体则不同，它本身内部不存在自然的连接关系，而是以连续介质的形式给出物质间的相互关联，所以必须人为地在连续体内部以及边界上划分节点，以分片(单元)连续的形式来逼近原来复杂的几何形状，这种离散过程称为逼近性离散(approximated discretization)，如图 5.1 所示。

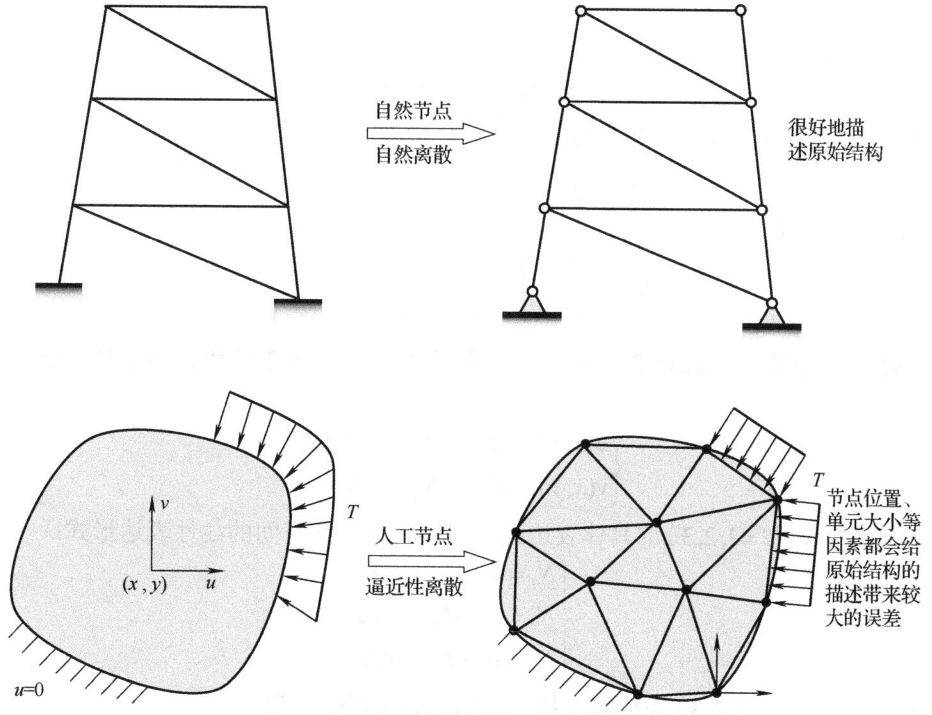

图 5.1　结构的两种几何离散过程

5.2　3节点三角形单元的形函数

1. 形函数

与杆梁单元不同，三角形单元具有任意的形状，因而没有明显的局部坐标系，只能用整体坐标系进行分析。3节点三角形单元(3-node triangular element)如图5.2所示，3个节点的编号为1、2、3，各自的位置坐标为(x_i, y_i)，$i=1,2,3$，各个节点的位移(分别沿x和y方向)为(u_i, v_i)，$i=1,2,3$。

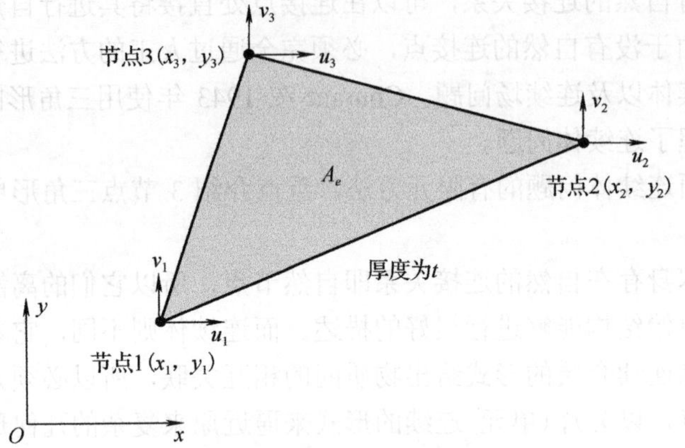

图5.2　平面3节点三角形单元

单元内任一点的位移为

$$\boldsymbol{u}^h(x,y)=\boldsymbol{N}(x,y)\boldsymbol{d}_e \tag{5.2.1}$$

式中，$\boldsymbol{N}(x,y)$为平面形函数矩阵；$\boldsymbol{d}_e$为节点位移列阵，具体表达式为

$$\boldsymbol{d}_e=\begin{bmatrix}u_1 & v_1 & u_2 & v_2 & u_3 & v_3\end{bmatrix}^{\mathrm{T}} \tag{5.2.2}$$

形函数矩阵的表达式为

$$\boldsymbol{N}=\begin{bmatrix}N_1 & 0 & N_2 & 0 & N_3 & 0\\ 0 & N_1 & 0 & N_2 & 0 & N_3\end{bmatrix} \tag{5.2.3}$$

由于单元存在3个节点，式(5.2.3)中有3个形函数，将式(5.2.2)和式(5.2.3)代回式(5.2.1)可得

$$\begin{cases}u(x,y)=N_1u_1+N_2u_2+N_3u_3\\ v(x,y)=N_1v_1+N_2v_2+N_3v_3\end{cases} \tag{5.2.4}$$

为了确定形函数N_i ($i=1,2,3$)的具体表达式，首先采用二维空间的线性表达形式：

$$\begin{cases}N_1=a_1+b_1x+c_1y\\ N_2=a_2+b_2x+c_2y\\ N_3=a_3+b_3x+c_3y\end{cases} \tag{5.2.5}$$

式中，a_i、b_i和c_i ($i=1,2,3$)为待定常量，式(5.2.5)也可表示为

$$N_i=a_i+b_ix+c_iy \quad (i=1,2,3) \tag{5.2.6}$$

式(5.2.6)可改写成矩阵形式：

$$N_i=\begin{bmatrix}1 & x & y\end{bmatrix}\begin{Bmatrix}a_i\\ b_i\\ c_i\end{Bmatrix}=\boldsymbol{P}^{\mathrm{T}}\boldsymbol{\alpha}\qquad (i=1,2,3) \tag{5.2.7}$$

式中，$\boldsymbol{P}$ 为多项式基函数矩阵；$\boldsymbol{\alpha}$ 为待定系数矩阵。

为确定形函数的具体表达式，需要确定待定系数矩阵 $\boldsymbol{\alpha}$ 的形式。为此可利用二维 δ 函数的性质：

$$N_i(x_j,y_j)=\delta_{ij}=\begin{cases}1 & (i=j,\ \ j=1,\ 2,\ \cdots,\ n_d)\\ 0 & (i\neq j,\ \ i,\ j=1,\ 2,\ \cdots,\ n_d)\end{cases} \tag{5.2.8}$$

式中，n_d 为单元最大的节点号；i 为形函数标号；j 为节点标号；δ_{ij} 为 δ 函数记号，当形函数标号与节点标号相同，即 $i=j$ 时，$\delta_{ij}=1$，反之为零。

例如，对于节点 1，由 δ 函数的性质可知，形函数 1 在节点 1 应等于 1，而在其他节点应等于零，其数学表达式为

$$\begin{cases}N_1(x_1,y_1)=1\\ N_1(x_2,y_2)=0\\ N_1(x_3,y_3)=0\end{cases} \tag{5.2.9}$$

式中，x_i 和 y_i（$i=1,2,3$）为节点坐标，如图 5.2 所示，由式(5.2.9)和式(5.2.6)可得

$$\begin{cases}N_1(x_1,y_1)=a_1+b_1x_1+c_1y_1=1\\ N_1(x_2,y_2)=a_1+b_1x_2+c_1y_2=0\\ N_1(x_3,y_3)=a_1+b_1x_3+c_1y_3=0\end{cases} \tag{5.2.10}$$

式(5.2.10)的矩阵形式为

$$\begin{bmatrix}1 & x_1 & y_1\\ 1 & x_2 & y_2\\ 1 & x_3 & y_3\end{bmatrix}\begin{Bmatrix}a_1\\ b_1\\ c_1\end{Bmatrix}=\begin{Bmatrix}1\\ 0\\ 0\end{Bmatrix} \tag{5.2.11}$$

或简化为

$$\boldsymbol{P\alpha}=\boldsymbol{\Delta} \tag{5.2.12}$$

矩阵 $\boldsymbol{P}$ 的扩展形式为

$$\boldsymbol{P}=\begin{bmatrix}1 & x_1 & y_1\\ 1 & x_2 & y_2\\ 1 & x_3 & y_3\end{bmatrix} \tag{5.2.13}$$

写成该形式的 $\boldsymbol{P}$ 称为矩量矩阵。为求解式(5.2.12)中的待定系数矩阵 $\boldsymbol{\alpha}$，需要求解 $\boldsymbol{P}$ 的逆阵，矩阵 $\boldsymbol{P}$ 的行列式等于三角形单元面积的 2 倍，即

$$|\boldsymbol{P}|=2A_e \tag{5.2.14}$$

将式(5.2.13)取逆，并利用式(5.2.14)，可求得待定系数矩阵 $\boldsymbol{\alpha}$ 的元素为

$$a_1=\frac{x_2y_3-x_3y_2}{2A_e},\quad b_1=\frac{y_2-y_3}{2A_e},\quad c_1=\frac{x_3-x_2}{2A_e} \tag{5.2.15}$$

将式(5.2.15)代入式(5.2.3)的第一个形函数，可得

$$N_1=\frac{x_2y_3-x_3y_2}{2A_e}+\frac{y_2-y_3}{2A_e}x+\frac{x_3-x_2}{2A_e}y$$

整理可得

$$N_1 = \frac{1}{2A_e}\left[(y_2 - y_3)(x - x_2) + (x_3 - x_2)(y - y_2)\right] \tag{5.2.16}$$

根据形函数 N_2 和 N_3，采用相同的方法，可求得 $\boldsymbol{\alpha}$ 的剩余 6 个元素。将 δ 函数作用于 N_2 可得

$$\begin{cases} N_2(x_1, y_1) = a_2 + b_2 x_1 + c_2 y_1 = 0 \\ N_2(x_2, y_2) = a_2 + b_2 x_2 + c_2 y_2 = 1 \\ N_2(x_3, y_3) = a_2 + b_2 x_3 + c_2 y_3 = 0 \end{cases} \tag{5.2.17}$$

求解式(5.2.17)，得

$$a_2 = \frac{x_3 y_1 - x_1 y_3}{2A_e}, \quad b_2 = \frac{y_3 - y_1}{2A_e}, \quad c_2 = \frac{x_1 - x_3}{2A_e} \tag{5.2.18}$$

$$N_2 = \frac{1}{2A_e}\left[(y_3 - y_1)(x - x_3) + (x_1 - x_3)(y - y_3)\right] \tag{5.2.19}$$

最后将 δ 函数作用于 N_3 可得

$$\begin{cases} N_3(x_1, y_1) = a_3 + b_3 x_1 + c_3 y_1 = 0 \\ N_3(x_2, y_2) = a_3 + b_3 x_2 + c_3 y_2 = 0 \\ N_3(x_3, y_3) = a_3 + b_3 x_3 + c_3 y_3 = 1 \end{cases} \tag{5.2.20}$$

求解式(5.2.20)，得

$$a_3 = \frac{x_1 y_2 - x_2 y_1}{2A_e}, \quad b_3 = \frac{y_1 - y_2}{2A_e}, \quad c_3 = \frac{x_2 - x_1}{2A_e} \tag{5.2.21}$$

$$N_3 = \frac{1}{2A_e}\left[(y_1 - y_2)(x - x_1) + (x_2 - x_1)(y - y_1)\right] \tag{5.2.22}$$

从式(5.2.15)、式(5.2.18)和式(5.2.21)可以看出，系数指标以及坐标指标满足循环关系，即 1→2、2→3、3→1。

2. 形函数的可视化

利用第三坐标轴并将该轴的取值等于第一形函数，如图 5.3 所示，形函数极易可视化。为勾勒形函数 N_1 的图像，首先检验形函数 N_1 在每个节点的取值。在节点 1，将 $x = x_1$ 和 $y = y_1$ 代入式(5.2.16)，可得

$$N_1 = \frac{1}{2A_e}\left[(y_2 - y_3)(x_1 - x_2) + (x_3 - x_2)(y_1 - y_2)\right] \tag{5.2.23}$$

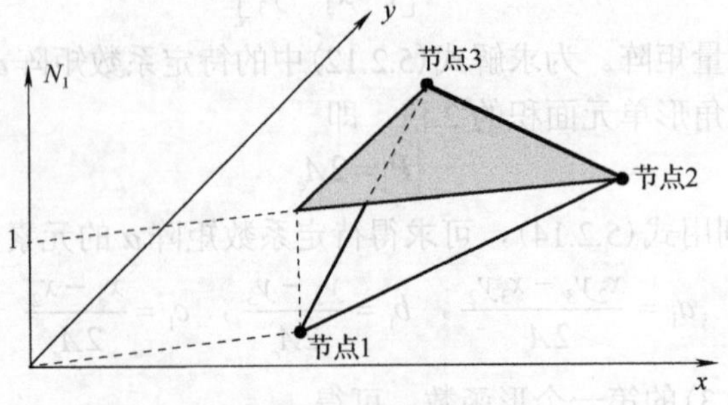

图 5.3　形函数 N_1 的图像

根据式(5.2.13)，矩阵 $\boldsymbol{P}$ 的行列式为

$$|\boldsymbol{P}|=(x_2y_3-y_2x_3)-x_1(y_3-y_2)+y_1(x_3-x_2) \tag{5.2.24}$$

式(5.2.24)可以改写成

$$|\boldsymbol{P}|=(y_2-y_3)(x_1-x_2)+(x_3-x_2)(y_1-y_2) \tag{5.2.25}$$

根据式(5.2.14)，有

$$(y_2-y_3)(x_1-x_2)+(x_3-x_2)(y_1-y_2)=2A_e \tag{5.2.26}$$

将式(5.2.26)代入式(5.2.23)，可得

$$N_1=\frac{2A_e}{2A_e}=1 \tag{5.2.27}$$

因而在节点 1（$x=x_1$ 和 $y=y_1$），形函数 N_1 等于 1，如图 5.3 所示。在节点 2，将 $x=x_2$ 和 $y=y_2$ 代入式(5.2.16)，可得

$$N_1=\frac{1}{2A_e}\left[(y_2-y_3)(x_2-x_2)+(x_3-x_2)(y_2-y_2)\right]=0 \tag{5.2.28}$$

因而在节点 2，形函数 N_1 等于 0。在节点 3，将 $x=x_3$ 和 $y=y_3$ 代入式(5.2.16)，可得

$$N_1=\frac{1}{2A_e}\left[(y_2-y_3)(x_3-x_2)+(x_3-x_2)(y_3-y_2)\right] \tag{5.2.29}$$

将式(5.2.29)展开，可得 $N_1=0$，因而形函数 N_1 在节点 3 处等于 0。

由以上讨论可知，形函数 N_1 在各个节点具备 δ 函数的性质。从图 5.3 可以看出，形函数 N_1 实际上为过节点 2 和节点 3 连线的一个平面，该平面沿边 1-2 和 1-3 线性变化。采用相同的方法，形函数 N_2 和 N_3 的图像分别如图 5.4 和图 5.5 所示。

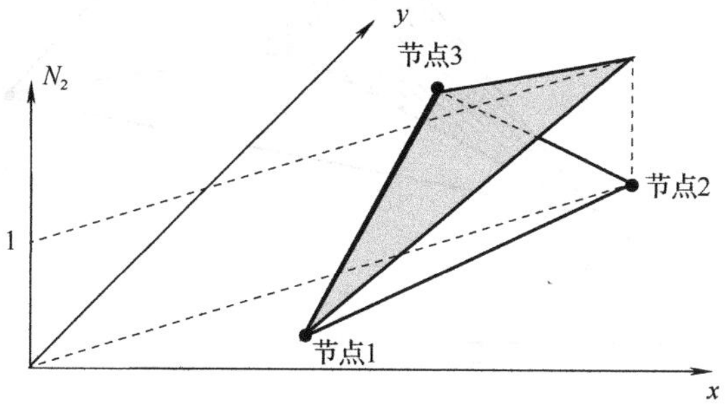

图 5.4　形函数 N_2 的图像

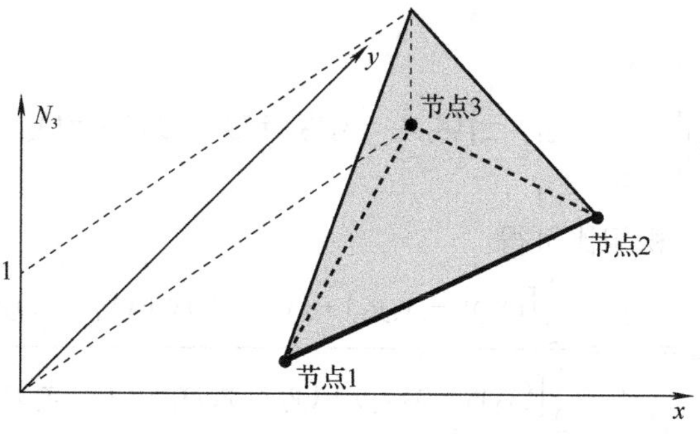

图 5.5　形函数 N_3 的图像

3. 用面积坐标表示形函数

确定常应变三角形单元三个形函数的另一种方法就是采用面积坐标，其理论根据是三角形单元的面积为矩量矩阵行列式的 1/2(当 3 个节点按逆时针转向排列时)。如图 5.6 所示，△123 内任一点 P 的坐标为(x，y)。P 点与其三个角点相连形成三个子三角形，即△P23、△P31 和△P12，它们的面积分别为 A_1、A_2 和 A_3。

其中，

$$A_1=\frac{1}{2}\begin{vmatrix}1 & x & y\\ 1 & x_2 & y_2\\ 1 & x_3 & y_3\end{vmatrix}=\frac{1}{2}\left[(x_2y_3-x_3y_2)+(y_2-y_3)x+(x_3-x_2)y\right] \tag{5.2.30}$$

$$A_2=\frac{1}{2}\begin{vmatrix}1 & x & y\\ 1 & x_3 & y_3\\ 1 & x_1 & y_1\end{vmatrix}=\frac{1}{2}\left[(x_3y_1-x_1y_3)+(y_3-y_1)x+(x_1-x_3)y\right] \tag{5.2.31}$$

$$A_3=\frac{1}{2}\begin{vmatrix}1 & x & y\\ 1 & x_1 & y_1\\ 1 & x_2 & y_2\end{vmatrix}=\frac{1}{2}\left[(x_1y_2-x_2y_1)+(y_1-y_2)x+(x_2-x_1)y\right] \tag{5.2.32}$$

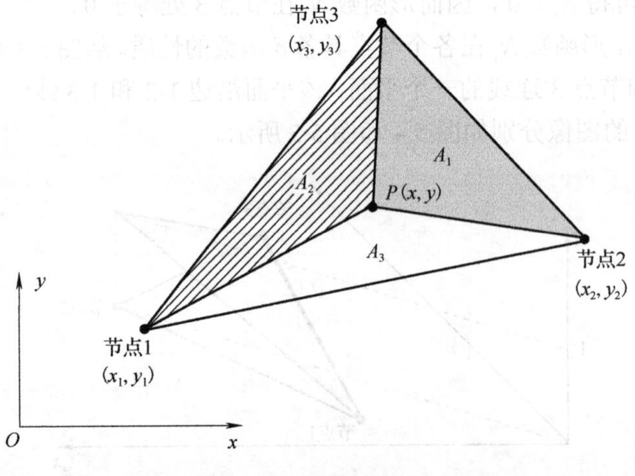

图 5.6　平面三角形及其面积坐标

三角形单元的总面积为

$$A_e=\frac{1}{2}\begin{vmatrix}1 & x_1 & y_1\\ 1 & x_2 & y_2\\ 1 & x_3 & y_3\end{vmatrix}=\frac{1}{2}\left[(x_2y_3-x_3y_2)+(y_2-y_3)x_1+(x_3-x_2)y_1\right] \tag{5.2.33}$$

将每一子面积与单元总面积相比可得

$$L_1=\frac{A_1}{A_e}=\frac{\frac{1}{2}\left[(x_2y_3-x_3y_2)+(y_2-y_3)x+(x_3-x_2)y\right]}{\frac{1}{2}\left[(x_2y_3-x_3y_2)+(y_2-y_3)x_1+(x_3-x_2)y_1\right]} \tag{5.2.34}$$

$$L_2=\frac{A_2}{A_e}=\frac{\frac{1}{2}\left[(x_3y_1-x_1y_3)+(y_3-y_1)x+(x_1-x_3)y\right]}{\frac{1}{2}\left[(x_2y_3-x_3y_2)+(y_2-y_3)x_1+(x_3-x_2)y_1\right]} \tag{5.2.35}$$

$$L_3=\frac{A_3}{A_e}=\frac{\frac{1}{2}\left[(x_1y_2-x_2y_1)+(y_1-y_2)x+(x_2-x_1)y\right]}{\frac{1}{2}\left[(x_2y_3-x_3y_2)+(y_2-y_3)x_1+(x_3-x_2)y_1\right]} \tag{5.2.36}$$

对比式(5.2.34)和式(5.2.16)、式(5.2.35)和式(5.2.19)、式(5.2.36)和式(5.2.22)可得

$$L_1=\frac{A_1}{A_e}=N_1,\quad L_2=\frac{A_2}{A_e}=N_2,\quad L_3=\frac{A_3}{A_e}=N_3 \tag{5.2.37}$$

从而有

$$N_1+N_2+N_3=L_1+L_2+L_3=\frac{A_1}{A_e}+\frac{A_2}{A_e}+\frac{A_3}{A_e}=1 \tag{5.2.38}$$

从以上分析可知，点 P 的位置可由三个比值来确定，即 $P(L_1,L_2,L_3)$，因此称 L_1、L_2、L_3 为面积坐标(area coordinator)，有时也称为二维自然坐标(2D natural coordinator)。面积坐标的特点如下：

(1)三角形内与节点 1 的对边 2-3 平行的直线上的各点有相同的 L_1 坐标；

(2)三角形三个角点的面积坐标分别为 $1(1,0,0)$、$2(0,1,0)$、$3(0,0,1)$；

(3)三角形三条边的方程分别为

2-3 边 $L_1=0$，3-1 边 $L_2=0$，1-2 边 $L_3=0$

(4)三个面积坐标并不相互独立，满足式(5.2.38)，只有两个是独立的。由于三角形的面积坐标与该三角形的形状及其在整体坐标系中的位置无关，它是三角形的一种自然坐标。

由式(5.2.37)可知，三角形单元的形函数 N_1、N_2、N_3 和面积坐标 L_1、L_2、L_3 完全相同，利用式(5.2.6)可得面积坐标与直角坐标的变换关系为

$$\begin{bmatrix}L_1\\L_2\\L_3\end{bmatrix}=\begin{bmatrix}a_1&b_1&c_1\\a_2&b_2&c_2\\a_3&b_3&c_3\end{bmatrix}\begin{bmatrix}1\\x\\y\end{bmatrix} \tag{5.2.39}$$

它的逆形式为

$$\begin{bmatrix}1\\x\\y\end{bmatrix}=\begin{bmatrix}1&1&1\\x_1&x_2&x_3\\y_1&y_2&y_3\end{bmatrix}\begin{bmatrix}L_1\\L_2\\L_3\end{bmatrix} \tag{5.2.40}$$

5.3　三角形单元的应变矩阵和刚度矩阵

1. 应变矩阵

一旦形函数确定，则利用弹性力学知识，很容易求得应变–位移矩阵 $\boldsymbol{B}$。对于平面问题，位移和应变存在如下关系：

$$\begin{cases}\varepsilon_x=\dfrac{\partial u}{\partial x}\\[2ex]\varepsilon_y=\dfrac{\partial v}{\partial y}\\[2ex]\gamma_{xy}=\dfrac{\partial v}{\partial x}+\dfrac{\partial u}{\partial y}\end{cases} \tag{5.3.1}$$

其矩阵表示为

$$\boldsymbol{\varepsilon} = \boldsymbol{L}\boldsymbol{U} \tag{5.3.2}$$

式中，

$$\boldsymbol{\varepsilon} = [\varepsilon_x \quad \varepsilon_y \quad \gamma_{xy}]^{\mathrm{T}} \tag{5.3.3}$$

$$\boldsymbol{L} = \begin{bmatrix} \dfrac{\partial}{\partial x} & 0 \\ 0 & \dfrac{\partial}{\partial y} \\ \dfrac{\partial}{\partial y} & \dfrac{\partial}{\partial x} \end{bmatrix} \tag{5.3.4}$$

$\boldsymbol{L}$ 称为偏微分算子矩阵(matrix of partial differential operators)，位移矩阵为

$$\boldsymbol{U} = [u \quad v]^{\mathrm{T}} \tag{5.3.5}$$

从而应变矩阵可以表示成应变–位移矩阵的函数：

$$\boldsymbol{\varepsilon} = \boldsymbol{L}\boldsymbol{U} = \boldsymbol{L}\boldsymbol{N}\boldsymbol{d}_e = \boldsymbol{B}\boldsymbol{d}_e \tag{5.3.6}$$

由式(5.3.6)可以看出

$$\boldsymbol{B} = \boldsymbol{L}\boldsymbol{N} \tag{5.3.7}$$

将式(5.2.3)、式(5.3.4)代入式(5.3.7)可得

$$\boldsymbol{B} = \begin{bmatrix} \dfrac{\partial}{\partial x} & 0 \\ 0 & \dfrac{\partial}{\partial y} \\ \dfrac{\partial}{\partial y} & \dfrac{\partial}{\partial x} \end{bmatrix} \begin{bmatrix} N_1 & 0 & N_2 & 0 & N_3 & 0 \\ 0 & N_1 & 0 & N_2 & 0 & N_3 \end{bmatrix} \tag{5.3.8}$$

将式(5.2.16)、式(5.2.19)和式(5.2.22)代入式(5.3.8)，两个矩阵相乘之后可得

$$\boldsymbol{B} = \begin{bmatrix} b_1 & 0 & b_2 & 0 & b_3 & 0 \\ 0 & c_1 & 0 & c_2 & 0 & c_3 \\ c_1 & b_1 & c_2 & b_2 & c_3 & b_3 \end{bmatrix} \tag{5.3.9}$$

式(5.3.9)中的各系数可由形函数方程求得

$$\begin{cases} b_1 = \dfrac{1}{2A_e}(y_2 - y_3) \\ c_1 = \dfrac{1}{2A_e}(x_3 - x_2) \end{cases} \tag{5.3.10}$$

系数指标以及坐标指标满足循环关系，即 1→2、2→3、3→1。

2. 应力矩阵

由弹性力学中平面问题的物理方程可知

$$\boldsymbol{\sigma} = \boldsymbol{D}\boldsymbol{\varepsilon} \tag{5.3.11}$$

式中，$\boldsymbol{D}$ 为材料的弹性系数矩阵，对于平面应力问题，材料的弹性系数矩阵为

$$D = \frac{E}{1-\mu^2}\begin{bmatrix} 1 & \mu & 0 \\ \mu & 1 & 0 \\ 0 & 0 & \dfrac{1-\mu}{2} \end{bmatrix} \tag{5.3.12}$$

对于平面应变问题，可将式(5.3.12)的材料常数（E、μ）换成平面应变问题的系数（$E/(1-\mu^2)$、$\mu/(1-\mu)$），材料的弹性系数矩阵变为

$$D = \frac{(1-\mu)E}{(1+\mu)(1-2\mu)}\begin{bmatrix} 1 & \dfrac{\mu}{1-\mu} & 0 \\ \dfrac{\mu}{1-\mu} & 1 & 0 \\ 0 & 0 & \dfrac{1-2\mu}{2(1-\mu)} \end{bmatrix} \tag{5.3.13}$$

将式(5.3.6)代入式(5.3.11)，可得

$$\boldsymbol{\sigma} = \boldsymbol{D\varepsilon} = \boldsymbol{DBd}_e = \boldsymbol{Sd}_e \tag{5.3.14}$$

式中，

$$\boldsymbol{S} = \boldsymbol{DB} \tag{5.3.15}$$

称为应力函数矩阵。

3. 刚度矩阵

常应变三角形(consist strain triangle，CST)单元的刚度矩阵为

$$\boldsymbol{k}_e = \int_{V_e} \boldsymbol{B}^{\mathrm{T}}\boldsymbol{DB}\mathrm{d}v \tag{5.3.16}$$

由于刚度方程适用于所有单元，单元的厚度 h 必为常量，所以式(5.3.16)的体积分可转化为面积分：

$$\boldsymbol{k}_e = \int_{A_e}\left(\int_0^h \mathrm{d}z\right)\boldsymbol{B}^{\mathrm{T}}\boldsymbol{DB}\mathrm{d}A \tag{5.3.17}$$

由于

$$\int_0^h \mathrm{d}z = h \tag{5.3.18}$$

式(5.3.17)变形为

$$\boldsymbol{k}_e = h\int_{A_e} \boldsymbol{B}^{\mathrm{T}}\boldsymbol{DB}\mathrm{d}A \tag{5.3.19}$$

根据式(5.3.9)可知，单元的应变-位移矩阵 $\boldsymbol{B}$ 为常量矩阵，材料的弹性系数矩阵 $\boldsymbol{D}$ 是由材料弹性常数组成的常量矩阵，因而式(5.3.19)变形为

$$\boldsymbol{k}_e = h\boldsymbol{B}^{\mathrm{T}}\boldsymbol{DB}\int_{A_e} \mathrm{d}A \tag{5.3.20}$$

积分可得

$$\boldsymbol{k}_e = hA_e\boldsymbol{B}^{\mathrm{T}}\boldsymbol{DB} \tag{5.3.21}$$

由于式(5.3.21)中的各因子均为常量，单元刚度矩阵可以改写为

$$\boldsymbol{k}_e = hA_e\boldsymbol{B}^{\mathrm{T}}\boldsymbol{DB} = \begin{bmatrix} \boldsymbol{k}_{11} & \boldsymbol{k}_{12} & \boldsymbol{k}_{13} \\ \boldsymbol{k}_{21} & \boldsymbol{k}_{22} & \boldsymbol{k}_{23} \\ \boldsymbol{k}_{31} & \boldsymbol{k}_{32} & \boldsymbol{k}_{33} \end{bmatrix} \tag{5.3.22}$$

其中，各子块矩阵为

$$\boldsymbol{k}_{rs}=hA_e\boldsymbol{B}_r^{\mathrm{T}}\boldsymbol{D}\boldsymbol{B}_s=\frac{EhA}{1-\mu^2}\begin{bmatrix}k_1 & k_3\\ k_2 & k_4\end{bmatrix}\qquad(r,s=1,2,3)\tag{5.3.23}$$

式中，

$$\begin{cases}k_1=b_rb_s+\dfrac{1-\mu}{2}c_rc_s\\ k_2=\mu c_rb_s+\dfrac{1-\mu}{2}b_rc_s\\ k_3=\mu b_rc_s+\dfrac{1-\mu}{2}c_rb_s\\ k_4=c_rc_s+\dfrac{1-\mu}{2}b_rb_s\end{cases}\tag{5.3.24}$$

5.4　三角形单元的质量矩阵和节点荷载列阵

1. 质量矩阵

单元的质量矩阵为

$$\boldsymbol{m}_e=\int_{V_e}\rho\boldsymbol{N}^{\mathrm{T}}\boldsymbol{N}\mathrm{d}v\tag{5.4.1}$$

简单起见，若单元的密度 ρ 为常量，则可以移动到积分号之外。与前面所述相同，单元的厚度 h 同样是常量，则式(5.4.1)则可以转化为面积分：

$$\boldsymbol{m}_e=\rho h\int_{A_e}\boldsymbol{N}^{\mathrm{T}}\boldsymbol{N}\mathrm{d}A\tag{5.4.2}$$

将式(5.4.2)展开，可得

$$\boldsymbol{m}_e=\rho h\int_{A_e}\begin{bmatrix}N_1N_1 & 0 & N_1N_2 & 0 & N_1N_3 & 0\\ 0 & N_1N_1 & 0 & N_1N_2 & 0 & N_1N_3\\ N_1N_2 & 0 & N_2N_2 & 0 & N_2N_3 & 0\\ 0 & N_1N_2 & 0 & N_2N_2 & 0 & N_2N_3\\ N_1N_3 & 0 & N_2N_3 & 0 & N_3N_3 & 0\\ 0 & N_1N_3 & 0 & N_2N_3 & 0 & N_3N_3\end{bmatrix}\mathrm{d}A\tag{5.4.3}$$

式(5.4.3)的积分可采用艾森伯格(Eisenberg)和马尔文(Malvern)在 1973 年所推导的方法，其积分形式如下：

$$\int_{A_e}L_1^mL_2^nL_3^p\mathrm{d}A=\frac{m!n!p!}{(m+n+p+2)!}2A_e\tag{5.4.4}$$

式中，L_i 为面积坐标，并且面积坐标与对应的形函数完全相同，因而可采用艾森伯格-马尔文积分求解式(5.4.3)。例如，先计算式(5.4.3)的第一个元素：

$$\int_{A_e}N_1N_1\mathrm{d}A=\int_{A_e}N_1^2\mathrm{d}A=\int_{A_e}L_1^2\mathrm{d}A\tag{5.4.5}$$

对照式(5.4.4)可见，$m=2$，$n=p=0$，代入式(5.4.4)，可得

$$\int_{A_e}N_1N_1\mathrm{d}A=\int_{A_e}L_1^2\mathrm{d}A=\frac{2!\times0!\times0!}{(2+0+0+2)!}\times2A=\frac{A}{6}\tag{5.4.6}$$

利用同样的方法，求解式(5.4.3)中的所有元素，从而可得 CST 单元的质量矩阵：

$$\boldsymbol{m}_e = \frac{\rho h A_e}{12}\begin{bmatrix} 2 & 0 & 1 & 0 & 1 & 0 \\ & 2 & 0 & 1 & 0 & 1 \\ & & 2 & 0 & 1 & 0 \\ \text{对} & & & 2 & 0 & 1 \\ & & & & 2 & 0 \\ & & \text{称} & & & 2 \end{bmatrix} \tag{5.4.7}$$

2. 荷载矢量

如图 5.7 所示，面积力和体积力可以施加在 CST 单元上，体积力可以在整个单元上且可沿任意方向施加。同样，面积力可以沿任意方向施加在单元的一边或全部边界上。体积力和面积力均可等效成节点荷载：

$$\boldsymbol{F}_b = \int_{V_e} \boldsymbol{N}^{\mathrm{T}} \boldsymbol{f}_b \mathrm{d}V \tag{5.4.8}$$

$$\boldsymbol{F}_s = \int_{S_e} \boldsymbol{N}^{\mathrm{T}} \boldsymbol{f}_s \mathrm{d}S \tag{5.4.9}$$

则作用在单元上的总荷载即体积力与面积力等效节点荷载的和：

$$\boldsymbol{f}_e = \boldsymbol{F}_b + \boldsymbol{F}_s \tag{5.4.10}$$

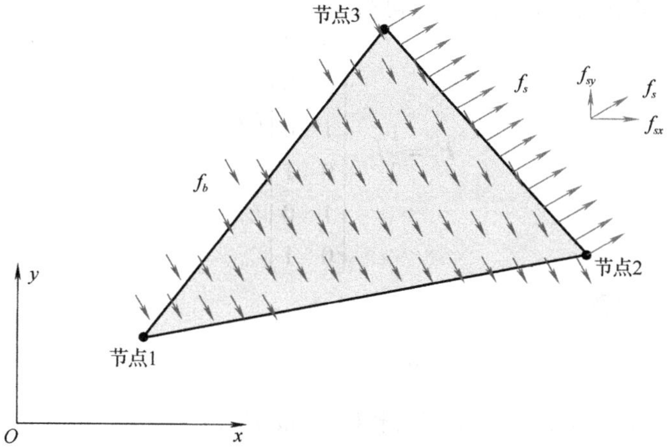

图 5.7　作用在 CST 单元上的荷载

1) 面积力

如图 5.7 所示，假定在 CST 单元沿边 2-3 施加一均布荷载，其力密度为 f_s (单位为 N/m)，则此面积力的等效节点荷载为

$$\boldsymbol{F}_s = \int \boldsymbol{N}^{\mathrm{T}}\Big|_{2-3} \begin{Bmatrix} f_{sx} \\ f_{sy} \end{Bmatrix} \mathrm{d}l \tag{5.4.11}$$

由于面积力为均匀分布荷载，所以 f_{sx} 和 f_{sy} 均为常量，式(5.4.11)变形为

$$\boldsymbol{F}_s = \int \boldsymbol{N}^{\mathrm{T}}\Big|_{2-3} \mathrm{d}l \begin{Bmatrix} f_{sx} \\ f_{sy} \end{Bmatrix} \tag{5.4.12}$$

根据式(5.2.3)，沿边 2-3 的积分为

$$\boldsymbol{F}_s=\int_{l_{2-3}}\begin{bmatrix}0&0\\0&0\\N_2&0\\0&N_2\\N_3&0\\0&N_3\end{bmatrix}\mathrm{d}l\begin{Bmatrix}f_{sx}\\f_{sy}\end{Bmatrix} \tag{5.4.13}$$

再利用面积坐标与对应的形函数完全相同，沿边 2-3 积分，则 $N_1=L_1=0$。沿边积分的艾森伯格-马尔文积分的表达式为

$$\int_l L_i^a L_j^b \mathrm{d}l=\frac{a!b!}{(a+b+1)!}l \tag{5.4.14}$$

因此有

$$\int_{l_{2-3}}N_2\mathrm{d}l_{2-3}=\frac{1}{(1+1)!}l_{2-3}=\frac{l_{2-3}}{2} \tag{5.4.15}$$

$$\int_{l_{2-3}}N_3\mathrm{d}l_{2-3}=\frac{1}{(1+1)!}l_{2-3}=\frac{l_{2-3}}{2} \tag{5.4.16}$$

将式(5.4.15)、式(5.4.16)代入式(5.4.13)可得

$$\boldsymbol{F}_s=\frac{1}{2}l_{2-3}\begin{bmatrix}0&0\\0&0\\1&0\\0&1\\1&0\\0&1\end{bmatrix}\begin{Bmatrix}f_{sx}\\f_{sy}\end{Bmatrix} \tag{5.4.17}$$

计算之后得节点荷载列阵：

$$\boldsymbol{F}_s=\frac{1}{2}l_{2-3}\begin{bmatrix}0&0&f_{sx}&f_{sy}&f_{sx}&f_{sy}\end{bmatrix}^{\mathrm{T}} \tag{5.4.18}$$

从而均匀分布的面积力的等效节点荷载如图 5.8 所示。

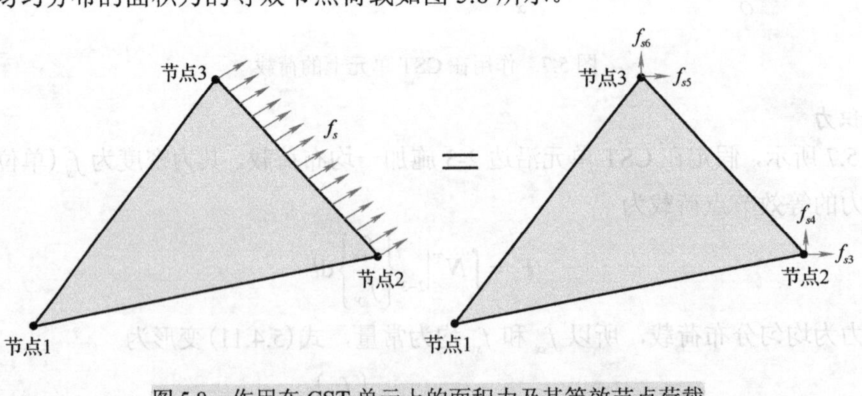

图 5.8　作用在 CST 单元上的面积力及其等效节点荷载

2)体积力

体积力的等效节点荷载定义为

$$\boldsymbol{F}_b=\int_{V_e}\boldsymbol{N}^{\mathrm{T}}\boldsymbol{f}_b\mathrm{d}V$$

式中，$\boldsymbol{f}_b=\{f_{bx} \quad f_{by}\}^{\mathrm{T}}$；单元的厚度 h 为常量，则 $\mathrm{d}V=h\mathrm{d}A$；因而式(5.4.8)可变形为

$$\boldsymbol{F}_b=h\int_{A_e}\begin{bmatrix}N_1 & 0\\0 & N_1\\N_2 & 0\\0 & N_2\\N_3 & 0\\0 & N_3\end{bmatrix}\begin{Bmatrix}f_{bx}\\f_{by}\end{Bmatrix}\mathrm{d}A=h\int_{A_e}\begin{Bmatrix}N_1f_{bx}\\N_1f_{by}\\N_2f_{bx}\\N_2f_{by}\\N_3f_{bx}\\N_3f_{by}\end{Bmatrix}\mathrm{d}A \tag{5.4.19}$$

若单元的体力密度为常量，利用艾森伯格-马尔文积分，可得

$$f_{bx}\int_{A_e}N_1\mathrm{d}A=f_{bx}\frac{1!\times 0!\times 0!}{(1+0+0+2)!}2A_e=\frac{1}{3}f_{bx}A_e$$

因此，式(5.4.19)的最终形式为

$$\boldsymbol{F}_b=\frac{1}{3}A_e\left\{f_{bx} \quad f_{by} \quad f_{bx} \quad f_{by} \quad f_{bx} \quad f_{by}\right\}^{\mathrm{T}} \tag{5.4.20}$$

从而均匀分布的体积力的等效节点荷载如图 5.9 所示。

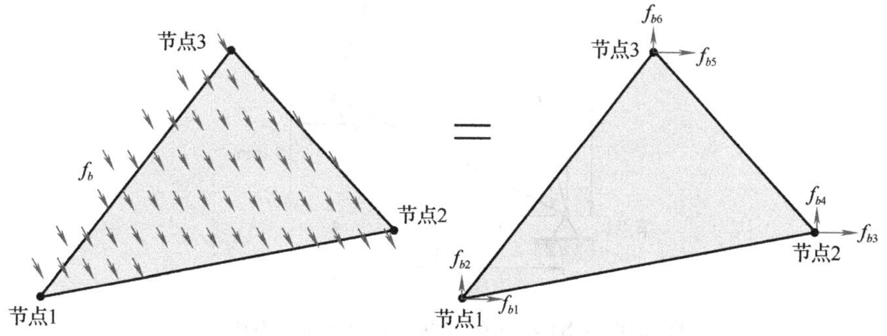

图 5.9　作用在 CST 单元上的体积力及其等效节点荷载

5.5　三角形单元的讨论

1. 单元控制方程

单元的控制方程为

$$\boldsymbol{m}_e\ddot{\boldsymbol{d}}_e+\boldsymbol{k}_e\boldsymbol{d}_e=\boldsymbol{f}_e \tag{5.5.1}$$

当分析静态问题时，单元的加速度 $\ddot{\boldsymbol{d}}_e=\boldsymbol{0}$，单元的控制方程退化为刚度方程：

$$\boldsymbol{k}_e\boldsymbol{d}_e=\boldsymbol{f}_e \tag{5.5.2}$$

2. 问题讨论

1)平面 3 节点三角形单元无坐标变换

由于三角形节点位移以整体坐标系中的 x 方向位移 u 和 y 方向位移 v 来定义，所以没有坐标变换问题。

2)平面 3 节点三角形单元的应变矩阵和应力矩阵为常系数矩阵

3 节点三角形单元的位移场为线性关系，系数 a_i、b_i、c_i 只与三个节点的坐标位置(x_i，y_i)相关，是常系数，因而求出的应变-位移矩阵 $\boldsymbol{B}$ 和应力函数矩阵 $\boldsymbol{S}$ 都是常系数矩阵，不随 x、y 变化。单元内任一点的应力和应变均为常量，所以 3 节点三角形单元也称为常应变(应

力)三角形单元，简称 CST 单元。在实际应用中，对于应变(应力)梯度较大的区域，单元划分应适当加密，否则将不能反映应变(应力)的真实变化情况，从而导致较大的误差。

3. 应用举例

【例 5.1】如图 5.10 所示的 CST 单元，在节点 3 作用一集中力，大小为 100 N，方向沿 x 轴。节点 1、2 固定，单元的弹性模量 $E=210\ \text{GPa}$，泊松比 $\mu=0.3$，单元厚度 $h=0.1\ \text{mm}$。假定单元属于平面应力问题，试计算：①节点 3 的位移 u_3 和 v_3；②单元的应变 ε_x、ε_y、γ_{xy}；③单元的应力 σ_x、σ_y、τ_{xy}。

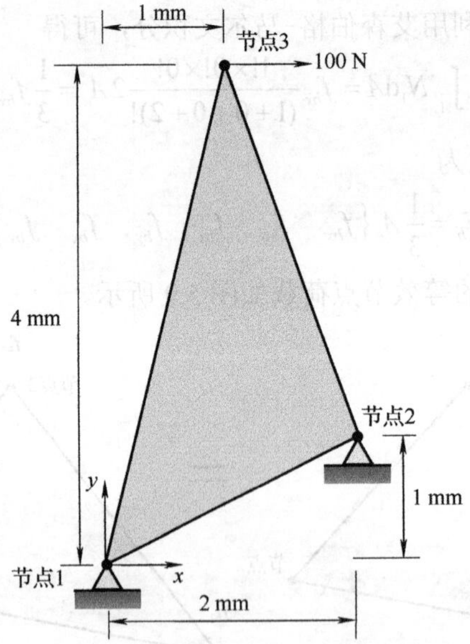

图 5.10　CST 单元在节点 3 受 100 N 的力作用

解：(1)单元的控制方程为

$$\boldsymbol{m}_e\ddot{\boldsymbol{d}}_e+\boldsymbol{k}_e\boldsymbol{d}_e=\boldsymbol{f}_e$$

由于单元处于静态，故单元的加速度矢量 $\ddot{\boldsymbol{d}}_e=\boldsymbol{0}$，因此不需要计算单元的质量矩阵，控制方程简化为

$$\boldsymbol{k}_e\boldsymbol{d}_e=\boldsymbol{f}_e$$

我们的目的是求解节点位移，只有节点位移已知，才能进一步求解单元的应变以及应力。因此首先将单元刚度矩阵 $\boldsymbol{k}_e$ 求逆，然后与单元荷载列阵 $\boldsymbol{f}_e$ 相乘，即

$$\boldsymbol{d}_e=\boldsymbol{k}_e^{-1}\boldsymbol{f}_e$$

(2)确定节点位移和荷载列阵。

CST 单元共有 6 个自由度，节点位移如图 5.11(a)所示，因而节点位移列阵如下：

$$\boldsymbol{d}_e=[u_1\quad v_1\quad u_2\quad v_2\quad u_3\quad v_3]^{\text{T}}$$

节点荷载矢量共有 6 个分量，如图 5.11(b)所示，其荷载列阵如下：

$$\boldsymbol{f}_e=[f_1\quad f_2\quad f_3\quad f_4\quad f_5\quad f_6]^{\text{T}}$$

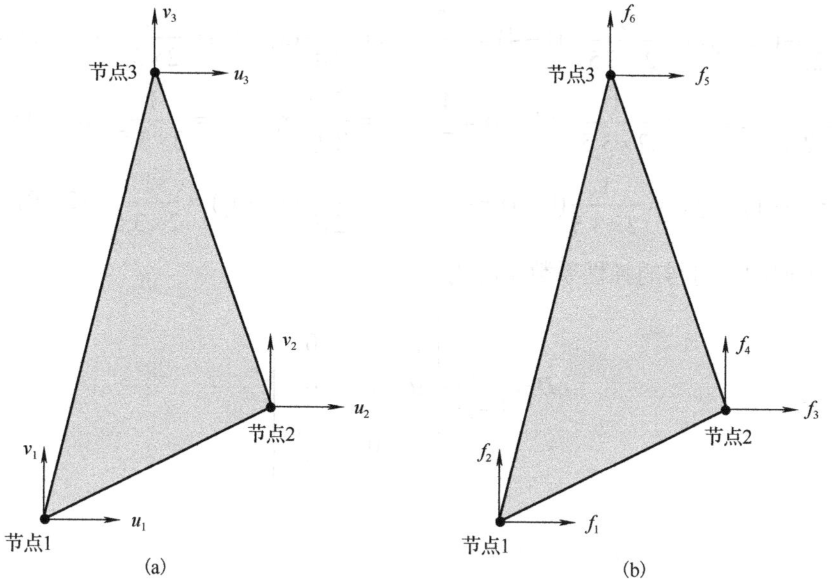

图 5.11　单元节点位移及节点荷载

由图 5.10 可知，在节点 3 作用一水平力 100 N，节点 1、2 属于固定铰链约束，故节点荷载列阵变为

$$\boldsymbol{f}_e = [R_{1x} \quad R_{1y} \quad R_{2x} \quad R_{2y} \quad 100 \quad 0]^{\mathrm{T}}$$

(3) 确定单元刚度矩阵。

所有单元刚度矩阵的形式为

$$\boldsymbol{k}_e = \int_{V_e} \boldsymbol{B}^{\mathrm{T}} \boldsymbol{D} \boldsymbol{B} \mathrm{d}v$$

对于 CST 单元，单元刚度矩阵变为

$$\boldsymbol{k}_e = hA_e \boldsymbol{B}^{\mathrm{T}} \boldsymbol{D} \boldsymbol{B}$$

式中，h 为单元厚度；A_e 为单元面积；$\boldsymbol{B}$ 为单元应变-位移矩阵；$\boldsymbol{D}$ 为材料的弹性系数矩阵。利用矩量矩阵计算单元的面积：

$$A_e = \frac{1}{2}\begin{vmatrix} 1 & x_1 & y_1 \\ 1 & x_2 & y_2 \\ 1 & x_3 & y_3 \end{vmatrix} = \frac{1}{2}\left[(x_2 y_3 - x_3 y_2) + (y_2 - y_3)x_1 + (x_3 - x_2)y_1\right]$$

以节点 1 作为坐标原点，则有

$$x_1 = 0\,,\quad x_2 = 2\,,\quad x_3 = 1\,,\quad y_1 = 0\,,\quad y_2 = 1\,,\quad y_3 = 4$$

因而单元的面积为

$$A_e = \frac{1}{2}\left[(2\times 4 - 1\times 1) + (1-4)\times 0 + (1-2)\times 0\right] = 3.5(\mathrm{mm}^2)$$

单元应变-位移矩阵的形式为

$$\boldsymbol{B} = \begin{bmatrix} b_1 & 0 & b_2 & 0 & b_3 & 0 \\ 0 & c_1 & 0 & c_2 & 0 & c_3 \\ c_1 & b_1 & c_2 & b_2 & c_3 & b_3 \end{bmatrix}$$

利用节点坐标及单元面积可得

$$b_1=\frac{1}{2A_e}(y_2-y_3)=\frac{1}{2\times3.5}\times(1-4)=-\frac{3}{7}，\quad c_1=\frac{1}{2A_e}(x_3-x_2)=\frac{1}{2\times3.5}\times(1-2)=-\frac{1}{7}$$

$$b_2=\frac{1}{2A_e}(y_3-y_1)=\frac{1}{2\times3.5}\times(4-0)=\frac{4}{7}，\quad c_2=\frac{1}{2A_e}(x_1-x_3)=\frac{1}{2\times3.5}\times(0-1)=-\frac{1}{7}$$

$$b_3=\frac{1}{2A_e}(y_1-y_2)=\frac{1}{2\times3.5}(0-1)=-\frac{1}{7}，\quad c_3=\frac{1}{2A_e}(x_2-x_1)=\frac{1}{2\times3.5}\times(2-0)=\frac{2}{7}$$

对于平面应力问题，材料的弹性系数矩阵为

$$\boldsymbol{D}=\frac{E}{1-\mu^2}\begin{bmatrix}1&\mu&0\\\mu&1&0\\0&0&\dfrac{1-\mu}{2}\end{bmatrix}$$

单元的刚度矩阵为

$$\boldsymbol{k}_e=hA_e\boldsymbol{B}^{\mathrm{T}}\boldsymbol{D}\boldsymbol{B}=hA_e\begin{bmatrix}b_1&0&c_1\\0&c_1&b_1\\b_2&0&c_2\\0&c_2&b_2\\b_3&0&c_3\\0&c_3&b_3\end{bmatrix}\frac{E}{1-\mu^2}\begin{bmatrix}1&\mu&0\\\mu&1&0\\0&0&\dfrac{1-\mu}{2}\end{bmatrix}\begin{bmatrix}b_1&0&b_2&0&b_3&0\\0&c_1&0&c_2&0&c_3\\c_1&b_1&c_2&b_2&c_3&b_3\end{bmatrix}$$

将 $h=0.1\ \text{mm}$，$A_e=3.5\ \text{mm}^2$，$E=210\times10^3\ \text{MPa}$，$\mu=0.3$ 以及 b_i、c_i（$i=1,\ 2,\ 3$）代入上式，并计算后得

$$\boldsymbol{k}_e=\begin{bmatrix}15412.09&3214.29&-19203.3&-824.176&3791.21&-2390.11\\&6840.66&-247.25&-5274.73&-2967.03&-1565.93\\&&26950.55&-4285.71&-7747.25&4532.97\\&\text{对}&&10879.12&5109.89&-5604.40\\&&&&3956.04&-2142.86\\&&&\text{称}&&7170.33\end{bmatrix}$$

(4) 组装单元刚度方程 $\boldsymbol{k}_e\boldsymbol{d}_e=\boldsymbol{f}_e$。

$$\begin{bmatrix}15412.09&3214.29&-19203.3&-824.176&3791.21&-2390.11\\&6840.66&-247.25&-5274.73&-2967.03&-1565.93\\&&26950.55&-4285.71&-7747.25&4532.97\\&\text{对}&&10879.12&5109.89&-5604.40\\&&&&3956.04&-2142.86\\&&\text{称}&&&7170.33\end{bmatrix}\begin{Bmatrix}u_1\\v_1\\u_2\\v_2\\u_3\\v_3\end{Bmatrix}=\begin{Bmatrix}R_{1x}\\R_{1y}\\R_{2x}\\R_{2y}\\100\\0\end{Bmatrix}$$

(5) 施加边界条件。

对比图 5.10 和图 5.11(a) 可以发现，$u_1=u_2=v_1=v_2=0$，将边界条件代入上式后，对单元刚度方程划行划列：

$$\begin{bmatrix} 15412.09 & 3214.29 & -19203.3 & -824.176 & -3791.21 & -2390.11 \\ & 6840.66 & -247.25 & -5274.73 & -2967.03 & -1565.93 \\ & & 26950.55 & -4285.71 & -7747.25 & 4532.97 \\ & \text{对} & & 10879.12 & -5109.89 & -5604.40 \\ & & & & 3956.04 & -2142.86 \\ & & \text{称} & & & 7170.33 \end{bmatrix}\begin{Bmatrix} 0 \\ 0 \\ 0 \\ 0 \\ u_3 \\ v_3 \end{Bmatrix} = \begin{Bmatrix} R_{1x} \\ R_{1y} \\ R_{2x} \\ R_{2y} \\ 100 \\ 0 \end{Bmatrix}$$

简化后可得

$$\begin{bmatrix} 3956.04 & -2142.86 \\ -2142.86 & 7170.33 \end{bmatrix}\begin{Bmatrix} u_3 \\ v_3 \end{Bmatrix} = \begin{Bmatrix} 100 \\ 0 \end{Bmatrix}$$

(6) 计算节点位移。

解方程可得

$$\begin{Bmatrix} u_3 \\ v_3 \end{Bmatrix} = \begin{Bmatrix} 0.03020 \\ 0.00901 \end{Bmatrix}\text{mm}$$

(7) 计算单元应变。

单元应变可由应变-位移矩阵 $\boldsymbol{B}$ 和节点位移列阵进行计算：

$$\begin{Bmatrix} \varepsilon_x \\ \varepsilon_y \\ \gamma_{xy} \end{Bmatrix} = \begin{bmatrix} b_1 & 0 & b_2 & 0 & b_3 & 0 \\ 0 & c_1 & 0 & c_2 & 0 & c_3 \\ c_1 & b_1 & c_2 & b_2 & c_3 & b_3 \end{bmatrix}\begin{Bmatrix} 0 \\ 0 \\ 0 \\ 0 \\ u_3 \\ v_3 \end{Bmatrix}$$

代入数据得

$$\begin{Bmatrix} \varepsilon_x \\ \varepsilon_y \\ \gamma_{xy} \end{Bmatrix} = \frac{1}{7}\begin{bmatrix} -3 & 0 & 4 & 0 & -1 & 0 \\ 0 & -1 & 0 & -1 & 0 & 2 \\ -1 & -3 & -1 & 4 & 2 & -1 \end{bmatrix}\begin{Bmatrix} 0 \\ 0 \\ 0 \\ 0 \\ 0.03020 \\ 0.00901 \end{Bmatrix} = \begin{Bmatrix} -4.314\times10^{-3} \\ 2.574\times10^{-3} \\ 7.341\times10^{-3} \end{Bmatrix}$$

(8) 计算单元应力。

对于平面应力问题，单元应力为

$$\begin{Bmatrix} \sigma_x \\ \sigma_y \\ \tau_{xy} \end{Bmatrix} = \frac{E}{1-\mu^2}\begin{bmatrix} 1 & \mu & 0 \\ \mu & 1 & 0 \\ 0 & 0 & \dfrac{1-\mu}{2} \end{bmatrix}\begin{Bmatrix} \varepsilon_x \\ \varepsilon_y \\ \gamma_{xy} \end{Bmatrix}$$

代入数据得

$$\begin{Bmatrix} \sigma_x \\ \sigma_y \\ \tau_{xy} \end{Bmatrix} = \frac{210\times10^3}{1-0.3^2}\begin{bmatrix} 1 & 0.3 & 0 \\ 0.3 & 1 & 0 \\ 0 & 0 & 0.35 \end{bmatrix}\begin{Bmatrix} -4.314\times10^{-3} \\ 2.574\times10^{-3} \\ 7.341\times10^{-3} \end{Bmatrix} = \begin{Bmatrix} -817 \\ 295 \\ 593 \end{Bmatrix}(\text{MPa})$$

5.6 线性矩形单元

1. 概述

在平面问题有限元分析中，为了提高问题分析的精确度，多采用四边形单元，但线性矩形单元有时也可用于有限元分析。介绍线性矩形单元的目的主要是引入映射这一概念，采用映射则可以处理任意形状的四边形单元。然后采用类似杆梁单元或三角形单元的方法，寻找单元位移场的近似描述方法，确定单元的形函数，进而确定单元应变-位移矩阵、单元刚度矩阵、单元质量矩阵，最终求解单元的控制微分方程。

2. 映射

如图 5.12(a)所示线性矩形单元长 $2a$、宽 $2b$、厚 h，其中 a、b 可取任意数值。单元唯一的限制就是 4 个内角恒为直角，单元的形状为矩形。当 $a=b$ 时，单元的形状变为正方形。单元是在真实坐标系中建立的(x，y)，而真实坐标系是在计算机模拟时建立的，但对于这类单元，需要利用高斯计分计算单元的刚度，因此必须将矩形单元映射成正方形单元，如图 5.12(b)所示。映射后的单元所处的坐标系称为自然坐标系(ξ，η)，在自然坐标系中，坐标系的坐标原点永远位于单元的形心。

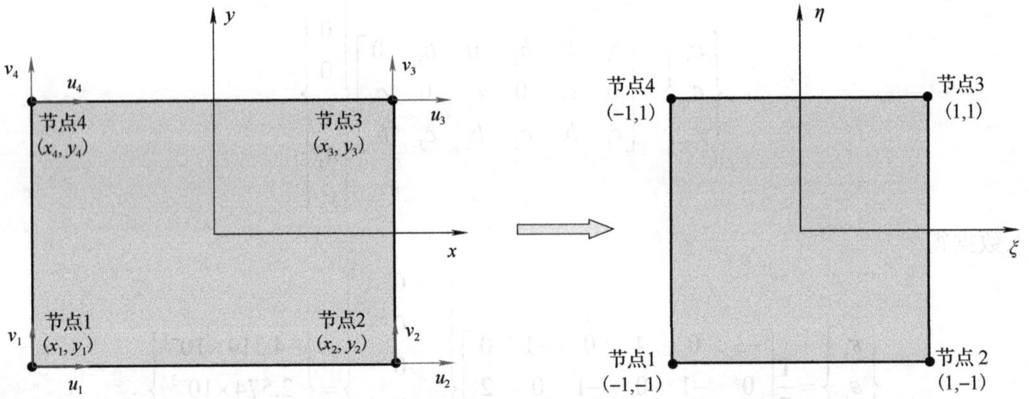

图 5.12　线性矩形单元的两种坐标系

真实坐标系映射到自然坐标系的映射方程(无量纲坐标)为

$$\xi=\frac{x}{a},\quad \eta=\frac{y}{b} \tag{5.6.1}$$

例如，对于节点 3，其 $x=a$ 和 $y=b$，将以上两个数值代入式(5.6.1)中可得

$$\xi=\frac{a}{a}=1,\quad \eta=\frac{b}{b}=1$$

从而节点 3 在自然坐标系中的坐标为(1，1)，因此无论 a、b 取任何数值，单元总会映射成正方形单元，节点坐标分别为(−1，−1)、(1，−1)、(1，1)和(−1，1)。

3. 形函数

线性矩形单元共有 4 个节点，每个节点均有分别沿 x 方向的位移 u 和沿 y 方向的位移 v，如图 5.12 所示。单元内任一点的近似位移 $\boldsymbol{u}^h(x,y)$ 为

$$\boldsymbol{u}^h(x,y)=\boldsymbol{N}(x,y)\boldsymbol{d}_e \tag{5.6.2}$$

式中，$\boldsymbol{N}(x,y)$ 为二维空间的形函数矩阵；$\boldsymbol{d}_e$ 为节点位移矢量，$\boldsymbol{d}_e$ 的表达式为

$$\boldsymbol{d}_e=[u_1\quad v_1\quad u_2\quad v_2\quad u_3\quad v_3\quad u_4\quad v_4]^{\mathrm{T}} \tag{5.6.3}$$

形函数矩阵的形式为

$$\boldsymbol{N}=\begin{bmatrix} N_1 & 0 & N_2 & 0 & N_3 & 0 & N_4 & 0 \\ 0 & N_1 & 0 & N_2 & 0 & N_3 & 0 & N_4 \end{bmatrix} \tag{5.6.4}$$

由于单元有 4 个节点，所以存在 4 个形函数，式(5.6.2)的展开形式为

$$\begin{cases} u(x,y)=N_1u_1+N_2u_2+N_3u_3+N_4u_4 \\ v(x,y)=N_1v_1+N_2v_2+N_3v_3+N_4v_4 \end{cases} \tag{5.6.5}$$

单元形函数在自然坐标系中的表达式为

$$\begin{cases} N_1=\dfrac{1}{4}(1-\xi)(1-\eta) \\ N_2=\dfrac{1}{4}(1+\xi)(1-\eta) \\ N_3=\dfrac{1}{4}(1+\xi)(1+\eta) \\ N_4=\dfrac{1}{4}(1-\xi)(1+\eta) \end{cases} \tag{5.6.6}$$

形函数具有双线性性质，对 ξ 和 η 均成线性。例如，N_3 的展开形式为

$$N_3=\frac{1}{4}(1+\xi+\eta+\xi\eta) \tag{5.6.7}$$

从式(5.6.7)可知，由于存在交叉项 $\xi\eta$，N_3 在 ξ-η 平面内呈曲面变化，如图 5.13 所示。由于形函数具有双线性性质，所以 N_3 沿 ξ 及 η 呈线性变化。

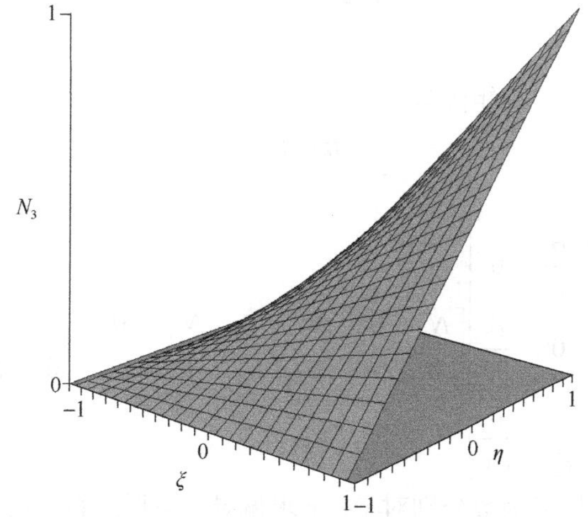

图 5.13　形函数 N_3 的图像

线性矩形单元的形函数同样具备 δ 函数的性质，即

$$N_i(x_j,y_j)=\delta_{ij}=\begin{cases} 1 & (i=j,\ \ j=1,\ 2,\ \cdots,\ n_d) \\ 0 & (i\neq j,\ \ i,\ j=1,\ 2,\ \cdots,\ n_d) \end{cases}$$

将上式作用于形函数 N_3，可得

$$\begin{cases} N_3\big|_{\text{at Node1}} = \dfrac{1}{4}(1+\xi)(1+\eta)\Big|_{\xi=-1,\ \eta=-1} = 0 \\ N_3\big|_{\text{at Node2}} = \dfrac{1}{4}(1+\xi)(1+\eta)\Big|_{\xi=1,\ \eta=-1} = 0 \\ N_3\big|_{\text{at Node3}} = \dfrac{1}{4}(1+\xi)(1+\eta)\Big|_{\xi=1,\ \eta=1} = 1 \\ N_3\big|_{\text{at Node4}} = \dfrac{1}{4}(1+\xi)(1+\eta)\Big|_{\xi=-1,\ \eta=1} = 0 \end{cases} \tag{5.6.8}$$

显然形函数 N_3 具备 δ 函数的性质，同样很容易证明其余形函数也具备 δ 函数的性质。

将 4 个形函数相加，则有

$$\begin{aligned} \sum_{i=1}^{4} N_i &= N_1 + N_2 + N_3 + N_4 \\ &= \frac{1}{4}\big[(1-\xi)(1-\eta) + (1+\xi)(1-\eta) + (1+\xi)(1+\eta) + (1-\xi)(1+\eta)\big] = 1 \end{aligned} \tag{5.6.9}$$

和为 1，因而说明线性矩形单元的形函数满足归一性。

为了与线性四边形单元相比，线性矩形单元的形函数也可表示为

$$N_j = \frac{1}{4}(1+\xi_j\xi)(1+\eta_j\eta) \tag{5.6.10}$$

式中，

$$\begin{cases} j=1,\ \xi_j=-1,\ \eta_j=-1 \\ j=2,\ \xi_j=1,\ \ \ \eta_j=-1 \\ j=3,\ \xi_j=1,\ \ \ \eta_j=1 \\ j=4,\ \xi_j=-1,\ \eta_j=1 \end{cases} \tag{5.6.11}$$

4. 应变-位移矩阵

线性矩形单元的应变-位移矩阵为

$$\boldsymbol{B} = \boldsymbol{L}\boldsymbol{N}$$

其扩展形式为

$$\boldsymbol{B} = \begin{bmatrix} \dfrac{\partial}{\partial x} & 0 \\ 0 & \dfrac{\partial}{\partial y} \\ \dfrac{\partial}{\partial y} & \dfrac{\partial}{\partial x} \end{bmatrix} \begin{bmatrix} N_1 & 0 & N_2 & 0 & N_3 & 0 & N_4 & 0 \\ 0 & N_1 & 0 & N_2 & 0 & N_3 & 0 & N_4 \end{bmatrix} \tag{5.6.12}$$

从式(5.6.14)可知，需要将形函数分别对 x、y 求偏导，但形函数是用自然坐标 ξ、η 表示的，因此需要利用映射方程将形函数由自然坐标变换到真实坐标中。映射方程为

$$\xi = \frac{x}{a}，\ \eta = \frac{y}{b}$$

例如，映射方程作用于形函数 N_1，可得

$$N_1=\frac{1}{4}(1-\xi)(1-\eta)=\frac{1}{4}\left(1-\frac{x}{a}\right)\left(1-\frac{y}{b}\right) \tag{5.6.13}$$

式(5.6.13)的展开形式为

$$N_1=\frac{1}{4}\left(1-\frac{x}{a}-\frac{y}{b}+\frac{xy}{ab}\right) \tag{5.6.14}$$

因此，式(5.6.12)的第一个元素为

$$\frac{\partial N_1}{\partial x}=\frac{1}{4}\left(-\frac{1}{a}+\frac{y}{ab}\right) \tag{5.6.15}$$

利用映射方程，将式(5.6.15)转换成自然坐标后可得

$$\frac{\partial N_1}{\partial x}=\frac{1}{4}\left(-\frac{1}{a}+\frac{y}{ab}\right)=\frac{1}{4}\left(-\frac{1}{a}+\frac{\eta}{a}\right)=\frac{1}{4}\left(-\frac{1-\eta}{a}\right) \tag{5.6.16}$$

利用同样的方法求解式(5.6.12)的所有元素，则应变–位移矩阵的形式为

$$\boldsymbol{B}=\frac{1}{4}\begin{bmatrix}-\frac{1-\eta}{a} & 0 & \frac{1-\eta}{a} & 0 & \frac{1+\eta}{a} & 0 & -\frac{1+\eta}{a} & 0\\ 0 & -\frac{1-\xi}{b} & 0 & -\frac{1+\xi}{b} & 0 & \frac{1+\xi}{b} & 0 & \frac{1-\xi}{b}\\ -\frac{1-\xi}{b} & -\frac{1-\eta}{a} & -\frac{1+\xi}{b} & \frac{1-\eta}{a} & \frac{1+\xi}{b} & \frac{1+\eta}{a} & \frac{1-\xi}{b} & -\frac{1+\eta}{a}\end{bmatrix} \tag{5.6.17}$$

5. 刚度矩阵

单元刚度矩阵的表达式为

$$\boldsymbol{k}_e=\int_{V_e}\boldsymbol{B}^{\mathrm{T}}\boldsymbol{D}\boldsymbol{B}\mathrm{d}v$$

上式适用于所有的单元，假设单元的厚度为h，是常量，则有

$$\boldsymbol{k}_e=\int_{A_e}\left(\int_0^h\mathrm{d}z\right)\boldsymbol{B}^{\mathrm{T}}\boldsymbol{D}\boldsymbol{B}\mathrm{d}A=h\int_{A_e}\boldsymbol{B}^{\mathrm{T}}\boldsymbol{D}\boldsymbol{B}\mathrm{d}A \tag{5.6.18}$$

单元的面积$\mathrm{d}A=\mathrm{d}x\mathrm{d}y$，转换成自然坐标后得

$$\mathrm{d}A=\mathrm{d}x\mathrm{d}y=ab\,\mathrm{d}\xi\mathrm{d}\eta \tag{5.6.19}$$

将式(5.6.19)代入式(5.6.18)，得单元刚度矩阵的自然坐标表达式：

$$\boldsymbol{k}_e=h\int_{A_e}\boldsymbol{B}^{\mathrm{T}}\boldsymbol{D}\boldsymbol{B}\mathrm{d}A=h\int_{-1}^{1}\int_{-1}^{1}ab\boldsymbol{B}^{\mathrm{T}}\boldsymbol{D}\boldsymbol{B}\mathrm{d}\xi\mathrm{d}\eta \tag{5.6.20}$$

由于$\boldsymbol{B}$是自然坐标ξ、η的函数，不易求得式(5.6.20)的积分结果，在工程中一般采用数值积分求解，其中最常用的数值积分形式为高斯积分。

6. 质量矩阵

单元质量矩阵的表达式为

$$\boldsymbol{m}_e=\int_{V_e}\rho\boldsymbol{N}^{\mathrm{T}}\boldsymbol{N}\mathrm{d}v$$

式中，ρ为单元的密度，为常量。设h为单元的厚度(为常量)，则体积分可以转化为面积分，上式变形为

$$\boldsymbol{m}_e=\rho h\int_{A_e}\boldsymbol{N}^{\mathrm{T}}\boldsymbol{N}\mathrm{d}A$$

与刚度矩阵一样，单元的面积分可在自然坐标系中进行

$$\boldsymbol{m}_e=ab\rho h\int_{-1}^{1}\int_{-1}^{1}\boldsymbol{N}^{\mathrm{T}}\boldsymbol{N}\mathrm{d}\xi\mathrm{d}\eta \tag{5.6.21}$$

式(5.6.21)的积分比刚度矩阵的积分较容易，对其展开可得

$$\boldsymbol{m}_e = ab\rho h\int_{-1}^{1}\int_{-1}^{1}\begin{bmatrix} N_1N_1 & 0 & N_1N_2 & 0 & N_1N_3 & 0 & N_1N_4 & 0 \\ & N_1N_1 & 0 & N_1N_2 & 0 & N_1N_3 & 0 & N_1N_4 \\ & & N_2N_2 & 0 & N_2N_3 & 0 & N_2N_4 & 0 \\ & & & N_2N_2 & 0 & N_2N_3 & 0 & N_2N_4 \\ & \text{对} & & & N_3N_3 & 0 & N_3N_4 & 0 \\ & & & & & N_3N_3 & 0 & N_3N_4 \\ & & & \text{称} & & & N_4N_4 & 0 \\ & & & & & & & N_4N_4 \end{bmatrix}\mathrm{d}\xi\mathrm{d}\eta \tag{5.6.22}$$

将式(5.6.6)中的4个形函数以速记的形式改写为

$$N_j = \frac{1}{4}(1+\xi_j\xi)(1+\eta_j\eta)$$

式中，

$$\begin{cases} j=1, & \xi_j=-1,\ \eta_j=-1 \\ j=2, & \xi_j=1,\quad \eta_j=-1 \\ j=3, & \xi_j=1,\quad \eta_j=1 \\ j=4, & \xi_j=-1,\ \eta_j=1 \end{cases}$$

则式(5.6.22)中的第 ij 个元素为

$$m_{ij} = ab\rho h\int_{-1}^{1}\int_{-1}^{1} N_iN_j\mathrm{d}\xi\mathrm{d}\eta \quad (i,j=1,2,3,4) \tag{5.6.23}$$

将式(5.6.10)代入式(5.6.23)，可得

$$m_{ij} = ab\rho h\int_{-1}^{1}\int_{-1}^{1}\frac{1}{4}(1+\xi_i\xi)(1+\eta_i\eta)\frac{1}{4}(1+\xi_j\xi)(1+\eta_j\eta)\mathrm{d}\xi\mathrm{d}\eta \quad (i,j=1,2,3,4) \tag{5.6.24}$$

对式(5.6.24)分离变量，有

$$m_{ij} = \frac{ab\rho h}{16}\int_{-1}^{1}(1+\xi_i\xi)(1+\xi_j\xi)\mathrm{d}\xi\int_{-1}^{1}(1+\eta_i\eta)(1+\eta_j\eta)\mathrm{d}\eta \quad (i,j=1,2,3,4) \tag{5.6.25}$$

展开后可得

$$m_{ij} = \frac{ab\rho h}{16}\int_{-1}^{1}(1+\xi_i\xi+\xi_j\xi+\xi_i\xi_j\xi^2)\mathrm{d}\xi\int_{-1}^{1}(1+\eta_i\eta+\eta_j\eta+\eta_i\eta_j\eta^2)\mathrm{d}\eta \quad (i,j=1,2,3,4) \tag{5.6.26}$$

积分可得

$$\begin{aligned} m_{ij} &= \frac{ab\rho h}{16}\left(\xi+\frac{\xi_i\xi^2}{2}+\frac{\xi_j\xi^2}{2}+\frac{\xi_i\xi_j\xi^3}{3}\right)\Bigg|_{-1}^{1}\left(\eta+\frac{\eta_i\eta^2}{2}+\frac{\eta_j\eta^2}{2}+\frac{\eta_i\eta_j\eta^3}{3}\right)\Bigg|_{-1}^{1} \\ &= \frac{ab\rho h}{4}\left(1+\frac{\xi_i\xi_j}{3}\right)\left(1+\frac{\eta_i\eta_j}{3}\right) \end{aligned} \tag{5.6.27}$$

从式(5.6.27)可知，只要知道元素在质量矩阵中的位置，就可以求得该元素的大小。例如，对于元素 m_{33}，即 $i=3$，$j=3$，由式(5.6.11)可知，$j=3$，$\xi_j=1$，$\eta_j=1$，同理 $i=3$，$\xi_i=1$，$\eta_i=1$，将以上数值代入式(5.6.27)，有

$$m_{33} = \frac{ab\rho h}{4}\left(1+\frac{1\times1}{3}\right)\left(1+\frac{1\times1}{3}\right) = \frac{4ab\rho h}{9} \tag{5.6.28}$$

利用相同的方法，求解质量矩阵中的每一元素，从而可得

$$\boldsymbol{m}_e=\frac{ab\rho h}{9}\begin{bmatrix}4&0&2&0&1&0&2&0\\ &4&0&2&0&1&0&2\\ &&4&0&2&0&1&0\\ &&&4&0&2&0&1\\ &\text{对}&&&4&0&2&0\\ &&&&&4&0&2\\ &&\text{称}&&&&4&0\\ &&&&&&&4\end{bmatrix} \tag{5.6.29}$$

5.7 数 值 积 分

在计算单元刚度矩阵系数时，往往要计算复杂函数的定积分，下面简单探讨有限元分析中广泛使用的数值积分(numerical integration)方法。

一个函数的定积分可以通过 m 个点的函数值以及它们的加权组合来计算，即

$$\int_a^b f(\xi)\,\mathrm{d}\xi=\sum_{i=1}^{m}w_i f(\xi_i) \tag{5.7.1}$$

式中，$f(\xi)$ 为被积函数；m 为积分点个数；w_i 为积分权系数；ξ_i 为积分点位置。当 m 确定时，w_i 和 ξ_i 也有对应的确定值。

1. 数值积分的基本原理

对于一个定积分：

$$I=\int_a^b f(\xi)\,\mathrm{d}\xi \tag{5.7.2}$$

构造一个多项式函数 $\varphi(\xi)$，使它在 m 个点上（ξ_i，$i=1,2,\cdots,m$）与 $f(\xi)$ 相同，即

$$\varphi(\xi_i)=f(\xi_i)\qquad (i=1,2,\cdots,m) \tag{5.7.3}$$

用多项式函数 $\varphi(\xi)$ 近似代替 $f(\xi)$，则式(5.7.2)变为

$$I=\int_a^b f(\xi)\,\mathrm{d}\xi\approx\int_a^b \varphi(\xi)\,\mathrm{d}\xi \tag{5.7.4}$$

现在的问题是如何构造多项式函数 $\varphi(\xi)$，使其对 $f(\xi)$ 有最好的逼近。下面介绍常用的两种方法。

2. Newton-Cotes 积分

基于 m 个点（ξ_i，$i=1,2,\cdots,m$），将多项式函数 $\varphi(\xi)$ 取为拉格朗日(Lagrange)插值多项式，即

$$\varphi(\xi)=\sum_{i=1}^{m}l_i^{(m-1)}(\xi)f(\xi_i)\qquad (i=1,2,\cdots,m) \tag{5.7.5}$$

式中，$l_i^{(m-1)}(\xi)$ 为 $m-1$ 阶拉格朗日插值函数，其表达式为

$$\begin{aligned}l_i^{(m-1)}(\xi)&=\prod_{j=1,j\neq i}^{m}\frac{\xi-\xi_j}{\xi_i-\xi_j}\\&=\frac{(\xi-\xi_1)(\xi-\xi_2)\cdots(\xi-\xi_{i-1})(\xi-\xi_{i+1})\cdots(\xi-\xi_m)}{(\xi_i-\xi_1)(\xi_i-\xi_2)\cdots(\xi_i-\xi_{i-1})(\xi_i-\xi_{i+1})\cdots(\xi_i-\xi_m)}\qquad (i=1,2,\cdots,m)\end{aligned} \tag{5.7.6}$$

式中，$l_i^{(m-1)}(\xi)$ 的上标 $(m-1)$ 表示拉格朗日插值多项式的次数；$\prod$ 表示二项式在 j 的范围内

（$j=1,2,\cdots,i-1,i+1,\cdots,m$）的乘积；$m$ 为积分点的个数；$\xi_1,\xi_2,\cdots,\xi_m$ 为 m 个积分点的坐标。

拉格朗日插值函数具有如下性质：

$$l_i^{(m-1)}(\xi_j)=\delta_{ij} \tag{5.7.7}$$

从而有 $\varphi(\xi_i)=f(\xi_i)$。式(5.7.4)的积分为

$$\begin{aligned} I &= \int_a^b f(\xi)\,\mathrm{d}\xi \approx \int_a^b \varphi(\xi)\,\mathrm{d}\xi \\ &= \int_a^b \sum_{i=1}^m l_i^{(m-1)}(\xi) f(\xi_i)\,\mathrm{d}\xi = \sum_{i=1}^m \left(\int_a^b l_i^{(m-1)}(\xi)\,\mathrm{d}\xi\right) f(\xi_i) \\ &= \sum_{i=1}^m w_i f(\xi_i) \end{aligned} \tag{5.7.8}$$

式中，

$$w_i=\int_a^b l_i^{(m-1)}(\xi)\,\mathrm{d}\xi \tag{5.7.9}$$

称为积分的权系数，简称权。权系数 w_i 与被积函数中的 $f(\xi)$ 无关，只与积分点的个数和位置有关。

在 Newton-Cotes 积分中，积分点的位置按等间距分布，若积分域为（a, b），则

$$\xi_i=a+ih \qquad (i=0,1,2,\cdots,m-1) \tag{5.7.10}$$

式中，h 为积分点之间的距离：

$$h=\frac{b-a}{m-1}$$

用 $\int_a^b \varphi(\xi)\,\mathrm{d}\xi$ 近似 $\int_a^b f(\xi)\,\mathrm{d}\xi$，根据式(5.7.9)可知

$$\int_a^b f(\xi)\,\mathrm{d}\xi=\sum_{i=1}^m w_i f(\xi_i)+R_{m-1} \tag{5.7.11}$$

式中，R_{m-1} 称为余项。

为了便于权函数使用规则化，计算权系数时，式(5.7.9)中的积分限可以规则化，引入

$$\xi'=\frac{\xi-a}{b-a} \tag{5.7.12}$$

代入式(5.7.9)可得

$$w_i=(b-a)C_i^{m-1} \tag{5.7.13}$$

式中，

$$C_i^{m-1}=\int_a^b l_i^{(m-1)}(\xi')\,\mathrm{d}\xi' \tag{5.7.14}$$

C_i^{m-1} 称为 $m-1$ 阶 Newton-Cotes 积分常数，对于 m 个积分点，则有 m 个 $m-1$ 阶 Newton-Cotes 积分常数，可以预先计算得到。积分阶数记为 n，$n=m-1$，规格化积分域(0,1)上的 $n=1$～6 的 C_i^n 及余项 R_n 的上限见表 5.1。其中 $n=1$ 和 $n=2$ 就是梯形公式和 Simpson 公式。作为误差估计，余项 R_n 的上限是原被积函数 $f(\xi)$ 导数的函数，表内 R_n 表达式中 f 的右上标表示函数 $f(\xi)$ 的导数阶次。从表 5.1 可以看出，$n=3$ 及 $n=5$ 分别与 $n=2$ 及 $n=4$ 具有相同的精度，因此在实际计算中，只采用 $n=2,4$ 等偶数阶的 Newton-Cotes 积分常数。

表 5.1　Newton-Cotes 积分常数及误差估计

积分阶数 n	C_1^n	C_2^n	C_3^n	C_4^n	C_5^n	C_6^n	C_7^n	R_n 的上限
1	$\frac{1}{2}$	$\frac{1}{2}$						$10^{-1}(b-a)^3 f^{\mathrm{I}}(\xi)$
2	$\frac{1}{6}$	$\frac{4}{6}$	$\frac{1}{6}$					$10^{-3}(b-a)^5 f^{\mathrm{IV}}(\xi)$
3	$\frac{1}{8}$	$\frac{3}{8}$	$\frac{3}{8}$	$\frac{1}{8}$				$10^{-3}(b-a)^5 f^{\mathrm{IV}}(\xi)$
4	$\frac{7}{90}$	$\frac{32}{90}$	$\frac{12}{90}$	$\frac{32}{90}$	$\frac{7}{90}$			$10^{-6}(b-a)^7 f^{\mathrm{VI}}(\xi)$
5	$\frac{19}{288}$	$\frac{75}{288}$	$\frac{50}{288}$	$\frac{50}{288}$	$\frac{75}{288}$	$\frac{19}{288}$		$10^{-6}(b-a)^7 f^{\mathrm{VI}}(\xi)$
6	$\frac{41}{840}$	$\frac{216}{840}$	$\frac{27}{840}$	$\frac{272}{840}$	$\frac{27}{840}$	$\frac{216}{840}$	$\frac{41}{840}$	$10^{-9}(b-a)^9 f^{\mathrm{VIII}}(\xi)$

在有限元分析中，编制程序计算单元内任意指定点的被积函数十分方便，因此不必要受等间距分布积分点的限制，可以通过优化积分点的位置进一步提高积分的精度，即在给定积分点数目的情况下更合理地选择积分点的位置以达到更高的数值积分精度。高斯积分就是这种积分方案中最常用的一种，在有限元分析中得到广泛的应用。

3. 高斯积分

在高斯积分中，积分点 ξ 不是等间距分布的。积分点的位置由下述方法确定：首先定义一个 n 次多项式 $P(\xi)$：

$$P(\xi)=(\xi-\xi_1)(\xi-\xi_2)\cdots(\xi-\xi_n)=\prod_{j=1}^{n}(\xi-\xi_j) \tag{5.7.15}$$

由下列条件确定 n 个积分点的位置：

$$\int_a^b \xi^i P(\xi)\,\mathrm{d}\xi=0 \qquad (i=0,1,2,\cdots,n-1) \tag{5.7.16}$$

由式(5.7.15)和式(5.7.16)可知，$P(\xi)$ 具有以下性质。

(1) 在积分点上 $P(\xi_i)=0$。

(2) 多项式 $P(\xi)$ 与 $\xi^0,\xi^1,\xi^2,\cdots,\ \xi^{n-1}$ 在 (a,b) 域内正交。

由此可见 n 个积分点的位置 ξ_i 是在积分域 (a,b) 内与 $\xi^0,\xi^1,\xi^2,\cdots,\ \xi^{n-1}$ 正交的 n 次多项式 $P(\xi)$ 构成的方程 $\int_a^b \xi^i P(\xi)\,\mathrm{d}\xi=0$ 的解。

被积函数 $f(\xi)$ 可由 $2n-1$ 次多项式 $\varphi(\xi)$ 来近似：

$$\varphi(\xi)=\sum_{i=1}^{n} l_i^{(n-1)}(\xi) f(\xi_i)+\sum_{i=0}^{n-1}\beta_i \xi^i P(\xi) \tag{5.7.17}$$

用 $\int_a^b \varphi(\xi)\,\mathrm{d}\xi$ 近似 $\int_a^b f(\xi)\,\mathrm{d}\xi$，并考虑式(5.7.16)，则有

$$\begin{aligned}\int_a^b f(\xi)\,\mathrm{d}\xi &=\sum_{i=1}^{n}\int_a^b l_i^{(n-1)}(\xi) f(\xi_i)\,\mathrm{d}\xi+\sum_{i=0}^{n-1}\beta_i\int_a^b \xi^i P(\xi)\,\mathrm{d}\xi+R\\ &=\sum_{i=1}^{n} w_i f(\xi_i)+R\end{aligned} \tag{5.7.18}$$

式中，

$$w_i=\int_a^b l_i^{(n-1)}(\xi)\,\mathrm{d}\xi \tag{5.7.19}$$

应该指出高斯积分的式(5.7.18)和Newton-Cotes积分的式(5.7.11)虽然形式上相同，但实质上二者存在区别，区别如下。

(1) 在高斯积分中 $\varphi(\xi)$ 不是 $n-1$ 次多项式，而是包含 $f(\xi_i)$（$i=1,2,\cdots,n$）和 β_i（$i=0,1,2,\cdots,n-1$）共 $2n$ 个系数的 $2n-1$ 次多项式。

(2) 积分点 ξ_i（$i=1,2,\cdots,n$）不是等间距分布的，而是由式(5.7.16)所表示的 n 个条件确定。

由于 $\varphi(\xi)$ 是 $2n-1$ 次多项式，n 个积分点的高斯积分可达到 $2n-1$ 阶的精度，即如果 $f(\xi)$ 是 $2n-1$ 次多项式，积分结果将是精确的。

为了便于计算积分点的位置 ξ_i 和权系数 w_i，将式(5.7.16)和式(5.7.19)中的积分限规格化，可令 $a=-1$，$b=1$，这样计算得到的 ξ_i 和 H_i 对应于原积分域 (a,b)，积分点的坐标和积分的权系数分别为

$$\frac{a+b}{2}-\frac{a-b}{2}\xi_i,\quad \frac{b-a}{2}w_i \tag{5.7.20}$$

已经证明，若用 m 个高斯积分点来精确求解 n 次多项式的积分，则 m 与 n 之间应满足 $n=2m-1$ 的关系。例如，若被积函数为线性函数，则 $n=1$，代入关系可得 $m=1$，因此用一个高斯积分点就可以得到精确的积分结果。

【例 5.2】求两点高斯积分的积分点位置和积分权系数。

解：二次多项式为

$$P(\xi)=(\xi-\xi_1)(\xi-\xi_2)$$

积分点的位置为

$$\int_{-1}^{1}\xi^i P(\xi)\,\mathrm{d}\xi=0 \qquad (i=0,1)$$

$i=0$ 时
$$\int_{-1}^{1}(\xi-\xi_1)(\xi-\xi_2)\,\mathrm{d}\xi=\frac{2}{3}+2\xi_1\xi_2=0$$

$i=1$ 时
$$\int_{-1}^{1}(\xi-\xi_1)(\xi-\xi_2)\xi\,\mathrm{d}\xi=-\frac{2}{3}(\xi_1+\xi_2)=0$$

联立方程得

$$\begin{cases}\xi_1\xi_2+\dfrac{1}{3}=0\\ \xi_1+\xi_2=0\end{cases}$$

求解得

$$\xi_1=-\frac{1}{\sqrt{3}}=-0.577350269189626,\quad \xi_2=\frac{1}{\sqrt{3}}=0.577350269189626$$

积分权系数为

$$w_i=\int_{-1}^{1}l_i^{(1)}(\xi)\,\mathrm{d}\xi=0$$

$$w_1=\int_{-1}^{1}\frac{\xi-\xi_2}{\xi_1-\xi_2}\mathrm{d}\xi=-\frac{1}{2}\int_{-1}^{1}(\sqrt{3}\xi-1)\,\mathrm{d}\xi=1$$

$$w_2=\int_{-1}^{1}\frac{\xi-\xi_1}{\xi_2-\xi_1}\mathrm{d}\xi=\frac{1}{2}\int_{-1}^{1}(\sqrt{3}\xi+1)\,\mathrm{d}\xi=1$$

表5.2给出了对于积分域（−1，1），$m=1\sim6$ 的积分点坐标 ξ_i 和 w_i 的值。

表 5.2　高斯积分的积分点坐标和权系数

积分点数 m	积分点坐标 ξ_i	积分权系数 w_i
1	0.00000 00000 00000	2.00000 00000 00000
2	±0.57735 02691 89626	1.00000 00000 00000
3	0.00000 00000 00000	0.88888 88888 88889
	±0.77459 66692 41483	0.55555 55555 55556
4	±0.33998 10435 84856	0.65214 51548 62546
	±0.86113 63115 94053	0.34785 48451 37454
5	0.00000 00000 00000	0.56888 88888 88889
	±0.53846 93101 05683	0.47862 86704 99366
	±0.90617 98459 38664	0.23692 68850 56189
6	±0.23861 91860 83197	0.46791 39345 72691
	±0.66120 93864 66265	0.36076 15730 48139
	±0.93246 95142 03152	0.17132 44923 79170

【例 5.3】利用高斯积分计算

$$I=\int_{-1}^{+1}(a+br)\mathrm{d}r$$

解：由于多项式的最高次数为 1，即 $n=1$，由 $n=2m-1$ 可得，$m=1$，即取一个高斯积分点即满足积分精度。查表 5.2 知：$m=1$，$r_{i=1}=0.0000$，$w_{i=1}=2.0000$，所以

$$I=\int_{-1}^{+1}(a+br)\mathrm{d}r=\sum_{i=1}^{m}w_i f(r_i)=2.0000\times(a+b\times 0.0000)=2a$$

此结果即精确解。

【例 5.4】分别用 Newton-Cotes 积分和高斯积分计算

$$I=\int_0^3(2^r-r)\mathrm{d}r$$

并比较其精度。

解：该积分的精确解为

$$I=\int_0^3(2^r-r)\mathrm{d}r=\left(\frac{2^r}{\ln 2}-\frac{r^2}{2}\right)\Bigg|_0^3=5.598\,865$$

(1) 两点 Newton-Cotes 积分。

积分点位置：　$r_1=0$，$r_2=3$

积分限：　$b-a=3$

积分常数：　$C_1^1=0.5$，$C_2^1=0.5$

积分权系数：　$w_1=(b-a)C_1^1=3\times 0.5=1.5$，$w_2=(b-a)C_2^1=3\times 0.5=1.5$

积分点上的被积函数值：　$f(r_1)=2^0-0=1$，$f(r_2)=2^3-3=5$

两点 Newton-Cotes 积分值：

$$I=\int_0^3(2^r-r)\mathrm{d}r=w_1f(r_1)+w_2f(r_2)=1.5\times 1+1.5\times 5=9$$

误差：　$\varepsilon=60.7\%$

(2) 三点 Newton-Cotes 积分。

积分点位置：　$r_1=0$，$r_2=1.5$，$r_3=3$

积分限：
$$b-a=3$$
积分常数：
$$C_1^2=\frac{1}{6}，\ C_2^2=\frac{4}{6}，\ C_3^2=\frac{1}{6}$$

积分权系数：
$$w_1=(b-a)C_2^1=3\times\frac{1}{6}=0.5，\ w_2=(b-a)C_2^2=3\times\frac{4}{6}=2$$
$$w_3=(b-a)C_3^2=3\times\frac{1}{6}=0.5$$

积分点上的被积函数值：$f(r_1)=2^0-0=1$，$f(r_2)=2^{1.5}-1.5=1.328427$，$f(r_3)=2^3-3=5$

三点 Newton-Cotes 积分值：
$$I=\int_0^3(2^r-r)\mathrm{d}r=w_1f(r_1)+w_2f(r_2)+w_3f(r_3)$$
$$=0.5\times1+2\times1.328427+0.5\times5=5.656854$$

误差：
$$\varepsilon=1.04\%$$

(3) 两点高斯积分。

积分点的位置：
$$r_1=\frac{a+b}{2}-\frac{a-b}{2}\xi_1=\frac{3}{2}-\frac{3}{2}\times\frac{1}{\sqrt{3}}=0.6339746$$
$$r_2=\frac{a+b}{2}-\frac{a-b}{2}\xi_2=\frac{3}{2}+\frac{3}{2}\times\frac{1}{\sqrt{3}}=2.3660254$$

积分权系数：
$$w_1=\frac{b-a}{2}w=\frac{3}{2}\times1=\frac{3}{2}=w_2$$

积分点上的被积函数值：
$$f(r_1)=2^{0.6339746}-0.6339746=0.9178598$$
$$f(r_2)=2^{2.3660254}-2.3660254=2.7891639$$

两点高斯积分值：
$$I=\int_0^3(2^r-r)\mathrm{d}r=w_1f(r_1)+w_2f(r_2)$$
$$=\frac{3}{2}\times0.9178598+\frac{3}{2}\times2.7891639=5.5605356$$

误差：
$$\varepsilon=-0.685\%$$

由例 5.3 可知，高斯积分优化了积分点的位置，所以能达到较高的精度。

一维高斯积分十分重要，为了更好地理解高斯积分点的位置以及相应的积分权系数，图 5.14 给出了积分域为$(-1，1)$，积分点为$m=1,2,3$的图像。

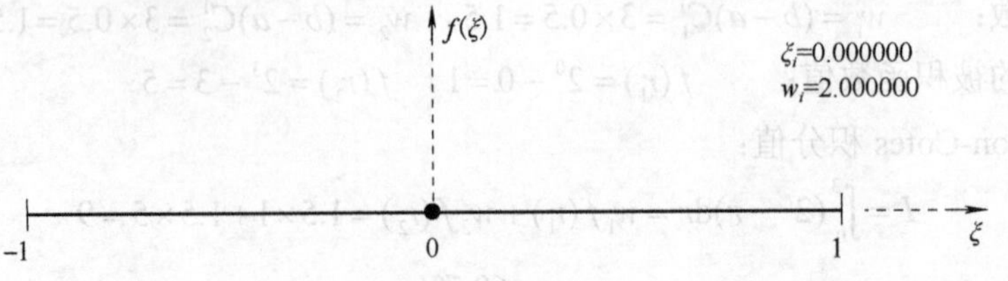

(a) m=1

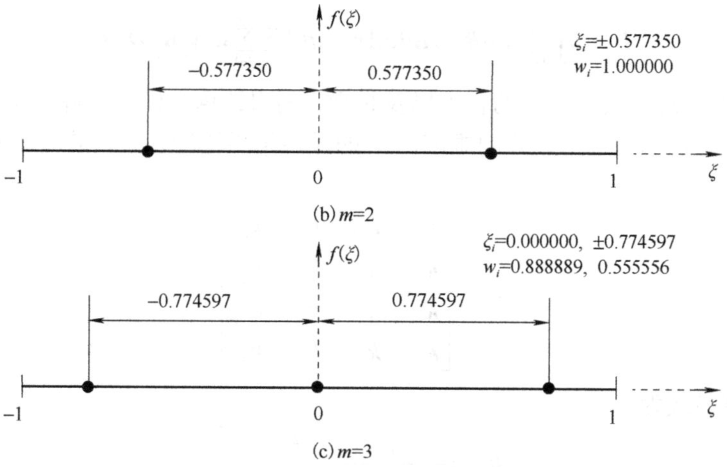

图 5.14　$m=1,2,3$ 时一维高斯积分点位置

4. 二维和三维高斯积分

可将一维高斯积分直接推广到二维和三维情形的积分。

1) 二维情形

$$I=\int_{-1}^{1}\int_{-1}^{1} f(\xi,\eta)\mathrm{d}\xi\mathrm{d}\eta=\sum_{i=1}^{m_x}\sum_{j=1}^{m_y} w_i w_j f(\xi_i,\eta_j) \tag{5.7.21}$$

式中，w_i、w_j、ξ_i、η_j 均为一维高斯积分的权系数和积分点坐标，可由表 5.2 查得。图 5.15 给出 $m=1,2,3$ 的二维高斯积分点的位置。

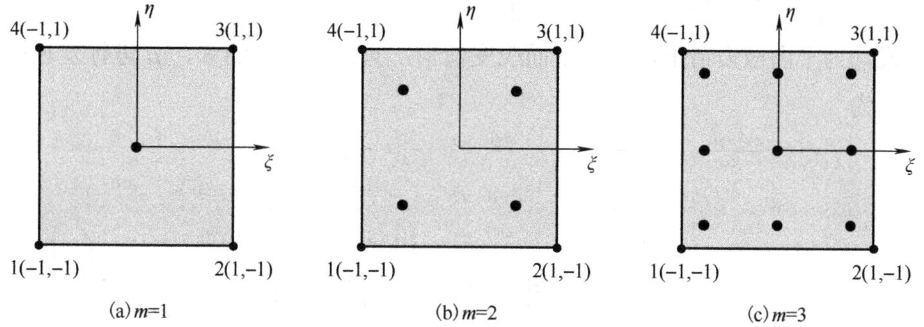

图 5.15　$m=1,2,3$ 的二维高斯积分点的位置

2) 三维情形

$$I=\int_{-1}^{1}\int_{-1}^{1}\int_{-1}^{1} f(\xi,\eta,\zeta)\mathrm{d}\xi\mathrm{d}\eta\mathrm{d}\zeta=\sum_{i=1}^{m_x}\sum_{j=1}^{m_y}\sum_{k=1}^{m_z} w_i w_j w_k f(\xi_i,\eta_j,\zeta_k) \tag{5.7.22}$$

式中，w_i、w_j、w_k、ξ_i、η_j、ζ_k 仍为一维高斯积分的权系数和积分点坐标，可由表 5.2 查得。

5. 线性矩形单元的刚度矩阵

线性矩形单元的刚度矩阵已由式(5.6.20)给出：

$$\boldsymbol{k}_e=h\int_{A_e}\boldsymbol{B}^{\mathrm{T}}\boldsymbol{D}\boldsymbol{B}\mathrm{d}A=h\int_{-1}^{1}\int_{-1}^{1}ab\boldsymbol{B}^{\mathrm{T}}\boldsymbol{D}\boldsymbol{B}\mathrm{d}\xi\mathrm{d}\eta$$

由于应变-位移矩阵 $\boldsymbol{B}$ 是自然坐标 ξ、η 的函数，利用高斯积分变形可得

$$\boldsymbol{k}_e = h\int_{-1}^{1}\int_{-1}^{1} ab\boldsymbol{B}^{\mathrm{T}}\boldsymbol{D}\boldsymbol{B}\mathrm{d}\xi\mathrm{d}\eta = abh\sum_{i=1}^{m_x}\sum_{j=1}^{m_y} w_i w_j \boldsymbol{B}_{ij}^{\mathrm{T}}\boldsymbol{D}_{ij}\boldsymbol{B}_{ij} \tag{5.7.23}$$

式(5.7.23)等号的右边仅仅是数字的相加以及相乘，利用计算机极易求解。因此利用高斯积分降低了求解线性矩形单元刚度矩阵的难度。$\boldsymbol{k}_e$ 的最终结果比较复杂，若将其写成分块形式，则有

$$\boldsymbol{k}_e = \begin{bmatrix} \boldsymbol{k}_{11} & \boldsymbol{k}_{12} & \boldsymbol{k}_{13} & \boldsymbol{k}_{14} \\ \boldsymbol{k}_{21} & \boldsymbol{k}_{22} & \boldsymbol{k}_{23} & \boldsymbol{k}_{24} \\ \boldsymbol{k}_{31} & \boldsymbol{k}_{32} & \boldsymbol{k}_{33} & \boldsymbol{k}_{34} \\ \boldsymbol{k}_{41} & \boldsymbol{k}_{42} & \boldsymbol{k}_{43} & \boldsymbol{k}_{44} \end{bmatrix} \tag{5.7.24}$$

任一子块的计算显式为

$$\boldsymbol{k}_{rs} = \frac{Eh}{4ab(1-\mu^2)}\begin{bmatrix} k_1 & k_3 \\ k_2 & k_4 \end{bmatrix} \tag{5.7.25}$$

式中，

$$\begin{cases} k_1 = b^2\xi_r\xi_s\left(1+\dfrac{1}{3}\eta_r\eta_s\right)+\dfrac{1-\mu}{2}a^2\eta_r\eta_s\left(1+\dfrac{1}{3}\xi_r\xi_s\right) \\ k_2 = ab\left(\mu\eta_r\xi_s+\dfrac{1-\mu}{2}\xi_r\eta_s\right) \\ k_3 = ab\left(\mu\xi_r\eta_s+\dfrac{1-\mu}{2}\eta_r\xi_s\right) \\ k_4 = a^2\eta_r\eta_s\left(1+\dfrac{1}{3}\xi_r\xi_s\right)+\dfrac{1-\mu}{2}b^2\xi_r\xi_s\left(1+\dfrac{1}{3}\eta_r\eta_s\right) \end{cases} \quad (r,s=1,2,3,4) \tag{5.7.26}$$

以上表达式均为平面应力情形，若为平面应变情形，只需将相应的 E 、 μ 进行变换即可。$\boldsymbol{k}_e$ 的最终形式为

$$\underset{(8\times8)}{\boldsymbol{k}_e} = \frac{Eh}{ab(1-\mu^2)}\begin{bmatrix}
\frac{1}{3}\left(b^2+\frac{1-\mu}{2}a^2\right) & \frac{ab(1+\mu)}{8} & -\frac{1}{3}\left(b^2-\frac{1-\mu}{4}a^2\right) & -\frac{ab(1-3\mu)}{8} & -\frac{1}{6}\left(b^2+\frac{1-\mu}{2}a^2\right) & -\frac{ab(1+\mu)}{8} & \frac{1}{6}\left[b^2-(1-\mu)a^2\right] & \frac{ab(1-3\mu)}{8} \\
 & \frac{1}{3}\left(a^2+\frac{1-\mu}{2}b^2\right) & \frac{ab(1-3\mu)}{8} & \frac{1}{6}\left[a^2-(1-\mu)b^2\right] & -\frac{ab(1+\mu)}{8} & -\frac{1}{6}\left(a^2+\frac{1-\mu}{2}b^2\right) & -\frac{ab(1-3\mu)}{8} & -\frac{1}{3}\left(a^2-\frac{1-\mu}{4}b^2\right) \\
 & & \frac{1}{3}\left(b^2+\frac{1-\mu}{2}a^2\right) & -\frac{ab(1+\mu)}{8} & \frac{1}{6}\left[b^2-(1-\mu)a^2\right] & -\frac{ab(1-3\mu)}{8} & -\frac{1}{6}\left(b^2+\frac{1-\mu}{2}a^2\right) & \frac{ab(1+\mu)}{8} \\
 & & & \frac{1}{3}\left(a^2+\frac{1-\mu}{2}b^2\right) & \frac{ab(1-3\mu)}{8} & -\frac{1}{3}\left(a^2-\frac{1-\mu}{4}b^2\right) & \frac{ab(1+\mu)}{8} & -\frac{1}{6}\left(a^2+\frac{1-\mu}{2}b^2\right) \\
\text{对} & & & & \frac{1}{3}\left(b^2+\frac{1-\mu}{2}a^2\right) & \frac{ab(1+\mu)}{8} & -\frac{1}{3}\left(b^2-\frac{1-\mu}{4}a^2\right) & -\frac{ab(1-3\mu)}{8} \\
 & & & & & \frac{1}{3}\left(a^2+\frac{1-\mu}{2}b^2\right) & \frac{ab(1-3\mu)}{8} & \frac{1}{6}\left[a^2-(1-\mu)b^2\right] \\
 & & & & & & \frac{1}{3}\left(b^2+\frac{1-\mu}{2}a^2\right) & -\frac{ab(1+\mu)}{8} \\
 & & & \text{称} & & & & \frac{1}{3}\left(a^2+\frac{1-\mu}{2}b^2\right)
\end{bmatrix} \tag{5.7.27}$$

线性矩形单元内部的应力分量以及应变分量都不是常量，具体为沿一个方向呈线性变化，因而线性矩形单元并不能提高单元的计算精度。线性矩形单元最明显的缺点是不能很好地符合曲线边界，包括与坐标轴不平行的直线边界，因而其直接使用受到限制。解决该问题的方式有两种：一种是采用矩形单元与三角形单元混合使用；另一种是通过等参变换，将局部坐标系内的矩形单元变换为整体坐标系内的任意四边形单元。

5.8　线性四边形单元

线性四边形单元有四个边，如图 5.16 所示。单元可以是任意形状，但每个边都是直的，四边形的每一个内角不是直角。在变形前或在变形过程中，不要求其对边平行，由于单元的一般性，该单元在二维有限元分析中得到广泛运用。

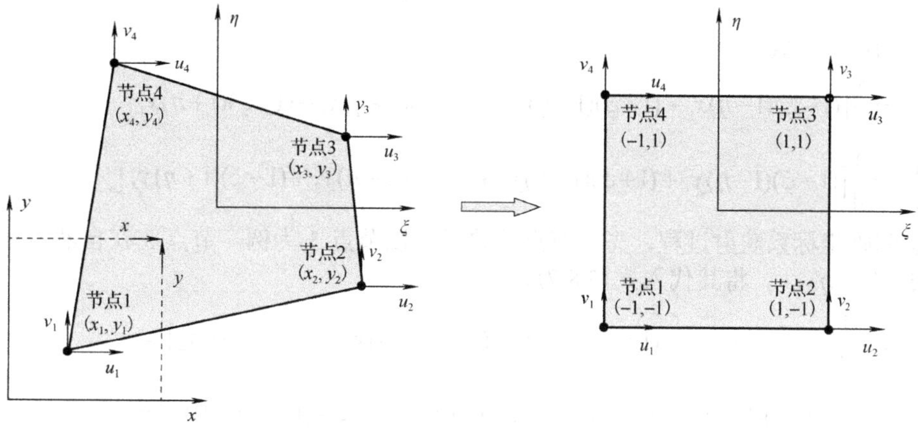

(a) 真实坐标系　　(b) 自然坐标系

图 5.16　线性四边形单元

1. 形函数和映射

如图 5.16 所示，四边形单元是在真实坐标系 (x, y) 中建立的。与前面讨论的一样，真实坐标系就是我们在计算机屏幕中建立的坐标系。由于在计算单元刚度矩阵时要用到高斯积分，需要将真实坐标映射到自然坐标系中，如图 5.16(b) 所示。将一个坐标系映射到另一个坐标系，则需要利用单元的形函数方程，如

$$\boldsymbol{X}(\xi,\eta)=\boldsymbol{N}(\xi,\eta)\boldsymbol{x}_e \tag{5.8.1}$$

式中，$\boldsymbol{X}(\xi,\eta)$ 为物理坐标矢量；$\boldsymbol{N}(\xi,\eta)$ 为形函数矩阵；$\boldsymbol{x}_e$ 为真实坐标系下的节点坐标矢量。本节仅讨论等参单元的几何形状映射和单元内的位移插值。

物理坐标矢量 $\boldsymbol{X}(\xi,\eta)$ 的表达式为

$$\boldsymbol{X}(\xi,\eta)=[x \quad y]^{\mathrm{T}} \tag{5.8.2}$$

形函数矩阵 $\boldsymbol{N}(\xi,\eta)$ 与线性矩形单元的相同，其表达式为

$$\boldsymbol{N}=\begin{bmatrix} N_1 & 0 & N_2 & 0 & N_3 & 0 & N_4 & 0 \\ 0 & N_1 & 0 & N_2 & 0 & N_3 & 0 & N_4 \end{bmatrix} \tag{5.8.3}$$

式中，矩阵的每一元素为

$$\begin{cases} N_1=\dfrac{1}{4}(1-\xi)(1-\eta) \\ N_2=\dfrac{1}{4}(1+\xi)(1-\eta) \\ N_3=\dfrac{1}{4}(1+\xi)(1+\eta) \\ N_4=\dfrac{1}{4}(1-\xi)(1+\eta) \end{cases} \tag{5.8.4}$$

节点坐标矢量为

$$\boldsymbol{x}_e = [x_1 \quad y_1 \quad x_2 \quad y_2 \quad x_3 \quad y_3 \quad x_4 \quad y_4]^{\mathrm{T}} \tag{5.8.5}$$

将式(5.8.2)～式(5.8.5)代入方程(5.8.1)可得

$$\begin{cases} x = \sum_{i=1}^{4} N_i(\xi,\eta)x_i \\ y = \sum_{i=1}^{4} N_i(\xi,\eta)y_i \end{cases} \tag{5.8.6}$$

式(5.8.6)的展开形式为

$$\begin{cases} x = \dfrac{1}{4}\left[(1-\xi)(1-\eta)x_1 + (1+\xi)(1-\eta)x_2 + (1+\xi)(1+\eta)x_3 + (1-\xi)(1+\eta)x_4\right] \\ y = \dfrac{1}{4}\left[(1-\xi)(1-\eta)y_1 + (1+\xi)(1-\eta)y_2 + (1+\xi)(1+\eta)y_3 + (1-\xi)(1+\eta)y_4\right] \end{cases} \tag{5.8.7}$$

为了明晰坐标系映射过程，先看节点的映射，以节点 3 为例。节点 3 在自然坐标系中的坐标为$\xi = 1$，$\eta = 1$。将其代入式(5.8.7)，得

$$\begin{cases} x = \dfrac{1}{4}\left[(1-1)(1-1)x_1 + (1+1)(1-1)x_2 + (1+1)(1+1)x_3 + (1-1)(1+1)x_4\right] = x_3 \\ y = \dfrac{1}{4}\left[(1-1)(1-1)y_1 + (1+1)(1-1)y_2 + (1+1)(1+1)y_3 + (1-1)(1+1)y_4\right] = y_3 \end{cases} \tag{5.8.8}$$

由此可见，自然坐标系中的节点 3 准确映射到了真实坐标系中的节点 3，采用同样的方法，极易证明其他三个节点也能准确地从自然坐标系映射到真实坐标系中。

为了更好地描述映射的机理，下面看边 2-3 的映射过程。在自然坐标系中，边 2-3 的方程为

$$\xi = 1 \tag{5.8.9}$$

将其代入方程(5.8.7)中，得

$$\begin{cases} x = \dfrac{1}{4}\left[(1-1)(1-\eta)x_1 + (1+1)(1-\eta)x_2 + (1+1)(1+\eta)x_3 + (1-1)(1+\eta)x_4\right] \\ y = \dfrac{1}{4}\left[(1-1)(1-\eta)y_1 + (1+1)(1-\eta)y_2 + (1+1)(1+\eta)y_3 + (1-1)(1+\eta)y_4\right] \end{cases} \tag{5.8.10}$$

整理式(5.8.10)，可得

$$\begin{cases} x = \dfrac{1}{2}(x_2 + x_3) + \dfrac{1}{2}\eta(x_3 - x_2) \\ y = \dfrac{1}{2}(y_2 + y_3) + \dfrac{1}{2}\eta(y_3 - y_2) \end{cases} \tag{5.8.11}$$

消去参数η，可得

$$y = \frac{y_3 - y_2}{x_3 - x_2}\left[x - \frac{1}{2}(x_3 + x_2)\right] + \frac{1}{2}(y_3 + y_2) \tag{5.8.12}$$

式(5.8.12)表示一条过点(x_2, y_2)和(x_3, y_3)的直线，意味着边 2-3 从自然坐标系准确变换到了真实坐标系中。同样的方法也可以证明其他三边能够准确映射。

既然所有的节点和边都能从一个坐标系映射到另一个坐标系，那么单元内部的点同样满足映射，因此任意形状的四边形单元均可映射成正方形单元。

2. 应变-位移矩阵

应变-位移矩阵的形式为

$$\boldsymbol{B}=\boldsymbol{L}\boldsymbol{N}$$

其展开形式为

$$\boldsymbol{B}=\begin{bmatrix}\dfrac{\partial}{\partial x} & 0\\ 0 & \dfrac{\partial}{\partial y}\\ \dfrac{\partial}{\partial y} & \dfrac{\partial}{\partial x}\end{bmatrix}\begin{bmatrix}N_1 & 0 & N_2 & 0 & N_3 & 0 & N_4 & 0\\ 0 & N_1 & 0 & N_2 & 0 & N_3 & 0 & N_4\end{bmatrix}$$

从上式可以看出，应变-位移矩阵 $\boldsymbol{B}$ 中的每一元素都需要形函数 N_i 分别对 x 和 y 求偏导，然而从方程(5.8.4)可知，形函数是用自然坐标表示的，由于四边形的任意性，不可能像线性矩形单元那样容易地将形函数用 x 和 y 表示。因此在这种情况下，可采用求偏导的链式法则分析问题：

$$\begin{cases}\dfrac{\partial N_i}{\partial \xi}=\dfrac{\partial N_i}{\partial x}\cdot\dfrac{\partial x}{\partial \xi}+\dfrac{\partial N_i}{\partial y}\cdot\dfrac{\partial y}{\partial \xi}\\ \dfrac{\partial N_i}{\partial \eta}=\dfrac{\partial N_i}{\partial x}\cdot\dfrac{\partial x}{\partial \eta}+\dfrac{\partial N_i}{\partial y}\cdot\dfrac{\partial y}{\partial \eta}\end{cases} \tag{5.8.13}$$

式(5.8.13)可以写成矩阵形式：

$$\begin{Bmatrix}\dfrac{\partial N_i}{\partial \xi}\\ \dfrac{\partial N_i}{\partial \eta}\end{Bmatrix}=\boldsymbol{J}\begin{Bmatrix}\dfrac{\partial N_i}{\partial x}\\ \dfrac{\partial N_i}{\partial y}\end{Bmatrix} \tag{5.8.14}$$

式中，矩阵 $\boldsymbol{J}$ 称为雅可比矩阵(Jacobian matrix)，其表达式为

$$\boldsymbol{J}=\begin{bmatrix}\dfrac{\partial x}{\partial \xi} & \dfrac{\partial y}{\partial \xi}\\ \dfrac{\partial x}{\partial \eta} & \dfrac{\partial y}{\partial \eta}\end{bmatrix} \tag{5.8.15}$$

将式(5.8.7)用符号 N_i 简写为

$$\begin{cases}x=N_1x_1+N_2x_2+N_3x_3+N_4x_4\\ y=N_1y_1+N_2y_2+N_3y_3+N_4y_4\end{cases} \tag{5.8.16}$$

为了确定雅可比矩阵，式(5.8.16)分别对 ξ 和 η 求偏导，则有

$$\begin{cases}\dfrac{\partial x}{\partial \xi}=\dfrac{\partial N_1}{\partial \xi}x_1+\dfrac{\partial N_2}{\partial \xi}x_2+\dfrac{\partial N_3}{\partial \xi}x_3+\dfrac{\partial N_4}{\partial \xi}x_4\\ \dfrac{\partial x}{\partial \eta}=\dfrac{\partial N_1}{\partial \eta}x_1+\dfrac{\partial N_2}{\partial \eta}x_2+\dfrac{\partial N_3}{\partial \eta}x_3+\dfrac{\partial N_4}{\partial \eta}x_4\\ \dfrac{\partial y}{\partial \xi}=\dfrac{\partial N_1}{\partial \xi}y_1+\dfrac{\partial N_2}{\partial \xi}y_2+\dfrac{\partial N_3}{\partial \xi}y_3+\dfrac{\partial N_4}{\partial \xi}y_4\\ \dfrac{\partial y}{\partial \eta}=\dfrac{\partial N_1}{\partial \eta}y_1+\dfrac{\partial N_2}{\partial \eta}y_2+\dfrac{\partial N_3}{\partial \eta}y_3+\dfrac{\partial N_4}{\partial \eta}y_4\end{cases} \tag{5.8.17}$$

将式(5.8.17)代入式(5.8.15)中，并用矩阵表示成

$$\boldsymbol{J}=\begin{bmatrix}\dfrac{\partial N_1}{\partial\xi} & \dfrac{\partial N_2}{\partial\xi} & \dfrac{\partial N_3}{\partial\xi} & \dfrac{\partial N_4}{\partial\xi}\\ \dfrac{\partial N_1}{\partial\eta} & \dfrac{\partial N_2}{\partial\eta} & \dfrac{\partial N_3}{\partial\eta} & \dfrac{\partial N_4}{\partial\eta}\end{bmatrix}\begin{bmatrix}x_1 & y_1\\ x_2 & y_2\\ x_3 & y_3\\ x_4 & y_4\end{bmatrix} \tag{5.8.18}$$

式(5.8.14)可改写为

$$\begin{Bmatrix}\dfrac{\partial N_i}{\partial x}\\ \dfrac{\partial N_i}{\partial y}\end{Bmatrix}=\boldsymbol{J}^{-1}\begin{Bmatrix}\dfrac{\partial N_i}{\partial\xi}\\ \dfrac{\partial N_i}{\partial\eta}\end{Bmatrix} \tag{5.8.19}$$

从而得到形函数对 x 和 y 的偏导数的表达式，进一步可确定应变-位移矩阵。实际上，应变-位移矩阵一般是通过计算机进行数值求解的。

3. 刚度矩阵

单元刚度矩阵的表达式为

$$\boldsymbol{k}_e=\int_{V_e}\boldsymbol{B}^{\mathrm{T}}\boldsymbol{D}\boldsymbol{B}\mathrm{d}v$$

上式对所有的单元均成立，若单元的厚度为常量，假定单元厚度为 h，则有

$$\boldsymbol{k}_e=h\int_{A_e}\boldsymbol{B}^{\mathrm{T}}\boldsymbol{D}\boldsymbol{B}\mathrm{d}A \tag{5.8.20}$$

利用默纳汉(Murnaghan)在1951年推导的公式：

$$\mathrm{d}A=|\boldsymbol{J}|\mathrm{d}\xi\mathrm{d}\eta \tag{5.8.21}$$

对式(5.8.20)求积分，得单元刚度矩阵。式中，$|\boldsymbol{J}|$ 为雅可比矩阵的行列式，将式(5.8.21)代入式(5.8.20)后可得

$$\boldsymbol{k}_e=h\int_{-1}^{1}\int_{-1}^{1}\boldsymbol{B}^{\mathrm{T}}\boldsymbol{D}\boldsymbol{B}|\boldsymbol{J}|\mathrm{d}\xi\mathrm{d}\eta \tag{5.8.22}$$

式(5.8.22)的积分可采用高斯积分近似数值求得：

$$\boldsymbol{k}_e=h\sum_{i=1}^{m_x}\sum_{j=1}^{m_y}w_iw_j\boldsymbol{B}^{\mathrm{T}}\boldsymbol{D}\boldsymbol{B}|\boldsymbol{J}| \tag{5.8.23}$$

4. 质量矩阵

单元质量矩阵的表达式为

$$\boldsymbol{m}_e=\int_{V_e}\rho\boldsymbol{N}^{\mathrm{T}}\boldsymbol{N}\mathrm{d}v$$

若单元的密度和厚度均为常量，分别为 ρ 和 h，则单元质量矩阵变为

$$\boldsymbol{m}_e=\rho h\int_{A_e}\boldsymbol{N}^{\mathrm{T}}\boldsymbol{N}\mathrm{d}A$$

将式(5.8.21)代入上式，则有

$$\boldsymbol{m}_e=\rho h\int_{-1}^{1}\int_{-1}^{1}\boldsymbol{N}^{\mathrm{T}}\boldsymbol{N}|\boldsymbol{J}|\mathrm{d}\xi\mathrm{d}\eta \tag{5.8.24}$$

习　题

5.1　如图所示，三角形单元绕节点 i 有一个小的刚体转动，其转角为 θ，证明单元内的所有应变均为零。

5.2　一个三角形构件如图所示，若采用一个 3 节点三角形单元来进行计算，由于节点 2 为位移约束，经处理该位移约束后的刚度矩阵如下：

$$10^4 \times \begin{bmatrix} 10 & -2.5 & 1.83 & 2.5 \\ -2.5 & 4.5 & 2.5 & -2.5 \\ 1.83 & 2.5 & 5.0 & -2.5 \\ 2.5 & -2.5 & -2.5 & 2.5 \end{bmatrix} \begin{Bmatrix} u_1 \\ u_3 \\ v_1 \\ v_3 \end{Bmatrix} = \begin{Bmatrix} P_{u1} \\ P_{u3} \\ P_{v1} \\ P_{v3} \end{Bmatrix}$$

节点 3 为一个斜支座，试建立以 u_1、v_1、$\tilde{u}_3$ 及 P_{u1}、P_{v1}、$P_{\tilde{u}3}$ 表示的刚度方程。

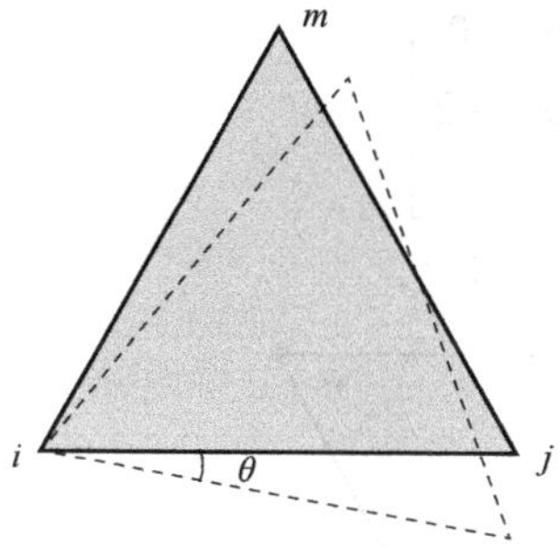

习题 5.1 图

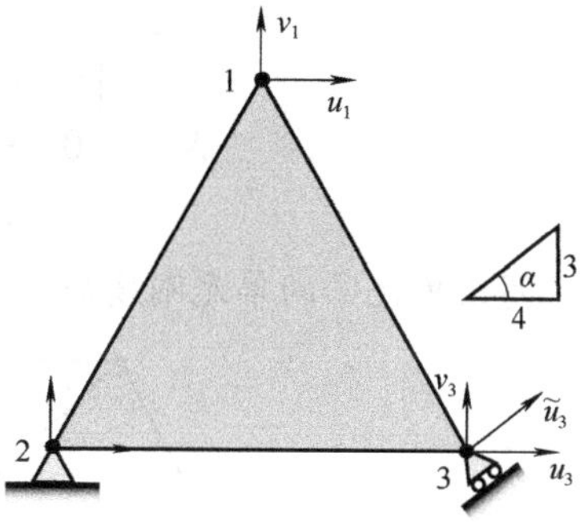

习题 5.2 图

5.3　设有一个平面问题，厚度为 t，弹性模量为 E，泊松比 $\mu = 0$，对于如图所示的 3 节点单元。已知应变-位移矩阵 $\boldsymbol{B}$ 为

$$\boldsymbol{B} = \frac{1}{a^2}\begin{bmatrix} 1 & 0 & 0 & 0 & -1 & 0 \\ 0 & 0 & 0 & 1 & 0 & -1 \\ 0 & 1 & 1 & 0 & -1 & -1 \end{bmatrix}$$

材料的弹性系数矩阵 $\boldsymbol{D}$ 为

$$\boldsymbol{D} = \begin{bmatrix} 1 & 0 & 0 \\ 0 & 1 & 0 \\ 0 & 0 & 0.5 \end{bmatrix}$$

试推导该 3 节点单元的刚度矩阵。

5.4　如图所示为一矩形板，试用有限元中的三角形单元对该结构进行分析，结构的参数为：$E = 30 \times 10^4\ \text{N/mm}^2$，$t = 5\ \text{mm}$，$\mu = 0.25$。试求出节点位移、单元应力和支座反力。

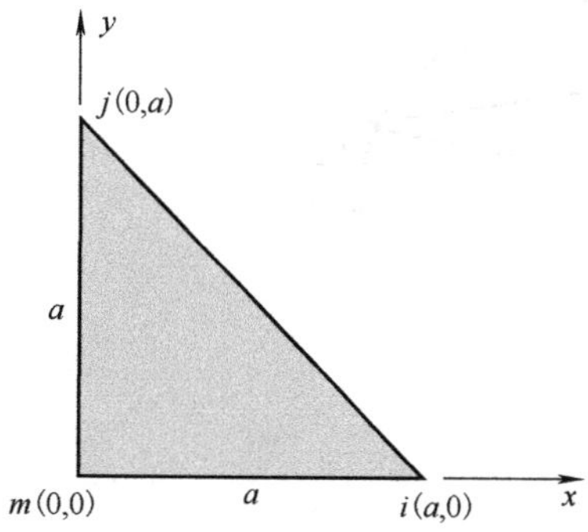

习题 5.3 图

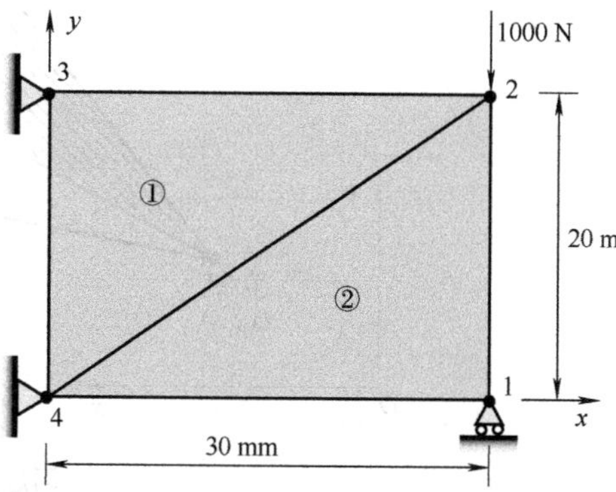

习题 5.4 图

5.5 如图所示，由两个三角形单元组成平行四边形，已知单元①按局部编码 i、j、m 的单元刚度矩阵 $\boldsymbol{k}_e^{(1)}$ 和应力矩阵 $\boldsymbol{S}^{(1)}$ 分别为

$$\boldsymbol{k}_e^{(1)}=\begin{bmatrix}16 & 0 & -12 & -12 & -4 & 12\\ & 32 & 0 & -24 & 0 & -8\\ & & 27 & 9 & -15 & -9\\ \text{对} & & & 27 & 3 & -3\\ & & & & 19 & -3\\ & & \text{称} & & & 11\end{bmatrix}$$

$$\boldsymbol{S}^{(1)}=\begin{bmatrix}0 & 0 & -6 & 0 & 6 & 0\\ 0 & 8 & 0 & -6 & 0 & -2\\ 4 & 1 & -3 & -3 & -1 & 3\end{bmatrix}$$

试按局部编码写出单元②的单元刚度矩阵 $\boldsymbol{k}_e^{(2)}$ 和应力矩阵 $\boldsymbol{S}^{(2)}$。

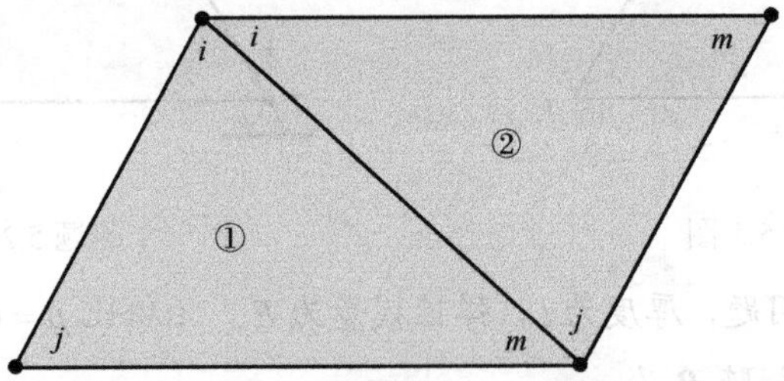

习题 5.5 图

5.6 如图所示的 3 节点三角形单元，节点 1 的坐标为 (x_1, y_1)，节点 2 的坐标为 (x_2, y_2)，节点 3 的坐标为 (x_3, y_3)。点 P 为单元内任一点，其坐标为 (x, y)。假设单元的形函数为一次多项式：

$$N_i = a_i + b_i x + c_i y \qquad (i=1,2,3)$$

(1) 利用 δ 函数的性质计算 9 个系数 a_i、b_i 和 c_i；

(2) 绘制 3 个形函数的图像；

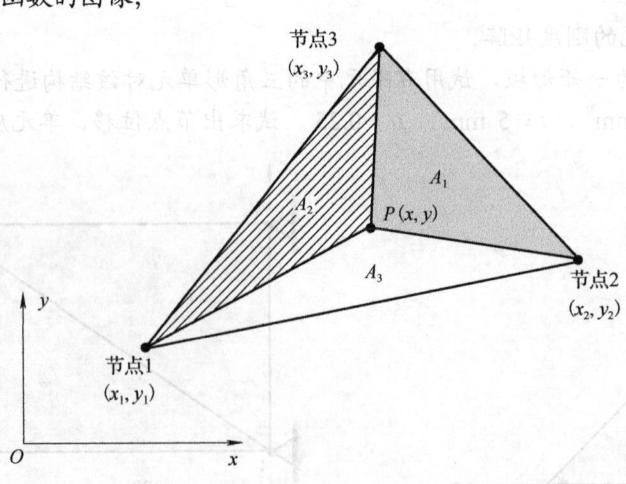

习题 5.6 图

(3) 利用面积坐标推导 3 个形函数;

(4) 证明形函数的归一性;

(5) 计算应变-位移矩阵 $\boldsymbol{B}$;

(6) 计算平面应力形式下的单元刚度矩阵 $\boldsymbol{k}_e$;

(7) 计算平面应变形式下的单元刚度矩阵 $\boldsymbol{k}_e$;

(8) 计算单元的质量矩阵。

5.7　如图所示的常应变 3 节点三角形单元，在节点 3 作用 300 N 的集中力，沿 x 轴的正向。节点 1、节点 2 为固定铰链约束，其位移为零。单元的弹性模量 $E=210\times10^3\ \text{N/mm}^2$ ，泊松比 $\mu=0.3$ ，单元的厚度 $t=0.1\ \text{mm}$ ，假定单元满足平面应力状况，试计算:

(1) 节点 3 的位移 u_3 和 v_3 ;

(2) 单元的应变 ε_x 、 ε_y 和 γ_{xy} ;

(3) 单元的应力 σ_x 、 σ_y 和 τ_{xy} 。

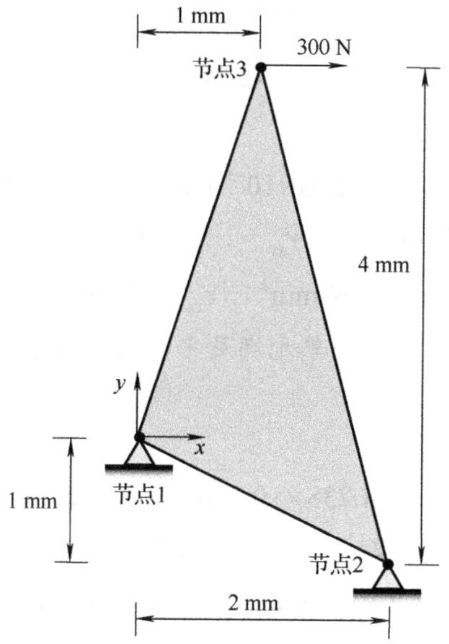

习题 5.7 图

本习题计算结果如下:

(1) $u_3=0.09048\ \text{mm}$ ， $v_3=-0.02704\ \text{mm}$;

(2) $\varepsilon_x=0.0129$ ， $\varepsilon_y=0.0077$ ， $\gamma_{xy}=0.0220$;

(3) $\sigma_x=2218.8\ \text{N/mm}^2$ ， $\sigma_y=-504.5\ \text{N/mm}^2$ ， $\tau_{xy}=1449.8\ \text{N/mm}^2$ 。

5.8　如图所示的常应变 3 节点三角形单元，在节点 3 作用 300 N 的集中力，力的方向与水平成 30° 的夹角。节点 1 为固定铰链约束，其位移为零。节点 2 为活动铰链约束，竖向固定。单元的弹性模量 $E=210\times10^3\ \text{N/mm}^2$ ，泊松比 $\mu=0.3$ ，单元的厚度 $t=0.1\ \text{mm}$ ，假定单元满足平面应力状况，试计算:

(1) 节点 2、3 的位移 u_2 、 u_3 和 v_3 ;

(2) 单元的应变 ε_x 、 ε_y 和 γ_{xy} ;

(3) 单元的应力 σ_x 、 σ_y 和 τ_{xy} 。

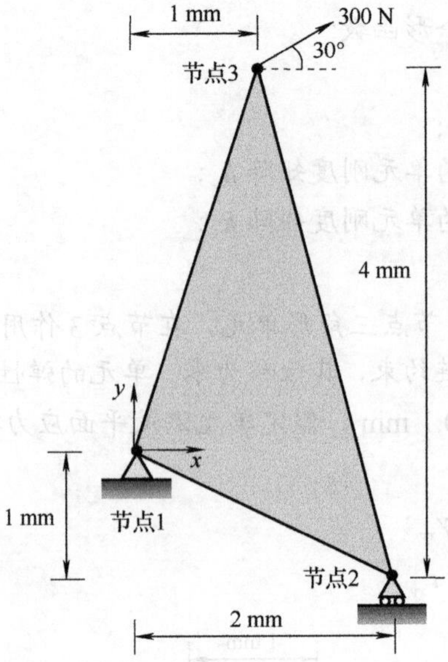

习题 5.8 图

本习题计算结果如下:

(1) $u_2=-1.06\times10^{-4}$ mm，$u_3=4.226\times10^{-3}$ mm，$v_3=1.365\times10^{-5}$ mm；

(2) $\varepsilon_x=1.49\times10^{-5}$，$\varepsilon_y=3.9\times10^{-6}$，$\gamma_{xy}=1.37\times10^{-4}$；

(3) $\sigma_x=3.71$ N/mm^2，$\sigma_y=1.93$ N/mm^2，$\tau_{xy}=11.13$ N/mm^2。

5.9　单元厚度为 $t=20$ mm，假定单元满足平面应变状态，其他条件与习题 5.8 相同，重新分析本习题。

本习题计算结果如下:

(1) $u_2=1.121\times10^{-4}$ mm，$u_3=4.238\times10^{-3}$ mm，$v_3=5.187\times10^{-6}$ mm；

(2) $\varepsilon_x=1.249\times10^{-5}$，$\varepsilon_y=1.482\times10^{-6}$，$\gamma_{xy}=1.38\times10^{-4}$；

(3) $\sigma_x=3.711$ N/mm^2，$\sigma_y=1.93$ N/mm^2，$\tau_{xy}=11.13$ N/mm^2。

5.10　平面 3 节点三角形单元中的位移、应变和应力具有什么特征？其原因是什么？

5.11　证明二维平行四边形单元的雅可比矩阵是常数矩阵。

5.12　试推导一维三阶高斯积分的积分点位置和权系数。

5.13　利用高斯积分求解

$$I=\int_{-1}^{1}(3r^3+4r^4)\mathrm{d}r$$

的近似值，其精确值为

$$I=\int_{-1}^{1}(3r^3+4r^4)\mathrm{d}r=\left(\frac{3}{4}r^4+\frac{4}{5}r^5\right)\Bigg|_{-1}^{1}=\frac{8}{5}=1.6$$

5.14　利用高斯积分计算

$$I=\int_{-1}^{1}\int_{-1}^{1}(r^2+rs)s^4\mathrm{d}r\mathrm{d}s$$

的近似值，并在积分域内标注积分点的位置。

第 6 章　空间连续体有限元分析简介

在实际工程问题中，多数结构具有空间几何形状，有些可以转化为平面问题求解。若结构几何形状复杂，则必须按照空间问题求解。经典弹性力学往往无法解决这类问题，在有限元法中空间问题只要求 C_0 连续性，构造单元没有困难，因此许多常规方法不能解决的空间问题可以通过有限元法进行计算。一般来说，空间结构的节点自由度多，需要剖分的单元数量大，因此相应的计算量较大，一般需要有相当大内存量的计算机才能顺利进行计算，但随着计算机技术的发展，现在一般的计算机均能满足要求。

6.1　收敛性及位移模式的选择

将连续体离散为有限个单元的集合体时，通常要求单元具有简单而规则的几何形状以便于计算。常用的二维单元有三角形或矩形，常用的三维单元有四面体(四角锥)、五面体(楔形体)或平行六面体。同样形状的单元还可有不同的单元节点数，如二维三角形单元除 3 节点外还可有 6 节点、10 节点，因此单元种类繁多。图 6.1 中列举了一些二维、三维问题中常用的单元形式。选择合适的单元计算涉及求解问题的类型、对计算精度的要求以及经济性等多方面的因素。

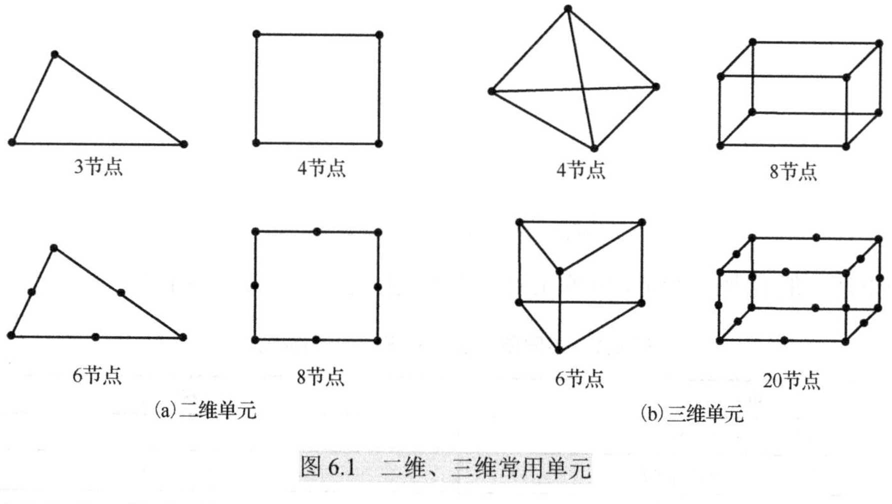

图 6.1　二维、三维常用单元

1. 单元位移函数选择的一般原则

单元中的位移模式一般采用以广义坐标 β 为待定参数的有限项多项式作为近似函数。有限项多项式选取的原则如下。

(1)待定参数是由节点位移确定的，因此它的个数应与节点自由度数相等。例如，3 节点三角形单元有 6 个节点自由度(节点位移)，广义坐标数应取 6，因此两个方向的位移 u 和 v 各取三项多项式；4 节点的矩形单元的广义坐标数为 8，位移函数可取四项多项式作为近似函数。

(2)选取多项式时，必须要选择常数项和完备的一次项。位移模式中的常数项和一次项分别反映了单元刚体位移和常应变的特性。当划分的单元数趋于无穷时，单元缩小并趋于一点，此时单元应变应趋于常应变。

为了保证单元这两种最基本的特性能得到满足，要求位移模式中一定要有常数项和完备的一次项。3 节点三角形单元的位移模式正好满足这个基本要求。

(3) 多项式的选取应由低阶到高阶，尽量选取完全多项式以提高单元的精度。一般来说，每边具有两个端节点的单元应选取一次完全多项式的位移模式，每边有 3 个节点的单元应选取二次完全多项式的位移模式。例如，图 6.1 中的二维 3 节点、4 节点单元或三维 4 节点、6 节点、8 节点单元应选取一次完全多项式，三维 20 节点单元应选取二次完全多项式。若由于项数限制不能选取完全多项式，选择的多项式应具有坐标的对称性。此外，一个坐标方向的次数不应超过完全多项式的次数，以保证相邻单元交界面(线)上位移的协调性。

在构造一个单元的位移函数时，应参考由多项式函数构成的 Pascal 三角形(图 6.2)和上述原则进行函数项次的选取与构造。在二维多项式中，若包含三角形对称轴一边的任意一项则必须同时包含另一边的对称项。多项式中的项数还必须大于或稍大于单元节点的自由度数，通常取项数与该自由度数相等。

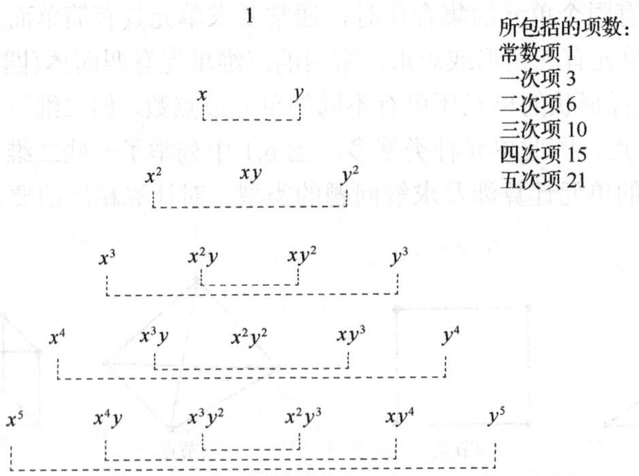

图 6.2　二维问题多项式函数构成的 Pascal 三角形

基于上述一般原则，现将常用单元的位移模式作为示例列于表 6.1 中。

表 6.1　不同单元类型有限元的位移模式

单元类型	位移模式
3 节点三角形平面单元	$1\ \ x\ \ y$
6 节点三角形平面单元	$1\ \ x\ \ y\ \ x^2\ \ xy\ \ y^2$
4 节点四边形平面单元	$1\ \ x\ \ y\ \ xy$
8 节点四边形平面单元	$1\ \ x\ \ y\ \ x^2\ \ xy\ \ y^2\ \ x^2y\ \ xy^2$
4 节点四面体三维单元	$1\ \ x\ \ y\ \ z$
8 节点六面体三维单元	$1\ \ x\ \ y\ \ z\ \ xy\ \ yz\ \ zx\ \ xyz$

2. 收敛性问题

在有限元分析中，当节点数或多项式位移模式阶次(单元插值位移的项数)的选择趋于无穷大时，即当单元尺寸趋近于零时，最后的解答如果能够无限逼近问题的精确解，则这时的位移函数逼近真实解，称为收敛。为了更好地理解收敛性，通过图 6.3 加以分析。图中曲线①和②都是收敛的，但曲线①比曲线②收敛更快。曲线③虽趋近于某一确定值，但该值不是问题的精确解，所以不算收敛。曲线④虽然收敛但不是单调收敛，不能构成精确解的上界或下界，因而也不算收敛。曲线⑤是发散的，完全不符合求解要求。

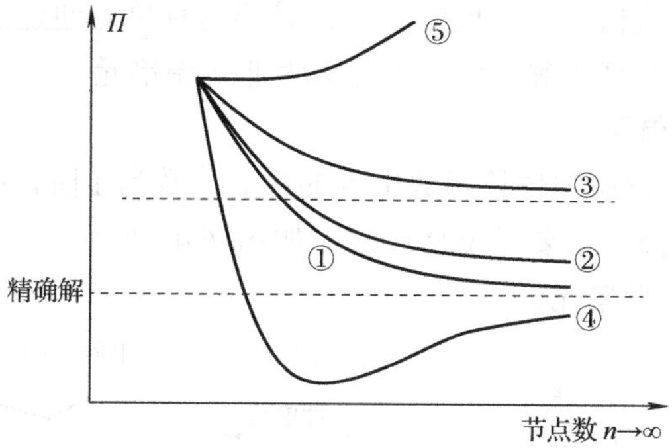

图 6.3　收敛情况对比

势能函数 Π 取决于弹性体的位移和应变，而应变是位移的某种导数，因此势能的收敛性取决于它所选取的位移函数以及对应于应变的导数能够无限接近真实的位移及应变。其实质为：对于任意给定的一个误差界限，总可以把单元尺寸缩小到一种程度，使得假定的位移(及其导数)与真实的位移(及其导数)之间的差值限定在给定的界限之内。也就是说，当单元尺寸趋于零时，其位移函数及应变总趋近于某一常量，否则单元的势能将不存在。因此位移函数应在单元上连续，且含有常位移项和常应变项。

要保证单元的收敛性，还应考虑单元之间的协调性。不仅要求节点处的位移协调，而且要求沿整个单元边界上的位移协调。

3. 位移函数构造的收敛准则

在单元形状确定之后，位移模式的选择是关键。荷载的移置、应力矩阵和刚度矩阵的建立都依赖位移模式。对于一个给定的位移模式，其刚度系数的数值比精确解要大。这样一来，在给定的荷载之下，计算模型的变形比实际变形要小。因此，当单元网格分割得越来越细时，位移的近似解将收敛于精确解，即得到真实解的下界。为了保证解答的收敛性，要求位移模式必须满足以下两个准则。

(1)准则 1：完备性要求。

如果在势能泛函中位移函数出现的最高阶导数为 m 阶，则有限元解答收敛的条件之一是单元内的位移函数至少是 m 阶完全多项式。

(2)准则 2：协调性要求。

如果在势能泛函中位移函数出现的最高阶导数为 m 阶，则位移函数在单元交界面上必须具有直至 $m-1$ 阶的连续导数，即具有 C_{m-1} 连续性。

当单元的位移函数满足完备性要求时，称单元是完备的，一般都较易满足。当单元的位移函数满足协调性要求时，称单元是协调的，在单元与单元之间的公共边界上对于高阶导数连续性的要求较难满足。

当单元的位移函数既完备又协调时，有限元分析的解答收敛，即当单元尺寸趋于零时，有限元分析的解答趋于真实解，这种单元称为协调单元。

一般情况下，当泛函中出现的导数高于 1 阶(如板壳问题，势能泛函中出现的导数为 2 阶)时，要求函数在单元交界面上具有 C_1 或更高的连续性，这时构造单元的位移插值函数往往比较困难。如果在单元交界面上的位移或导数不连续，将在交界面上引起无限大的应变，必然产生附加的应变能，因此基于最小势能原理得到的有限元分析解答就不可能收敛于真实解。

在某些情况下，可以放松对协调性的要求，只要这种单元通过拼片试验，有限元分析的解答仍然可以收敛于问题的真实解，这种单元称为非协调单元。

4. C_0 型单元及 C_1 型单元

C_0 型单元是指在势能泛函中位移函数出现的最高阶数为 1 阶，在单元交界面上具有 0 阶的连续导数的单元，即节点上只要求位移连续，如图 6.4 所示。一般的杆单元、平面问题单元、空间问题单元都是 C_0 型单元。

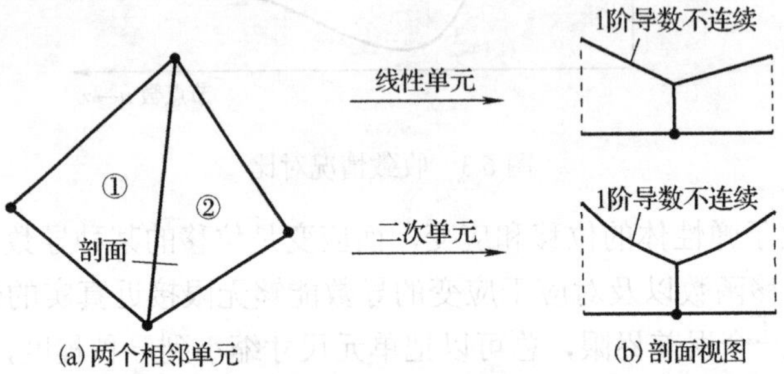

图 6.4　C_0 型单元相邻单元公共边界上的协调性

C_1 型单元是指在势能泛函中位移函数出现的最高阶数为 2 阶，在单元交界面上具有 1 阶的连续导数的单元，即节点上要求位移及其 1 阶导数均连续，如图 6.5 所示。梁单元、板单元、壳单元都是 C_1 型单元。

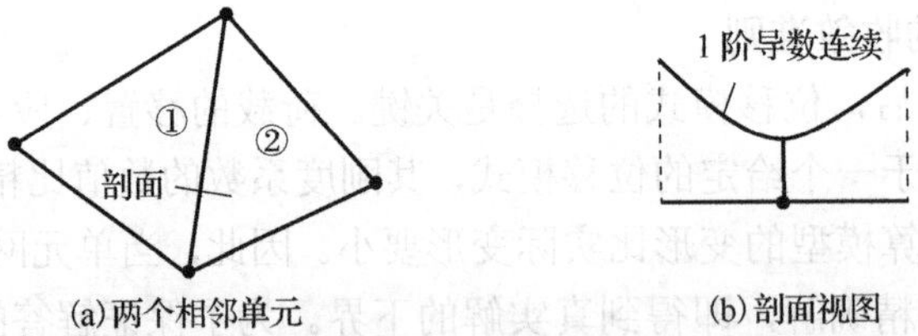

图 6.5　C_1 型单元相邻单元公共边界上的协调性

5. 单元的拼片试验

由于非协调单元不能保证单元之间位移的协调性，可以通过拼片试验来考证其是否能描述刚体位移和常应变，若能通过拼片试验，则解的收敛性得到保证。考虑如图 6.6 所示的单元状态，其中至少有一个节点(节点 i)被单元完全包围，则节点 i 的平衡方程为

$$\sum_{e=1}^{m}(k_{ij}^{e}u_{j}-f_{i}^{e})=0 \tag{6.1.1}$$

式中，节点 j 为单元片内除 i 节点外的其他节点；m 为单元片内的单元数。

对于非协调单元，需要考察它的收敛性，即考察它是否具有常应变的能力，因此可设计一种数值试验，当对单元片中的各个节点赋予对应于常应变状态的位移和荷载时，校核式(6.1.1)的正确性。如果能够满足，则单元满足常应变的要求，因此当单元尺寸不断缩小时，有限元解能够收敛于真实解。这种数值试验称为单元的拼片试验。

以平面问题为例，由于对应于常应变的位移是线性位移，设节点的位移为

$$\begin{cases} u_j = a_0 + a_1 x_j + a_2 y_j \\ v_j = b_0 + b_1 x_j + b_2 y_j \end{cases} \tag{6.1.2}$$

由平面问题的平衡方程可知，当单元内的应变或应力都为常量时，对应的体积力应为零。图 6.6 中的节点 i 为内部节点，它的边界力也为零，因此 f_i^e 为零。因此，通过拼片试验的前提是，当赋予各节点式(6.1.2)所示的位移时，式(6.1.3)成立。

$$\sum_{e=1}^{m} k_{ij}^e u_j = 0 \tag{6.1.3}$$

若式(6.1.3)不能成立，说明节点 i 不能满足平衡条件，也不能满足常应变的要求；必须在节点 i 施加附加的约束，平衡才能维持，该约束力所做的功等于单元交界面上位移不协调而引起的附加应变能。

拼片试验的另一种方法是：当对单元中除 i 以外的其他节点赋予对应于常应变状态的位移时，求解式(6.1.3)，得到单元片中内部节点 i 的位移 u_i，如果 u_i 和常应变状态下的位移相一致，则认为通过拼片试验，否则认为不能通过拼片试验。对于以上两种拼片试验方法，前一种应用更为普遍，而后一种需要对矩阵求逆，计算比较复杂，因而较少使用。

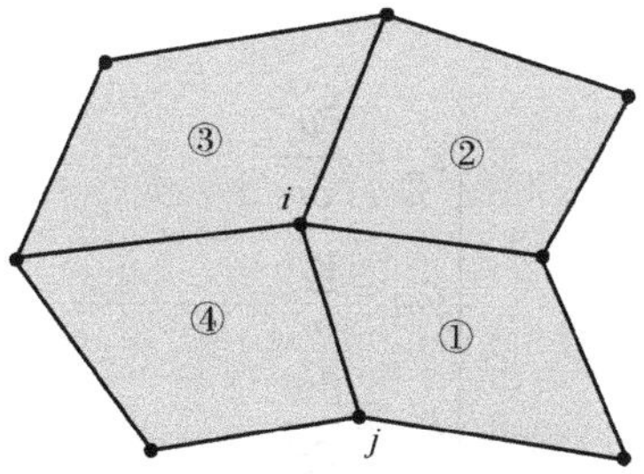

图 6.6　用于拼片试验的单元片

6.2　轴对称问题及其单元构造

1. 轴对称问题

工程实际问题中几何形状、约束条件以及荷载都对称于某一固定轴，这类问题称为轴对称问题。对于这类问题，采用柱坐标(r, θ, z)分析比较方便，如图 6.7 所示。

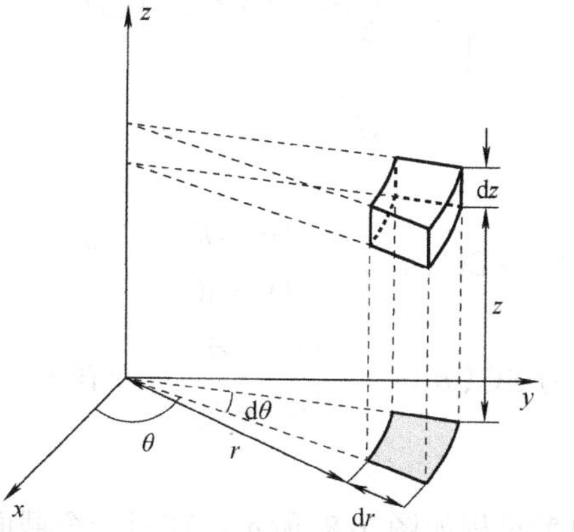

图 6.7　轴对称问题中的微小单元体 $r\mathrm{d}r\mathrm{d}\theta\mathrm{d}z$

1) 轴对称问题的基本变量

位移：$u_i = \{u_r \quad w\}^{\mathrm{T}}$，$u_\theta = 0$

应变：$\varepsilon_{ij} = \{\varepsilon_{rr} \quad \varepsilon_{\theta\theta} \quad \varepsilon_{zz} \quad \gamma_{rz}\}^{\mathrm{T}}$，$\gamma_{r\theta} = \gamma_{\theta z} = 0$

应力：$\sigma_{ij} = \{\sigma_{rr} \quad \sigma_{\theta\theta} \quad \sigma_{zz} \quad \tau_{rz}\}^{\mathrm{T}}$，$\tau_{r\theta} = \tau_{\theta z} = 0$

式中，u_r 为 r 方向的位移分量，称为径向位移；w 为 z 方向的位移分量，称为轴向位移；由于对称，环向位移分量 $u_\theta = 0$；ε_{rr} 为径向线应变；$\varepsilon_{\theta\theta}$ 为环向线应变；ε_{zz} 为轴向线性变；γ_{rz} 为圆柱面上沿轴向的切应变；σ_{rr} 为径向正应力；$\sigma_{\theta\theta}$ 为环向正应力；σ_{zz} 为轴向正应力；τ_{rz} 为圆柱面上沿轴向的切应力。由于是轴对称问题，故以上力学量只是 r 和 z 的函数，与 θ 无关，其中非零的基本力学量有 10 个。

2) 轴对称问题的基本方程

(1) 平衡方程。

$$\begin{cases} \dfrac{\partial \sigma_{rr}}{\partial r} + \dfrac{\partial \tau_{rz}}{\partial z} + \dfrac{\sigma_{rr} - \sigma_{\theta\theta}}{r} + f_r = 0 \\ \dfrac{\partial \sigma_{zz}}{\partial z} + \dfrac{\partial \tau_{rz}}{\partial r} + \dfrac{\tau_{rz}}{r} + f_z = 0 \end{cases} \tag{6.2.1}$$

(2) 几何方程。

$$\begin{cases} \varepsilon_{rr} = \dfrac{\partial u_r}{\partial r} \\ \varepsilon_{\theta\theta} = \dfrac{u_r}{r} \\ \varepsilon_{zz} = \dfrac{\partial w}{\partial z} \\ \gamma_{rz} = \dfrac{\partial u_r}{\partial z} + \dfrac{\partial w}{\partial r} \end{cases} \tag{6.2.2}$$

(3) 物理方程。

$$\begin{cases} \varepsilon_{rr} = \dfrac{1}{E}\left[\sigma_{rr} - \mu(\sigma_{\theta\theta} + \sigma_{zz})\right] \\ \varepsilon_{\theta\theta} = \dfrac{1}{E}\left[\sigma_{\theta\theta} - \mu(\sigma_{zz} + \sigma_{rr})\right] \\ \varepsilon_{zz} = \dfrac{1}{E}\left[\sigma_{zz} - \mu(\sigma_{rr} + \sigma_{\theta\theta})\right] \\ \gamma_{rz} = \dfrac{1}{G}\tau_{rz} \end{cases} \tag{6.2.3}$$

(4) 边界条件(BC)。

$$\text{位移 BC}(u)：\quad \begin{cases} u_r = \bar{u}_r \\ w = \bar{w} \end{cases} \quad (\text{在 } S_u \text{ 上}) \tag{6.2.4}$$

$$\text{力 BC}(p)：\quad \begin{cases} \sigma_{rr} = \bar{\sigma}_{rr} \\ \sigma_{zz} = \bar{\sigma}_{zz} \end{cases} \quad (\text{在 } S_p \text{ 上}) \tag{6.2.5}$$

3) 单元的离散

轴对称问题的有限元离散过程如图 6.8 所示，在每一个截面上，它的单元情况与一般平面问题相同，但这些单元都为环形单元。

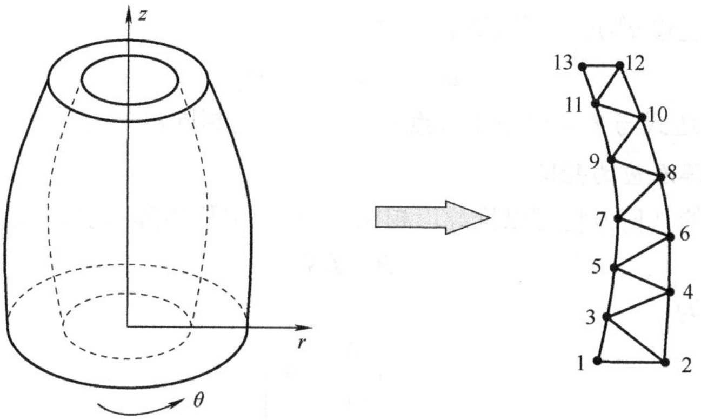

图 6.8　轴对称问题的有限元离散

2. 3 节点三角形轴对称单元

1)单元的几何和节点描述

3 节点三角形轴对称单元如图 6.9 所示，该单元为横截面是 3 节点三角形的360° 环形单元。其横截面上 3 个节点的编号为 1,2,3，各自的位置坐标为(r_i ， z_i)， $i=1,2,3$ ，各自的位移为(u_{ri} ， w_i)， $i=1,2,3$ 。

如图 6.9 所示，该单元为绕 z 轴的环形单元，在 Orz 平面内，单元的节点位移有 6 个自由度。将所有节点上的位移组成一个列阵，记作 $\boldsymbol{d}_e$ ，将所有节点上的荷载组成一个列阵，记作 $\boldsymbol{f}_e$ ，则有

$$\boldsymbol{d}_e=[u_{r1}\quad w_1\quad u_{r2}\quad w_2\quad u_{r3}\quad w_3]^{\mathrm{T}} \tag{6.2.6}$$

$$\boldsymbol{f}_e=[f_{r1}\quad f_{z1}\quad f_{r2}\quad f_{z2}\quad f_{r3}\quad f_{z3}]^{\mathrm{T}} \tag{6.2.7}$$

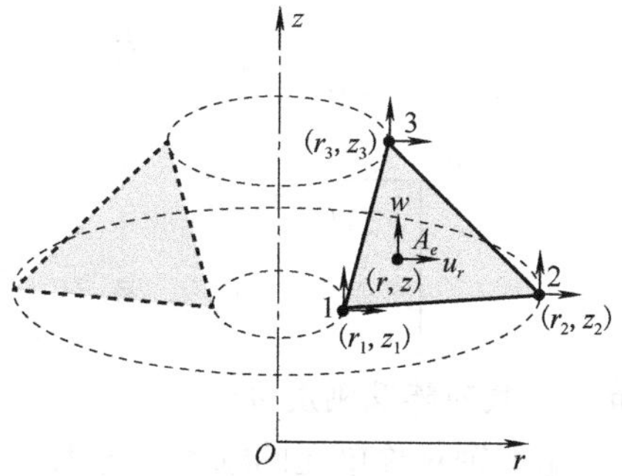

图 6.9　3 节点三角形轴对称单元(环形单元)

2)单元位移场的表达

由于有 3 个节点，在 r 方向和 z 方向上各有 3 个节点位移条件，因此设定的单元位移模式为

$$\begin{cases}u_r(r,\ z)=N_1u_{r1}+N_2u_{r2}+N_3u_{r3}\\ w(r,\ z)=N_1w_1+N_2w_2+N_3w_3\end{cases} \tag{6.2.8}$$

形函数的表达式为

$$\begin{cases}N_1=a_1+b_1r+c_1z\\ N_2=a_2+b_2r+c_2z\\ N_3=a_3+b_3r+c_3z\end{cases} \tag{6.2.9}$$

则单元内任一点的位移 $\boldsymbol{u}^h(r,z)$ 可近似表示为

$$\boldsymbol{u}^h(r,z)=\boldsymbol{N}(r,z)\boldsymbol{d}_e \tag{6.2.10}$$

式中，$\boldsymbol{N}(r,z)$ 的表达式与平面问题 3 节点三角形单元的相同。

3) 单元应变矩阵及应力矩阵

由轴对称问题的几何方程可以推导出相应的应变-位移矩阵(几何函数矩阵)，即

$$\boldsymbol{B}=\boldsymbol{L}\boldsymbol{N} \tag{6.2.11}$$

偏微分算子矩阵 $\boldsymbol{L}$ 为

$$\boldsymbol{L}=\begin{bmatrix} \dfrac{\partial}{\partial r} & 0 \\ \dfrac{1}{r} & 0 \\ 0 & \dfrac{\partial}{\partial z} \\ \dfrac{\partial}{\partial z} & \dfrac{\partial}{\partial r} \end{bmatrix} \tag{6.2.12}$$

单元应变矩阵为

$$\boldsymbol{\varepsilon}=\boldsymbol{B}\boldsymbol{d}_e \tag{6.2.13}$$

单元应力矩阵为

$$\boldsymbol{\sigma}=\boldsymbol{D}\boldsymbol{\varepsilon}=\boldsymbol{D}\boldsymbol{B}\boldsymbol{d}_e \tag{6.2.14}$$

材料的弹性系数矩阵 $\boldsymbol{D}$ 为

$$\boldsymbol{D}=\frac{E(1-\mu)}{(1+\mu)(1-2\mu)}\begin{bmatrix} 1 & \dfrac{\mu}{1-\mu} & \dfrac{\mu}{1-\mu} & 0 \\ \dfrac{\mu}{1-\mu} & 1 & \dfrac{\mu}{1-\mu} & 0 \\ \dfrac{\mu}{1-\mu} & \dfrac{\mu}{1-\mu} & 1 & 0 \\ 0 & 0 & 0 & \dfrac{1-2\mu}{2(1-\mu)} \end{bmatrix} \tag{6.2.15}$$

4) 单元刚度矩阵、等效节点荷载列阵及刚度方程

与平面单元类似，3 节点三角形轴对称单元的刚度矩阵为

$$\boldsymbol{k}_e=\int_{V_e}\boldsymbol{B}^{\mathrm{T}}\boldsymbol{D}\boldsymbol{B}\mathrm{d}V=2\pi\int_{A_e}\boldsymbol{B}^{\mathrm{T}}\boldsymbol{D}\boldsymbol{B}r\mathrm{d}r\mathrm{d}z \tag{6.2.16}$$

相应的等效节点荷载为

$$\boldsymbol{f}_e=\int_{V_e}\boldsymbol{N}^{\mathrm{T}}\boldsymbol{f}_b\mathrm{d}V+\int_{S_e}\boldsymbol{N}^{\mathrm{T}}\boldsymbol{f}_s\mathrm{d}S=2\pi\int_{A_e}\boldsymbol{N}^{\mathrm{T}}\boldsymbol{f}_b\mathrm{d}r\mathrm{d}z+2\pi\int_{l_e}\boldsymbol{N}^{\mathrm{T}}\boldsymbol{f}_s r\mathrm{d}l \tag{6.2.17}$$

单元的刚度方程为

$$\boldsymbol{k}_e\boldsymbol{d}_e=\boldsymbol{f}_e \tag{6.2.18}$$

3. 4 节点矩形轴对称单元

4 节点矩形轴对称单元如图 6.10 所示，该单元为横截面是 4 节点矩形的 360° 环形单元。其横截面上 4 个节点的编号为 1,2,3,4，各自的位置坐标为(r_i， z_i)，$i=1,2,3,4$，各自的位移为(u_{ri}， w_i)，$i=1,2,3,4$。

如图 6.10 所示，该单元为绕 z 轴的环形单元，在 Orz 平面内，单元的节点位移有 8 个自由度。将所有节点上的位移组成一个列阵，记作 $\boldsymbol{d}_e$，将所有节点上的荷载组成一个列阵，记作 $\boldsymbol{f}_e$，则有

$$\boldsymbol{d}_e = [u_{r1} \quad w_1 \quad u_{r2} \quad w_2 \quad u_{r3} \quad w_3 \quad u_{r4} \quad w_4]^{\mathrm{T}} \tag{6.2.19}$$
$$\boldsymbol{f}_e = [f_{r1} \quad f_{z1} \quad f_{r2} \quad f_{z2} \quad f_{r3} \quad f_{z3}]^{\mathrm{T}}$$

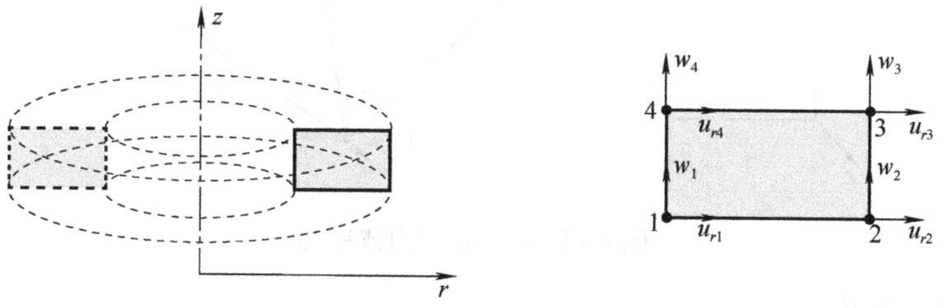

图 6.10　4 节点矩形轴对称单元(环形单元)

该单元有 4 个节点，在 r 方向和 z 方向上各有 4 个节点位移条件，因此设它的单元位移模式为

$$\begin{cases} u_r(r,\ z) = N_1 u_{r1} + N_2 u_{r2} + N_3 u_{r3} + N_4 u_{r4} \\ w(r,\ z) = N_1 w_1 + N_2 w_2 + N_3 w_3 + N_4 w_4 \end{cases} \tag{6.2.20}$$

形函数的表达式为

$$\begin{cases} N_1 = a_1 + b_1 r + c_1 z + d_1 rz \\ N_2 = a_2 + b_2 r + c_2 z + d_2 rz \\ N_3 = a_3 + b_3 r + c_3 z + d_3 rz \\ N_4 = a_4 + b_4 r + c_4 z + d_4 rz \end{cases} \tag{6.2.21}$$

则单元内任一点的位移 $\boldsymbol{u}^h(r,z)$ 可近似表示为

$$\boldsymbol{u}^h(r,z) = \boldsymbol{N}(r,z)\boldsymbol{d}_e$$

式中，$\boldsymbol{N}(r,z)$ 的表达式与平面问题 4 节点矩形单元的相同。

4 节点矩形轴对称单元的偏微分算子矩阵 $\boldsymbol{L}$、应变–位移矩阵 $\boldsymbol{B}$、应变矩阵 $\boldsymbol{\varepsilon}$、材料弹性系数矩阵 $\boldsymbol{D}$、应力矩阵 $\boldsymbol{\sigma}$、刚度矩阵 $\boldsymbol{k}_e$、等效节点荷载列阵 $\boldsymbol{f}_e$ 以及刚度方程的形式均与 3 节点三角形轴对称单元相同。

6.3　空间 4 节点四面体单元

1. 4 节点四面体单元的直角坐标系描述

该单元是由 4 个节点组成的四面体单元，每个节点有 3 个自由度，单元的节点及节点位移如图 6.11 所示。

1) 单元节点描述

如图 6.11 所示的 4 节点四面体单元，单元的节点位移列阵 $\boldsymbol{d}_e$ 为

$$\boldsymbol{d}_e = [u_1 \quad v_1 \quad w_1 \quad u_2 \quad v_2 \quad w_2 \quad u_3 \quad v_3 \quad w_3 \quad u_4 \quad v_4 \quad w_4]^{\mathrm{T}} \tag{6.3.1}$$

单元的节点荷载列阵为

$$\boldsymbol{f}_e = [f_{x1} \quad f_{y1} \quad f_{z1} \quad f_{x2} \quad f_{y2} \quad f_{z2} \quad f_{x3} \quad f_{y3} \quad f_{z3} \quad f_{x4} \quad f_{y4} \quad f_{z4}]^{\mathrm{T}} \tag{6.3.2}$$

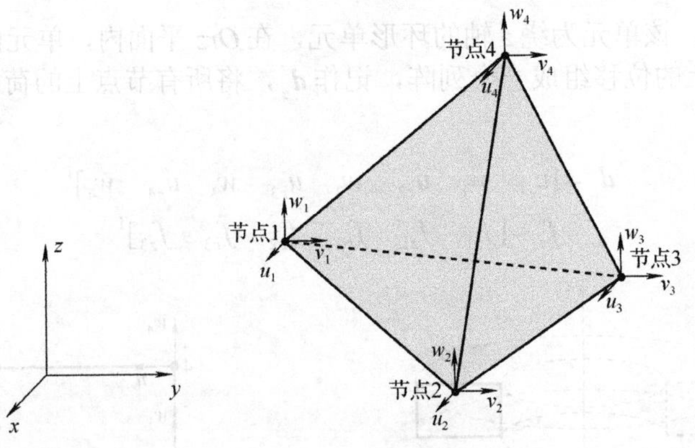

图 6.11　4 节点四面体单元

2) 单元位移场的表达

该单元有 4 个节点，共有 12 个自由度，因此每个方向上可以设定 4 个待定系数，根据节点数以及确定位移模式的基本原则，选取单元形函数为

$$N_i = a_i + b_i x + c_i y + d_i z \qquad (i = 1,2,3,4) \tag{6.3.3}$$

则单元的位移模式为

$$\boldsymbol{u}^h(x,y,z) = \boldsymbol{N}\boldsymbol{d}_e \tag{6.3.4}$$

式中，形函数矩阵 $\boldsymbol{N}$ 为

$$\boldsymbol{N} = \begin{bmatrix} N_1 & 0 & 0 & N_2 & 0 & 0 & N_3 & 0 & 0 & N_4 & 0 & 0 \\ 0 & N_1 & 0 & 0 & N_2 & 0 & 0 & N_3 & 0 & 0 & N_4 & 0 \\ 0 & 0 & N_1 & 0 & 0 & N_2 & 0 & 0 & N_3 & 0 & 0 & N_4 \end{bmatrix} \tag{6.3.5}$$

式 (6.3.3) 中的系数可利用形函数的 δ 函数性质求解。

3) 单元的应变矩阵及应力矩阵

应变矩阵的形式为

$$\boldsymbol{\varepsilon} = \boldsymbol{B}\boldsymbol{d}_e \tag{6.3.6}$$

式中，

$$\boldsymbol{\varepsilon} = [\varepsilon_x \quad \varepsilon_y \quad \varepsilon_z \quad \gamma_{xy} \quad \gamma_{yz} \quad \gamma_{zx}]^{\mathrm{T}} \tag{6.3.7}$$

$$\boldsymbol{B} = \boldsymbol{L}\boldsymbol{N} = [\boldsymbol{B}_1 \quad \boldsymbol{B}_2 \quad \boldsymbol{B}_3 \quad \boldsymbol{B}_4] \tag{6.3.8}$$

偏微分算子矩阵 $\boldsymbol{L}$ 为

$$\boldsymbol{L} = \begin{bmatrix} \dfrac{\partial}{\partial x} & 0 & 0 \\ 0 & \dfrac{\partial}{\partial y} & 0 \\ 0 & 0 & \dfrac{\partial}{\partial z} \\ \dfrac{\partial}{\partial y} & \dfrac{\partial}{\partial x} & 0 \\ 0 & \dfrac{\partial}{\partial z} & \dfrac{\partial}{\partial y} \\ \dfrac{\partial}{\partial z} & 0 & \dfrac{\partial}{\partial x} \end{bmatrix} \tag{6.3.9}$$

应变-位移矩阵的子块矩阵 $\boldsymbol{B}_i$ 为

$$\boldsymbol{B}_i = \begin{bmatrix} b_i & 0 & 0 \\ 0 & c_i & 0 \\ 0 & 0 & d_i \\ c_i & b_i & 0 \\ 0 & d_i & c_i \\ d_i & 0 & b_i \end{bmatrix} \quad (i=1,2,3,4) \tag{6.3.10}$$

应力矩阵 $\boldsymbol{\sigma}$ 为

$$\boldsymbol{\sigma} = \boldsymbol{D\varepsilon} = \boldsymbol{DBd}_e \tag{6.3.11}$$

式中，$\boldsymbol{D}$ 为空间问题的材料弹性系数矩阵，$\boldsymbol{\sigma}$ 的形式为

$$\boldsymbol{\sigma} = [\sigma_x \quad \sigma_y \quad \sigma_z \quad \tau_{xy} \quad \tau_{yz} \quad \tau_{zx}]^{\mathrm{T}} \tag{6.3.12}$$

4）单元刚度矩阵、等效节点荷载列阵及刚度方程

确定单元的应变-位移矩阵 $\boldsymbol{B}$，则 4 节点四面体单元的刚度矩阵为

$$\boldsymbol{k}_e = \int_{V_e} \boldsymbol{B}^{\mathrm{T}} \boldsymbol{DB} \mathrm{d}V \tag{6.3.13}$$

相应的等效节点荷载列阵为

$$\boldsymbol{f}_e = \int_{V_e} \boldsymbol{N}^{\mathrm{T}} \boldsymbol{f}_b \mathrm{d}V + \int_{S_e} \boldsymbol{N}^{\mathrm{T}} \boldsymbol{f}_s \mathrm{d}S \tag{6.3.14}$$

单元的刚度方程为

$$\boldsymbol{k}_e \boldsymbol{d}_e = \boldsymbol{f}_e \tag{6.3.15}$$

2. 4 节点四面体单元的体积坐标系描述

与平面 3 节点三角形单元类似，对于 4 节点四面体单元引入体积坐标，也称三维自然坐标，如图 6.12 所示。

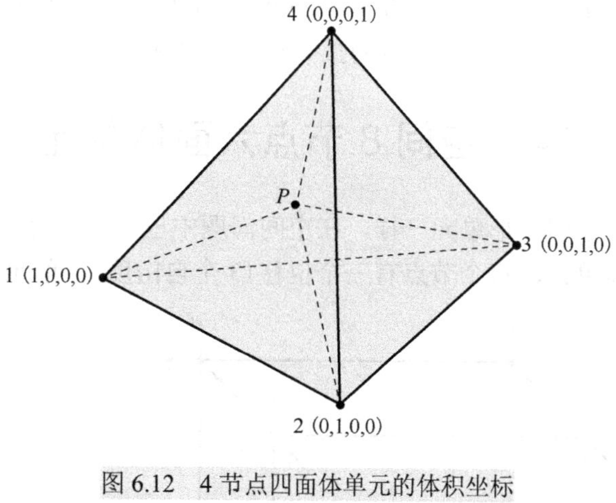

图 6.12　4 节点四面体单元的体积坐标

单元内任一点 P 的体积坐标为

$$L_1 = \frac{V_{P234}}{V_{1234}}, \quad L_2 = \frac{V_{P341}}{V_{1234}}, \quad L_3 = \frac{V_{P412}}{V_{1234}}, \quad L_4 = \frac{V_{P123}}{V_{1234}} \tag{6.3.16}$$

式中，V_{P234} 为由点 P、点 2、点 3、点 4 所组成的四面体的体积，其他类推。与 3 节点三角形单元相同，体积坐标与形函数之间仍然存在以下关系：

$$L_i = N_i \tag{6.3.17}$$

体积坐标与直角坐标的微积分关系为

$$x=\sum_{i=1}^{4}L_i x_i,\ \ y=\sum_{i=1}^{4}L_i y_i,\ \ z=\sum_{i=1}^{4}L_i z_i \tag{6.3.18}$$

$$\frac{\partial}{\partial x}=\sum_{i=1}^{4}b_i\frac{\partial}{\partial L_i},\qquad \frac{\partial}{\partial y}=\sum_{i=1}^{4}c_i\frac{\partial}{\partial L_i},\qquad \frac{\partial}{\partial z}=\sum_{i=1}^{4}d_i\frac{\partial}{\partial L_i} \tag{6.3.19}$$

$$\mathrm{d}V=|\boldsymbol{J}|\mathrm{d}L_1\mathrm{d}L_2\mathrm{d}L_3 \tag{6.3.20}$$

$$\boldsymbol{J}=\begin{bmatrix}\dfrac{\partial x}{\partial L_1} & \dfrac{\partial y}{\partial L_1} & \dfrac{\partial z}{\partial L_1}\\ \dfrac{\partial x}{\partial L_2} & \dfrac{\partial y}{\partial L_2} & \dfrac{\partial z}{\partial L_2}\\ \dfrac{\partial x}{\partial L_3} & \dfrac{\partial y}{\partial L_3} & \dfrac{\partial z}{\partial L_3}\end{bmatrix} \tag{6.3.21}$$

$$\int_l L_i^a L_j^b \mathrm{d}l=\frac{a!b!}{(a+b+1)!}l \quad （l\text{为对应的边长}） \tag{6.3.22}$$

$$\int_A L_i^a L_j^b L_k^c \mathrm{d}A=\frac{2a!b!c!}{(a+b+c+2)!}A \quad （A\text{为对应的面积}） \tag{6.3.23}$$

$$\int_V L_i^a L_j^b L_k^c L_m^d \mathrm{d}V=\frac{6a!b!c!d!}{(a+b+c+d+3)!}V \quad （V\text{为对应的体积}） \tag{6.3.24}$$

单元的刚度矩阵 $\boldsymbol{k}_e$ 为

$$\boldsymbol{k}_e=\int_{V_e}\boldsymbol{B}^{\mathrm{T}}\boldsymbol{D}\boldsymbol{B}\mathrm{d}V=\int_0^1\int_0^{1-L_3}\int_0^{1-L_2-L_3}\boldsymbol{B}^{\mathrm{T}}\boldsymbol{D}\boldsymbol{B}|\boldsymbol{J}|\mathrm{d}L_1\mathrm{d}L_2\mathrm{d}L_3 \tag{6.3.25}$$

等效节点荷载列阵为

$$\boldsymbol{f}_e=\int_0^1\int_0^{1-L_3}\int_0^{1-L_2-L_3}\boldsymbol{N}^{\mathrm{T}}\boldsymbol{f}_b|\boldsymbol{J}|\mathrm{d}L_1\mathrm{d}L_2\mathrm{d}L_3+\int_0^1\int_0^{1-L_3}\boldsymbol{N}^{\mathrm{T}}\boldsymbol{f}_s A\mathrm{d}L_2\mathrm{d}L_3 \tag{6.3.26}$$

假设面力 $\boldsymbol{f}_s$ 作用在 $L_1=0$ 的面上。其他量的推导与直角坐标相同。

6.4　空间 8 节点六面体单元

如同在平面问题中采用矩形单元一样，在空间问题中也可以采用六面体单元。图 6.13 为由 8 节点组成的六面体单元，每个节点有三个位移(3 个自由度)，单元共有 24 个自由度。

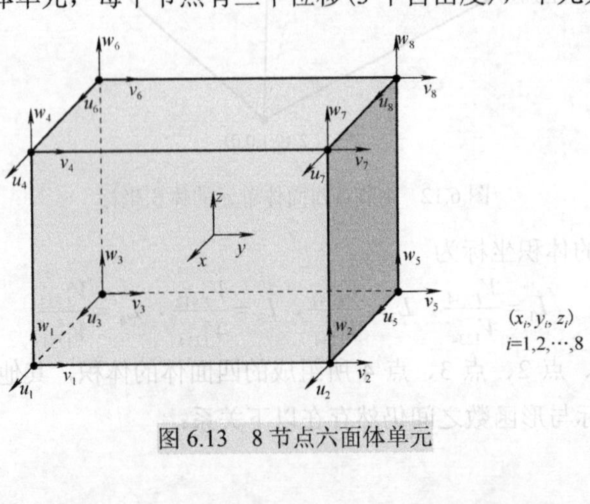

图 6.13　8 节点六面体单元

1）单元节点描述

如图 6.13 所示，8 节点六面体单元的节点位移列阵 $\boldsymbol{d}_e$ 为

$$\boldsymbol{d}_e = [u_1 \quad v_1 \quad w_1 \quad u_2 \quad v_2 \quad w_2 \quad \cdots \quad u_8 \quad v_8 \quad w_8]^{\mathrm{T}} \tag{6.4.1}$$

单元的等效节点荷载列阵为

$$\boldsymbol{f}_e = [f_{x1} \quad f_{y1} \quad f_{z1} \quad f_{x2} \quad f_{y2} \quad f_{z2} \quad \cdots \quad f_{x8} \quad f_{y8} \quad f_{z8}]^{\mathrm{T}} \tag{6.4.2}$$

2）单元位移场的表达

该单元有 8 个节点，共有 24 个自由度，因此每个方向上可以设定 8 个待定系数，根据节点数以及确定位移模式的基本原则，选取单元形函数为

$$N_i = a_i + b_i x + c_i y + d_i z + e_i xy + f_i yz + g_i zx + h_i xyz \quad (i = 1,2,\cdots,8) \tag{6.4.3}$$

则单元的位移模式为

$$\boldsymbol{u}^h(x,y,z) = \boldsymbol{N}\boldsymbol{d}_e \tag{6.4.4}$$

由于节点位移多达 24 个，由节点条件直接确定形函数（位移模式）中的待定系数和形函数矩阵的方法显得非常麻烦，可利用单元的自然坐标直接应用 Lagrange 插值公式写出形函数矩阵。

求解得到单元的形函数矩阵之后，可按照有限元分析的过程推导相应的应变矩阵、刚度矩阵、等效节点荷载列阵以及刚度方程。

6.5　等参单元及等参变换

由于实际问题具有复杂性，往往需要使用一些几何形状不太规则的单元来逼近原问题，特别是在一些复杂的边界上，有时只能采用几何形状不规则的单元，因此需要寻找适当的方法将规则形状的单元转化为其边界上为曲线或曲面的相应单元。在有限元分析中，普遍采用的变换方法即等参变换，即单元几何形状和单元内的场函数采用相同数目的节点参数以及相同的插值函数进行变换。采用等参变换的单元称为等参单元，等参单元的提出为有限元成为最有效的数值分析方法提供了坚实的理论。

由于等参变换使等参单元的刚度、质量、阻尼、荷载等特性矩阵的计算在单元的规则域内进行，不管积分形式的矩阵对应的被积函数如何复杂，都可以方便地采用标准化的数值积分方法进行，从而将各种工程实际问题的有限元分析纳入通用化程序。

1. 坐标变换

为将局部（自然、基准）坐标系中几何形状规则的单元转换成整体（真实、物理）坐标系中的几何形状不规则的单元，以满足问题求解的需要，要建立一个坐标变换。坐标变换最方便的方法是将整体坐标系的坐标表示成插值函数的形式：

$$x = \sum_{i=1}^{m} N'_i x_i, \quad y = \sum_{i=1}^{m} N'_i y_i, \quad z = \sum_{i=1}^{m} N'_i z_i \tag{6.5.1}$$

式中，m 为进行坐标变换的节点数；x_i、y_i、z_i 为节点在整体坐标系中的坐标值；N'_i 为几何形函数，也是用自然坐标表示的插值函数。

通过式（6.5.1）建立两个坐标系之间的变换关系，从而将自然坐标系内形状规则的单元变换为真实坐标系内形状不规则的单元。式（6.5.1）与函数的插值表示式

$$\phi = \sum_{i=1}^{n} N_i \phi_i \tag{6.5.2}$$

在形式上相同，N_i 为位移形函数，n 为插值函数的节点数。

根据 m 与 n 的大小，可将变换分为三类。

(1) 等参变换：坐标变换的节点数与函数插值的节点数相同，即 $m=n$，或者说几何形函数的插值阶次与位移形函数的插值阶次相同，这样的单元称为等参单元，简称等参元。

(2) 超参变换：坐标变换的节点数大于函数插值的节点数，即 $m>n$，或者说几何形函数的插值阶次大于位移形函数的插值阶次，这样的单元称为超参单元，简称超参元。

(3) 亚参变换：坐标变换的节点数小于函数插值的节点数，即 $m<n$，或者说几何形函数的插值阶次小于位移形函数的插值阶次，这样的单元称为亚参单元，简称亚参元。

2. 坐标的偏导数变换

对于真实坐标系下的任一函数 $F(x,y,z)$，求它在自然坐标系下的偏导数，则有

$$\begin{cases}\dfrac{\partial F}{\partial \xi}=\dfrac{\partial F}{\partial x}\cdot\dfrac{\partial x}{\partial \xi}+\dfrac{\partial F}{\partial y}\cdot\dfrac{\partial y}{\partial \xi}+\dfrac{\partial F}{\partial z}\cdot\dfrac{\partial z}{\partial \xi}\\ \dfrac{\partial F}{\partial \eta}=\dfrac{\partial F}{\partial x}\cdot\dfrac{\partial x}{\partial \eta}+\dfrac{\partial F}{\partial y}\cdot\dfrac{\partial y}{\partial \eta}+\dfrac{\partial F}{\partial z}\cdot\dfrac{\partial z}{\partial \eta}\\ \dfrac{\partial F}{\partial \zeta}=\dfrac{\partial F}{\partial x}\cdot\dfrac{\partial x}{\partial \zeta}+\dfrac{\partial F}{\partial y}\cdot\dfrac{\partial y}{\partial \zeta}+\dfrac{\partial F}{\partial z}\cdot\dfrac{\partial z}{\partial \zeta}\end{cases}\tag{6.5.3}$$

两个坐标之间偏导数的变换关系为

$$\begin{cases}\dfrac{\partial}{\partial \xi}=\dfrac{\partial x}{\partial \xi}\cdot\dfrac{\partial}{\partial x}+\dfrac{\partial y}{\partial \xi}\cdot\dfrac{\partial}{\partial y}+\dfrac{\partial z}{\partial \xi}\cdot\dfrac{\partial}{\partial z}\\ \dfrac{\partial}{\partial \eta}=\dfrac{\partial x}{\partial \eta}\cdot\dfrac{\partial}{\partial x}+\dfrac{\partial y}{\partial \eta}\cdot\dfrac{\partial}{\partial y}+\dfrac{\partial z}{\partial \eta}\cdot\dfrac{\partial}{\partial z}\\ \dfrac{\partial}{\partial \zeta}=\dfrac{\partial x}{\partial \zeta}\cdot\dfrac{\partial}{\partial x}+\dfrac{\partial y}{\partial \zeta}\cdot\dfrac{\partial}{\partial y}+\dfrac{\partial z}{\partial \zeta}\cdot\dfrac{\partial}{\partial z}\end{cases}\tag{6.5.4}$$

写成矩阵形式为

$$\begin{Bmatrix}\dfrac{\partial}{\partial \xi}\\ \dfrac{\partial}{\partial \eta}\\ \dfrac{\partial}{\partial \zeta}\end{Bmatrix}=\begin{bmatrix}\dfrac{\partial x}{\partial \xi} & \dfrac{\partial y}{\partial \xi} & \dfrac{\partial z}{\partial \xi}\\ \dfrac{\partial x}{\partial \eta} & \dfrac{\partial y}{\partial \eta} & \dfrac{\partial z}{\partial \eta}\\ \dfrac{\partial x}{\partial \zeta} & \dfrac{\partial y}{\partial \zeta} & \dfrac{\partial z}{\partial \zeta}\end{bmatrix}\begin{Bmatrix}\dfrac{\partial}{\partial x}\\ \dfrac{\partial}{\partial y}\\ \dfrac{\partial}{\partial z}\end{Bmatrix}\tag{6.5.5}$$

令

$$\boldsymbol{J}=\begin{bmatrix}\dfrac{\partial x}{\partial \xi} & \dfrac{\partial y}{\partial \xi} & \dfrac{\partial z}{\partial \xi}\\ \dfrac{\partial x}{\partial \eta} & \dfrac{\partial y}{\partial \eta} & \dfrac{\partial z}{\partial \eta}\\ \dfrac{\partial x}{\partial \zeta} & \dfrac{\partial y}{\partial \zeta} & \dfrac{\partial z}{\partial \zeta}\end{bmatrix}\tag{6.5.6}$$

$\boldsymbol{J}$ 称为三维空间的雅可比矩阵，则式(6.5.5)变为

$$\begin{Bmatrix} \dfrac{\partial}{\partial \xi} \\ \dfrac{\partial}{\partial \eta} \\ \dfrac{\partial}{\partial \zeta} \end{Bmatrix} = \boldsymbol{J} \begin{Bmatrix} \dfrac{\partial}{\partial x} \\ \dfrac{\partial}{\partial y} \\ \dfrac{\partial}{\partial z} \end{Bmatrix} \tag{6.5.7}$$

其逆形式为

$$\begin{Bmatrix} \dfrac{\partial}{\partial x} \\ \dfrac{\partial}{\partial y} \\ \dfrac{\partial}{\partial z} \end{Bmatrix} = \boldsymbol{J}^{-1} \begin{Bmatrix} \dfrac{\partial}{\partial \xi} \\ \dfrac{\partial}{\partial \eta} \\ \dfrac{\partial}{\partial \zeta} \end{Bmatrix} \tag{6.5.8}$$

式(6.5.7)和式(6.5.8)即两个坐标之间偏导数的变换(映射)关系。

3. 面积及体积变换

在真实坐标(x，y)中，由 $\mathrm{d}\boldsymbol{\xi}$ 和 $\mathrm{d}\boldsymbol{\eta}$ 所围微面的面积为

$$\mathrm{d}A = \left|\mathrm{d}\boldsymbol{\xi} \times \mathrm{d}\boldsymbol{\eta}\right| \tag{6.5.9}$$

$\mathrm{d}\boldsymbol{\xi}$ 和 $\mathrm{d}\boldsymbol{\eta}$ 在真实坐标系中的分量为

$$\begin{cases} \mathrm{d}\boldsymbol{\xi} = \dfrac{\partial x}{\partial \xi}\mathrm{d}\xi \cdot \boldsymbol{i} + \dfrac{\partial y}{\partial \xi}\mathrm{d}\xi \cdot \boldsymbol{j} \\ \mathrm{d}\boldsymbol{\eta} = \dfrac{\partial x}{\partial \eta}\mathrm{d}\eta \cdot \boldsymbol{i} + \dfrac{\partial y}{\partial \eta}\mathrm{d}\eta \cdot \boldsymbol{j} \end{cases} \tag{6.5.10}$$

式中，$\boldsymbol{i}$ 和 $\boldsymbol{j}$ 分别为真实坐标系中 x 方向和 y 方向的单位矢量，则式(6.5.9)为

$$\mathrm{d}A = \begin{vmatrix} \dfrac{\partial x}{\partial \xi}\mathrm{d}\xi & \dfrac{\partial y}{\partial \xi}\mathrm{d}\xi \\ \dfrac{\partial x}{\partial \eta}\mathrm{d}\eta & \dfrac{\partial y}{\partial \eta}\mathrm{d}\eta \end{vmatrix} = \left|\boldsymbol{J}\right|\mathrm{d}\xi\mathrm{d}\eta \tag{6.5.11}$$

式(6.5.11)给出了两个坐标系中的面积变换公式。同理，对于三维问题，在真实坐标(x, y, z)中，由 $\mathrm{d}\boldsymbol{\xi}$ 、$\mathrm{d}\boldsymbol{\eta}$ 和 $\mathrm{d}\boldsymbol{\zeta}$ 所围微小六面体的体积为

$$\mathrm{d}v = \mathrm{d}\boldsymbol{\xi} \cdot (\mathrm{d}\boldsymbol{\eta} \times \mathrm{d}\boldsymbol{\zeta}) \tag{6.5.12}$$

则有体积积分的变换：

$$\mathrm{d}v = \begin{vmatrix} \dfrac{\partial x}{\partial \xi}\mathrm{d}\xi & \dfrac{\partial y}{\partial \xi}\mathrm{d}\xi & \dfrac{\partial z}{\partial \xi}\mathrm{d}\xi \\ \dfrac{\partial x}{\partial \eta}\mathrm{d}\eta & \dfrac{\partial y}{\partial \eta}\mathrm{d}\eta & \dfrac{\partial z}{\partial \eta}\mathrm{d}\eta \\ \dfrac{\partial x}{\partial \zeta}\mathrm{d}\zeta & \dfrac{\partial y}{\partial \zeta}\mathrm{d}\zeta & \dfrac{\partial z}{\partial \zeta}\mathrm{d}\zeta \end{vmatrix} = \left|\boldsymbol{J}\right|\mathrm{d}\xi\mathrm{d}\eta\mathrm{d}\zeta \tag{6.5.13}$$

式(6.5.13)给出了两个坐标系中的体积变换公式。至于单元的映射，请读者参看 5.8 节的相关内容。

4. 等参变换的条件

由微积分学知识可知，两个坐标系之间可以一一变换的条件就是雅可比行列式$|\boldsymbol{J}|$不等于零，等参变换作为一种坐标变换也必须服从此条件。因此等参变换的条件为

$$|\boldsymbol{J}| \neq 0 \tag{6.5.14}$$

$|\boldsymbol{J}|=0$，则$\boldsymbol{J}^{-1}$不存在，两个坐标系的变换不能实现。

对于二维问题，出现$|\boldsymbol{J}|=0$的情况为

$$|\mathrm{d}\boldsymbol{\xi}|=0\text{，或}|\mathrm{d}\boldsymbol{\eta}|=0\text{，或}\mathrm{d}\boldsymbol{\xi}\text{和}\mathrm{d}\boldsymbol{\eta}\text{共线} \tag{6.5.15}$$

对于三维问题，出现$|\boldsymbol{J}|=0$的情况为：$|\mathrm{d}\boldsymbol{\xi}|$、$|\mathrm{d}\boldsymbol{\eta}|$、$|\mathrm{d}\boldsymbol{\zeta}|$中的任一个为零；或$\mathrm{d}\boldsymbol{\xi}$、$\mathrm{d}\boldsymbol{\eta}$、$\mathrm{d}\boldsymbol{\zeta}$中的任两个共线。

5. 等参单元的收敛性

先前探讨了有限元分析中解的收敛性条件，即单元必须满足协调性和完备性两个条件。现在讨论等参单元是否满足此条件。

研究单元集合体的协调性，需要考虑单元之间的公共边(面)。为了保证协调，相邻单元在公共边(面)上应有完全相同的节点，同时每个单元沿这些边(面)的坐标和未知函数应采用相同的插值函数加以确定。显然，只要适当地划分网格和选择单元，等参单元能够完全满足协调性条件。图 6.14(a)所示满足协调性条件，而图 6.14(b)所示则不满足协调性条件。

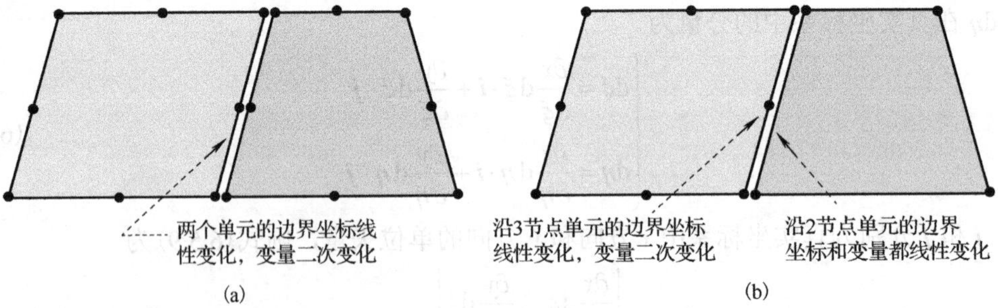

图 6.14　单元公共面上变量协调和不协调情况

由于等参单元的几何形函数和位移形函数阶次相同，一个形函数满足完备性，另一个形函数必满足完备性，因此等参单元满足完备性要求。可以证明超参单元一般不满足完备性要求，亚参单元满足完备性要求。

习　题

6.1　证明棱边为直线的四面体单元的雅可比矩阵是常数矩阵。

6.2　证明长方体单元的雅可比矩阵是常数矩阵。

6.3　讨论下列单元的优化积分方案及精确积分方案(假定雅可比行列式为常数)所需的高斯积分阶次：

(1) 三维 8 节点线性单元；

(2) 三维 20 节点二次单元。

第 7 章　复杂单元简介及实现

一般来说，单元类型和形状的选择依赖于结构或整体求解域的几何特点、方程的类型及求解所希望的精度等因素，而有限元的插值函数则取决于单元的形状、结构的类型和数目等因素。目前所介绍的单元的节点位置都位于单元角点，采用多项式函数对单元插值，这种单元的计算精度一般较差。提高计算精度的常用措施之一就是在单元中引入内部节点，采用较高阶的多项式进行插值，这种单元为简单的高阶单元。随着计算数学特别是数值技术的发展，一些新型函数或解析函数被用来进行单元描述，也取得了较好的效果。

7.1　一维高阶单元

对于具有两个端节点的杆件，如果在其内部增加若干节点，就可以选用高次多项式进行位移函数的插值，得到高阶单元，如图 7.1 所示。

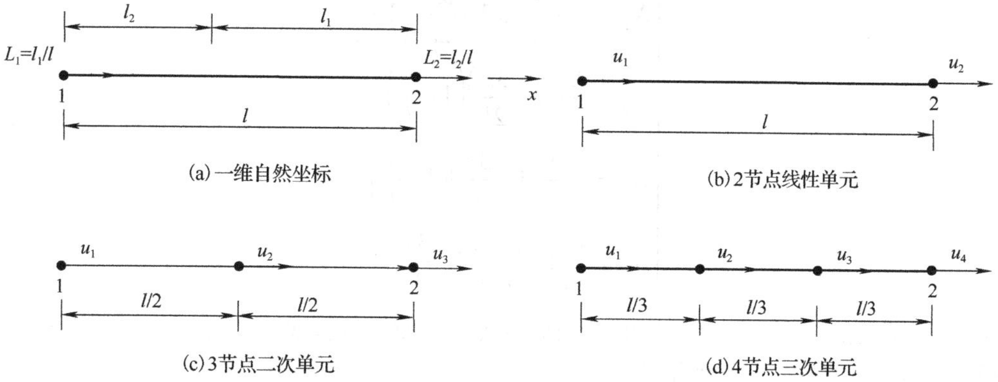

图 7.1　一维问题自然坐标及杆单元

1. 二次杆单元

在具有两个端节点的单元中增加一个内部节点，则得到二次杆单元，如图 7.1(c) 所示。一维二次杆单元的节点位移共有 3 个自由度，其节点位移列阵为

$$\boldsymbol{d}_e=[u_1 \quad u_2 \quad u_3]^{\mathrm{T}} \tag{7.1.1}$$

因此，单元的位移函数模式为

$$u^h(x)=a_0+a_1x+a_2x^2=\boldsymbol{N}\cdot\boldsymbol{d}_e \tag{7.1.2}$$

式中，

$$\boldsymbol{N}=[N_1 \quad N_2 \quad N_3] \tag{7.1.3}$$

$$\begin{cases} N_1 = \left(1-\dfrac{2x}{l}\right)\left(1-\dfrac{x}{l}\right) = 2\left(\dfrac{1}{2}-\xi\right)(1-\xi) \\ N_2 = \dfrac{4x}{l}\left(1-\dfrac{x}{l}\right) = 4\xi(1-\xi) \\ N_3 = -\dfrac{x}{l}\left(1-\dfrac{2x}{l}\right) = -2\xi\left(\dfrac{1}{2}-\xi\right) \\ \xi = \dfrac{x}{l} \end{cases} \tag{7.1.4}$$

2. 三次杆单元

在具有两个端节点的单元中增加两个内部节点，则单元中共有 4 个节点，可以得到三次杆单元，如图 7.1(d)所示。一维三次杆单元的节点位移共有 4 个自由度，其节点位移列阵为

$$\boldsymbol{d}_e = [u_1 \quad u_2 \quad u_3 \quad u_4]^{\mathrm{T}} \tag{7.1.5}$$

因此单元的位移函数模式为

$$u^h(x) = a_0 + a_1 x + a_2 x^2 + a_3 x^3 = \boldsymbol{N} \cdot \boldsymbol{d}_e \tag{7.1.6}$$

式中，

$$\boldsymbol{N} = [N_1 \quad N_2 \quad N_3 \quad N_4] \tag{7.1.7}$$

$$\begin{cases} N_1 = \left(1-\dfrac{3x}{l}\right)\left(1-\dfrac{3x}{2l}\right)\left(1-\dfrac{x}{l}\right) \\ N_2 = \dfrac{9x}{l}\left(1-\dfrac{3x}{2l}\right)\left(1-\dfrac{x}{l}\right) \\ N_3 = -\dfrac{9x}{2l}\left(1-\dfrac{3x}{l}\right)\left(1-\dfrac{x}{l}\right) \\ N_4 = \dfrac{x}{l}\left(1-\dfrac{3x}{l}\right)\left(1-\dfrac{3x}{2l}\right) \end{cases} \tag{7.1.8}$$

在得到单元的位移模式和单元的形函数矩阵后，就可以按照有限元方法中的一般推导过程得到单元的刚度矩阵和刚度方程。

更一般化，对于具有 n 个节点的一维杆单元，其单元的位移场可表示为

$$u^h(x) = \sum_{i=1}^{n} N_i u_i \tag{7.1.9}$$

式中，u_i 为 i 节点的位移；N_i 为 i 节点的形函数，根据形函数的性质：

$$\begin{cases} N_i(x_j) = \delta_{ij} \\ \sum\limits_{i=1}^{n} N_i = 1 \end{cases} \tag{7.1.10}$$

式中，δ_{ij} 为 Kronecker 符号，因此，可由 Lagrange 插值公式构造形函数：

$$N_i = l_i^{(n-1)}(\xi) = \prod_{j=1, j\neq i}^{n} \frac{\xi - \xi_j}{\xi_i - \xi_j} \tag{7.1.11}$$

式中，$l_i^{(n-1)}(\xi)$ 的上标表示插值多项式的次数；$\prod$ 表示多项式的乘积；ξ 为无量纲表示，可称为自然坐标：

$$\xi = \frac{x - x_1}{l} \quad (0 \leqslant \xi \leqslant 1) \tag{7.1.12}$$

以 3 节点为例，$n=3$，$x_2=(x_1+x_3)/2$，从而 $\xi_1=0$，$\xi_2=1/2$，$\xi_3=1$，则有

$$\begin{cases} l_1^2=\dfrac{(\xi-\xi_2)(\xi-\xi_3)}{(\xi_1-\xi_2)(\xi_1-\xi_3)}=2\left(\xi-\dfrac{1}{2}\right)(\xi-1) \\ l_2^2=\dfrac{(\xi-\xi_1)(\xi-\xi_3)}{(\xi_2-\xi_1)(\xi_2-\xi_3)}=-4\xi(\xi-1) \\ l_3^2=\dfrac{(\xi-\xi_1)(\xi-\xi_2)}{(\xi_3-\xi_1)(\xi_3-\xi_2)}=2\xi\left(\xi-\dfrac{1}{2}\right) \end{cases} \tag{7.1.13}$$

比较式(7.1.13)和式(7.1.4)发现二者完全相同，这种通过 Lagrange 插值公式构造的形函数对应的单元常称为 Lagrange 单元。

3. Hermite 单元

对于要求在节点上保持导数连续的单元位移函数，可以采用埃尔米特(Hermite)多项式进行函数插值。以 2 节点单元要求 C_1 型连续(要求一阶导数连续)的问题为例，则有

$$\begin{aligned} u^h(x) &= N_1u_1+N_2\left.\frac{\mathrm{d}u}{\mathrm{d}x}\right|_{x=x_1}+N_3u_2+N_4\left.\frac{\mathrm{d}u}{\mathrm{d}x}\right|_{x=x_2} \\ &= \sum_{i=1}^{2}\left[H_{0i}^{(1)}u_i+H_{1i}^{(1)}\left.\frac{\mathrm{d}u_i}{\mathrm{d}x}\right|_{x_i}\right] \\ &= \sum_{i=1}^{2}\sum_{k=0}^{1}H_{ki}^{(1)}u_i^{(k)} \end{aligned} \tag{7.1.14}$$

若有 n 个节点，在单元节点处要求 p 阶导数连续，采用自然坐标系，则式(7.1.14)可推广为

$$u(\xi)=\sum_{i=1}^{n}\sum_{k=0}^{p}H_{ki}^{(p)}u_i^{(k)} \tag{7.1.15}$$

式中，$H_{ki}^{(p)}$ 为 Hermite 多项式；p 为 Hermite 多项式的阶次；k 为导数变化的指标数，在 2 节点的情况下，为 x 的 $2p+1$ 次多项式。

Hermite 多项式具有以下性质：

$$\begin{cases} H_i^{(0)}(\xi_j)=\delta_{ij},\quad \left.\dfrac{\mathrm{d}H_i^{(0)}(\xi)}{\mathrm{d}\xi}\right|_{\xi_j}=0 \\ H_i^{(1)}(\xi_j)=0,\quad \left.\dfrac{\mathrm{d}H_i^{(1)}(\xi)}{\mathrm{d}\xi}\right|_{\xi_j}=\delta_{ij} \end{cases} \tag{7.1.16}$$

具体地，对于 2 节点梁单元，要求转角连续，即要求挠度的一阶导数连续，因而所构造的位移函数应采用一阶 Hermite 插值函数，具体表达式为

$$\begin{aligned} v(x) &= N_1v_1+N_2\theta_1+N_3v_2+N_4\theta_2 \\ &= H_{01}^{(1)}v_1^{(0)}+H_{11}^{(1)}v_1^{(1)}+H_{02}^{(1)}v_2^{(0)}+H_{12}^{(1)}v_2^{(1)} \end{aligned} \tag{7.1.17}$$

可以看出，$H_{01}^{(1)}$、$H_{11}^{(1)}$、$H_{02}^{(1)}$、$H_{11}^{(1)}$ 为一阶 Hermite 多项式，其表达式为

$$\begin{cases} N_1=H_{01}^{(1)}=1-3\xi^2+2\xi^3 \\ N_2=H_{11}^{(1)}=\xi-2\xi^2+\xi^3 \\ N_3=H_{02}^{(1)}=3\xi^2-2\xi^3 \\ N_4=H_{12}^{(1)}=\xi^3-\xi^2 \end{cases} \tag{7.1.18}$$

4 个形函数的图像如图 7.2 所示。

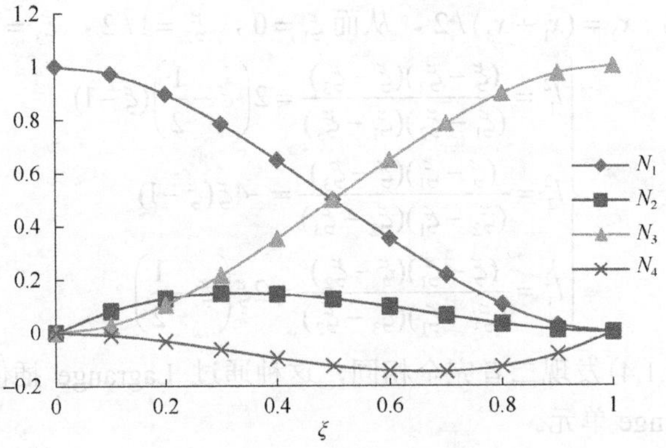

图 7.2　2 节点梁单元的形函数

7.2　二维高阶单元

对于二维问题，如果在其内部增加若干节点(主要在单元的边上)，就可以选用二维高次多项式进行位移函数的插值，从而得到高阶单元，下面就三角形单元和矩形单元进行讨论。

1. 三角形高阶单元

1) 6 节点三角形二次单元

在原 3 节点三角形单元的每一条边的中点再增加一个内部节点，则可以得到二次函数 6 节点三角形单元，如图 7.3 所示。

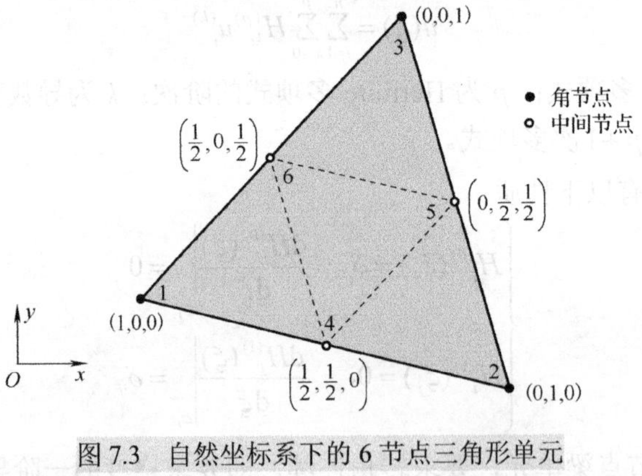

图 7.3　自然坐标系下的 6 节点三角形单元

单元位移场的模式为(完整的二次多项式)

$$\begin{cases} u^h(x,y)=a_1+a_2x+a_3y+a_4x^2+a_5xy+a_6y^2 \\ v^h(x,y)=b_1+b_2x+b_3y+b_4x^2+b_5xy+b_6y^2 \end{cases} \tag{7.2.1}$$

若用自然坐标表示，以 $u^h(x,y)$ 为例，则有

$$\begin{aligned} u^h(x,y) &= a_1'L_1+a_2'L_2+a_3'L_3+a_4'L_1L_2+a_5'L_2L_3+a_6'L_3L_1 \\ &= N_1u_1+N_2u_2+N_3u_3+N_4u_4+N_5u_5+N_6u_6 \end{aligned} \tag{7.2.2}$$

式中，

$$\begin{cases} N_1=(2L_1-1)L_1,\ \ N_4=4L_1L_2 \\ N_2=(2L_2-1)L_2,\ \ N_5=4L_2L_3 \\ N_3=(2L_3-1)L_3,\ \ N_6=4L_3L_1 \end{cases} \tag{7.2.3}$$

2) 10 节点三角形三次单元

在构造三角形三次单元时，可在 3 节点三角形单元的每一条边上均匀地再增加两个节点，这样就有 9 个节点。由函数构造的 Pascal 三角形可知，完备的三次多项式共有 10 项，因此在 3 节点三角形单元的中心再增加一个节点，如图 7.4 所示。

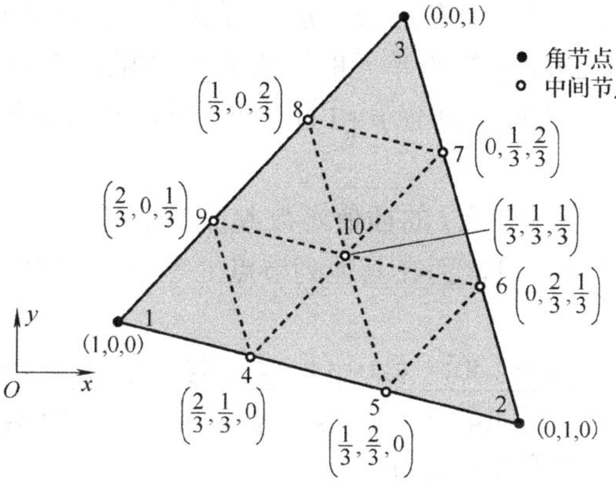

图 7.4　自然坐标系下的 10 节点三角形单元

单元位移场的模式为完整的三次多项式函数，即

$$\begin{cases} u^h(x,y) = a_1 + a_2 x + a_3 y + a_4 x^2 + a_5 xy + a_6 y^2 + a_7 x^3 + a_8 x^2 y + a_9 xy^2 + a_{10} y^3 \\ v^h(x,y) = b_1 + b_2 x + b_3 y + b_4 x^2 + b_5 xy + b_6 y^2 + b_7 x^3 + b_8 x^2 y + b_9 xy^2 + b_{10} y^3 \end{cases} \tag{7.2.4}$$

若以自然坐标表示，以 $u^h(x,y)$ 为例，则有

$$\begin{aligned} u^h(x,y) &= a_1' L_1 + a_2' L_2 + a_3' L_3 + a_4' L_1 L_2 + a_5' L_2 L_3 + a_6' L_3 L_1 + a_7' L_1^2 L_2 \\ &\quad + a_8' L_2^2 L_3 + a_9' L_3^2 L_1 + a_{10}' L_1 L_2 L_3 \\ &= N_1 u_1 + N_2 u_2 + \cdots + N_{10} u_{10} \end{aligned} \tag{7.2.5}$$

式中，对应于角节点的形函数为

$$N_i = \frac{L_i - \frac{2}{3}}{\frac{1}{3}} \cdot \frac{L_i - \frac{1}{3}}{\frac{2}{3}} \cdot \frac{L_i}{1} = \frac{1}{2}(3L_i - 1)(3L_i - 2)L_i \qquad (i = 1,2,3) \tag{7.2.6}$$

对应于各边内节点的形函数为

$$\begin{cases} N_4 = \frac{3}{2} L_1 \cdot 3L_2 \cdot 3\left(L_1 - \frac{1}{3}\right) = \frac{9}{2} L_1 L_2 (3L_1 - 1) \\ N_5 = 3L_1 \cdot \frac{3}{2} L_2 \cdot 3\left(L_2 - \frac{1}{3}\right) = \frac{9}{2} L_1 L_2 (3L_2 - 1) \\ N_6 = \frac{3}{2} L_2 \cdot 3L_3 \cdot 3\left(L_2 - \frac{1}{3}\right) = \frac{9}{2} L_2 L_3 (3L_2 - 1) \\ N_7 = 3L_2 \cdot \frac{3}{2} L_3 \cdot 3\left(L_3 - \frac{1}{3}\right) = \frac{9}{2} L_2 L_3 (3L_3 - 1) \\ N_8 = 3L_1 \cdot \frac{3}{2} L_3 \cdot 3\left(L_3 - \frac{1}{3}\right) = \frac{9}{2} L_1 L_3 (3L_3 - 1) \\ N_9 = \frac{3}{2} L_1 \cdot 3L_3 \cdot 3\left(L_1 - \frac{1}{3}\right) = \frac{9}{2} L_1 L_3 (3L_1 - 1) \end{cases} \tag{7.2.7}$$

对应于中心节点的形函数为

$$N_{10}=3L_1\cdot 3L_2\cdot 3L_3=27L_1L_2L_3 \tag{7.2.8}$$

2. 矩形高阶单元

1)基于 Lagrange 插值的矩形单元

对于矩形单元的两个正交的坐标方向(ξ、η),可以根据节点数采用适当阶次的 Lagrange 多项式乘积来构造任意的 Lagrange 矩形单元的插值函数。如图 7.5 所示的矩形单元,其中在ξ方向上划分$r+1$列节点,在η方向上划分$p+1$行节点,所以节点布置在单元中$r+1$列和$p+1$行的规则网格上。

下面构造位于m列n行上的节点i的插值函数N_i。在ξ方向的$r+1$列中,如果构造出一个插值函数在第m列节点上等于 1,而在其他列节点上等于 0,则由 Lagrange 多项式可以得到该函数为

$$l_m^{(p)}(\xi)=\frac{(\xi-\xi_1)(\xi-\xi_2)\cdots(\xi-\xi_{m-1})(\xi-\xi_{m-1})\cdots(\xi-\xi_r)}{(\xi_m-\xi_1)(\xi_m-\xi_2)\cdots(\xi_m-\xi_{m-1})(\xi_m-\xi_{m+1})\cdots(\xi_m-\xi_r)} \tag{7.2.9}$$

同理,在η方向上也可以得到插值函数为

$$l_n^{(r)}(\eta)=\frac{(\eta-\eta_1)(\eta-\eta_2)\cdots(\eta-\eta_{n-1})(\eta-\eta_{n-1})\cdots(\eta-\eta_p)}{(\eta_n-\eta_1)(\eta_n-\eta_2)\cdots(\eta_n-\eta_{n-1})(\eta_n-\eta_{n+1})\cdots(\eta_n-\eta_p)} \tag{7.2.10}$$

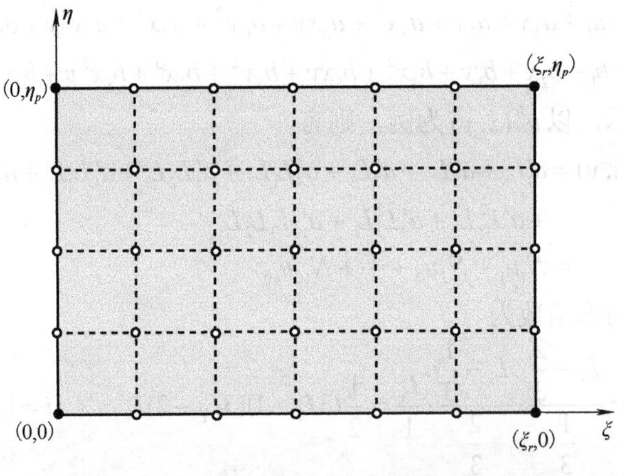

图 7.5　具有$r+1$列和$p+1$行节点的矩形单元

对以上两个方向的 Lagrange 多项式进行乘积运算,可得到节点i的插值函数N_i为

$$N_i=l_m^{(p)}(\xi)l_n^{(r)}(\eta) \tag{7.2.11}$$

可以看出N_i在节点i上等于 1,而在其他所有节点上等于 0。这种单元在其每一边界上的节点数和插值函数满足协调性,从而可以保证单元之间函数的协调性。

图 7.6 分别为线性、二次和三次函数变化的 Lagrange 矩形单元。虽然可以按上述方法方便地构造出它们的形函数,但是这种类型的单元存在明显的缺陷,随着插值函数阶次的增高需要增加内部节点,但这些节点自由度的增加一般并不能显著提高单元的计算精度。因为单元的计算精度通常取决于完全的多项式,非完全的高次项对提高单元的计算精度不起作用。

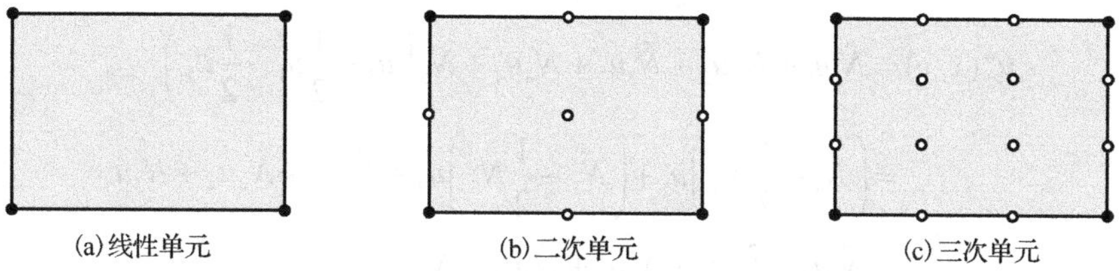

图 7.6　Lagrange 矩形单元

2) Serendipity 矩形单元

一般情况下，希望单元在其边界上的描述能力要强，因而可以将节点尽可能布置在单元的边上，使插值函数在单元边上出现高次函数的变化，并且各条边的节点数可以不相同，以实现不同阶次单元之间的过渡，这种尽量在边界上增加节点的单元称为 Serendipity 单元。

图 7.7 为 8 节点的 Serendipity 矩形单元，该单元共有 16 个节点位移自由度，下面介绍其形函数的构造过程。

(1) 如图 7.8(a) 所示，假定初始只有 4 个角节点，此时的形函数为

$$\hat{N}_i = \frac{1}{4}(1+\xi_i\xi)(1+\eta_i\eta) \qquad (i=1,2,3,4) \tag{7.2.12}$$

(2) 如图 7.8(b) 所示，在边 1-2 上增加边内节点 5，构造节点 5 的形函数：

$$N_5 = \frac{1}{2}(1-\xi^2)(1-\eta) \tag{7.2.13}$$

这时的位移场函数为

$$u^h(x,y) = \hat{N}_1u_1 + \hat{N}_2u_2 + \hat{N}_3u_3 + \hat{N}_4u_4 + N_5u_5 \tag{7.2.14}$$

由 $\hat{N}_i$ 和 N_5 的性质可以看出，在角节点处能够满足形函数的要求，但在节点 5 处，其位移函数的数值为

$$u^h(x,y)\Big|_{\xi=0,\ \eta=-1} = \frac{1}{2}u_1 + \frac{1}{2}u_2 + u_5$$

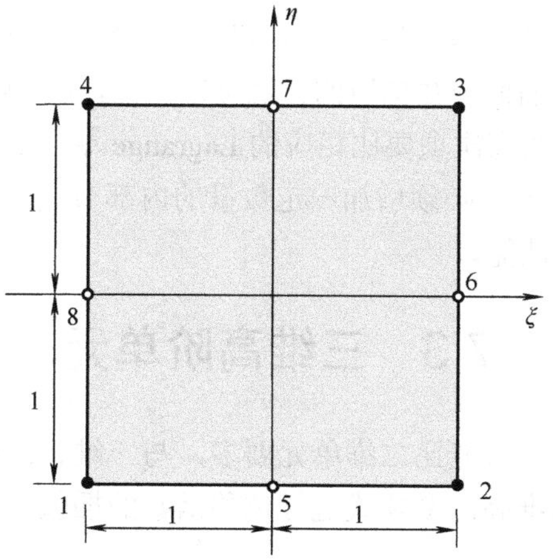

图 7.7　8 节点 Serendipity 矩形单元

为使节点 5 的位移为 u_5，需要对位移场函数进行调整，则

$$\begin{aligned}u^h(x,y)&=\hat{N}_1u_1+\hat{N}_2u_2+\hat{N}_3u_3+\hat{N}_4u_4+N_5\left(u_5-\frac{1}{2}u_1-\frac{1}{2}u_2\right)\\&=\left(\hat{N}_1-\frac{1}{2}N_5\right)u_1+\left(\hat{N}_2-\frac{1}{2}N_5\right)u_2+\hat{N}_3u_3+\hat{N}_4u_4+N_5u_5\\&=\tilde{N}_1u_1+\tilde{N}_2u_2+\hat{N}_3u_3+\hat{N}_4u_4+N_5u_5\end{aligned}\tag{7.2.15}$$

式中，

$$\tilde{N}_1=\hat{N}_1-\frac{1}{2}N_5,\quad \tilde{N}_2=\hat{N}_2-\frac{1}{2}N_5\tag{7.2.16}$$

此时，在节点 5 的位移满足要求。

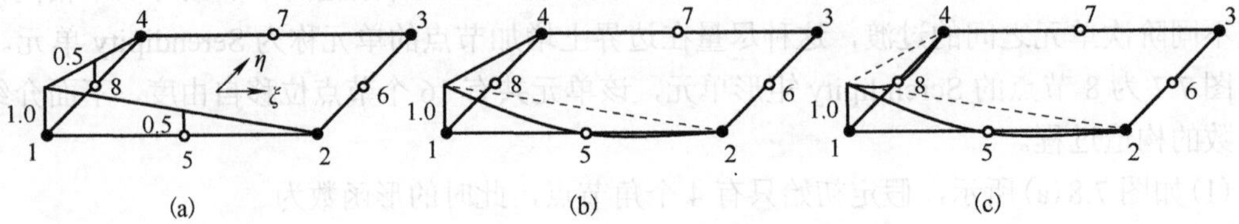

图 7.8　8 节点 Serendipity 矩形单元构造过程

(3) 增加其他边的内节点 6,7,8，进行类似的补偿计算，最后可得 8 节点 Serendipity 矩形单元的形函数：

$$\begin{cases}N_1=\hat{N}_1-\frac{1}{2}N_5-\frac{1}{2}N_8,\quad N_5=\frac{1}{2}(1-\xi^2)(1-\eta)\\N_2=\hat{N}_2-\frac{1}{2}N_5-\frac{1}{2}N_6,\quad N_6=\frac{1}{2}(1+\xi)(1-\eta^2)\\N_3=\hat{N}_3-\frac{1}{2}N_6-\frac{1}{2}N_7,\quad N_7=\frac{1}{2}(1-\xi^2)(1+\eta)\\N_4=\hat{N}_4-\frac{1}{2}N_7-\frac{1}{2}N_8,\quad N_8=\frac{1}{2}(1-\xi)(1-\eta^2)\end{cases}\tag{7.2.17}$$

式中，$\hat{N}_i(i=1,2,3,4)$ 见式(7.2.12)。可以证明，以上形函数完全具有形函数应有的性质。

从 Serendipity 矩形单元插值函数构造的方法可以看出，由于只增加了单元棱边上的节点，该单元中除完全多项式以外的高次项要比相应的 Lagrange 单元少得多。但应该指出，对于四次或四次以上的 Serendipity 单元必须增加一定数量的内部节点，才能够得到比较完全的多项式，以保证单元良好的计算性能。

7.3　三维高阶单元

有些三维单元的几何形状可能比二维单元要多，与一维、二维问题相似，同样在其内部增加若干节点，就可选用三维高次多项式进行位移函数的插值，以得到高阶单元。下面分别就四面体和六面体单元进行讨论。

1. 四面体高阶单元

1) 10 节点四面体二次单元

在原 4 节点四面体单元的每一条棱边上再增加一个位于中点位置的内部节点，就可以得到 10 节点四面体二次单元，如图 7.9 所示。

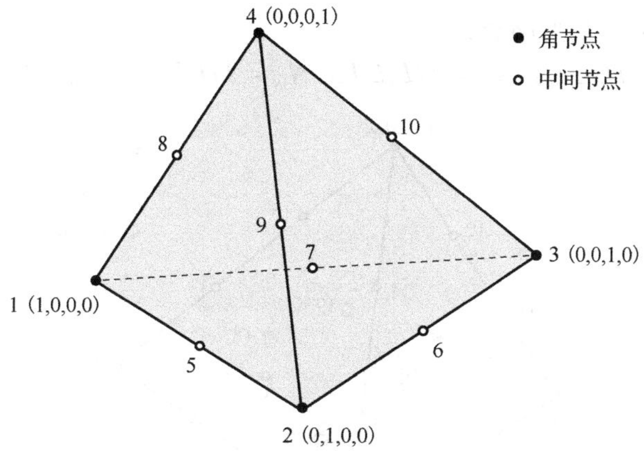

图 7.9　10 节点四面体二次单元

10 节点四面体二次单元共有 30 个节点自由度，单元位移场的模式为

$$u^h(x,y,z)=a_1+a_2x+a_3y+a_4z+a_5xy+a_6yz+a_7zx+a_8x^2+a_9y^2+a_{10}z^2 \tag{7.3.1}$$

基于自然坐标，可以构造出对应于各节点的形函数。

对于角节点，相应的形函数为

$$N_i=(2L_i-1)L_i \qquad (i=1,2,3,4) \tag{7.3.2}$$

对于棱边上的中间节点，相应的形函数为

$$\begin{cases} N_5=4L_1L_2, & N_6=4L_2L_3 \\ N_7=4L_1L_3, & N_8=4L_1L_4 \\ N_9=4L_2L_4, & N_{10}=4L_3L_4 \end{cases} \tag{7.3.3}$$

2) 20 节点四面体三次单元

对于三维问题，由函数构造的 Pascal 三角形可知，一个完备的三次函数有 20 项，因此需要构造一个具有 20 个节点的四面体三次单元，它将包含 4 个角节点、12 个分布在棱边上的三等分点，以及 4 个面心节点，如图 7.10 所示。

20 节点四面体三次单元共有 60 个自由度，其单元位移场模式为

$$\begin{aligned} u^h(x,y,z)=&a_1+a_2x+a_3y+a_4z+a_5xy+a_6yz+a_7zx+a_8x^2+a_9y^2+a_{10}z^2 \\ &+a_{11}x^3+a_{12}y^3+a_{13}z^3+a_{14}x^2y+a_{15}xy^2 \\ &+a_{16}y^2z+a_{17}yz^2+a_{18}x^2z+a_{19}xz^2+a_{20}xyz \end{aligned} \tag{7.3.4}$$

基于自然坐标，可以构造出对应于各节点的形函数。

对于角节点，相应的形函数为

$$N_i=\frac{1}{2}L_i(3L_i-1)(3L_i-2) \qquad (i=1,2,3,4) \tag{7.3.5}$$

对于棱边上的 1/3 处的节点，相应的形函数为

$$\begin{cases} N_5=\dfrac{9}{2}L_1L_2(3L_1-1) \\ N_6=\dfrac{9}{2}L_1L_2(3L_2-1) \\ N_7=\dfrac{9}{2}L_2L_3(3L_2-1) \\ \quad\vdots \end{cases} \tag{7.3.6}$$

对于面心节点，相应的形函数为

$$N_{17} = 27L_1L_2L_4,\ N_{18} = 27L_2L_3L_4,\ N_{19} = 27L_1L_3L_4,\ N_{20} = 27L_1L_2L_3 \tag{7.3.7}$$

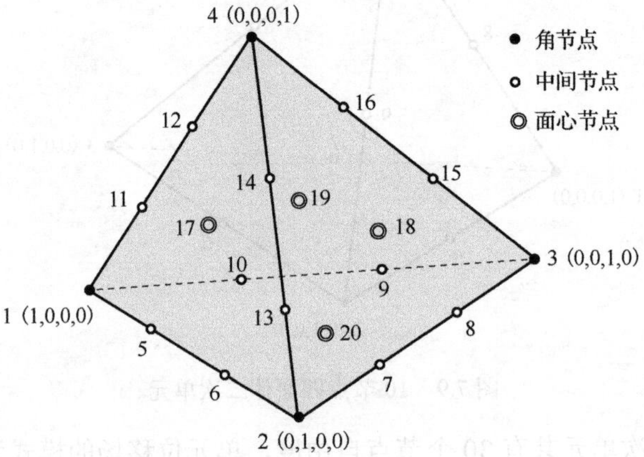

图 7.10　20 节点四面体三次单元

2. 六面体高阶单元

1) 基于 Lagrange 插值的六面体单元

图 7.11 是 Lagrange 六面体高阶单元，与构造二维问题 Lagrange 矩形单元的插值函数类似，该单元的插值函数直接由三个坐标方向的 Lagrange 插值多项式的乘积获得，即

$$N_i = l_m^{(p)} l_n^{(q)} l_k^{(r)} \tag{7.3.8}$$

式中，p、q、r 分别代表每一坐标方向的节点划分数减 1，即每一坐标方向的 Lagrange 多项式的次数；m、n、k 表示节点 i 在每一坐标方向上的行列式号。

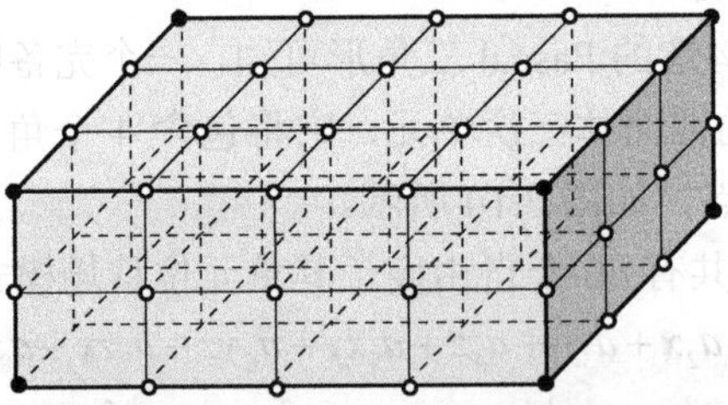

图 7.11　Lagrange 六面体高阶单元

2) Serendipity 六面体高阶单元

与构造 Serendipity 矩形单元的形函数类似，同样可以构造出各种节点的 Serendipity 六面体高阶单元，如图 7.12 所示。下面给出二次单元和三次单元的形函数。

(1) Serendipity 二次单元(20 节点)。

对应于角节点的形函数为

$$N_i = \frac{1}{8}(1+\xi_i\xi)(1+\eta_i\eta)(1+\zeta_i\zeta)(\xi_i\xi+\eta_i\eta+\zeta_i\zeta-2) \tag{7.3.9}$$

对应于棱边上的内节点的形函数为

$$N_i = \frac{1}{4}(1-\xi^2)(1+\eta_i\eta)(1+\zeta_i\zeta)\quad (\xi_i=0,\ \ \eta_i=\pm1,\ \ \zeta_i=\pm1) \tag{7.3.10}$$

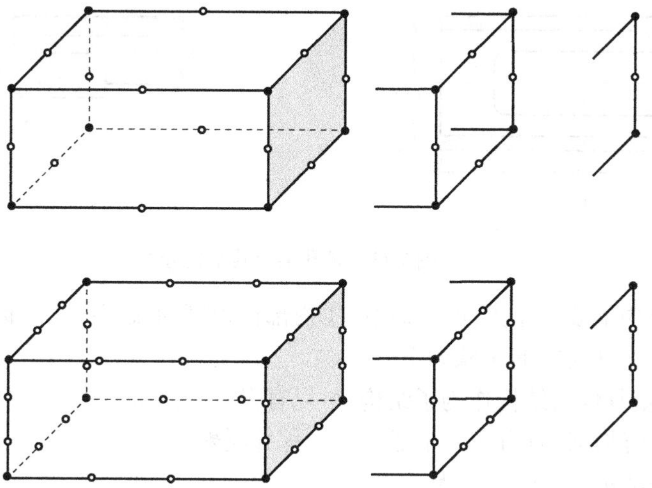

图 7.12　Serendipity 六面体高阶单元及相应的二次、三次单元

(2) Serendipity 三次单元(32 节点)。

对应于角节点的形函数为

$$N_i = \frac{1}{64}(1+\xi_i\xi)(1+\eta_i\eta)(1+\zeta_i\zeta)\left[9(\xi^2+\eta^2+\zeta^2)-19\right] \tag{7.3.11}$$

对应于棱边上的内节点的形函数为

$$N_i = \frac{9}{64}(1-\xi^2)(1+9\xi_i\xi)(1+\eta_i\eta)(1+\zeta_i\zeta)\left(\xi_i=\pm\frac{1}{3},\ \ \eta_i=\pm1,\ \ \zeta_i=\pm1\right) \tag{7.3.12}$$

7.4　子结构与超级单元

结构的重复性表现在“几何空间上”和“计算时间上”，“几何空间上”的重复意味着结构形式在几何上是重复的；“计算时间上”的重复意味着结构的某一部分在多次计算中是重复的，多次计算一般在优化分析、非线性分析、动态分析中经常使用，需要进行反复的迭代。

对于“几何空间上”的重复性，可以采用子结构(sub-structure)分析方法进行处理；对于“计算时间上”的重复性，可以采用超级单元(super-element)分析方法进行处理，从实质上讲超级单元也是一种子结构。

1. 子结构

系统中具有相同特征和性质的局部结构称为子结构，如图 7.13 所示的带孔梁，由于该结构具有几何空间上的多种重复性，可以将其划分为多重子结构。

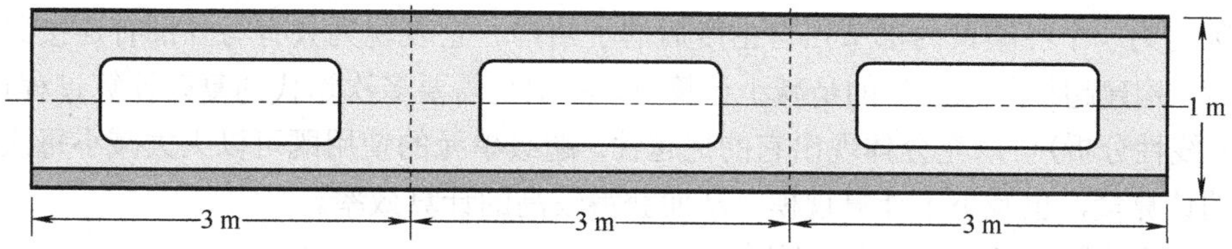

(a)

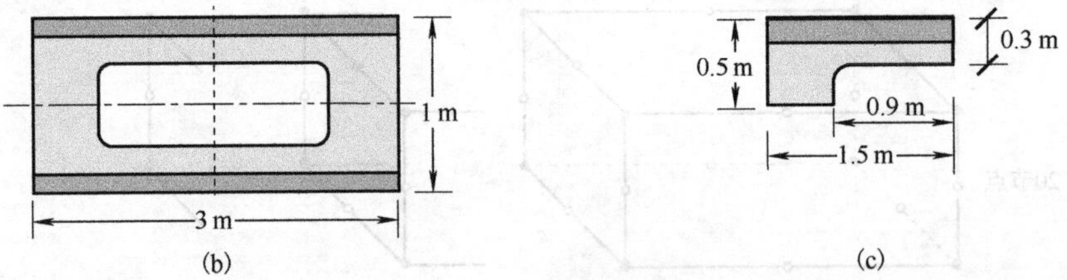

图 7.13　带孔梁及其结构分解

子结构计算中需要两个方面的知识：①内部自由度的凝聚；②坐标转换。

子结构分析方法实施的步骤如下。

(1)取具有重复性的结构作为子结构(可以有多重子结构)。

(2)对底层子结构进行分析，形成刚度方程并凝聚。

设第 k 级子结构的刚度方程为

$$\begin{bmatrix} \boldsymbol{K}_{aa}^{(k)} & \boldsymbol{K}_{ab}^{(k)} \\ \boldsymbol{K}_{ba}^{(k)} & \boldsymbol{K}_{bb}^{(k)} \end{bmatrix} \begin{Bmatrix} \boldsymbol{d}_{\text{out}}^{(k)} \\ \boldsymbol{d}_{\text{inn}}^{(k)} \end{Bmatrix} = \begin{Bmatrix} \boldsymbol{P}_{\text{out}}^{(k)} \\ \boldsymbol{P}_{\text{inn}}^{(k)} \end{Bmatrix} \tag{7.4.1}$$

式中，$\boldsymbol{d}_{\text{out}}^{(k)}$ 为第 k 级子结构中与外部单元(界面)发生连接关系的节点位移；$\boldsymbol{d}_{\text{inn}}^{(k)}$ 为第 k 级子结构中的内部节点位移，刚度矩阵和荷载列阵也分成与 $\boldsymbol{d}_{\text{out}}^{(k)}$ 和 $\boldsymbol{d}_{\text{inn}}^{(k)}$ 相应的分块矩阵。

由式(7.4.1)可以得到

$$\boldsymbol{d}_{\text{inn}}^{(k)} = \left[\boldsymbol{K}_{bb}^{(k)}\right]^{-1} \left(\boldsymbol{P}_{\text{inn}}^{(k)} - \boldsymbol{K}_{ba}^{(k)} \boldsymbol{P}_{\text{out}}^{(k)}\right) \tag{7.4.2}$$

将式(7.4.2)代入式(7.4.1)，可得凝聚后的方程：

$$\left(\boldsymbol{K}_{aa}^{(k)} - \boldsymbol{K}_{ab}^{(k)} \left[\boldsymbol{K}_{bb}^{(k)}\right]^{-1} \boldsymbol{K}_{ba}^{(k)}\right) \boldsymbol{d}_{\text{out}}^{(k)} = \boldsymbol{P}_{\text{out}}^{(k)} - \boldsymbol{K}_{ab}^{(k)} \left[\boldsymbol{K}_{bb}^{(k)}\right]^{-1} \boldsymbol{P}_{\text{inn}}^{(k)} \tag{7.4.3}$$

可以简单地写成如下形式：

$$\boldsymbol{K}^{(k)} \boldsymbol{d}_{\text{out}}^{(k)} = \boldsymbol{P}^{(k)} \tag{7.4.4}$$

式中，

$$\boldsymbol{K}^{(k)} = \boldsymbol{K}_{aa}^{(k)} - \boldsymbol{K}_{ab}^{(k)} \left[\boldsymbol{K}_{bb}^{(k)}\right]^{-1} \boldsymbol{K}_{ba}^{(k)} \tag{7.4.5}$$

$$\boldsymbol{P}^{(k)} = \boldsymbol{P}_{\text{out}}^{(k)} - \boldsymbol{K}_{ab}^{(k)} \left[\boldsymbol{K}_{bb}^{(k)}\right]^{-1} \boldsymbol{P}_{\text{inn}}^{(k)} \tag{7.4.6}$$

(3)将子结构进行装配形成上一级子结构(采用坐标转换并进行再凝聚)。

(4)对多级子结构全部处理完后，形成最后的整体刚度方程，并进行求解。

(5)将计算结果回代，再求各子结构内部的节点位移和其他物理量。

2. 超级单元

超级单元为一种广义的特定单元，它在实际应用中可根据需要具体产生，产生后的超级单元实际上为一个经凝聚内部节点自由度后的子结构。它表现为只有与外部有连接关系的节点自由度，构建超级单元的目的是减小计算量，特别是需要多次迭代的复杂计算过程(如接触问题、非线性分析)可以充分体现出它的优越性。超级单元的使用既可以大大减小每次生成刚度矩阵的计算量，也减小了计算规模，从而获得较高的计算效率。

对于一个实际的结构，有如下刚度方程：

$$\begin{bmatrix} \boldsymbol{K}_{mm} & \boldsymbol{K}_{ms} \\ \boldsymbol{K}_{sm} & \boldsymbol{K}_{ss} \end{bmatrix} \begin{Bmatrix} \boldsymbol{d}_{m} \\ \boldsymbol{d}_{s} \end{Bmatrix} = \begin{Bmatrix} \boldsymbol{P}_{m} \\ \boldsymbol{P}_{s} \end{Bmatrix} \tag{7.4.7}$$

式中，$\boldsymbol{d}_m$ 为主节点(master node)的节点位移，也称主自由度；$\boldsymbol{d}_s$ 为从节点(slave node)的节点位移。一般来说，将从节点看作内部节点，可以对从节点的节点位移 $\boldsymbol{d}_s$ 进行凝聚，得到

$$\boldsymbol{K}\boldsymbol{d}_m = \boldsymbol{P} \tag{7.4.8}$$

式中，

$$\boldsymbol{K} = \boldsymbol{K}_{mm} - \boldsymbol{K}_{ms}\boldsymbol{K}_{ss}^{-1}\boldsymbol{K}_{ms} \tag{7.4.9}$$

$$\boldsymbol{P} = \boldsymbol{P}_m - \boldsymbol{K}_{ms}\boldsymbol{K}_{ss}^{-1}\boldsymbol{P}_s \tag{7.4.10}$$

式(7.4.8)代表超级单元的单元刚度方程，$\boldsymbol{K}$ 为该超级单元的刚度矩阵，$\boldsymbol{P}$ 为超级单元的外部节点荷载列阵。

图 7.14 给出一个超级单元的工程应用实例。

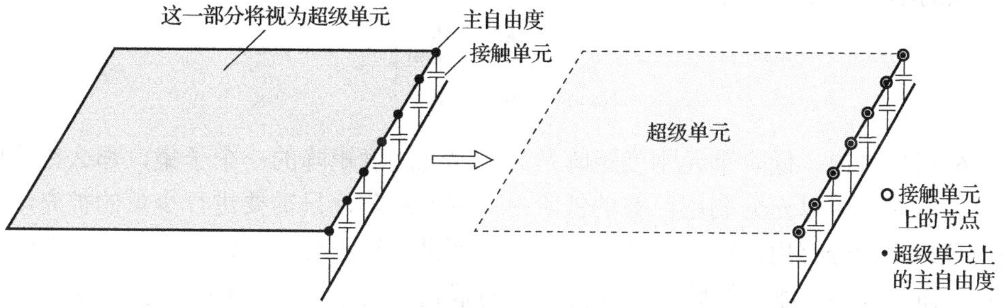

图 7.14　接触问题中超级单元的应用

7.5　特殊高精度单元

1. 升阶谱单元

1)基本原理

如果构造一个级数来逼近单元的位移函数，则

$$u^h(\xi) = \sum_{i=1}^{n} h_i f(\xi) = \boldsymbol{N}(\xi)\cdot\boldsymbol{d}_e \tag{7.5.1}$$

式中，$\boldsymbol{N}(\xi)$ 为升阶谱形函数矩阵；$\boldsymbol{d}_e$ 为升阶谱广义节点位移；$f(\xi)$ 为升阶谱级数的基底函数(base function)；h_i 为升阶谱的自由度，为待定系数。以这种方式来构造单元的场函数，其单元称为升阶谱单元(hierarchical element)。

显然，这里

$$\boldsymbol{d}_e = \{h_1 \quad h_2 \quad \cdots \quad h_n\}^{\mathrm{T}} \tag{7.5.2}$$

$$\boldsymbol{N}(\xi) = \{f_1(\xi) \quad f_2(\xi) \quad \cdots \quad f_n(\xi)\} \tag{7.5.3}$$

由式(7.5.1)可以看出，升阶谱函数的项数 n 可以根据具体情况来确定，当对精度要求不高时，n 可以取得较小，当对精度要求较高时，n 可以取得很大，因此可以根据需要来调节 n。

下面以一维问题为例推导刚度矩阵。对于一维问题，如果将单元的位移函数取为式(7.5.1)的形式，则它的应变为

$$\varepsilon(\xi) = \boldsymbol{B}(\xi)\cdot\boldsymbol{d}_e = \{f_1'(\xi) \quad f_2'(\xi) \quad \cdots \quad f_n'(\xi)\}\cdot\boldsymbol{d}_e \tag{7.5.4}$$

那么其单元刚度矩阵为

$$k_e = \int_{V_e} \boldsymbol{B}^{\mathrm{T}} \boldsymbol{D}\boldsymbol{B} \mathrm{d}V$$
$$= EA\begin{bmatrix} \int_l f_1'(\xi)f_1'(\xi)\mathrm{d}\xi & \int_l f_1'(\xi)f_2'(\xi)\mathrm{d}\xi & \cdots & \int_l f_1'(\xi)f_n'(\xi)\mathrm{d}\xi \\ \int_l f_2'(\xi)f_1'(\xi)\mathrm{d}\xi & \int_l f_2'(\xi)f_2'(\xi)\mathrm{d}\xi & \cdots & \int_l f_2'(\xi)f_n'(\xi)\mathrm{d}\xi \\ \vdots & \vdots & & \vdots \\ \int_l f_n'(\xi)f_1'(\xi)\mathrm{d}\xi & \int_l f_n'(\xi)f_2'(\xi)\mathrm{d}\xi & \cdots & \int_l f_n'(\xi)f_n'(\xi)\mathrm{d}\xi \end{bmatrix} \tag{7.5.5}$$

式中，E 为单元的弹性模量；A 为单元的横截面积；l 为单元的长度。从式(7.5.5)的刚度矩阵构成可以看出，高阶单元对低阶单元具有包容性，即如果 $n>m$，设 $p=n-m$，则位移函数取有 n 项的单元刚度矩阵为

$$\underset{(n\times n)}{\boldsymbol{k}_e} = \begin{bmatrix} \underset{(m\times m)}{\boldsymbol{K}^e} & \underset{(m\times p)}{\boldsymbol{K}^e} \\ \underset{(p\times m)}{\boldsymbol{K}^e} & \underset{(p\times p)}{\boldsymbol{K}^e} \end{bmatrix} \tag{7.5.6}$$

由式(7.5.6)可以看出，低阶单元刚度矩阵是高阶单元刚度矩阵的一个子集，那么在形成高阶单元刚度矩阵时，可以充分利用已有的低阶单元刚度矩阵，只需要进行少量的扩充即可。这在自适应分析中十分有用，因为自适应分析一般都是多进程分析，即根据误差需要进行多次计算，在升阶计算中，刚度矩阵可以在前一次的基础上进行扩充，不必重新计算。

2) C_0 型升阶谱杆单元

如图 7.15 所示的 2 节点升阶谱杆单元的升阶谱级数的基底函数为 Lagrange 正交多项式的 Rodrigues 形式(C_0 型问题)，即

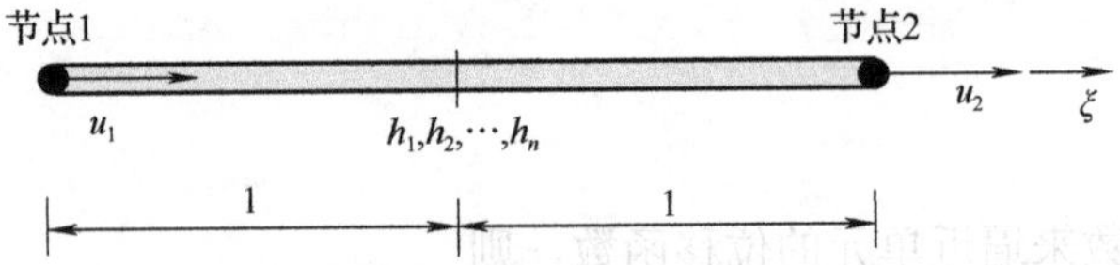

图 7.15　2 节点升阶谱杆单元(C_0 型问题)

$$\begin{cases} f_1(\xi) = \dfrac{1}{2} - \dfrac{1}{2}\xi \\ f_2(\xi) = \dfrac{1}{2} + \dfrac{1}{2}\xi \\ f_3(\xi) = -\dfrac{1}{2} + \dfrac{1}{2}\xi^2 \\ f_4(\xi) = -\dfrac{1}{2}\xi + \dfrac{1}{2}\xi^3 \\ f_5(\xi) = \dfrac{1}{8} - \dfrac{3}{4}\xi^2 + \dfrac{5}{8}\xi^4 \\ \vdots \end{cases} \tag{7.5.7}$$

$$f_r(\xi) = \sum_{n=0}^{\mathrm{int}(r/2)} \frac{(-1)^n (2r-2n-5)!!}{2^2 n!(r-2n-1)!} \xi^{r-2n-1} \quad (r>2) \tag{7.5.8}$$

式中，$k!! = k(k-2)(k-4)\cdots$；$0!! = (-1)!! = 1$；$\mathrm{int}(r/2)$ 表示取其整数部分。

可以验证，以上函数在单元的两个端节点有性质：

$$\begin{cases} f_r(\xi=-1)=0 \\ f_r(\xi=1)=0 \end{cases} \quad (r>2) \tag{7.5.9}$$

该单元的节点位移可以写成

$$u(\xi)=\sum_{i=1}^{n} h_i f_i(\xi)=h_1 f_1(\xi)+h_2 f_2(\xi)+\sum_{i=3}^{n} h_i f_i(\xi) \tag{7.5.10}$$

对于图 7.15 所示的 2 节点升阶谱杆单元，节点条件为

$$\begin{cases} u(\xi=-1)=u_1 \\ u(\xi=1)=u_2 \end{cases} \tag{7.5.11}$$

将式(7.5.11)代入式(7.5.10)中，并考虑式(7.5.9)，则有

$$h_1=u_1,\quad h_2=u_2 \tag{7.5.12}$$

和普通 2 节点杆单元进行比较，式(7.5.10)的前两项就是普通 2 节点杆单元的表达式，即

$$u(\xi)=N_1u_1+N_2u_2+\sum_{i=3}^{n} h_i f_i(\xi) \tag{7.5.13}$$

式中，N_1、N_2 为普通 2 节点杆单元的形函数；u_1、u_2 为节点位移。由于刚度矩阵的计算是积分运算，而由式(7.5.7)所表达的函数为多项式，在积分计算中将带来一定的误差，特别是在高阶($n>10$)时，其误差将是较大的，一般情况下，升阶谱单元的阶次不超过 9。

3) C_1 型升阶谱杆单元

如图 7.16 所示的 2 节点升阶谱杆单元的升阶谱级数的基底函数为 Lagrange 正交多项式的 Rodrigues 形式(C_1 型问题)，即

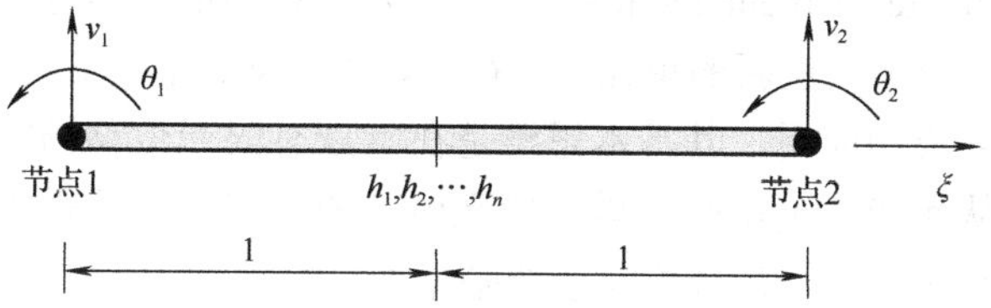

图 7.16　2 节点升阶谱杆单元(C_1 型问题)

$$\begin{cases} f_1(\xi)=\dfrac{1}{2}-\dfrac{3}{4}\xi+\dfrac{1}{4}\xi^3 \\ f_2(\xi)=\dfrac{1}{8}-\dfrac{1}{8}\xi-\dfrac{1}{8}\xi^2+\dfrac{1}{8}\xi^3 \\ f_3(\xi)=\dfrac{1}{2}+\dfrac{3}{4}\xi-\dfrac{1}{4}\xi^3 \\ f_4(\xi)=-\dfrac{1}{8}-\dfrac{1}{8}\xi+\dfrac{1}{8}\xi^2+\dfrac{1}{8}\xi^3 \\ f_5(\xi)=\dfrac{1}{8}-\dfrac{1}{4}\xi^2+\dfrac{1}{8}\xi^4 \\ \vdots \end{cases} \tag{7.5.14}$$

$$f_r(\xi)=\sum_{n=0}^{\mathrm{int}(r/2)} \frac{(-1)^n(2r-2n-7)!!}{2^2 n!(r-2n-1)!}\xi^{r-2n-1} \quad (r>4) \tag{7.5.15}$$

可以验证，以上函数在单元的两个端节点有性质：

$$\begin{cases} f_r(\xi=-1)=0,\ f_r'(\xi=-1)=0 \\ f_r(\xi=1)=0,\quad f_r'(\xi=1)=0 \end{cases} \quad (r>4) \tag{7.5.16}$$

该单元的节点位移可以写成

$$\begin{aligned} v(\xi) &= \sum_{i=1}^{n} h_i f_i(\xi) \\ &= h_1 f_1(\xi)+h_2 f_2(\xi)+h_3 f_3(\xi)+h_4 f_4(\xi)+\sum_{i=5}^{n} h_i f_i(\xi) \end{aligned} \tag{7.5.17}$$

对于图 7.16 所示的 2 节点升阶谱杆单元，节点条件为

$$\begin{cases} v(\xi=-1)=v_1,\ v'(\xi=-1)=\theta_1 \\ v(\xi=1)=v_2,\quad v'(\xi=1)=\theta_2 \end{cases} \tag{7.5.18}$$

将式(7.5.18)代入式(7.5.17)中，并考虑式(7.5.16)，则有

$$\begin{cases} h_1=v_1,\ \ h_2=\theta_1 \\ h_3=v_2,\ \ h_4=\theta_2 \end{cases} \tag{7.5.19}$$

和普通 2 节点杆单元进行比较，式(7.5.17)的前四项就是普通杆单元的表达式，即

$$v(\xi)=N_1 v_1+N_2\theta_2+N_3 v_2+N_4\theta_2+\sum_{i=3}^{n} h_i f_i(\xi) \tag{7.5.20}$$

同样，由于基底函数 $f_i(\xi)$ 为多项式，在进行数值积分时会带来较大的误差，所以一般情况下，对杆单元而言，升阶谱单元的阶次不超过 9。

2. 复合单元法

复合单元法(composite element method，CEM)是一种新的数值分析方法，它将有限元方法与经典解析方法相结合来构造新的单元，已在杆、轴、梁、平面 C_0 型问题、C_1 型弯曲问题的静动力学分析中得到成功应用，其基本思路是在常规有限元位移场的插值多项式的基础上耦合经典的解析解，从而能够更精确地描述单元内部的位移场，只需划分少量的单元就可以得到高精度的解。下面简单介绍复合单元法的基本原理。

对于一个离散单元，不失一般性，可以选择如下多项式函数和解析函数来共同描述位移场，即

$$u(\xi)=u_{\text{fem}}(\xi)+u_{\text{ct}}(\xi) \tag{7.5.21}$$

式中，$u_{\text{fem}}(\xi)$ 为多项式函数；$u_{\text{ct}}(\xi)$ 为解析函数。将 $u_{\text{fem}}(\xi)$ 取为常规有限元方法中的插值函数，即

$$u_{\text{fem}}(\xi)=\boldsymbol{N}_{\text{fem}}(\xi)\cdot\boldsymbol{d}_{\text{fem}}^{e} \tag{7.5.22}$$

式中，$\boldsymbol{N}_{\text{fem}}(\xi)$ 为基于节点插值关系的形函数矩阵；$\boldsymbol{d}_{\text{fem}}^{e}$ 为节点位移列阵。如果将 $u_{\text{ct}}(\xi)$ 表示为

$$u_{\text{ct}}(\xi)=c_1\phi_1(\xi)+c_2\phi_2(\xi)+\cdots+c_n\phi_n(\xi)=\boldsymbol{\Phi}(\xi)\cdot\boldsymbol{c} \tag{7.5.23}$$

式中，$\boldsymbol{\Phi}(\xi)=\{\phi_1(\xi)\quad\phi_2(\xi)\quad\cdots\quad\phi_n(\xi)\}$ 是由经典理论所获得的解析函数；$\boldsymbol{c}=\{c_1\quad c_2\quad\cdots\quad c_n\}^{\mathrm{T}}$ 是待定系数，也称 $\boldsymbol{c}$ 自由度或 $\boldsymbol{c}$ 坐标，则基底函数 $\boldsymbol{\Phi}(\xi)$ 必须满足某些条件，以使所构成的函数(7.5.21)具有整体的连续性和协调性。可以看出，函数(7.5.21)由两部分复合而成，第一部分(有限元的插值函数) $\boldsymbol{N}_{\text{fem}}(\xi)\cdot\boldsymbol{d}_{\text{fem}}^{e}$ 已经满足节点条件；第二部分 $\boldsymbol{\Phi}(\xi)\cdot\boldsymbol{c}$ 必须在单元的节点处取零值，即零边界条件(位移和各阶导数为零)。

具体地，对于 C_0 型问题(以 2 节点为例)，节点零边界条件为

$$\phi_r(\xi)\big|_{\xi=0}=0,\ \ \phi_r(\xi)\big|_{\xi=l}=0 \tag{7.5.24}$$

对于 C_1 型问题(以 2 节点为例)，节点零边界条件为

$$\begin{cases} \phi_r(\xi)\big|_{\xi=0}=0, \quad \phi_r(\xi)\big|_{\xi=l}=0 \\ \left.\dfrac{\mathrm{d}\phi_r(\xi)}{\mathrm{d}\xi}\right|_{\xi=0}=0, \quad \left.\dfrac{\mathrm{d}\phi_r(\xi)}{\mathrm{d}\xi}\right|_{\xi=l}=0 \end{cases} \quad (r=1,2,\cdots,n) \tag{7.5.25}$$

对于 C_k 型问题(以 2 节点为例)，节点零边界条件为

$$\begin{cases} \phi_r(\xi)\big|_{\xi=0}=0, \quad \phi_r(\xi)\big|_{\xi=l}=0 \\ \left.\dfrac{\mathrm{d}\phi_r(\xi)}{\mathrm{d}\xi}\right|_{\xi=0}=0, \quad \left.\dfrac{\mathrm{d}\phi_r(\xi)}{\mathrm{d}\xi}\right|_{\xi=l}=0 \\ \vdots \\ \left.\dfrac{\mathrm{d}^k\phi_r(\xi)}{\mathrm{d}\xi^k}\right|_{\xi=0}=0, \quad \left.\dfrac{\mathrm{d}^k\phi_r(\xi)}{\mathrm{d}\xi^k}\right|_{\xi=l}=0 \end{cases} \tag{7.5.26}$$

零边界条件非常重要，因为在该条件下可以由经典力学理论来求取函数(7.5.21)中第二部分 $\phi_r(\xi)$ 的表达式。对于一个具体的单元，可在上述零边界条件下，对单元的自然振动问题进行解析求解，可得一系列振型函数：$\phi_1(\xi),\phi_2(\xi),\cdots,\phi_n(\xi)$，它们的线性组合可以组成位移场第二部分 $u_{\mathrm{ct}}(\xi)$，即

$$u_{\mathrm{ct}}(\xi)\big|_{\xi=0}=\sum_{r=1}^{n}c_r\phi_r(\xi) \tag{7.5.27}$$

习　　题

7.1　对于如图所示的平面 6 节点矩形单元，试写出该单元的位移模式和对应于各节点的形函数，并检验是否满足收敛性条件。

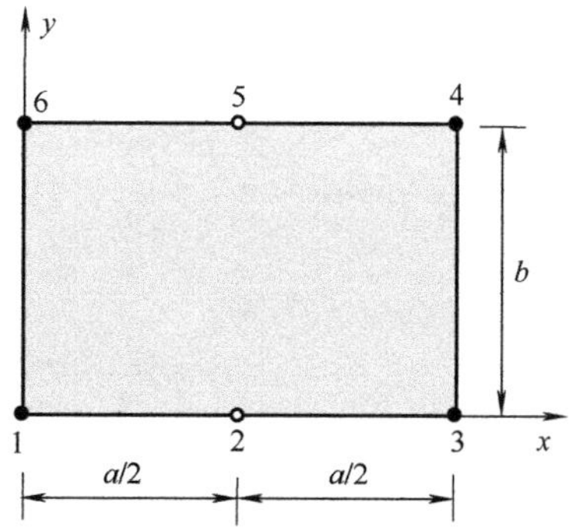

习题 7.1 图

7.2　试写出如图所示两种单元的位移模式。

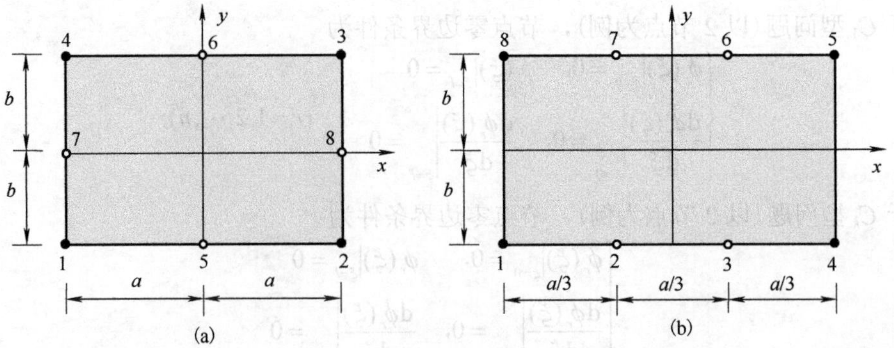

习题 7.2 图

7.3　对于线性位移模式的 3 节点三角形单元，相邻单元的应力为什么会产生突变？为了提高应力精度，应如何处理三角形单元的应力计算结果？

7.4　一个一维物理问题的方程是

$$\frac{d^2\phi}{dx^2}-\phi=0$$

其端节点条件是

$$\phi|_{x=0}=0\ ,\quad \phi|_{x=1}=1$$

使用一般的多项式函数和升阶谱的二次函数分别构造物理量 ϕ 的插值模式，导出它们的单元刚度矩阵，并比较它们的特点。

7.5　当有限元分析中的单元尺寸逐渐减小时，试分析单元中的位移、应变、应力的变化特征。

第 8 章　有限元的误差分析及控制

8.1　有限元分析的精度

1. 求解精度的估计

下面考察单元的求解精度和收敛速度，以平面问题为例，单元的位移场 $\boldsymbol{u}$ 可以展开为

$$\boldsymbol{u} = \boldsymbol{u}_i + \left(\frac{\partial \boldsymbol{u}}{\partial x}\right)_i \Delta x + \left(\frac{\partial \boldsymbol{u}}{\partial y}\right)_i \Delta y + \cdots \tag{8.1.1}$$

如果单元的尺寸为 h，则式(8.1.1)中的 Δx、Δy 是 h 量级；若单元的位移函数采用 p 阶完全多项式，即它能逼近上述 Taylor 级数的前 p 阶多项式，那么位移解 $\boldsymbol{u}$ 的误差将是 $O(h^{p+1})$ 量级。就平面 3 节点三角形单元而言，由于为线性插值函数，即 $p=1$，所以 $\boldsymbol{u}$ 的误差将是 $O(h^2)$ 量级，并可预计收敛速度也是 $O(h^2)$ 量级，也就是说在第一次有限元分析的基础上，若再将有限单元的网格进一步细分，使所有单元的尺寸减半，则 $\boldsymbol{u}$ 的误差是前一次有限元分析误差的 $(1/2)^2 = 1/4$。

同样的推论也适用于应变、应力以及应变能等的误差和收敛速度的估计。若应变是由位移的 m 阶导数给出的，则它的误差是 $O(h^{p-m+1})$ 量级。当采用平面 3 节点三角形单元时，有 $p=m=1$，则应变的误差估计是 $O(h)$ 量级。至于应变能，因为它由应变的平方项来表示，所以误差为 $O(h^{2(p-m+1)})$ 量级，就平面 3 节点三角形单元，应变能的误差是 $O(h^2)$ 量级。

对于满足完备性和协调性要求的协调单元，由于当单元尺寸 $h \to 0$ 时有限元分析的结果将单调收敛，所以还可以就两次网格划分所计算的结果进行外推，以估计结果的准确值。例如，第一次网格划分的计算结果为 $u_i^{(1)}$，进一步将各单元尺寸减半进行网格划分，得到的结果为 $u_i^{(2)}$，如果该单元的收敛速度为 $O(h^s)$，则可由式(8.1.2)来对准确值 u_i 进行估计：

$$\frac{u_i^{(1)} - u_i}{u_i^{(2)} - u_i} = \frac{O(h^s)}{O((h/2)^s)} \tag{8.1.2}$$

具体对平面 3 节点三角形单元，有 $s=2$，式(8.1.2)变为

$$\frac{u_i^{(1)} - u_i}{u_i^{(2)} - u_i} = \frac{O(h^2)}{O((h/2)^2)} = 4 \tag{8.1.3}$$

即可估计出准确解为

$$u_i = \frac{1}{3}(4u_i^{(2)} - u_i^{(1)}) \tag{8.1.4}$$

以上所讨论的误差仅局限于网格的离散误差，即当一个连续的求解域被离散成有限个子域(单元)时，由单元的试函数来逼近整体域的场函数所引起的误差。另外，实际误差还包括计算机数值运算误差。

2. 有限元分析结果的下限性质

由前面的推导可知，所分析对象系统的总势能为

$$\Pi = U - W = \frac{1}{2}\boldsymbol{d}_e^{\mathrm{T}}\boldsymbol{k}\boldsymbol{d}_e - \boldsymbol{f}^{\mathrm{T}}\boldsymbol{d}_e \tag{8.1.5}$$

由最小势能原理 $\delta\Pi = 0$，可得到有限元分析求解的刚度方程：

$$\boldsymbol{k}\boldsymbol{d}_e = \boldsymbol{f} \tag{8.1.6}$$

将式(8.1.6)代入式(8.1.5)可得

$$\Pi = \frac{1}{2}\boldsymbol{d}_e^{\mathrm{T}}\boldsymbol{k}\boldsymbol{d}_e - \boldsymbol{f}^{\mathrm{T}}\boldsymbol{d}_e = -\frac{1}{2}\boldsymbol{d}_e^{\mathrm{T}}\boldsymbol{k}\boldsymbol{d}_e = -U = -\frac{W}{2} \tag{8.1.7}$$

即在平衡情况下，系统的总势能等于负的应变能。

只有真正的精确解才能得到真正最小的总势能 Π_{exact}，而在实际问题中，由于采用离散方法而得到的总势能 Π_{appr} 一定 $\geqslant \Pi_{\text{exact}}$，由式(8.1.7)可知

$$U_{\text{appr}} \leqslant U_{\text{exact}} \tag{8.1.8}$$

设对应于近似解的节点位移列阵为 $\boldsymbol{d}_{\text{appr}}^e$，刚度矩阵为 $\boldsymbol{k}_{\text{appr}}$，则对应的刚度方程为

$$\boldsymbol{k}_{\text{appr}}\boldsymbol{d}_{\text{appr}}^e = \boldsymbol{f} \tag{8.1.9}$$

设对应于精确解的节点位移列阵为 $\boldsymbol{d}_{\text{exact}}^e$，刚度矩阵为 $\boldsymbol{k}_{\text{exact}}$，则对应的刚度方程为

$$\boldsymbol{k}_{\text{exact}}\boldsymbol{d}_{\text{exact}}^e = \boldsymbol{f} \tag{8.1.10}$$

那么，这两种解答所对应的应变能为

$$\begin{cases} U_{\text{appr}} = \dfrac{1}{2}(\boldsymbol{d}_{\text{appr}}^e)^{\mathrm{T}}\boldsymbol{k}_{\text{appr}}\boldsymbol{d}_{\text{appr}}^e \\ U_{\text{exact}} = \dfrac{1}{2}(\boldsymbol{d}_{\text{exact}}^e)^{\mathrm{T}}\boldsymbol{k}_{\text{exact}}\boldsymbol{d}_{\text{exact}}^e \end{cases} \tag{8.1.11}$$

将式(8.1.8)代入式(8.1.11)可得

$$\frac{1}{2}(\boldsymbol{d}_{\text{appr}}^e)^{\mathrm{T}}\boldsymbol{k}_{\text{appr}}\boldsymbol{d}_{\text{appr}}^e \leqslant \frac{1}{2}(\boldsymbol{d}_{\text{exact}}^e)^{\mathrm{T}}\boldsymbol{k}_{\text{exact}}\boldsymbol{d}_{\text{exact}}^e \tag{8.1.12}$$

再利用式(8.1.9)和式(8.1.10)，则式(8.1.12)可改写为

$$(\boldsymbol{d}_{\text{appr}}^e)^{\mathrm{T}}\boldsymbol{f} \leqslant (\boldsymbol{d}_{\text{exact}}^e)^{\mathrm{T}}\boldsymbol{f} \tag{8.1.13}$$

由此可以看出，基于近似解的应变能要比精确解的应变能小，即近似解的位移 $\boldsymbol{d}_{\text{appr}}^e$ 总体上要比精确的位移 $\boldsymbol{d}_{\text{exact}}^e$ 小，也就是说近似解具有下限性质。

位移解的下限性质可以作如下解释：原连续体从理论上讲具有无穷多个自由度，而采用有限元方法对连续体进行离散，即采用有限个自由度来近似描述原具有无穷多个自由度的系统，必然使得原系统的刚度增加，变得更加刚硬，即刚度矩阵的总体数值变大，由刚度方程可知，在外力相同的情况下，所求得的位移在总体上将变小。

由于位移函数的收敛准则包含完备性和协调性两个方面的要求，完备性要求(刚体位移和常应变)比较容易满足，而协调性要求(位移的连续性)则较难满足。因此人们研究单元的收敛性问题时，往往只集中讨论单元的协调性问题。以上有关位移解的下限性质是基于协调单元单调收敛的前提得到的，在有些情况下，使用非协调单元也可以得到工程上满意的解答，甚至有时比协调单元具有更好的计算精度，这是位移不协调所造成的误差与来自其他方面的误差相互抵消的缘故。有一点可以肯定，由于非协调单元违反了最小势能原理的基本前提之一(位移连续性的要求)，它的解失去了下限性质，其收敛趋势有可能如图 6.3 中曲线④那样，相反，使用协调单元却总是得到真实势能的下界。这也可以从势能的角度进行解释：使用最小势能原理，就是在各种许可的变形状态中选出势能最小的一种变形状态。许可的变形状态本来应当从无穷多个自由度中挑选出来，但在有限元方法中，许可的变形状态只能从有限多个自由度中进行选择，这样得到的最小势能显然并不是真正的最小值，它只会比真正的最小值(精确解)要大。

8.2　单元应力计算结果的误差

应用有限元分析时，未知场函数是位移。从系统平衡方程解得的是各个单元节点的位移。而实际工程问题所需要的往往是应力的分布，特别是最大应力的位置和数值。为此，要利用式(8.2.1)由已知的节点位移来求出单元内的应力。

$$\boldsymbol{\varepsilon}=\boldsymbol{B}\boldsymbol{d}_e,\quad \boldsymbol{\sigma}=\boldsymbol{D}\boldsymbol{\varepsilon}=\boldsymbol{D}\boldsymbol{B}\boldsymbol{d}_e \tag{8.2.1}$$

由于应变-位移矩阵 $\boldsymbol{B}$ 是形函数矩阵 $\boldsymbol{N}$ 对坐标求导后得到的，求导一次则多项式降低一次，所以通过导数运算后得到的应变 $\boldsymbol{\varepsilon}$ 和应力 $\boldsymbol{\sigma}$ 的精度较位移 $\boldsymbol{u}$ 降低了，即利用式(8.2.1)计算得到的 $\boldsymbol{\varepsilon}$ 和 $\boldsymbol{\sigma}$ 的解答可能具有较大的误差，应力解的误差主要表现在：

(1)单元内部不满足平衡方程；

(2)单元与单元的交界面上应力一般不连续；

(3)在力边界上一般不满足力的边界条件。

因为平衡方程、力的边界条件以及单元交界面上应力的连续条件是泛函 Π_p 的欧拉方程，只有在位移变分完全任意的情况下，欧拉方程才能精确满足。在有限元法中，只有当单元尺寸趋于零时，才能精确地满足平衡方程、力的边界条件以及单元交界面上应力的连续条件；当单元尺寸为有限值时，这些方程只能近似满足。除非实际应力变化的阶次等于或低于所采用的单元的应力阶次，否则得到的只能是近似解。

1. 应力结果的误差性质

对于弹性问题，如果位移、应变和应力的精确解分别为 $\boldsymbol{u}_{\text{true}}$、$\boldsymbol{\varepsilon}_{\text{true}}$ 和 $\boldsymbol{\sigma}_{\text{true}}$，对应的近似解分别为 $\hat{\boldsymbol{u}}$、$\hat{\boldsymbol{\varepsilon}}$ 和 $\hat{\boldsymbol{\sigma}}$，相应的误差分别为 $\delta\boldsymbol{u}$、$\delta\boldsymbol{\varepsilon}$ 和 $\delta\boldsymbol{\sigma}$，则近似解可写为

$$\begin{cases}\hat{\boldsymbol{u}}=\boldsymbol{u}_{\text{true}}+\delta\boldsymbol{u}\\ \hat{\boldsymbol{\varepsilon}}=\boldsymbol{\varepsilon}_{\text{true}}+\delta\boldsymbol{\varepsilon}\\ \hat{\boldsymbol{\sigma}}=\boldsymbol{\sigma}_{\text{true}}+\delta\boldsymbol{\sigma}\end{cases} \tag{8.2.2}$$

基于近似解的总势能为

$$\Pi(\hat{\boldsymbol{u}})=\frac{1}{2}\int_V \hat{\boldsymbol{\varepsilon}}^{\mathrm{T}}\boldsymbol{D}\hat{\boldsymbol{\varepsilon}}\mathrm{d}V-\int_V \bar{\boldsymbol{b}}^{\mathrm{T}}\hat{\boldsymbol{u}}\mathrm{d}V-\int_S \bar{\boldsymbol{p}}^{\mathrm{T}}\hat{\boldsymbol{u}}\mathrm{d}A \tag{8.2.3}$$

将式(8.2.2)代入式(8.2.3)，则有

$$\begin{aligned}\Pi(\hat{\boldsymbol{u}})&=\frac{1}{2}\int_V(\boldsymbol{\varepsilon}_{\text{true}}+\delta\boldsymbol{\varepsilon})^{\mathrm{T}}\boldsymbol{D}(\boldsymbol{\varepsilon}_{\text{true}}+\delta\boldsymbol{\varepsilon})\mathrm{d}V-\int_V\bar{\boldsymbol{b}}^{\mathrm{T}}(\boldsymbol{u}_{\text{true}}+\delta\boldsymbol{u})\mathrm{d}V-\int_S\bar{\boldsymbol{p}}^{\mathrm{T}}(\boldsymbol{u}_{\text{true}}+\delta\boldsymbol{u})\mathrm{d}A\\ &=\frac{1}{2}\int_V\boldsymbol{\varepsilon}_{\text{true}}^{\mathrm{T}}\boldsymbol{D}\boldsymbol{\varepsilon}_{\text{true}}\mathrm{d}V-\int_V\bar{\boldsymbol{b}}^{\mathrm{T}}\boldsymbol{u}_{\text{true}}\mathrm{d}V-\int_S\bar{\boldsymbol{p}}^{\mathrm{T}}\boldsymbol{u}_{\text{true}}\mathrm{d}A\\ &\quad+\int_V\boldsymbol{\varepsilon}_{\text{true}}^{\mathrm{T}}\boldsymbol{D}\delta\boldsymbol{\varepsilon}\mathrm{d}V-\int_V\bar{\boldsymbol{b}}^{\mathrm{T}}\delta\boldsymbol{u}\mathrm{d}V-\int_S\bar{\boldsymbol{p}}^{\mathrm{T}}\delta\boldsymbol{u}\mathrm{d}A+\frac{1}{2}\int_V\delta\boldsymbol{\varepsilon}^{\mathrm{T}}\boldsymbol{D}\delta\boldsymbol{\varepsilon}\mathrm{d}V\\ &=\Pi(\boldsymbol{u}_{\text{true}})+\delta\Pi+\delta^2\Pi\end{aligned} \tag{8.2.4}$$

式中，

$$\begin{cases}\Pi(\boldsymbol{u}_{\text{true}})=\dfrac{1}{2}\displaystyle\int_V\boldsymbol{\varepsilon}_{\text{true}}^{\mathrm{T}}\boldsymbol{D}\boldsymbol{\varepsilon}_{\text{true}}\mathrm{d}V-\int_V\bar{\boldsymbol{b}}^{\mathrm{T}}\boldsymbol{u}_{\text{true}}\mathrm{d}V-\int_S\bar{\boldsymbol{p}}^{\mathrm{T}}\boldsymbol{u}_{\text{true}}\mathrm{d}A\\ \delta\Pi=\displaystyle\int_V\boldsymbol{\varepsilon}_{\text{true}}^{\mathrm{T}}\boldsymbol{D}\delta\boldsymbol{\varepsilon}\mathrm{d}V-\int_V\bar{\boldsymbol{b}}^{\mathrm{T}}\delta\boldsymbol{u}\mathrm{d}V-\int_S\bar{\boldsymbol{p}}^{\mathrm{T}}\delta\boldsymbol{u}\mathrm{d}A\\ \delta^2\Pi=\dfrac{1}{2}\displaystyle\int_V\delta\boldsymbol{\varepsilon}^{\mathrm{T}}\boldsymbol{D}\delta\boldsymbol{\varepsilon}\mathrm{d}V=\frac{1}{2}\int_V(\hat{\boldsymbol{\varepsilon}}-\boldsymbol{\varepsilon}_{\text{true}})^{\mathrm{T}}\boldsymbol{D}(\hat{\boldsymbol{\varepsilon}}-\boldsymbol{\varepsilon}_{\text{true}})\mathrm{d}V\end{cases} \tag{8.2.5}$$

将最小势能原理的条件 $\delta\Pi=0$ 代入式(8.2.4)中，则有

$$\begin{aligned}\Pi(\hat{\boldsymbol{u}})&=\Pi(\boldsymbol{u}_{\text{true}})+\delta^2\Pi=\Pi(\boldsymbol{u}_{\text{true}})+\frac{1}{2}\int_V\delta\boldsymbol{\varepsilon}^{\mathrm{T}}\boldsymbol{D}\delta\boldsymbol{\varepsilon}\mathrm{d}V\\&=\Pi(\boldsymbol{u}_{\text{true}})+\frac{1}{2}\int_V(\hat{\boldsymbol{\varepsilon}}-\boldsymbol{\varepsilon}_{\text{true}})^{\mathrm{T}}\boldsymbol{D}(\hat{\boldsymbol{\varepsilon}}-\boldsymbol{\varepsilon}_{\text{true}})\mathrm{d}V\end{aligned}\tag{8.2.6}$$

对于一个具体给定问题，式(8.2.6)中的 $\Pi(\boldsymbol{u}_{\text{true}})$ 是不变量，所以 $\Pi(\hat{\boldsymbol{u}})$ 的极小值问题归结为求 $\delta^2\Pi$ 极小值的问题。由式(8.2.5)的第三式可知，对于由离散单元组成的系统，$\delta^2\Pi$ 实际上是一个误差泛函 $\Pi_{\text{error}}(\hat{\boldsymbol{\varepsilon}},\boldsymbol{\varepsilon}_{\text{true}})$：

$$\begin{aligned}\Pi_{\text{error}}(\hat{\boldsymbol{\varepsilon}},\boldsymbol{\varepsilon}_{\text{true}})&=\delta^2\Pi=\frac{1}{2}\int_V(\hat{\boldsymbol{\varepsilon}}-\boldsymbol{\varepsilon}_{\text{true}})^{\mathrm{T}}\boldsymbol{D}(\hat{\boldsymbol{\varepsilon}}-\boldsymbol{\varepsilon}_{\text{true}})\mathrm{d}V\\&=\sum_{i=1}^{n}\frac{1}{2}\int_{V^e}(\hat{\boldsymbol{\varepsilon}}-\boldsymbol{\varepsilon}_{\text{true}})^{\mathrm{T}}\boldsymbol{D}(\hat{\boldsymbol{\varepsilon}}-\boldsymbol{\varepsilon}_{\text{true}})\mathrm{d}V\end{aligned}\tag{8.2.7}$$

式中，n 是系统离散的单元总数。对于弹性问题，式(8.2.7)还可以表示为应力的关系，即

$$\Pi_{\text{error}}(\hat{\boldsymbol{\sigma}},\boldsymbol{\sigma}_{\text{true}})=\sum_{i=1}^{n}\frac{1}{2}\int_{V^e}(\hat{\boldsymbol{\sigma}}-\boldsymbol{\sigma}_{\text{true}})^{\mathrm{T}}\boldsymbol{D}^{-1}(\hat{\boldsymbol{\sigma}}-\boldsymbol{\sigma}_{\text{true}})\mathrm{d}V\tag{8.2.8}$$

由上面的推导可见，求 $\Pi(\hat{\boldsymbol{u}})$ 极小值的问题从力学上来看是求位移变分 $\delta\boldsymbol{u}$ 所引起的总势能为极小值的问题，从数学上看是求解应变差 $(\hat{\boldsymbol{\varepsilon}}-\boldsymbol{\varepsilon}_{\text{true}})$ 或应力差 $(\hat{\boldsymbol{\sigma}}-\boldsymbol{\sigma}_{\text{true}})$ 在弹性系数矩阵 $\boldsymbol{D}$（或 $\boldsymbol{D}^{-1}$）加权意义上的最小二乘问题。由此可以得到应变和应力近似解 $\hat{\boldsymbol{\varepsilon}}$ 和 $\hat{\boldsymbol{\sigma}}$ 的性质，即它们是在加权残值最小二乘意义上对真实应变 $\boldsymbol{\varepsilon}_{\text{true}}$ 和真实应力 $\boldsymbol{\sigma}_{\text{true}}$ 的逼近。

2. 高斯积分点上的应力精度

由式(8.2.8)可知，有限元应力分析归结为求泛函 $\Pi_{\text{error}}(\hat{\boldsymbol{\sigma}},\boldsymbol{\sigma}_{\text{true}})$ 的极小值问题，即求解

$$\delta\Pi_{\text{error}}(\hat{\boldsymbol{\sigma}},\boldsymbol{\sigma}_{\text{true}})=\sum_{i=1}^{n}\frac{1}{2}\int_{V^e}(\hat{\boldsymbol{\sigma}}-\boldsymbol{\sigma}_{\text{true}})^{\mathrm{T}}\boldsymbol{D}^{-1}\hat{\boldsymbol{\sigma}}\mathrm{d}V=0\tag{8.2.9}$$

由几何方程，将式(8.2.7)改写成位移的形式，即

$$\delta\Pi_{\text{error}}(\hat{\boldsymbol{u}},\boldsymbol{u}_{\text{true}})=\sum_{i=1}^{n}\int_{V^e}(\boldsymbol{L}\hat{\boldsymbol{u}}-\boldsymbol{L}\boldsymbol{u}_{\text{true}})^{\mathrm{T}}\boldsymbol{D}^{-1}(\boldsymbol{L}\hat{\boldsymbol{u}})\mathrm{d}V=0\tag{8.2.10}$$

式中，$\boldsymbol{L}$ 是几何方程中偏导数为 m 阶的微分算子，假如近似解 $\hat{\boldsymbol{u}}$ 是 p 次多项式，令 $r=p-m$，则 $\hat{\boldsymbol{\varepsilon}}$ 和 $\hat{\boldsymbol{\sigma}}$ 将是 r 次多项式。为得到式(8.2.9)和式(8.2.10)的精确积分，至少应采用 $r+1$ 阶的高斯积分。当取 $r+1$ 阶高斯积分时，积分精度可达 $2(r+1)-1=2r+1$ 次多项式，也就是说该被积函数是 $2r+1$ 次多项式的情况仍可达到精确积分。在这种情况下，若雅可比行列式为常量，即使式(8.2.9)中的真实应力 $\boldsymbol{\sigma}_{\text{true}}$ 是 $2r+1$ 次多项式，数值积分仍然精确，即

$$\sum_{i=1}^{n}\int_{V^e}(\hat{\boldsymbol{\sigma}}-\boldsymbol{\sigma}_{\text{true}})^{\mathrm{T}}\boldsymbol{D}^{-1}\hat{\boldsymbol{\sigma}}\mathrm{d}V=\sum_{i=1}^{n}\sum_{j=1}^{r+1}w_j(\hat{\boldsymbol{\sigma}}-\boldsymbol{\sigma}_{\text{true}})^{\mathrm{T}}\boldsymbol{D}^{-1}\hat{\boldsymbol{\sigma}}=0\tag{8.2.11}$$

是精确成立的。

具体对于一个等参单元，单元中 $r+1$ 阶的高斯积分点上应力或应变的近似解将具有比其他位置高得多的精度，因此称 $r+1$ 阶的高斯积分点是等参单元中的最佳应力点。

图 8.1 中单元的精确解 $\boldsymbol{\varepsilon}_{\text{true}}$ 呈二次曲线变化，当采用二次单元进行求解时，可以得到它的分段线性近似解 $\hat{\boldsymbol{\varepsilon}}$，而在 $r+1=2$ 的高斯积分点上，近似解 $\hat{\boldsymbol{\varepsilon}}$ 与精确解相等。

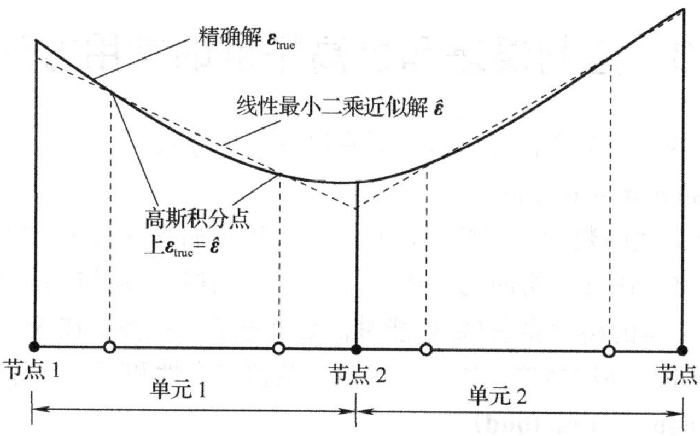

图 8.1　二次单元上的近似解 $\hat{\varepsilon}$ 与精确解 ε_{true}

3. 共用节点上应力的平均处理

在多个单元共用的节点上，由于单元离散和位移函数近似方面的原因，由各个单元计算所得到的共用节点上的应力是不同的。作为一种后处理，可以将各个单元在共用节点上的不同应力进行一定的直接平均或加权平均处理，即进行磨平，以得到较好的计算结果。

1) 共用节点上应力的直接平均

设各个单元计算得到的在共用节点 i 上的应力为 σ_i^e，则该节点的平均应力为

$$\sigma_i = \frac{1}{m}\sum_{e=1}^{m}\sigma_i^e \tag{8.2.12}$$

式中，1～m 是围绕在 i 节点周围的全部单元。

2) 共用节点上应力的加权平均

由于围绕在共用节点周围的各个单元的形状和大小不一定相同，更合理的处理方法是采用加权平均，如果按单元的面积或体积进行加权，则有

$$\sigma_i = \frac{1}{m}\sum_{e=1}^{m}\beta^e\sigma_i^e \tag{8.2.13}$$

对于平面单元，则有

$$\beta^e = \frac{A^e}{\sum\limits_{e=1}^{m}A^e} \tag{8.2.14}$$

对于三维单元，则有

$$\beta^e = \frac{V^e}{\sum\limits_{e=1}^{m}V^e} \tag{8.2.15}$$

此外，处理单元应力还有总体应力磨平、单元应力磨平、子域局部应力磨平及外推、引入力边界条件修正边界应力等方法。但这些方法只是计算结果后处理的一些局部改善，并不能从根本上解决应力精度差的问题。

8.3　控制误差和提高精度的常用方法

在工程中，提高应力或应变计算精度主要有以下几种方法。

1) h 方法(h-version 或 h-method)

不改变各单元上基底函数的配置情况，只是通过逐步加密有限元网格来使计算结果向精确解逼近。这种方法在有限元分析应用中最为常见，并且往往采用较为简单的单元构造形式。h 方法可以达到一般工程的精度要求(要求能量范数度量的误差控制在 5%～10%)，其收敛性比 p 方法差，但由于不用高次多项式作基底函数，数值稳定性和可靠性都较好。

2) p 方法(p-version 或 p-method)

保持有限元的网格剖分固定不变，增加各单元上的基底函数的阶次，从而改善计算精度。大量的实践表明：p 方法的收敛性大大优于 h 方法。p 方法的收敛性可根据 Weierstrass 定理来论证，由于 p 方法使用高次多项式作为基底函数，会出现数值稳定性的问题。另外，由于计算机容量和速度的限制，多项式的阶次不能太高(一般情况下多项式的阶次 $r<9$)，尤其在振动和稳定性问题中求解高阶特征值时，无论 h 方法还是 p 方法都不能令人满意，这是由多项式插值本身的局限性造成的。

3) r 方法(r-version)

在不改变单元类型和单元数目的条件下，通过移动单元节点来减小离散误差，因而单元的总自由度保持不变。

4) 自适应方法(adaptive method)

运用反馈原理，利用上一步的计算结果来修改有限元模型，其计算量较小，且计算精度显著提高。自适应方法是一种需要多次计算的方法，可以分别和 h 方法、p 方法及 h-p 方法结合，称为 h 自适应法、p 自适应法和 h-p 自适应法。自适应方法由误差指示算子来监控，而收敛程度则由误差估计算子来表征。

自适应可定义为按现时条件检查后为满足某一要求而进行自动调整的过程。自适应有限元分析是一种能自动调整其算法以改进求解过程的数值方法，它包括多种技术，主要有误差估计、自适应网格改进、非线性问题中荷载增量的自适应选取及瞬态问题中时间不长的自适应调整等。从更高层次上来看，高精度数值分析及自适应方法应进行一体化的组合，其自动调整过程为多进程循环过程，有关框架见图 8.2。

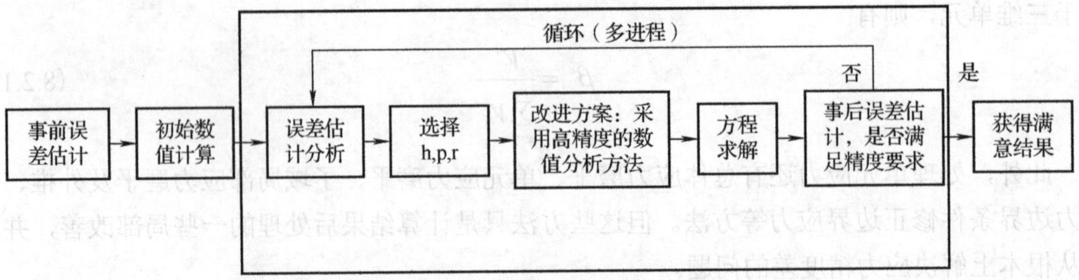

图 8.2　高精度数值分析及自适应方法的一体化实施过程

习　　题

8.1　垂直悬挂的等截面直杆受自重作用，横截面积为 A，长度为 l，杆的密度为 ρ，如图所示。如果用一维杆单元求解杆内的应力分布，问应采用多少节点的单元？在什么位置有限元计算结果可以达到解析解的精度？并给出它们的数值。

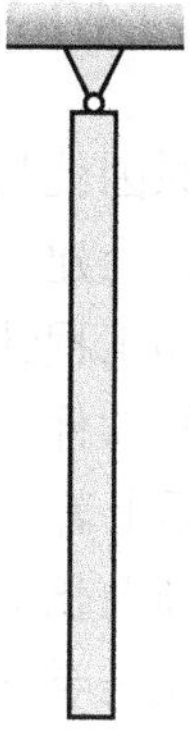

习题 8.1 图

8.2　单元具有 p 次多项式的位移函数，泛函中微分的阶数是 n，形成单元刚度矩阵是采用 $m+1$ 阶 Gauss 积分，其中 $m=p-n$。请解释，对于节点等间距分布的一维杆单元其应力的近似解在 Gauss 积分点上能够具有比自身高一次的精度。

8.3　自适应方法中自适应网格改进，在计算过程中是在全域上计算好还是在指定区域（关心的区域）上计算好，请说明理由。该方法也称为指定区域自适应网格法，需要在剖分网格前指定区域，计算中在指定的区域上进行自适应网格剖分，以提高计算精度。

第9章　有限元在工程中的应用举例

9.1　有限元分析常用软件简介

有限元方法得以飞速发展的一个重要原因就是在工程实际中出现了一大批重要问题需要进行分析，如航空、机械制造、水利工程、土建、桥梁、冶金、远航、核能、地震、物理以及气象、水文等领域的众多大型科学问题和工程计算难题。要完成这些分析的前提就是需要先进的计算机计算平台和成熟的有限元分析软件，正是在这一需求的持续驱动下，出现了上百种商品化的有限元分析软件，其中在国际上著名的软件有几十种。

在科学研究、工程应用、软件开发的商业化运作等的结合方面，还没有一个领域能像有限元这样具有如此紧密的联系，许多学者既是学术界的权威，又是著名商业软件公司的创始人和总裁。例如，在20世纪60年代，美国加利福尼亚大学的著名学者Ed Wilson就开发了第一个大型通用程序SAP(structural analysis program)；而他的学生Jürgen Bathe和Berkely获得博士学位后，于1975年在麻省理工学院创办了ADINA公司，开发了另一个著名的大型通用非线性分析软件ADINA(automatic dynamic incremental analysis)；Pedro Marcal是美国布朗大学应用力学系的教授，于1967年创建了Marc公司，其软件产品为Marc，在非线性分析领域占有重要的位置；1969年，德国斯图加特大学的学者Argyris开发了著名的大型有限元分析软件ASKA，用于航空航天飞行器的结构分析；1978年，Hibbit、Karlsson以及Sorensen创立了HKS公司，推出的有限元分析软件为ABAQUS，由于其适合于二次开发，故在欧美国家和地区流行；1976年，Lawrence Livermore国家实验室的学者John Hallguist发布了DYNA程序，几年后该程序被法国ESI公司商品化，命名为PAM-CRASH，1989年，John Hallguist离开了Lawrence Livermore国家实验室，开发了著名的商业软件LS-DYNA，在大变形、非线性问题领域至今还具有很大的影响。1963年，R. MacNeal和R. Schwendler创办了MSC公司，其主要的软件系统NASTRAN已成为航空航天领域的标准化结构分析软件。1970年，John Swanson在美国匹兹堡创办了Swanson公司(后改名为ANSYS公司)，其产品为ANSYS，它是集结构、热、流体、电磁、声学于一体的大型通用有限元分析软件，目前该软件在全球拥有最大的用户群，成为国际上的主流软件之一。

1. 有限元分析的平台

有限元分析的平台包含硬件平台和软件平台。

硬件平台可以是速度达每秒上万亿次浮点运算的巨型计算机、每秒上亿次浮点运算的大型计算机，以及工作站、小型机、个人计算机，可以是单CPU计算机，也可以是多CPU并行处理的高性能计算机，还可以是由大量个人计算机组成的分布式并行处理机群。进行有限元分析一般要求具有高性能的CPU、大容量的快速内存储器、大容量的硬盘存储器，从处理的时间上看，有的分析只需要几十秒，但有的计算需要十几天甚至几十天。由此可见，进行有限元分析的硬件平台非常广泛，几乎各种类型的计算机都可以用来进行有限元分析和计算，只是在计算速度和效率方面存在较大的差异。随着现代计算机技术的飞速发展，个人计算机与小型机、工作站之间的界限已不十分明显，现有的高档个人计算机性能已经达到或超过以往的小型机甚至工作站的水平。

软件平台包括计算机系统软件和有限元分析软件。计算机系统软件包括计算机操作系统和高级语言编译系统，计算机操作系统如 UNIX、Linux、DOS、Windows、macOS 等，高级语言编译系统如 Basic、Fortran、TC、VC、C++等。一般情况下，一个完整的商业化有限元分析软件系统在开发时已经完全进行编译并且自己带有图形处理系统。因此，只要有计算机硬件环境和操作系统，在进行有限元分析软件的合法安装后就可以独立使用。

一个完整的有限元分析软件包括三个组成部分和两个支撑环境，即前处理部分、分析计算部分、后处理部分，以及数据库、图形可视化系统，如图 9.1 所示。图形可视化系统可以借鉴已有的图形支撑环境，如 AutoCAD、Pro/E、IDEAS、SolidEdge 等。

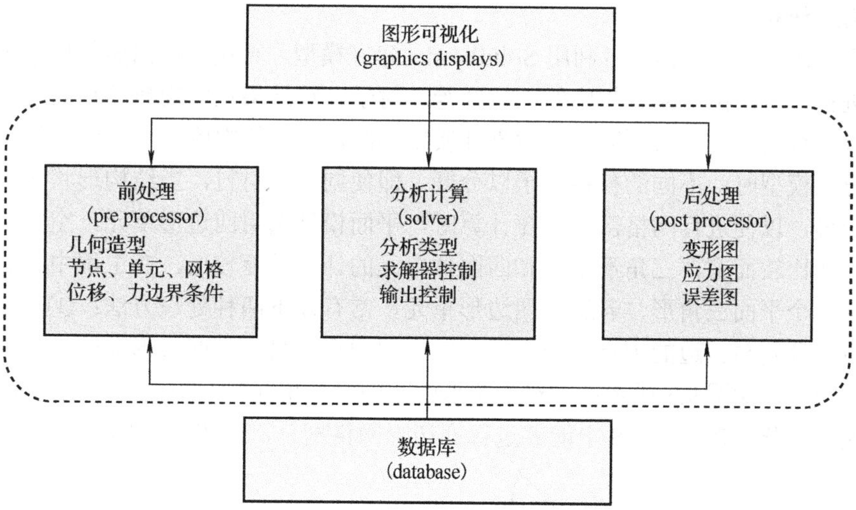

图 9.1　有限元分析软件的组成

2. 有限元分析过程中的建模

有限元分析的过程如下：从物理模型(实际结构)到计算模型的简化和特征提取，该过程称为特征建模(characterized modeling)；有限元分析建模(FEA modeling)，以及在有限元分析平台上进行计算。如图 9.2 所示的汽车发动机的结构特征建模，即提取相应的简化模型。

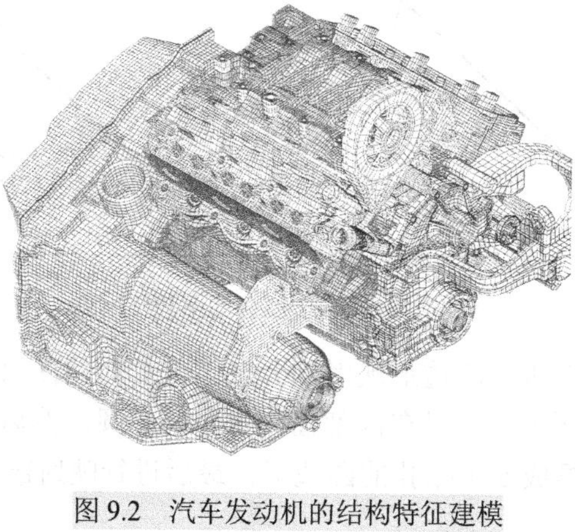

图 9.2　汽车发动机的结构特征建模

特征建模需要分析人员具有相应的数学力学基础、工程分析经验，以及对软件的熟练操作能力，以便进行准确、合理的简化，得到既能反映物理模型特征，又具有合理离散方案的计算模型；有限元分析建模则强调分析人员具有很好的几何造型和软件操作能力。

有限元分析时，应重点关注的是特征建模以及后处理分析，而中间的分析计算由分析软件独立完成。有限元分析过程相当于拍照，对于同一相机，不同的人拍出的相片效果不一样，原因在于拍照人的拍照水平和侧重点不同。因此特征建模时应注意以下几点。

1）实际结构应合理简化

实际中的工程结构千变万化，影响结构响应的因素很多，分析计算时应结合所考虑的主要因素，忽略次要因素以及结构细节模型，进行建模。对于同一结构，分析计算的影响因素不同，可能建立的分析模型是不一样的。

2）结构应细分

在实际工作中，有些初学者利用 SolidWorks 建好模型，直接采用四面体模型进行自由剖分，然后进行计算，由于缺少相应的工程经验，对于计算结果难以判断其有效性。实际结构中可能包含各种材料，材料不同，其力学性质则不同，在计算中应赋予不同的材料参数。因此，在建分析模型时，不同的材料应予以分开。即使同一种材料，当结构形状比较复杂时，也应进行剖分，以便进行网格剖分。在计算时，平面模型选用四边形单元，空间模型选用六面体模型，相比较而言，三角形单元和四面体单元的计算精度较低，在工程中一般应弃用。例如，对于一个平面三角形，若选用四边形单元，常有以下两种处理方法：①在三角形内部插入一个点，分别与三边的中点相连，组成三个四边形，只要是四边形就能采用映射剖分，形成四边形网格，如图 9.3 所示；②对三角形的三边赋予单元节点个数，分别为 4 的整数倍，然后进行映射剖分，在 ANSYS 中能够进行四边形网格剖分，如图 9.4 所示。

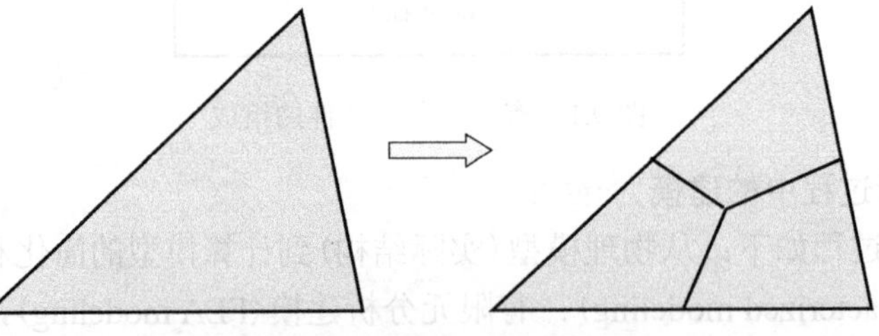

图 9.3　三角形拆成 3 个四边形

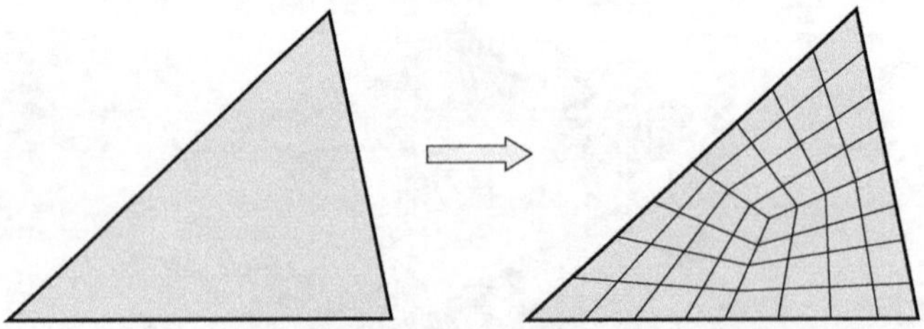

图 9.4　ANSYS 中剖分的四边形网格

既然三角形的构件可以进行四边形映射剖分，那么其他的任何多边形细剖之后都可以进行四边形映射剖分。对于圆形，可以在内部插入一个同心圆，然后将同心圆分成四等份，顺次连接四个交点后将圆形拆成 5 个拓扑的四边形，最后进行映射剖分，如图 9.5 所示。

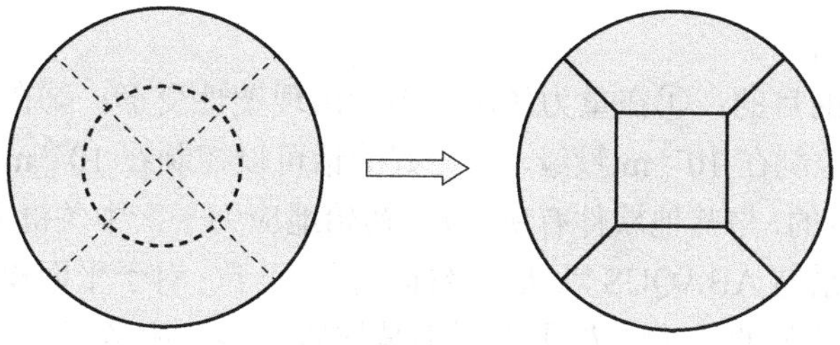

图 9.5　圆形拆成 5 个拓扑四边形

3) 约束的简化以及荷载的施加

有限元分析中的约束一般为位移的控制，由于位移施加在单元的节点上，所以约束同样施加在单元的节点上。若约束施加在某一区域，则在剖分单元时，先细分区域，再选定该区域的单元节点，施加相应的约束。

荷载无论是力还是力偶均施加在单元节点上。若荷载为集中力，则施加在对应的节点上，对于较大的集中力，则可以施加在集中于力作用点处的几个节点上，均匀分布即可。若荷载为分布力，则转化为施加在节点的分布力。若荷载为力偶，则转化为构成的力偶的集中力。

9.2　有限元在隧道工程中的应用举例

地下隧道开挖的数值模拟是洞室截面、施工过程、支护形式等设计和施工方案设计、优选的必要手段，ABAQUS 能够完成隧道的整个施工过程的模拟，通过对不同模型的方案对比，选出最优的施工方案。在施工模拟过程中可以对整个结构进行非线性静力分析。ABAQUS 提供单元复制(ELCOPY)、添加(ADD)和移除(REMOVE)等功能，具有工程含义准确、操作方便、计算速度快等优点。

9.2.1　隧道数值模拟中应注意的问题

1) 模型尺寸及边界条件

隧道开挖仅对一定范围的围岩有明显的影响。对于平面模型，当模型的边界与隧道中线的距离大于隧道半径的 6 倍时，应力变化一般在 5%以下，大于隧道半径的 10 倍时，应力变化在 1%以下。因此，隧道模型的横截面尺寸可根据计算的需要取 8～10 倍的隧道直径，对于浅埋隧道，模型顶面可直接选取实际隧道的顶面。隧道三维模型的纵向长度应考虑空间效应的影响以及所要模拟的施工过程的需要。隧道平面模型的竖向边界为水平方向约束，底边为竖向约束或水平、竖向双向约束；隧道三维模型的顶面为自由面，底面为竖向约束或竖向、水平三向约束，左右边界为水平约束，前后边界为水平约束。

2) 单元选择

围岩采用实体单元，衬砌采用实体单元或壳单元以及梁单元，但实体单元对网格尺寸的敏感性较大，因此衬砌附近的围岩单元相对较密。对于点接触式锚杆单元，简单的处理方法是可把预应力作为作用在锚固点上的一对集中力加以模拟；对于全长黏接式锚杆单元，应分成若干杆单元进行模拟。对于隧道工程中的系统锚杆，可以使用内嵌单元(embedded element)进行模拟。使用内嵌单元建模时，节点可以共用，也可以不共用。

3) 初始地应力平衡

初始地应力平衡的目的：①在重力作用下不能出现塑性变形；②在重力作用下地表不发生沉降或隆起，至少控制在 10^{-3} m 量级，平衡好的话可以控制在 10^{-6} m 量级。初始地应力平衡是 ABAQUS 所特有的，与其他软件有所区别。初始地应力平衡中关键要注意坐标的一致性，使模型中的整体坐标系与 ABAQUS 默认的坐标系保持一致；对于平面模型，Y 轴为竖直方向；对于三维模型，Z 轴为竖直方向。如果地层不是均质材料，应考虑使用用户子程序 SIGINI 进行初始地应力平衡，而子程序 SIGINI 中至少包含三个方向的正应力，否则极易出错。

4) 隧道的超前支护

隧道施工中，超前支护一般采用管棚或注浆小导管形成一个环向加固层。简单的处理方式为提高这一部分岩体的力学参数，主要是强度参数——黏聚力 c 和摩擦角 φ，也可以采用梁单元以及提高地层力学指标进行模拟。若超前支护的力学参数与围岩的参数相差较大，应采用单元复制(ELCOPY)进行模拟，即在同一区域存在两组不同属性的单元，节点共用，单元类型相同，只是在不同的模拟过程中不同的单元在起作用。

5) 隧道开挖与支护

隧道开挖是一个破坏岩体边界条件、应力重分布的过程。模拟隧道开挖的方法有很多，目前常用的有反转应力释放法和刚度折减法。反转应力释放法即在开挖边界上作用一等效释放荷载，这一等效释放荷载等价于原来作用在该边界上的初始地应力，但方向相反。通过等效荷载的分级释放，模拟不同的施工过程。刚度折减法是通过不断折减被开挖对象的刚度来模拟隧道开挖过程。两种方法虽然手段不同，但结果是相同的。原因为：工程中并不关心开挖体的破坏，因而可以将开挖体作为弹性材料处理。从理论上讲，开挖体材料处于弹性状态，若变形相同，则应变相同；弹性模量减小，则应力减小；因此单元相同时，节点作用力相应地减小。反转应力释放法易于理解，但使用复杂，ANSYS 中常采用此法。刚度折减法可以考虑开挖体刚度对总体刚度的贡献，更符合实际，且通过 REMOVE 以及 TEMPERATURE 或 FIELD 等命令易于实现，施工过程越复杂，越能体现刚度折减法的优越性。

6) 隧道不同埋深的处理

一般说来，在隧道三维模型中，隧道的埋深是不同的。若埋深较小，可以按实际条件建模。若埋深较大，处理方式有两种：一种是建立一个均匀埋深模型，在模型顶部施加一个随埋深变化的面力，模拟隧道不同的上覆岩层厚度；另一种是建立整体模型，计算初始地应力，再建一个局部的隧道模型，将局部的初始地应力作为初始条件施加到局部模型中并进行相应的数值模拟。

9.2.2　工程概况

1. 地层、围岩分类以及相应的力学参数

某线路起止里程约为 YCK10+635～YCK11+597.99，长度为 875.5 m，为双线隧道(分左线和右线)，拟为地下线，工法采用矿山法。

根据《城市轨道交通岩土工程勘察规范》(GB 50307—2012)附录 B，该线路场地土石分级如下。

(1) Ⅰ级松土。人工填土层、冲积-洪积形成的砂层及河湖相的淤泥质土层，即岩土分层<1>、<3>及<4-2>，为Ⅰ级松土。机械能全部直接铲挖满载。

(2) Ⅱ级松土。冲积-洪积、残积形成的黏性土及粉土，即岩土分层<4-1>和<5>为Ⅱ级松土，机械需部分刨松方能铲挖满载，或可直接铲挖但不能满载。

(3) Ⅲ级硬土。已风化成坚硬或密实土状的岩石全风化带划分为Ⅲ级硬土，即岩土分层<6>，机械需普遍刨松或部分爆破方能铲挖满载。

(4) Ⅳ级软石。岩石强风化带可划分为Ⅳ级软石，即岩土分层<7>。部分用爆破开挖。

(5) Ⅴ级次坚石。岩石中风化带和微风化带可划分为Ⅴ级次坚石，即岩土分层<8>和<9>，用爆破法开挖。

根据《城市轨道交通岩土工程勘察规范》(GB 50307—2012) 4.3 条，该线路沿线隧道围岩分类如下。

(1) Ⅰ类围岩。包括人工填土层、冲积-洪积砂层及土层、淤泥质土层和可塑或稍密～中密状残积土层，即岩土分层<1>、<3>、<4-1>、<4-2>和<5-1>。围岩极易坍塌变形，有水时，土、砂常与水一起涌出，浅埋时易坍塌至地表。

(2) Ⅱ类围岩。包括残积形成的硬塑或密实状黏性土(粉质黏土、黏土)和粉土，即岩土分层<5-2>和岩石全风化带(岩土分层<6>)。围岩易坍塌，处理不当会出现大坍塌，侧壁经常小坍塌，浅埋时易出现地表下沉(陷)或坍塌至地表。

(3) Ⅲ类围岩。岩石强风化带可划分为Ⅲ类围岩，即岩土分层<7>。拱部无支护时可产生较大的坍塌，侧壁有时失去稳定。

(4) Ⅳ类围岩。红层碎屑岩类岩石中等风化带(岩土分层<8>)可划分为Ⅳ类围岩，拱部无支护时可产生小坍塌，侧壁基本稳定，爆破震动过大易坍塌。当岩层走向平行隧道轴线时，侧壁稳定性较差。

(5) Ⅴ类围岩。红层碎屑岩类岩石微风化带(岩土分层<9>)可划分为Ⅴ类围岩。暴露时间长可能会出现局部小坍塌，侧壁稳定，层间结合差的平缓岩层顶板易塌落。

各土层的主要力学参数见表 9.1。

表 9.1　各土层主要力学参数

岩土分层	土层名称	ρ /(kg/m^3)	c /kPa	φ /(°)	E /MPa	μ
<4-1>	冲积-洪积黏性土层	1910	29.83	13.6	7.5	0.32
<4-2>	淤泥质土层	1600	8.0	8.0	2.9	0.32
<5-1>	可塑、中密状残积土层	1820	29.3	14.5	8.0	0.30
<5-2>	硬塑、密实状残积土层	1850	34.1	14.4	12	0.25
<6>	碎屑岩全风化带	2000	31.1	15.3	15.0	0.25
<7>	碎屑岩强风化带	1950	350	25	300	0.25
<8>	碎屑岩中风化带	2500	1000	35	2000	0.25
<9>	碎屑岩微风化带	2600	2000	40	4500	0.25

2. 隧道的截面形状以及施工过程

随着隧道里程的变化，隧道的截面形状和左右两隧道的中心线间距变化。包括辅洞在内共有 25 种截面形状，中心线的间距从 13 m 变化至 39 m，从单线隧道到双线隧道，隧道的跨度也不相同，不同里程的地层信息差别很大。以上因素决定了隧道的施工过程各不相同。

本区段总体采用复合式衬砌，根据新奥法原理，结合工程实际情况，以合理利用围岩的自承能力、尽量减少开挖隧道的扰动为原则，采用控制爆破、短进尺技术开挖，以锚杆、钢筋网喷射混凝土以及钢架作为主要支护手段。根据衬砌断面形状、地质条件及地面建筑情况采用不同的施工方法。

隧道的施工方法如下。

单线隧道根据围岩级别采用短台阶分部开挖(核心土)和全断面开挖，Ⅱ、Ⅲ级围岩设砂浆锚杆，Ⅳ、Ⅴ级围岩设超前小导管。全断面铺设钢筋网，掌子面根据情况，必要时喷射混凝土。

双线隧道断面采用 CD、CRD 工法，短进尺开挖，增设临时中隔离和临时仰拱。

大跨度渐变断面隧道采用双侧壁导坑工法施工，短进尺开挖，增设临时中隔离及横向支撑。

双联拱大跨断面的结构跨度大，采用中导洞+CRD 工法开挖支护，先在中导洞内施工隔墙，再开挖两侧洞。施工时先开挖小断面侧边，再开挖大断面侧边，侧洞工作面应保持一定的距离，并设临时中隔离及横向支撑，且控制二衬浇注时的拆撑长度。

里程 10 km+725 m 处的隧道断面均为 A4 型，锚杆以及超前支护见图 9.6，地层信息简图如图 9.7 所示。其中软土层厚度为 10 m，上部硬土层厚度为 5 m，下部硬土层厚度为 4 m，中间夹有 1 m 厚的碎屑岩强风化带。隧道埋深为 18 m，左右两隧道的中心线间距为 13 m，下部为碎屑岩中风化带。计算时将该断面简化为二维模型，计算区域的宽度为 150 m，深度为 60.6m。平面模型只能模拟部分施工过程，开挖完一部分马上施加一衬和锚杆，整个截面开挖结束后再施加二衬。

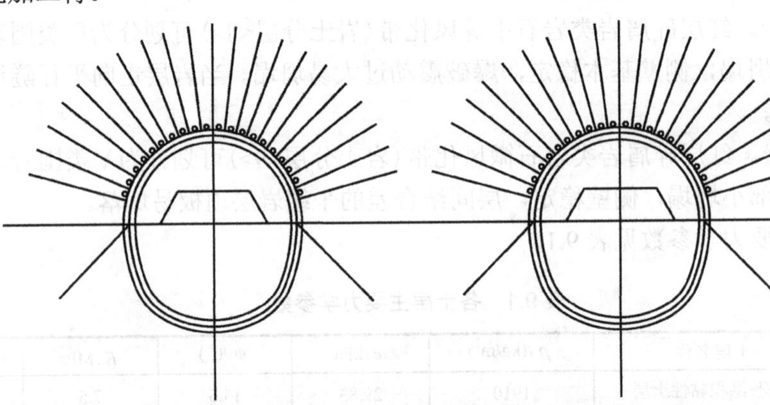

图 9.6　里程 10 km+725 m 断面的隧道截面(A4 型)

图 9.7　里程 10 km+725 m 断面的地层信息简图

9.2.3　数值模拟

1. 施工过程的优化

由于里程 10 km+725 m 处为单线隧道，具体采用全断面开挖还是短台阶分部开挖，需要根据围岩的力学性质确定。采用 ABAQUS 进行模拟时，首先应进行初始平衡，由于隧道区地层复杂，故采用子程序 SIGINI 进行平衡。初始平衡时应移除所有复制的衬砌单元、管棚单元以及锚杆单元，也就是只保留未开挖的土体及岩体单元。图 9.8 为初始平衡计算后的位移场，图中 U 表示位移变化，U2 为竖向位移值。

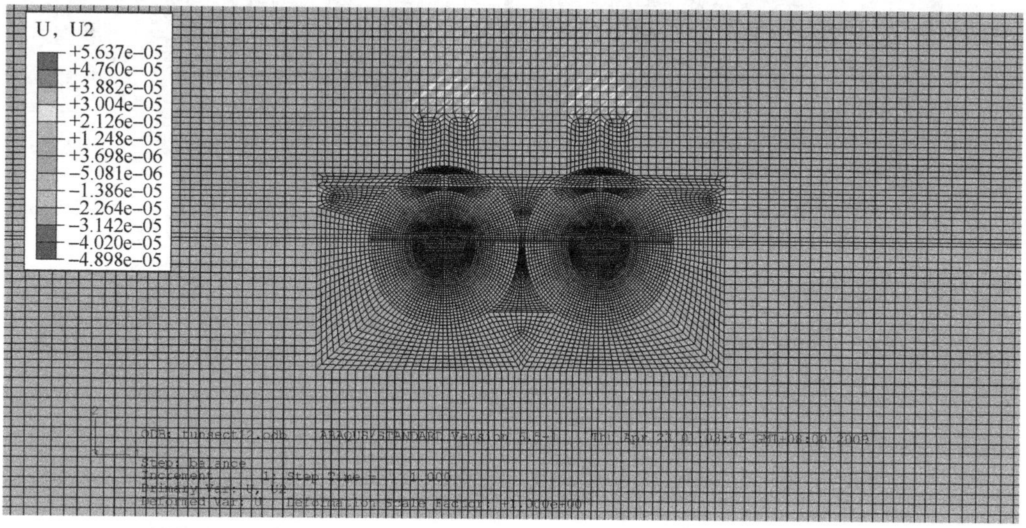

图 9.8　围岩的初始位移

1) 全断面开挖

隧道开挖和支护过程模拟中，如果不采用任何支护，则围岩的卸荷力完全由围岩自身承受，相当于仅仅计算毛洞的平衡；如果开挖后立即支护，则支护将承受几乎所有的卸荷力，相当于开挖后施加支护，然后进行平衡；在实际的施工过程中，以上是两种极端情况，实际工程中围岩和支护共同承受卸荷力，以便使结构更为合理。

该工程采用刚度折减法模拟开挖过程中的应力释放，可以通过围岩的弹性参数随场变量而减小来模拟围岩应力释放的过程。例如，当温度为 0℃时，对应于初始状态，此时的围岩弹性模量为初始值，而在衬砌前，围岩应力释放到 40%，则可把温度设置为 10℃，此时的弹性模量保留为原来的 40%。刚度折减法中只改变开挖体的弹性模量，围岩的参数不变。至于开挖体的弹性模量折减的具体数值，可以通过不同的系数进行模拟，最终选择一个较为合理的数值。采用应变软化模型计算全断面开挖时，变形过大，产生较大的塑性变形而使计算过程终止，二次开挖的计算结果收敛。因而该过程采用小变形的算法进行优化，全断面开挖的数值模拟结果见图 9.9。

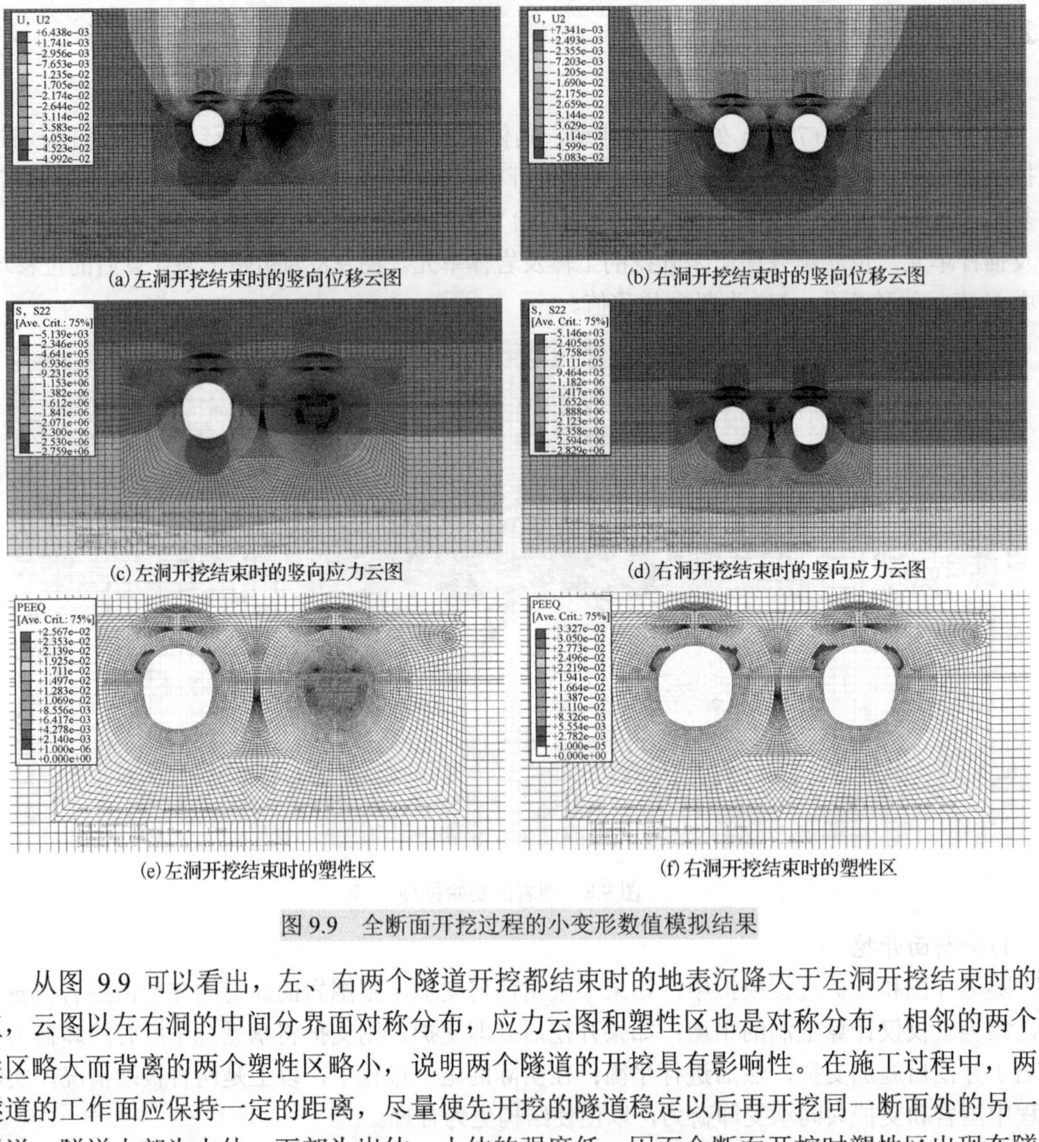

(a) 左洞开挖结束时的竖向位移云图　(b) 右洞开挖结束时的竖向位移云图

(c) 左洞开挖结束时的竖向应力云图　(d) 右洞开挖结束时的竖向应力云图

(e) 左洞开挖结束时的塑性区　(f) 右洞开挖结束时的塑性区

图 9.9　全断面开挖过程的小变形数值模拟结果

从图 9.9 可以看出，左、右两个隧道开挖都结束时的地表沉降大于左洞开挖结束时的数值，云图以左右洞的中间分界面对称分布，应力云图和塑性区也是对称分布，相邻的两个塑性区略大而背离的两个塑性区略小，说明两个隧道的开挖具有影响性。在施工过程中，两个隧道的工作面应保持一定的距离，尽量使先开挖的隧道稳定以后再开挖同一断面处的另一个隧道。隧道上部为土体、下部为岩体，土体的强度低，因而全断面开挖时塑性区出现在隧道上方。从图 9.10 可以看出，左洞开挖结束时，地表沉降沟的峰值恰好位于左洞上方，两个隧道开挖结束后，沉降沟的峰值位于地表中心，且只有一个峰值，两隧道对地表的影响等效于一个跨度较大的隧道对地表的影响，影响范围约为 60 m。开挖过程中特殊点位移随开挖步的变化见图 9.11。

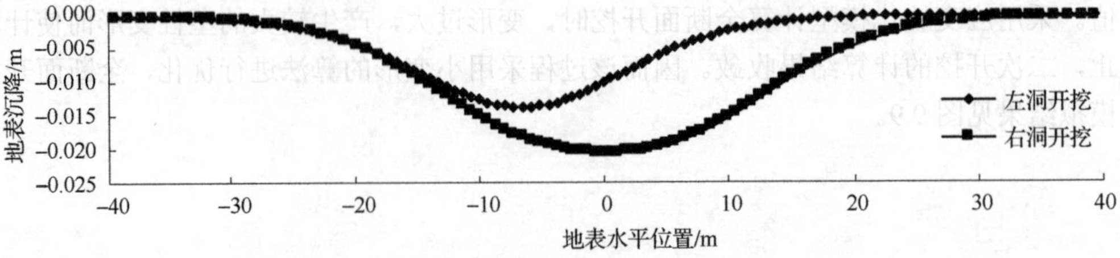

图 9.10　全断面开挖过程中地表沉降分布曲线

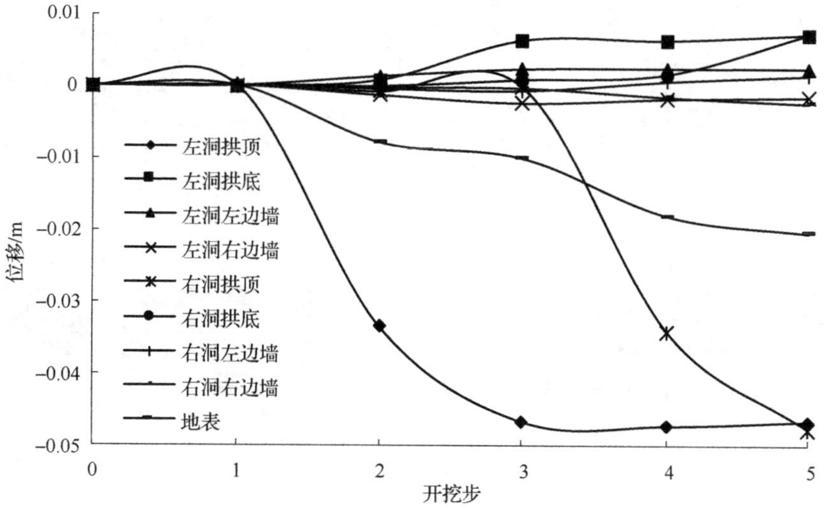

图 9.11　全断面开挖过程中特殊点的位移随开挖步的变化曲线

从图 9.11 可以看出，经过开挖步 1 初始平衡后，各点均未发生位移。开挖步 2、3 为开挖左洞、卸荷和施加衬砌；开挖步 4、5 为开挖右洞、卸荷和施加衬砌。开挖左洞时，由于右洞未开挖，对右洞周围各点的影响很小。开挖右洞时对左洞的拱顶、拱底以及左边墙影响很小，但对左洞右边墙的影响较大，在整个开挖过程中对地表的影响都较大。

2)短台阶分部开挖

短台阶分部开挖的模拟结果如图 9.12 和图 9.13 所示。

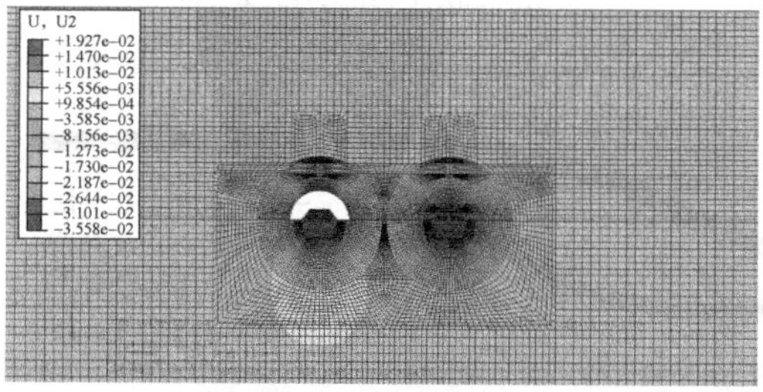

(a)左洞一次开挖结束时的竖向位移云图

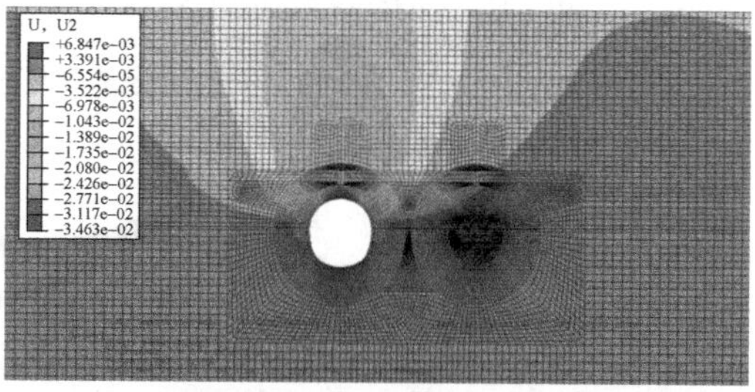

(b)左洞二次开挖结束时的竖向位移云图

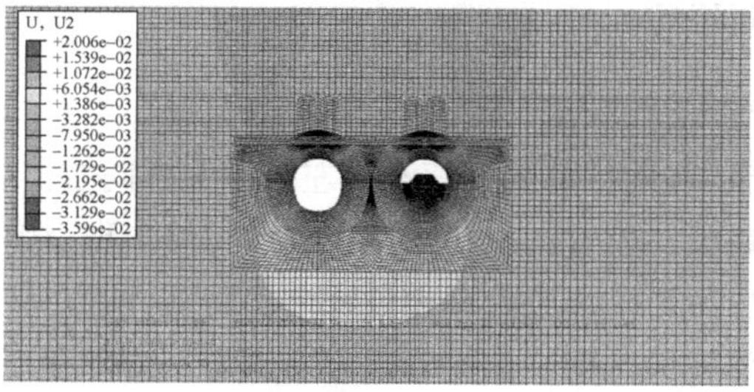

(c)右洞一次开挖结束时的竖向位移云图

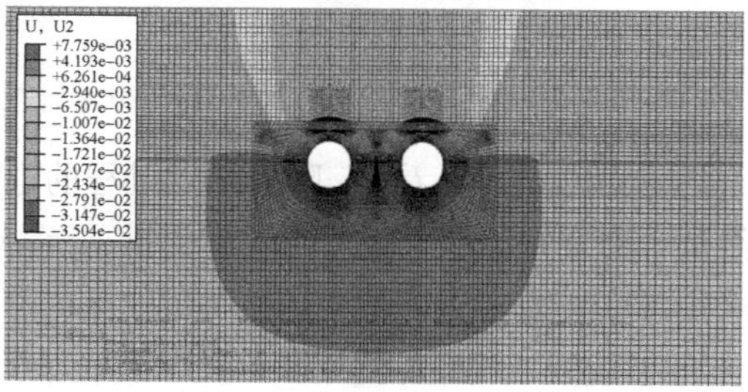

(d)右洞二次开挖结束时的竖向位移云图

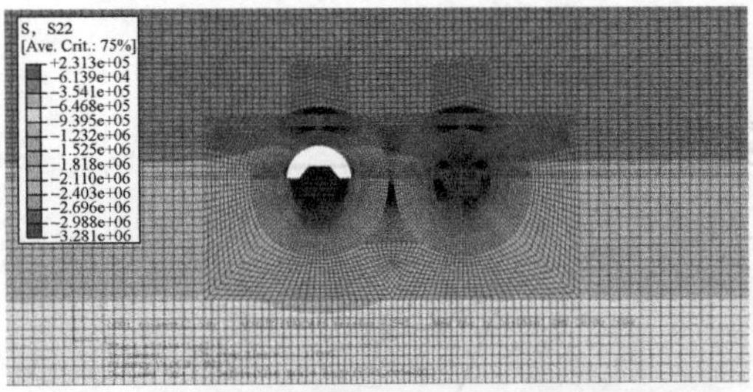

(e)左洞一次开挖结束时的竖向应力云图

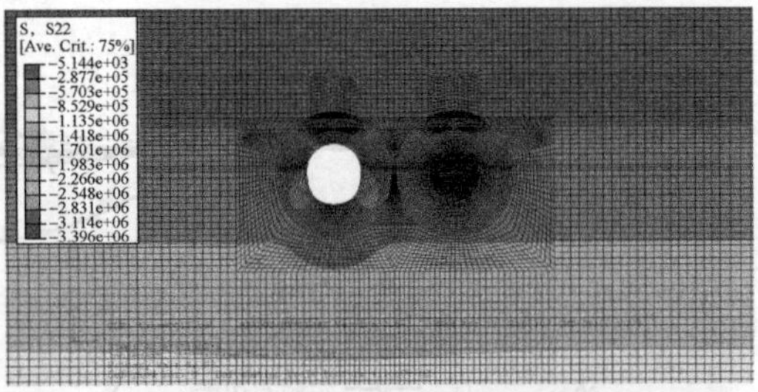

(f)左洞二次开挖结束时的竖向应力云图

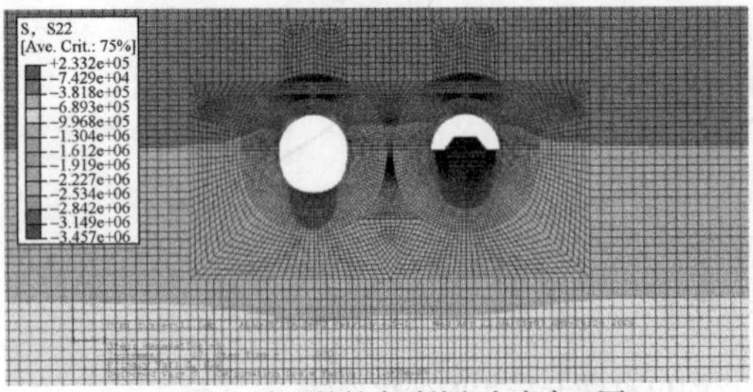

(g)右洞一次开挖结束时的竖向应力云图

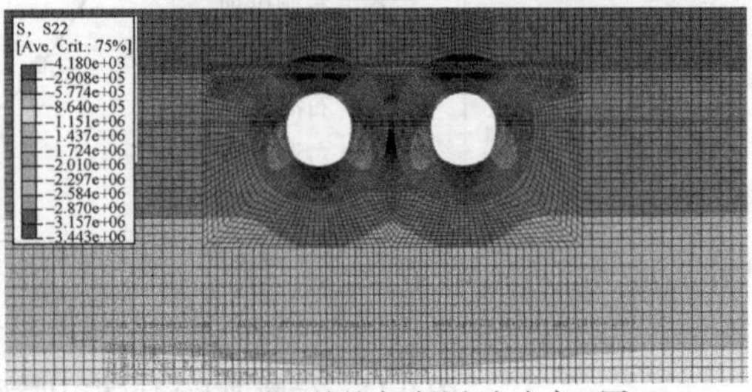

(h)右洞二次开挖结束时的竖向应力云图

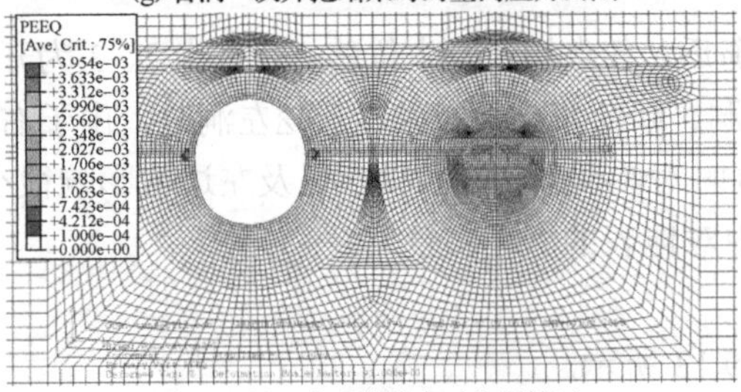

(i)左洞二次开挖结束时的塑性区

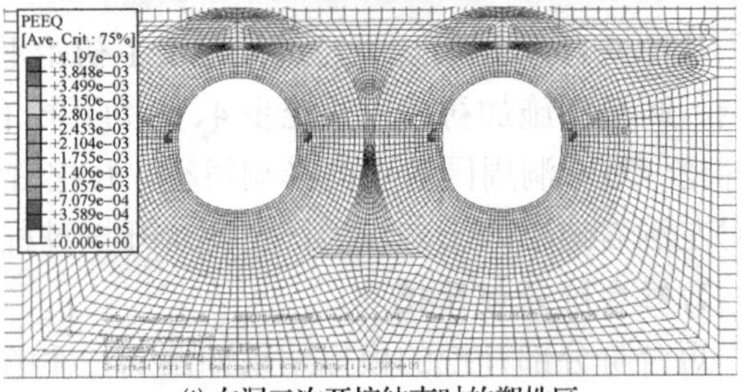

(j)右洞二次开挖结束时的塑性区

图 9.12　短台阶分部开挖过程的小变形数值模拟结果

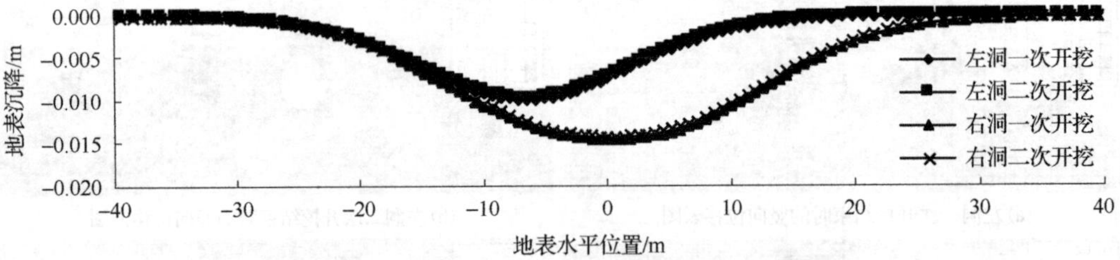

图 9.13　短台阶分部开挖过程中地表沉降分布曲线

从图 9.12 中可以看出，随着开挖过程的进行，竖向位移云图逐渐从左洞正上方向右扩展，最终呈对称分布。第一次开挖引起的拱顶沉降略大，随着二次开挖，拱顶的位移出现反弹，沉降量减小。第一次开挖没有出现塑性区，第二次开挖的应力调整过程中出现塑性区，塑性区位于边墙处，主要原因为第一次开挖后，上部施加衬砌，在衬砌下方与围岩结合部存在应力集中，应力调整过程中，该处的应力仍然处于比较高的数值，因而在该位置出现塑性区。短台阶分部开挖引起的地表沉降分布规律与全断面开挖类似，沉降沟只出现一个峰值，全部施工结束时的地表沉降大于单一隧道开挖引起的地表沉降，影响范围约为 60 m(垂直于隧道轴线的左右范围总值)，见图 9.13，开挖过程中特殊点位移随开挖步的变化见图 9.14。

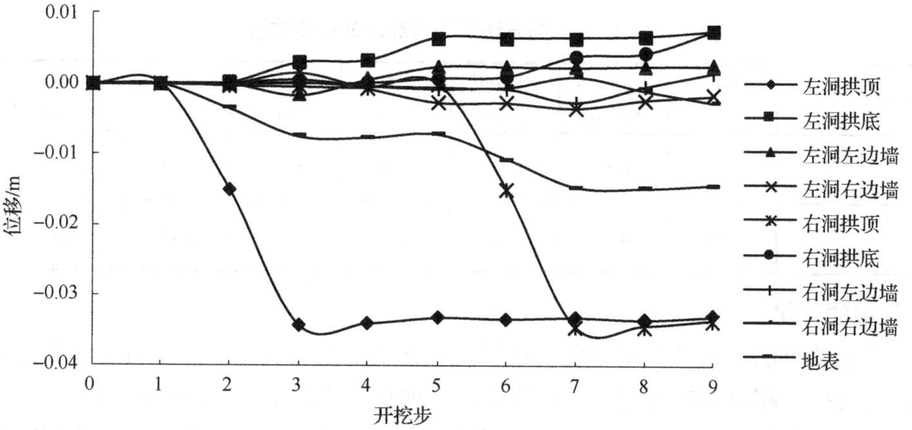

图 9.14　短台阶分部开挖过程中特殊点的位移随开挖步的变化曲线

图 9.14 中，开挖步 1 为初始平衡；开挖步 2、3 为开挖左洞上部、卸荷以及施加上部的衬砌；开挖步 4、5 为开挖左洞下部、卸荷以及施加下部的衬砌；开挖步 6、7 为开挖右洞上部、卸荷以及施加上部的衬砌；开挖步 8、9 为开挖右洞下部、卸荷以及施加下部的衬砌。开挖上部土体时，下部开挖体存在变形空间，故拱底出现一定程度的隆起，隆起的数值约为总隆起位移的 1/2；开挖下部开挖体时，拱顶的沉降出现回弹，回弹量较小。

采用应变软化模型模拟全断面开挖时，由于变形量大，塑性区范围大且塑性应变高而导致计算结果不收敛(全断面开挖法不可行)。将模拟短台阶分部开挖过程的计算结果放在优化管棚中，目的是在同一算法、同一参数的情况下进行对比。软化模型终止时的模拟结果见图 9.15。

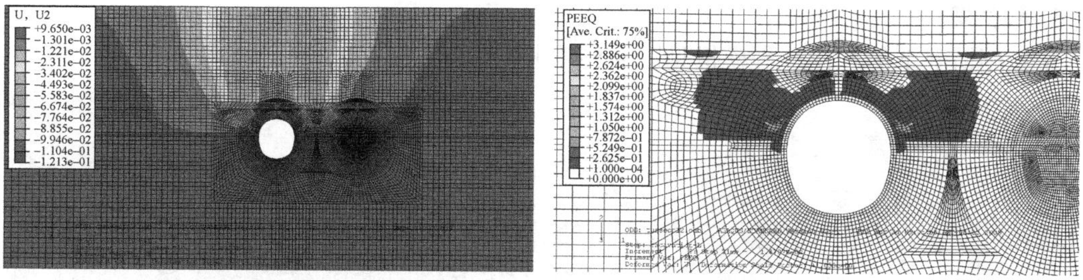

(a) 计算终止时的竖向位移云图　　(b) 计算终止时的塑性区云图

图 9.15　全断面开挖过程的软化模型模拟结果(终止)

3) 开挖方法比较

从以上两种开挖方法的对比来看，短台阶分部开挖引起的拱顶沉降以及地表沉降明显小于全断面开挖，拱顶沉降量和最大地表沉降量约减小 30 %；塑性区的范围以及等效塑性应变的大小也同样明显小于全断面开挖；而衬砌的应力则大于全断面开挖，说明衬砌承受了较大的荷载，充分发挥了衬砌的作用。从以上三个方面说明该里程处采用短台阶分部开挖比全断面开挖优越，两种方法计算的隧道特殊点处的位移见表 9.2，从表中的位移可以清楚地看出两种方法的差别。

表 9.2　不同方法下各特殊点的最终位移

开挖方法	左洞拱顶 /cm	左洞拱底 /cm	左洞左边墙 /cm	左洞右边墙 /cm	右洞拱顶 /cm	右洞拱底 /cm	右洞左边墙 /cm	右洞右边墙 /cm	地表中心 /cm
全断面开挖	4.67	0.72	0.24	0.15	4.78	0.72	0.14	0.24	2.1
短台阶分部开挖	3.29	0.74	0.26	0.16	3.36	0.74	0.15	0.26	1.44

2. 管棚的优化

优化管棚的算法中全部采用应变软化模型，常用的超前支护即开挖前隧道上方采用超前小导管进行支护。超前小导管的尺寸有两种：一种长为 3.5 m，设计仰角为 10°；另一种长为 10.5 m，设计仰角为 5°。为了简化，模拟时将超前小导管、注浆以及注浆区的围岩看作一个加固层，加固层的厚度可由式(9.2.1)计算：

$$h = l\tan\phi \tag{9.2.1}$$

式中，h 为加固层厚度，m；l 为超前小导管的长度，m；ϕ 为超前小导管的仰角。

管棚的弹性模量可以由折合模量代替：

$$E_{\text{tub}} = \frac{E_{\text{con}} A_{\text{con}} + E_{\text{cou}} A_{\text{cou}}}{A_{\text{tub}}} \tag{9.2.2}$$

式中，E_{tub} 为管棚的折合模量，A_{tub} 为管棚的面积；E_{con} 为素混凝土的模量；A_{con} 为注浆面积；E_{cou} 为围岩的模量；A_{cou} 为管棚区围岩的面积。强度参数也可以采用类似的方法求解，根据式(9.2.1)计算可得，两种超前小导管对应的厚度分别为 0.6 m 和 0.9 m。分三种情况进行对比，即无管棚、薄管棚和厚管棚。

1) 无管棚

无管棚情况下的开挖过程模拟见图 9.16 和图 9.17。

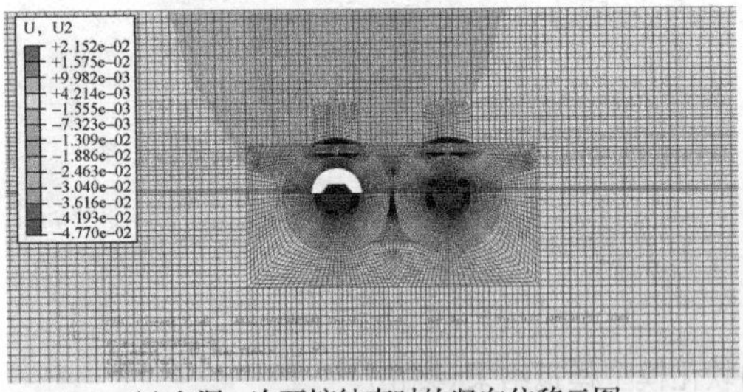

(a) 左洞一次开挖结束时的竖向位移云图

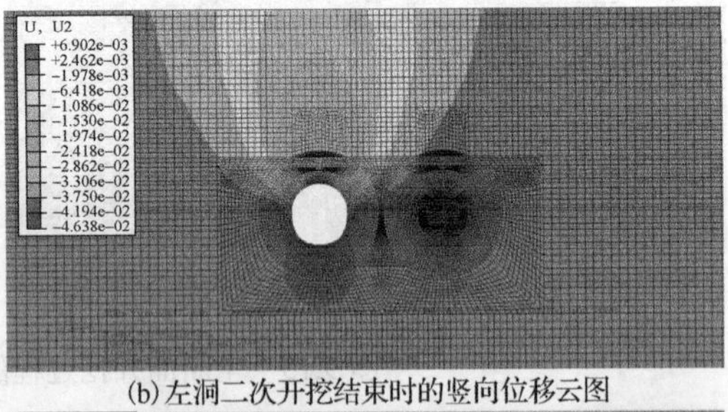

(b) 左洞二次开挖结束时的竖向位移云图

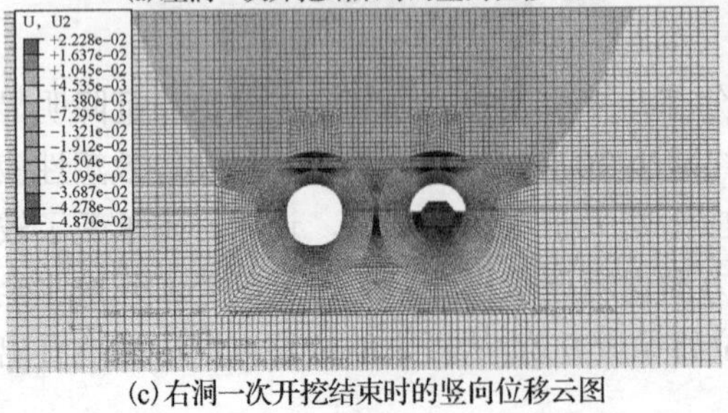

(c) 右洞一次开挖结束时的竖向位移云图

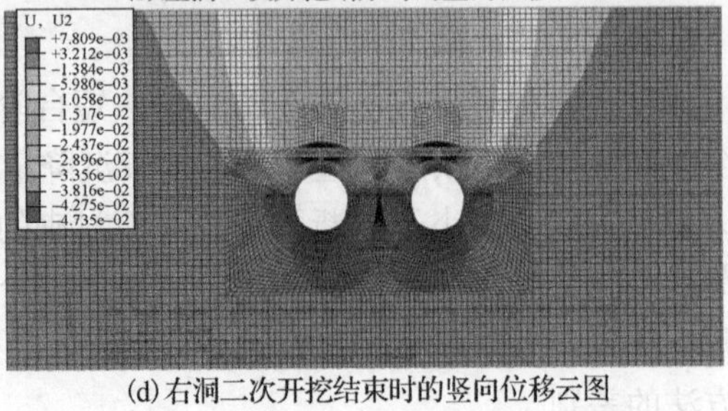

(d) 右洞二次开挖结束时的竖向位移云图

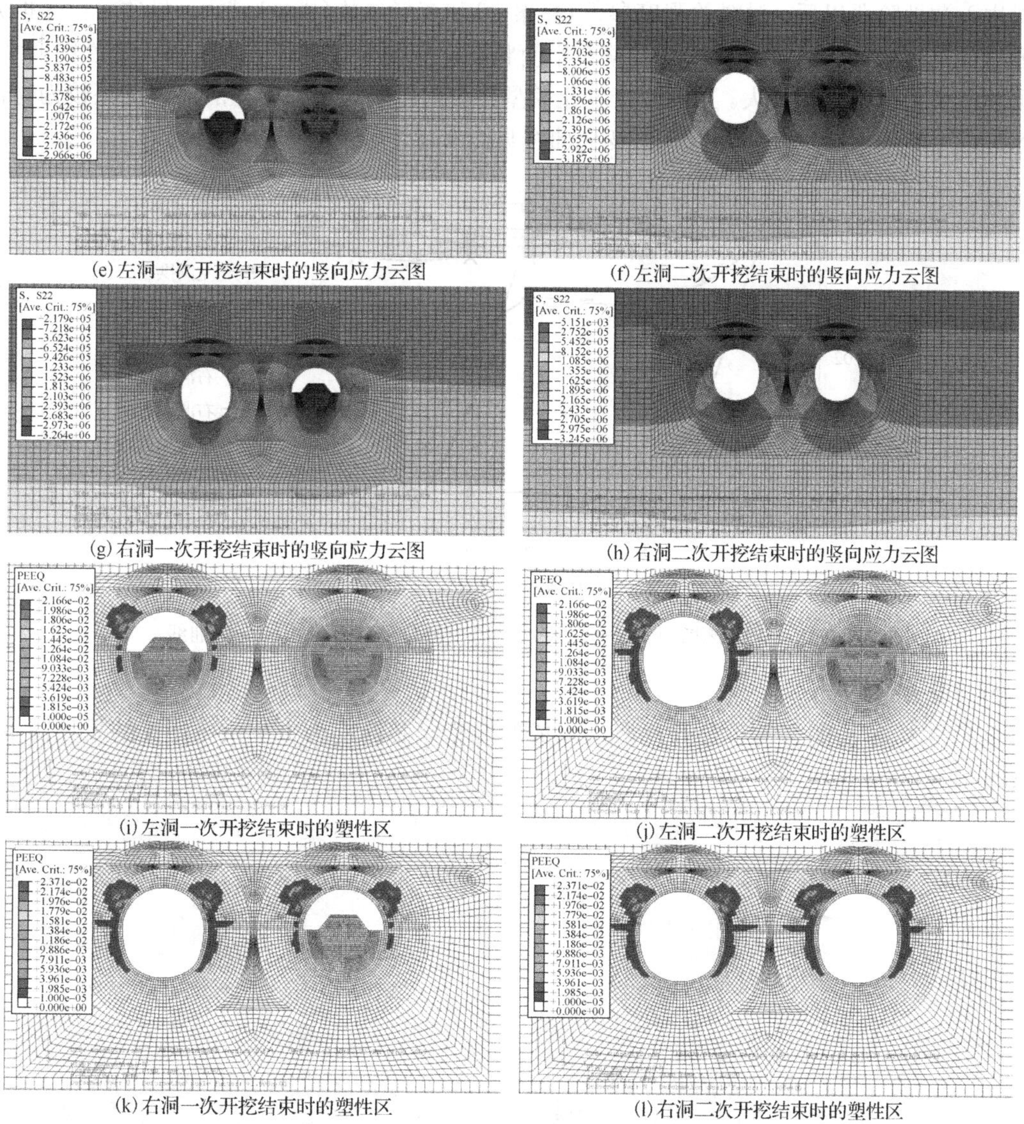

(e) 左洞一次开挖结束时的竖向应力云图　(f) 左洞二次开挖结束时的竖向应力云图

(g) 右洞一次开挖结束时的竖向应力云图　(h) 右洞二次开挖结束时的竖向应力云图

(i) 左洞一次开挖结束时的塑性区　(j) 左洞二次开挖结束时的塑性区

(k) 右洞一次开挖结束时的塑性区　(l) 右洞二次开挖结束时的塑性区

图 9.16　无管棚情况下开挖过程的模拟结果

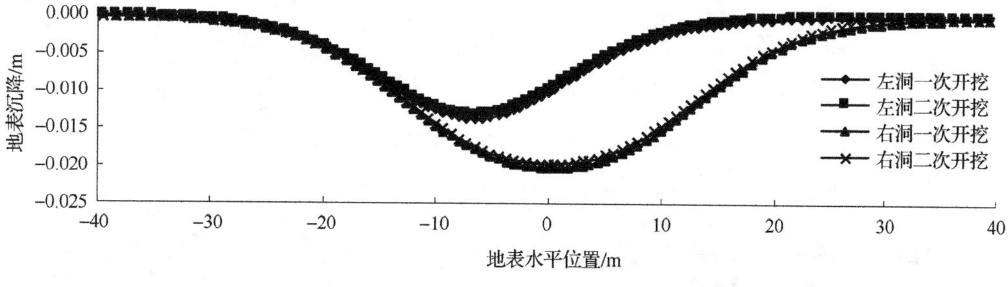

图 9.17　无管棚情况下开挖过程中地表沉降分布曲线

从图 9.16 可以看出，采用应变软化模型计算的变形，开挖引起的竖向位移明显大于小变形理论计算的结果，拱顶沉降和地表中心沉降均增大约 30 %，隧底与边墙的位移变化不大；衬砌应力减小，但围岩的应力调整区增大；塑性区明显增大，塑性应变也明显增大，主要是材料进入塑性阶段以后，材料的强度参数(黏聚力)和变形参数(模量)减小，导致塑性区扩大，变形增加，应力调整区增大，最终调整至平衡状态，从而导致衬砌应力减小，塑性区变大，拱顶和地表中心的沉降变大。采用应变软化模型计算的结果与实际工程的检测结果较为吻合。开挖过程中特殊点的位移随开挖步的变化曲线见图 9.18。

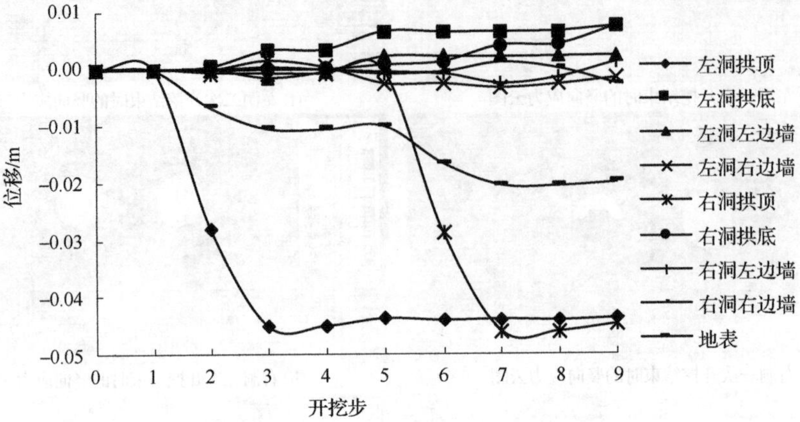

图 9.18　无管棚情况下开挖过程中特殊点的位移随开挖步的变化曲线

2) 薄管棚

采用 3.5 m 长的超前小导管注浆后形成的管棚，其厚度为 0.6 m，计算结果见图 9.19 和图 9.20。

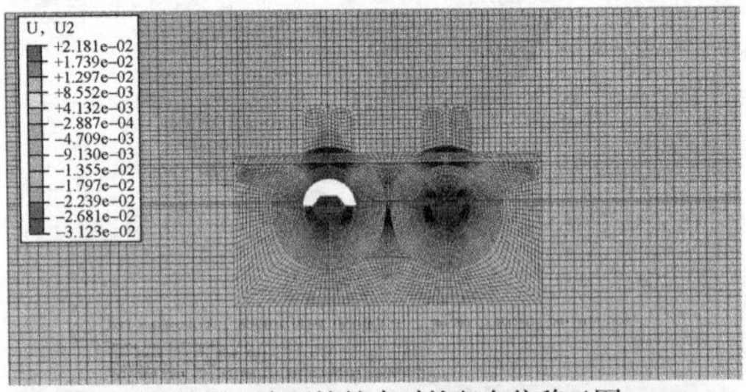

(a) 左洞一次开挖结束时的竖向位移云图

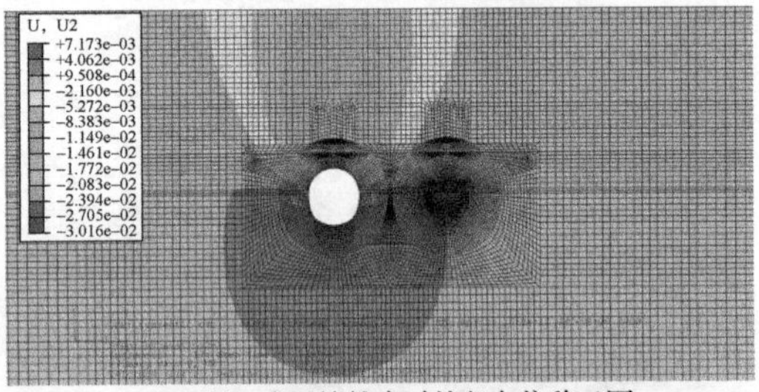

(b) 左洞二次开挖结束时的竖向位移云图

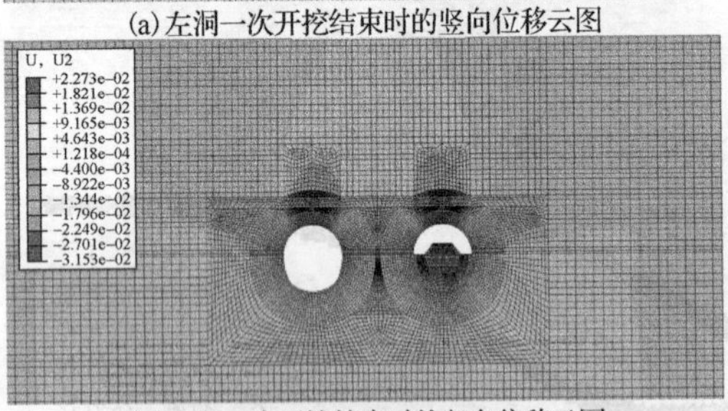

(c) 右洞一次开挖结束时的竖向位移云图

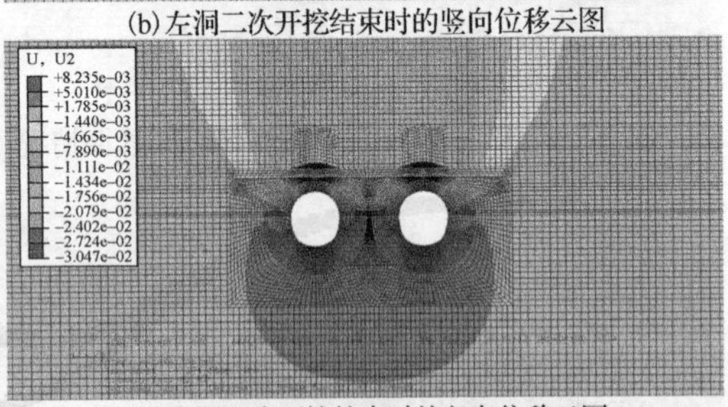

(d) 右洞二次开挖结束时的竖向位移云图

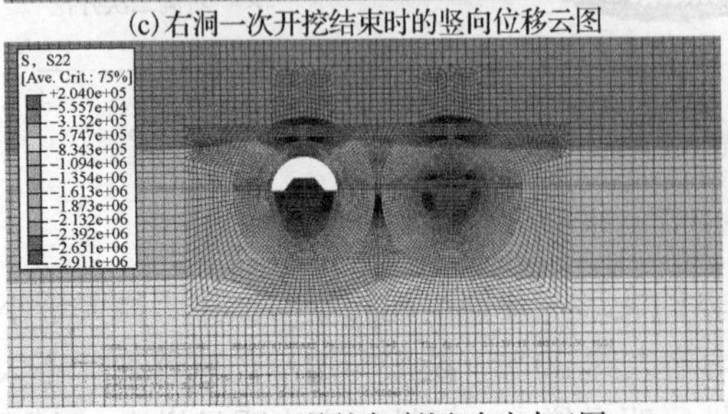

(e) 左洞一次开挖结束时的竖向应力云图

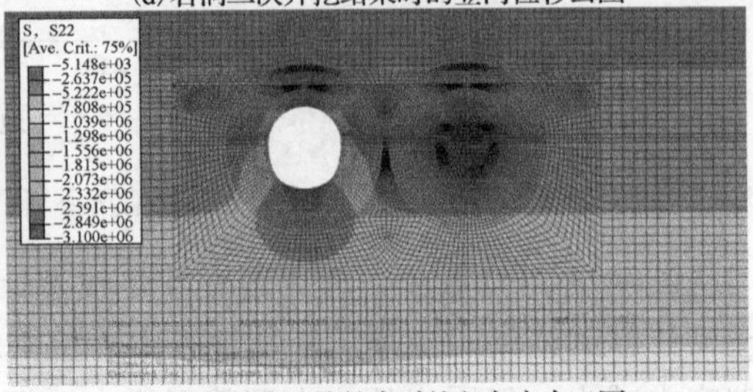

(f) 左洞二次开挖结束时的竖向应力云图

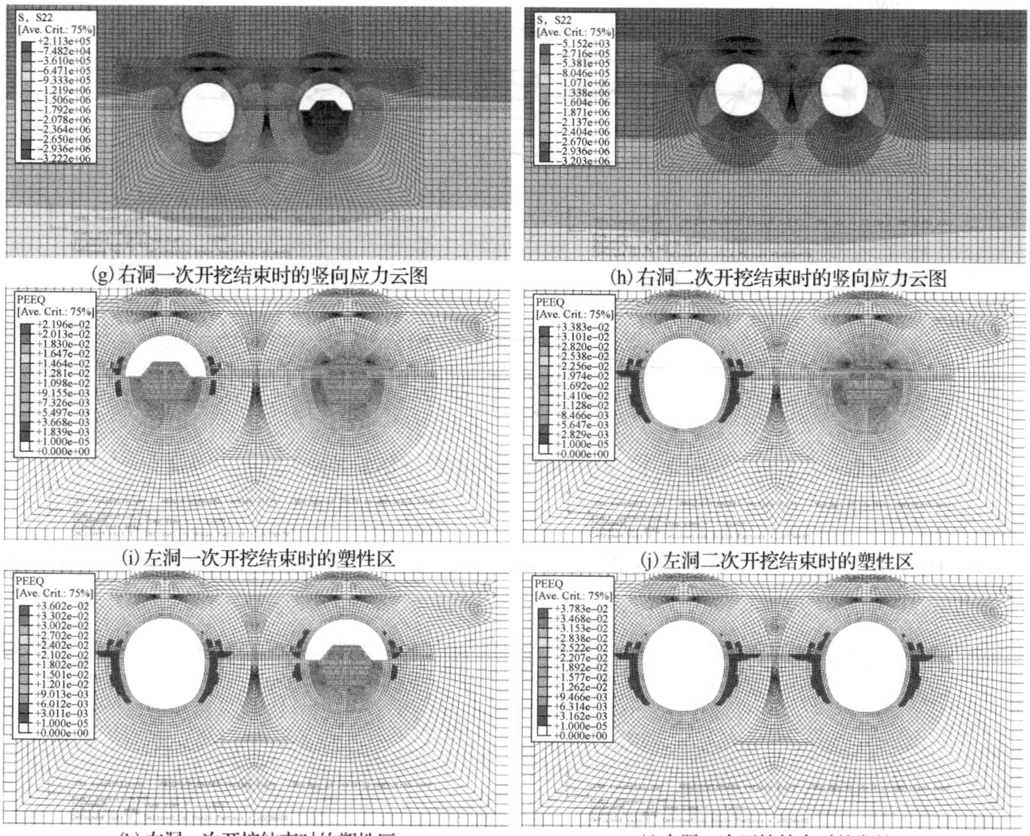

(g) 右洞一次开挖结束时的竖向应力云图　(h) 右洞二次开挖结束时的竖向应力云图

(i) 左洞一次开挖结束时的塑性区　(j) 左洞二次开挖结束时的塑性区

(k) 右洞一次开挖结束时的塑性区　(l) 右洞二次开挖结束时的塑性区

图 9.19　薄管棚情况下开挖过程的模拟结果

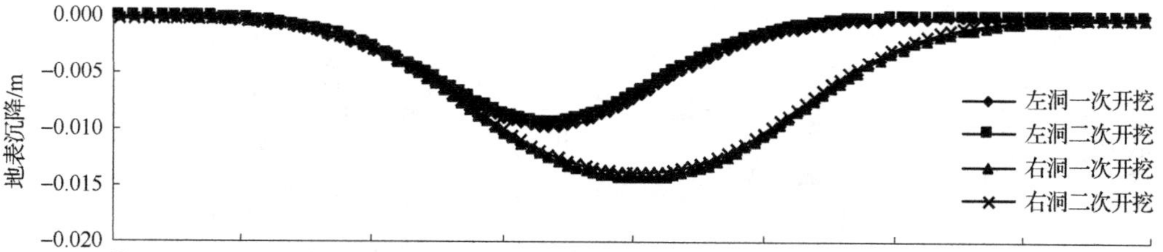

图 9.20　薄管棚情况下开挖过程中地表沉降分布曲线

从计算结果可以看出，采用 3.5 m 长的超前小导管注浆超前支护后，拱顶沉降以及地表中心的沉降明显减小，拱顶沉降约减小 40 %，地表中心的沉降约减小 30 %。衬砌的应力略有减小，塑性区变小，特别是位于隧道上方土体内的塑性区变化最大，充分体现了管棚的加固作用。这说明，当隧道围岩强度较低时，采用超前小导管进行超前支护是有必要的，且具有明显的效果。开挖过程中特殊点的位移随开挖步的变化曲线见图 9.21。

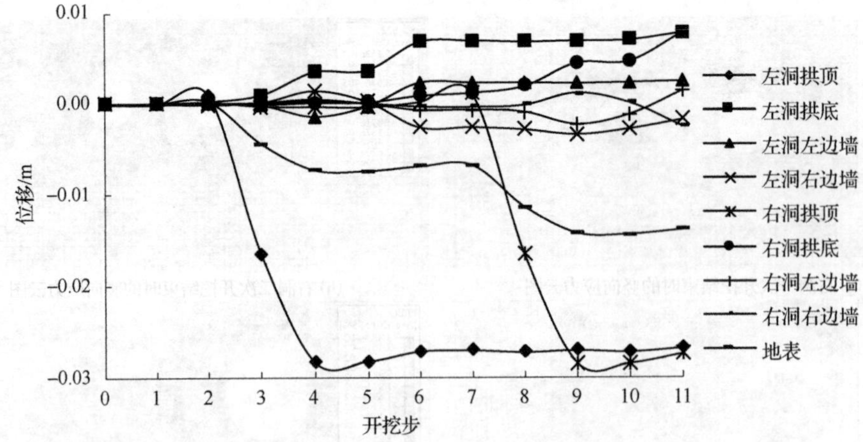

图 9.21　薄管棚情况下开挖过程中特殊点的位移随开挖步的变化曲线

3) 厚管棚

采用 10.5 m 长的超前小导管注浆后形成的管棚，其厚度为 0.9 m，计算结果见图 9.22 和图 9.23。

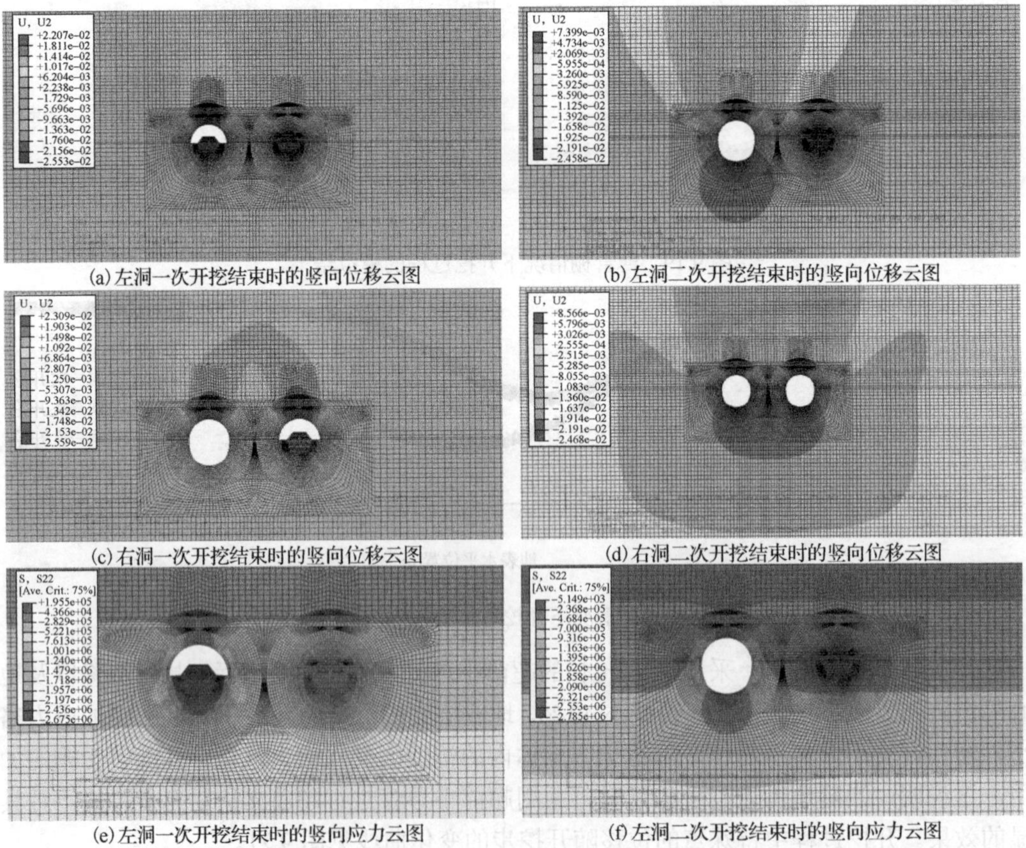

(a) 左洞一次开挖结束时的竖向位移云图　　(b) 左洞二次开挖结束时的竖向位移云图

(c) 右洞一次开挖结束时的竖向位移云图　　(d) 右洞二次开挖结束时的竖向位移云图

(e) 左洞一次开挖结束时的竖向应力云图　　(f) 左洞二次开挖结束时的竖向应力云图

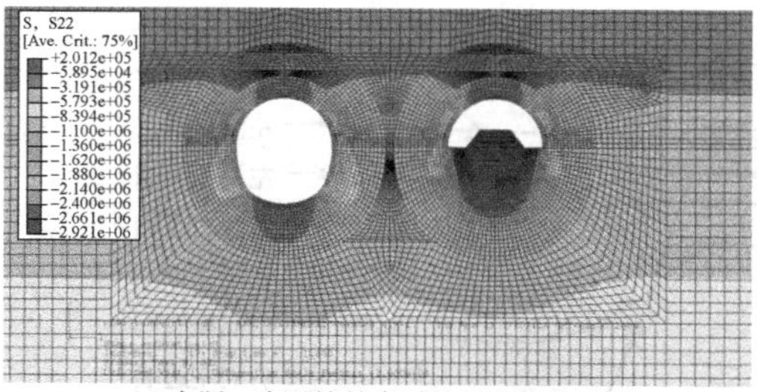

(g) 右洞一次开挖结束时的竖向应力云图

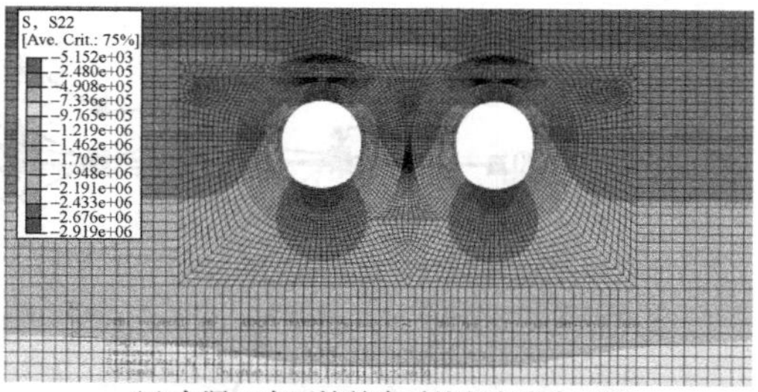

(h) 右洞二次开挖结束时的竖向应力云图

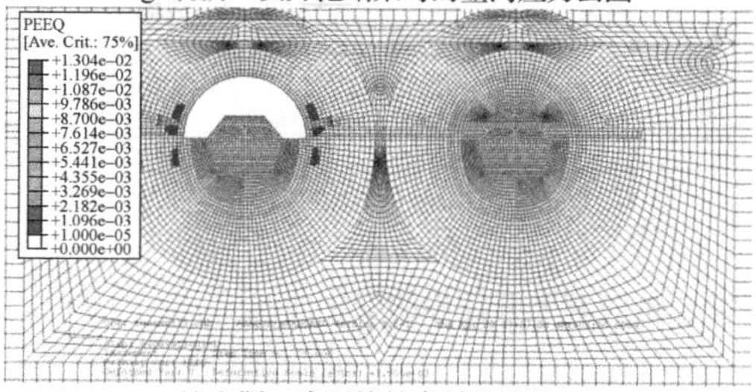

(i) 左洞一次开挖结束时的塑性区

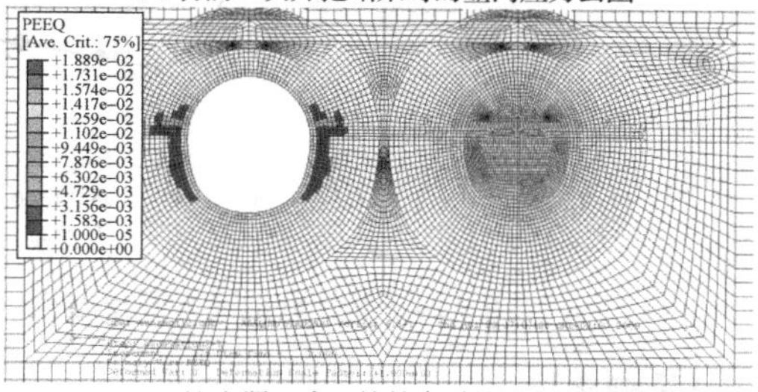

(j) 左洞二次开挖结束时的塑性区

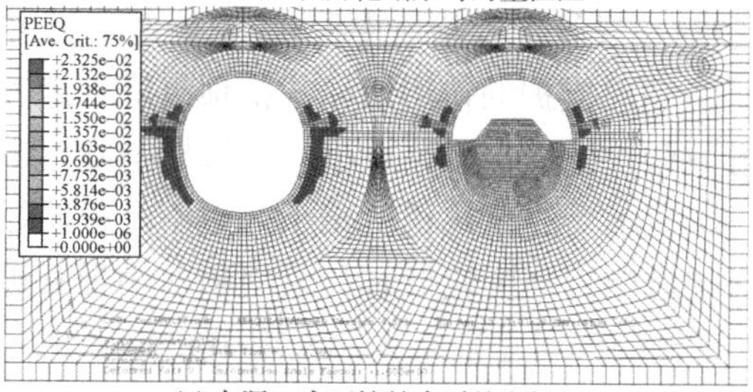

(k) 右洞一次开挖结束时的塑性区

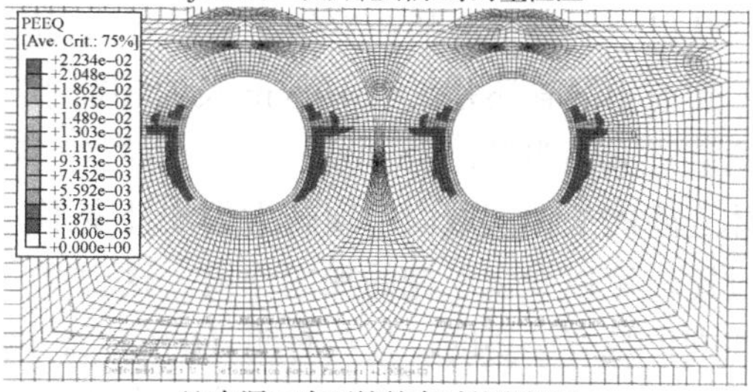

(l) 右洞二次开挖结束时的塑性区

图 9.22　厚管棚情况下开挖过程的模拟结果

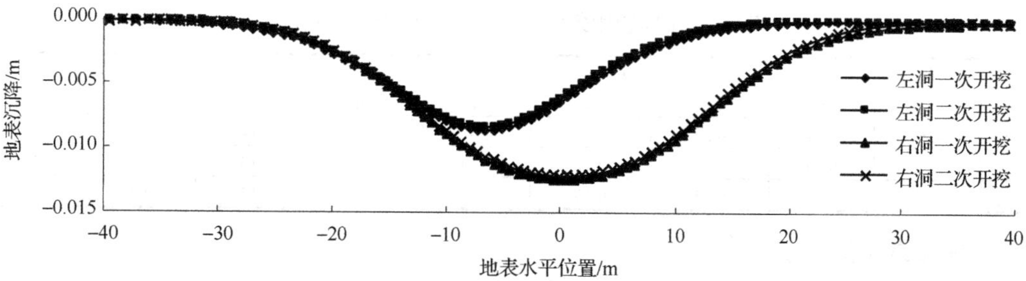

图 9.23　厚管棚情况下开挖过程中地表沉降分布曲线

从计算结果可以看出，采用 10.5 m 长的超前小导管注浆超前支护后，拱顶沉降以及地表中心的沉降明显减小，拱顶沉降约减小 50 %，地表中心的沉降约减小 40 %。衬砌的应力略有减小，塑性区进一步减小，特别是位于隧道上方土体内的塑性区变化最大，充分体现了管棚的加固作用。这说明，当隧道围岩强度较低时，采用超前小导管进行超前支护是有必要的，且具有明显的效果。开挖过程中特殊点的位移随开挖步的变化曲线见图 9.24。

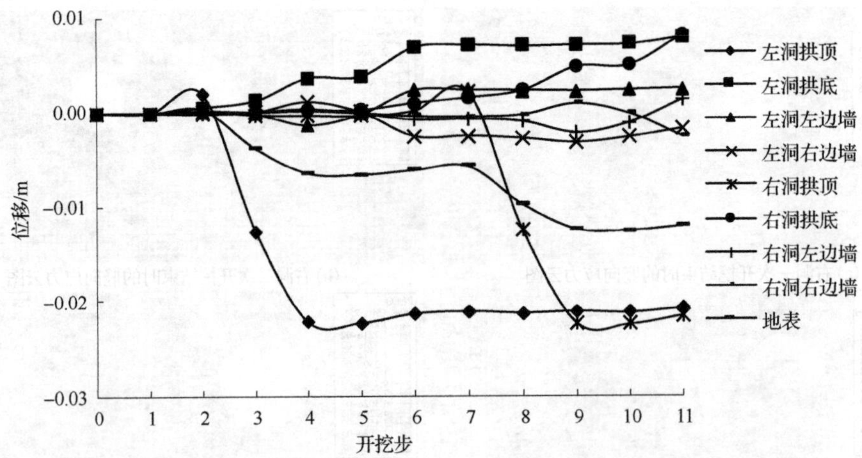

图 9.24 厚管棚情况下开挖过程中特殊点的位移随开挖步的变化曲线

4) 管棚比较

从以上三种情况的计算结果可以看出，施加超前小导管进行超前支护后，无论是采用 3.5m 长的超前小导管还是采用 10.5 m 长的超前小导管，超前支护的作用明显。拱顶沉降和地表中心的沉降减小明显，为 30%～50%。塑性区和等效塑性应变也明显减小，在管棚与隧道下部岩体之间的土体区域内出现较大的塑性变形。衬砌上承受的荷载稍微减小，但不是很明显。通过比较可以发现管棚的加固作用。这说明，当隧道围岩强度较低时，采用超前小导管进行超前支护是有必要的，且具有明显的效果。两种管棚的作用差别不大，采用 10.5 m 长的超前小导管对隧道的施工要求较高，施工难度较大，且效果相对不明显，因而建议采用 3.5 m 长的超前小导管进行超前支护。三种情况下各特殊点的最终位移见表 9.3。

表 9.3 不同管棚条件下各特殊点的最终位移比较

管棚条件	左洞拱顶/cm	左洞拱底/cm	左洞左边墙/cm	左洞右边墙/cm	右洞拱顶/cm	右洞拱底/cm	右洞左边墙/cm	右洞右边墙/cm	地表中心/cm
无管棚	4.37	0.74	0.25	0.16	4.48	0.74	0.14	0.25	1.98
薄管棚	2.67	0.74	0.26	0.16	2.74	0.78	0.15	0.25	1.39
厚管棚	2.08	0.81	0.25	0.17	2.15	0.81	0.15	0.25	1.21

3. 施加锚杆和二衬

为了完整地模拟隧道的开挖过程，分析步骤简述如下：

(1) 初始地应力平衡；

(2) 左侧隧道进行超前支护、安装管棚；

(3) 左侧隧道上部开挖、卸荷；

(4) 安装锚杆和一衬；

(5) 左侧隧道下部开挖、卸荷；

(6) 安装一衬、释放剩余应力；

(7) 安装锁脚锚杆；

(8) 安装二衬；

(9) 右侧隧道进行超前支护、安装管棚；

(10) 右侧隧道上部开挖、卸荷；

(11) 安装锚杆和一衬；

(12) 右侧隧道下部开挖、卸荷；

(13) 安装一衬、释放剩余应力；

(14) 安装锁脚锚杆；

(15) 安装二衬。

若采用三维模拟，则重复以上开挖步骤。模拟过程中，由于管棚、衬砌单元前后的材料属性变化较大，均采用单元复制的方法进行处理，在同一位置设置两组单元，节点共用，不同的开挖步则由不同的单元发挥作用，该处理方法比采用场变量控制材料属性优越。模拟的部分结果见图 9.25～图 9.27。

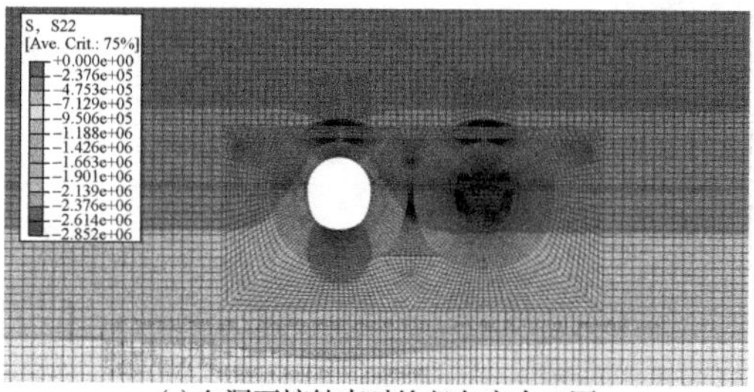

(a) 左洞开挖结束时的竖向应力云图

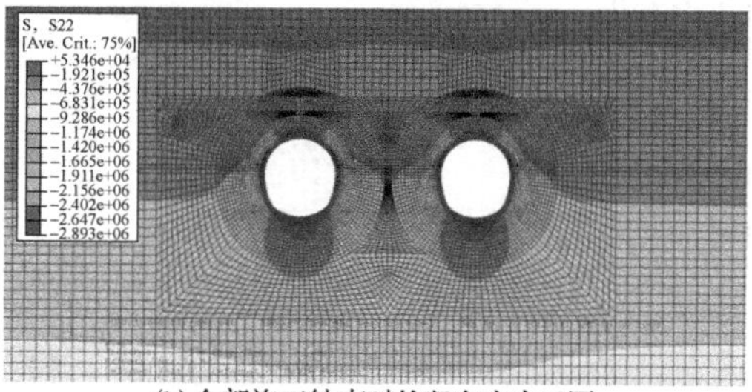

(b) 全部施工结束时的竖向应力云图

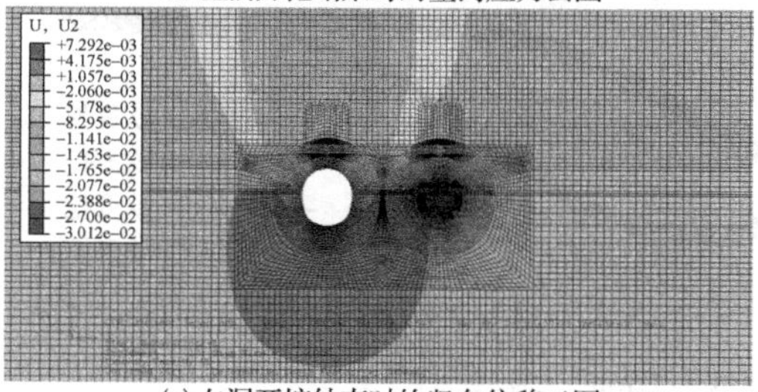

(c) 左洞开挖结束时的竖向位移云图

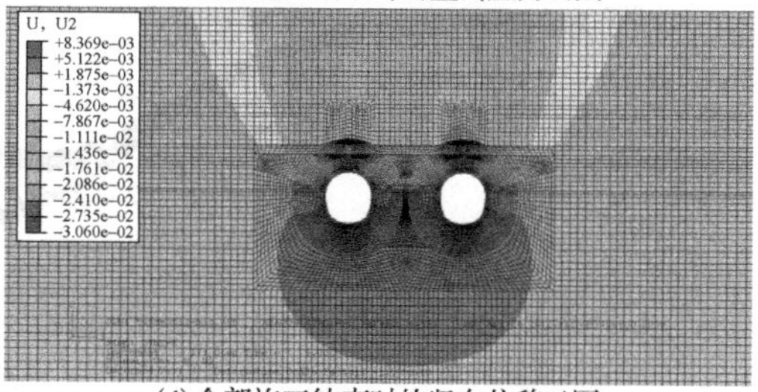

(d) 全部施工结束时的竖向位移云图

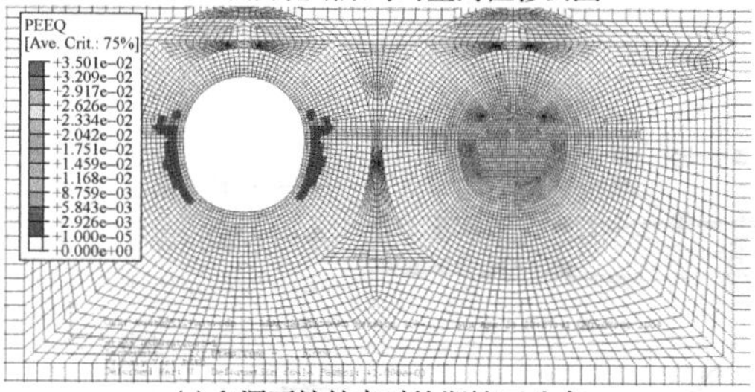

(e) 左洞开挖结束时的塑性区分布

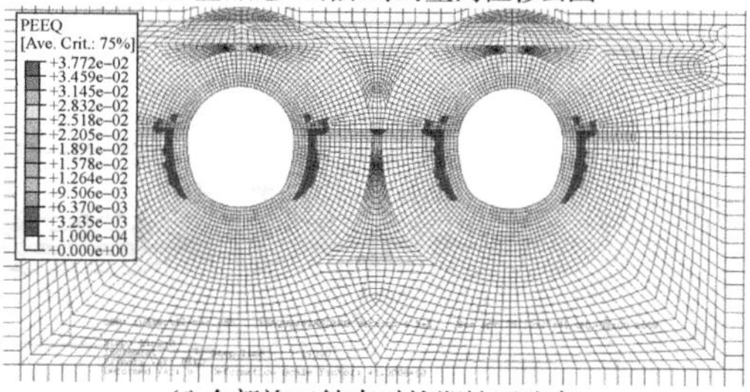

(f) 全部施工结束时的塑性区分布

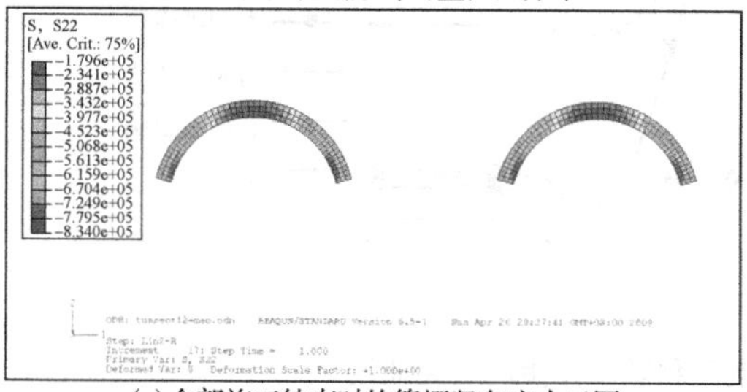

(g) 全部施工结束时的管棚竖向应力云图

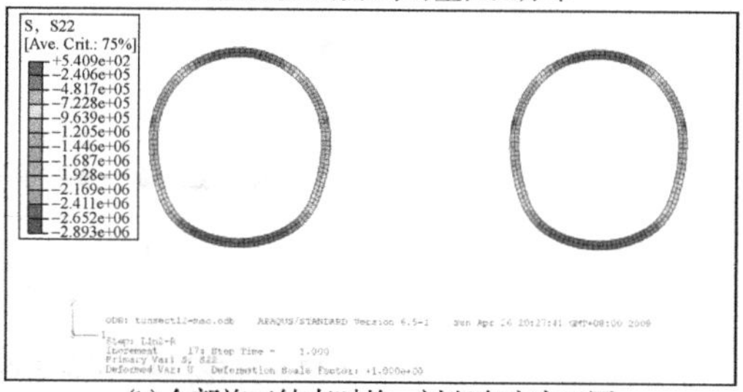

(h) 全部施工结束时的一衬竖向应力云图

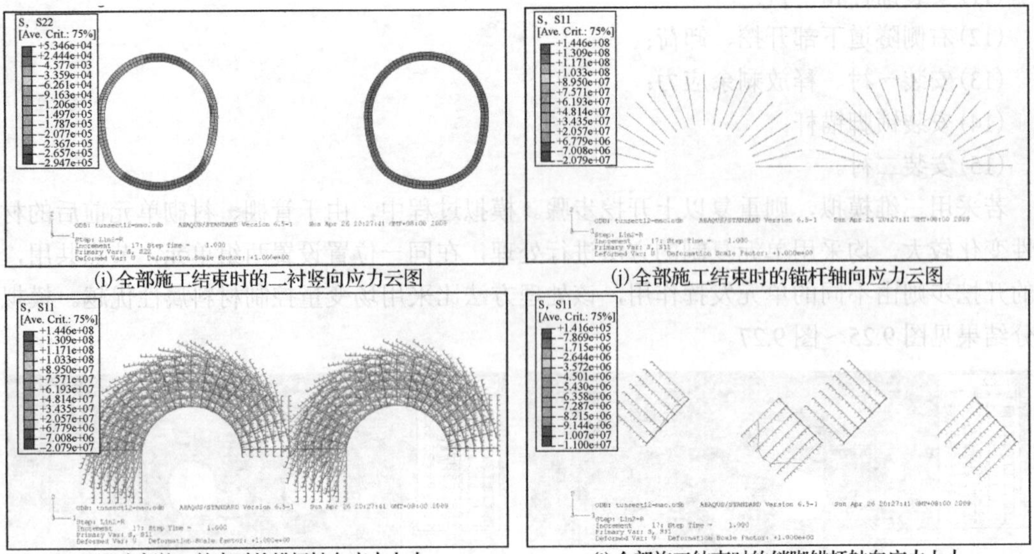

(i) 全部施工结束时的二衬竖向应力云图　　(j) 全部施工结束时的锚杆轴向应力云图

(k) 全部施工结束时的锚杆轴向应力大小　　(l) 全部施工结束时的锁脚锚杆轴向应力大小

图 9.25　开挖过程的模拟结果

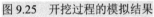

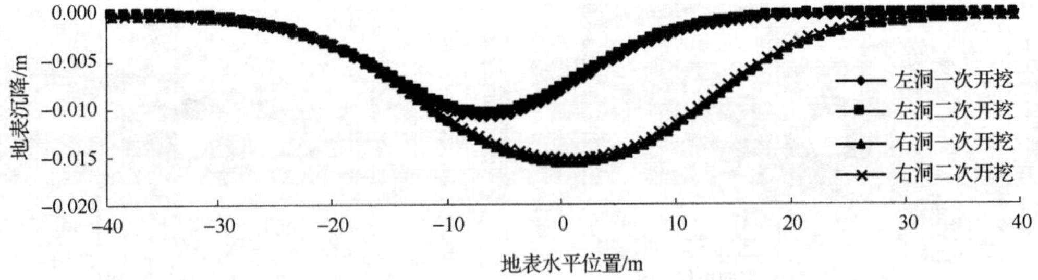

图 9.26　开挖过程中地表沉降分布曲线

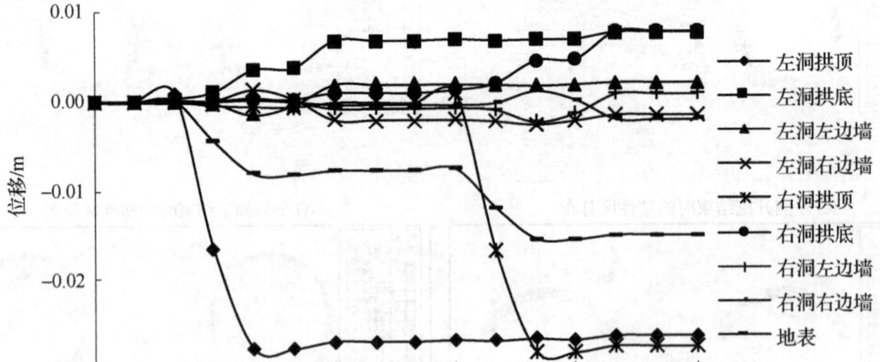

图 9.27　开挖过程中特殊点的位移随开挖步的变化曲线

从以上计算结果可以看出，施加锚杆支护后围岩、衬砌的应力略微减小，塑性区以及塑性应变具有不同程度的下降，但不明显。大部分锚杆的应力为拉应力，说明锚杆能够发挥其正常作用，提高隧道的稳定性。左侧隧道右上部的部分锚杆受压，估计是由右侧隧道开挖扰动引起的。经过计算，锚杆承受的最大轴力为 147 kN。与系统锚杆相比，锁脚锚杆的作用不明显，除左侧隧道右边的锚杆外，其他锁脚锚杆受力较小，小两个量级。锚杆提高了隧道的稳定性，提高了围岩的强度，但对围岩及地表的变形影响较小。后期施工的二衬应力较小，可以作为安全储备。各特殊点的最终位移见表 9.4。

表 9.4　开挖全过程各特殊点的最终位移

点的位置	左洞拱顶 /cm	左洞拱底 /cm	左洞左边墙 /cm	左洞右边墙 /cm	右洞拱顶 /cm	右洞拱底 /cm	右洞左边墙 /cm	右洞右边墙 /cm	地表中心 /cm
位移	2.64	0.77	0.21	0.15	2.75	0.78	0.09	0.21	1.51

9.2.4　计算分析

本节以某地铁隧道施工为工程实例，研究了不同施工方法下沉降的变形规律，由于采用应变软化模型模拟全断面开挖时变形过大，计算不收敛，因而只能采用小变形方法进行对比。对比计算结果可以得出结论，短台阶分部开挖优于全断面开挖。

采用应变软化模型，探讨了短台阶分部开挖中超前支护的两种方案，将两种方案的计算结果与没有采取超前支护的结果进行对比，超前支护的作用效果显著，但两种超前支护的差别不明显，故选择 3.5 m 长的超前小导管进行超前支护。

系统锚杆能够提高围岩的强度，减小一衬的承载力和塑性区，但对围岩的变形影响较小，主要的原因可能是 ABAQUS 不能考虑锚杆与围岩的相互作用，无法模拟围岩与锚杆接触面的摩擦力，从而导致锚杆的作用减弱。与系统锚杆相比，锁脚锚杆的作用较小。

通过工程检验，应变软化模型的计算结果能够比较真实地反映工程的实际情况，因而可以用于类似的工程。

9.3　隧道工程数值计算的程序

1. 初始地应力平衡的子程序

```
       SUBROUTINE SIGINI(SIGMA,COORDS,NTENS,NCRDS,NOEL,NPT,LAYER,
     1 KSPT,LREBAR,REBARN)
C
      INCLUDE 'ABA_PARAM.INC'
C
      DIMENSION SIGMA(NTENS),COORDS(NCRDS)
     CHARACTER*80 REBARN
C
      real kk

     kk=0.5

      if (NOEL.le.23456) then
         if (COORDS(2).ge.(12.6).and.COORDS(2).le.(20.6)) then
            SIGMA(2)=-18500*(20.6-COORDS(2))
            SIGMA(1)=SIGMA(2)*kk
            SIGMA(3)=SIGMA(1)
         else if(COORDS(2).ge.(-4.4).and.COORDS(2).le.(12.6))then
```

```
         SIGMA(2)=-18500*8.0-20000*(12.6-COORDS(2))
         SIGMA(1)=SIGMA(2)*kk
         SIGMA(3)=SIGMA(1)
     else
         SIGMA(2)=-18500*8.0-20000*17.0
         SIGMA(2)=SIGMA(2)-25000*(-4.4-COORDS(2))
         SIGMA(1)=SIGMA(2)*kk
         SIGMA(3)=SIGMA(1)
       end if
     else
        SIGMA(1)=0.0
        SIGMA(2)=0.0
        SIGMA(3)=0.0
     end if
C
      RETURN
      END
```

2. 数值计算的输入文件

```
*************地铁隧道断面分析情况 1*****************
*Heading
*Node
      1,  -9.46000004,           0.
      2,   -8.3892374,  -2.89281034
   ……………………
   23733,  -19.7966671,   -4.0333333
*Element, type=CPE4R
   1,   15,   22,   54,   53
   2,   22,   21,   65,   54
  …………………….
23456, 23733, 22719, 8028, 8039
***************************************************
*Nset, nset=allnode, generate
    1,  23733,     1
***************************************************
*Nset, nset=nCon-1L
  603, 619, 627, 631, 632, 633, 634, 635, 651, 659, 660, 661, 662, 663, 740,
742
  …………………….
*Nset, nset=nCon-1R
  1925, 1961, 1972, 1979, 1980, 1981, 1982, 1983, 1984, 2024, 2025, 2026, 2027,
2028, 2092, 2093
  …………………….
*Nset, nset=nCon-2L
  611, 627, 651, 655, 683, 695, 790, 796, 802, 803, 804, 805, 806, 807, 808,
809
  …………………….
*Nset, nset=nCon-2R
  1925, 1929, 1930, 1979, 2014, 2045, 2092, 2093, 2094, 2095, 2096, 2097, 2098,
2099, 2100, 2101
  …………………….
*Nset, nset=nCon-3L
```

```
    587, 611, 615, 683, 687, 691, 1278, 1280, 1282, 1283, 1284, 1285, 1286, 1287,
1288, 1289
    ...............................
   *Nset, nset=nCon-3R
    1929, 1947, 2009, 2014, 2017, 2018, 2100, 2102, 2103, 2104, 2105, 2106, 2107,
2108, 2116, 2117
    ...............................
   *Nset, nset=nCon-4L
    587, 591, 592, 687, 699, 703, 1057, 1058, 1059, 1060, 1061, 1062, 1063, 1064,
1065, 1066
    ...............................
   *Nset, nset=nCon-4R
    1947, 1951, 1952, 2017, 2048, 2049, 2052, 2053, 2054, 2055, 2056, 2057, 2058,
2059, 2116, 2118
    ................................
   *Nset, nset=nCon-5L
    551, 591, 679, 699, 707, 711, 953, 961, 962, 963, 964, 965, 966, 967, 968,
969
    ...............................
   *Nset, nset=nCon-5R
    707, 1951, 1970, 1986, 1991, 1999, 2000, 2001, 2002, 2003, 2004, 2005, 2048,
2051, 2052, 2053
    ................................
   *Nset, nset=nExc-1L
    3671, 3683, 3695, 3696, 3697, 3698, 3699, 3700, 3701, 3702, 3703, 3704, 3705,
3827, 3828, 3829
    ...............................
   *Nset, nset=nExc-1R
    5388, 5557, 5558, 5559, 5560, 5561, 5562, 5563, 5564, 5565, 5566, 5567, 5568,
5713, 5869, 5870
    ...............................
   *Nset, nset=nExc-2L
    3326, 3457, 3539, 3540, 3541, 3542, 3555, 3556, 3557, 3558, 3559, 3560, 3561,
3683, 3684, 3685
    ...............................
   *Nset, nset=nExc-2R
    3375, 3403, 3443, 3444, 3445, 3446, 3447, 3448, 3449, 3583, 3665, 3666, 3667,
5557, 5869, 5881
    ...............................
   *Nset, nset=nExc-3L
    3325, 3326, 3327, 3328, 3329, 3330, 3331, 3332, 3333, 3334, 3335, 3336, 3337,
3671, 3672, 3673
    ...............................
   *Nset, nset=nExc-3R
    3377, 3403, 3404, 3405, 3406, 3407, 3408, 3409, 3410, 3411, 3412, 3413, 3414,
5713, 5714, 5715
    ...............................
   *Nset, nset=nExc-4L
    3325, 3351, 3352, 3353, 3354, 3355, 3356, 3357, 3358, 3359, 3360, 3361, 3362,
3671, 3672, 3673
    ...............................
   *Nset, nset=nExc-4R
```

```
 3377, 3379, 3380, 3381, 3382, 3383, 3384, 3385, 3386, 3387, 3388, 3389, 3390,
5713, 5714, 5715
 ...............................
 *Nset, nset=nExc-5L
 3351, 3515, 3547, 3548, 3549, 3550, 3569, 3570, 3571, 3572, 3573, 3574, 3575,
3971, 3983, 3984
 ...............................
 *Nset, nset=nExc-5R
 3379, 3427, 3429, 3430, 3431, 3432, 3433, 3434, 3435, 3641, 5389, 5725, 5737,
5738, 5739, 5740
 ...............................
 *Nset, nset=nExc-6L
 3671, 3971, 3972, 3973, 3974, 3975, 3976, 3977, 3978, 3979, 3980, 3981, 3982,
4115, 4116, 4117
 ...............................
 *Nset, nset=nExc-6R
 5388, 5389, 5390, 5391, 5392, 5393, 5394, 5395, 5396, 5397, 5398, 5399, 5400,
5713, 5725, 5726
 ...............................
 *Nset, nset=nExc-7L
 3483, 3499, 3500, 3501, 3502, 3503, 3504, 3505, 3506, 3515, 3517, 3518, 3519,
3520, 3521, 3522
 ...............................
 *Nset, nset=nExc-7R
 3609, 3625, 3626, 3627, 3628, 3629, 3630, 3631, 3632, 3641, 3643, 3644, 3645,
3646, 3647, 3648
 ...............................
 *Nset, nset=nExc-8L
 3457, 3458, 3459, 3460, 3461, 3462, 3463, 3464, 3465, 3466, 3467, 3468, 3469,
3483, 3485, 3486
 ...............................
 *Nset, nset=nExc-8R
 3583, 3584, 3585, 3586, 3587, 3588, 3589, 3590, 3591, 3592, 3593, 3594, 3595,
3609, 3611, 3612
 ...............................
 *Nset, nset=nLin1-1L
 1, 170, 171, 583, 584, 585, 586, 603, 604, 605, 606, 607, 608, 609, 610,
716
 ...............................
 *Nset, nset=nLin1-1R
 1937, 1938, 1939, 1940, 1941, 1959, 1960, 1961, 1962, 1963, 1964, 1965, 1966,
1967, 1968, 2084
 ...............................
 *Nset, nset=nLin1-2L
 715, 716, 717, 718, 719, 720, 721, 722, 723, 724, 725, 726, 727, 740, 741,
742
 ...............................
 *Nset, nset=nLin1-2R
 2084, 2140, 2141, 2694, 2706, 2707, 2708, 2709, 2710, 2711, 2712, 2713, 2714,
2715, 2716, 2718
 ...............................
 *Nset, nset=nLin1-3L
```

```
    715, 728, 729, 730, 731, 732, 733, 734, 735, 736, 737, 738, 739, 740, 741,
766
   ……………………………….
   *Nset, nset=nLin1-3R
    2076, 2156, 2164, 2694, 2695, 2696, 2697, 2698, 2699, 2700, 2701, 2702, 2703,
2704, 2705, 2718
   ……………………………….
   *Nset, nset=nLin1-4L
    222, 235, 236, 599, 600, 601, 602, 619, 620, 621, 622, 623, 624, 625, 626,
728
   ……………………………….
   *Nset, nset=nLin1-4R
    1942, 1943, 1971, 1972, 2006, 2007, 2076, 2077, 2078, 2079, 2080, 2081, 2082,
2083, 2156, 2157
   ……………………………….
   *Nset, nset=nLin1-5L
    222, 223, 224, 225, 226, 227, 228, 229, 230, 231, 232, 233, 234, 235, 236,
237
   ……………………………….
   *Nset, nset=nLin1-5R
    1769, 1778, 1779, 1780, 1781, 1782, 1783, 1784, 1785, 1786, 1787, 1804, 1805,
1806, 1807, 1808
   ……………………………….
   *Nset, nset=nLin1-6L
    1, 2, 3, 4, 5, 6, 7, 8, 9, 10, 11, 12, 13, 170, 171, 172
   ……………………………….
   *Nset, nset=nLin1-6R
    1769, 1770, 1771, 1772, 1773, 1774, 1775, 1776, 1777, 1786, 1787, 1788, 1789,
1790, 1791, 1792
   ……………………………….
   *Nset, nset=nLin2-1L
    1, 583, 584, 585, 586, 716, 1424, 1425, 1426, 1427, 1428, 1429, 1430, 3326,
3339, 3457
   ……………………………….
   *Nset, nset=nLin2-1R
    1937, 1938, 1939, 1940, 1941, 2084, 2085, 2086, 2087, 2088, 2089, 2090, 2091,
3375, 3376, 3403
   ……………………………….
   *Nset, nset=nLin2-2L
    715, 716, 717, 718, 719, 720, 721, 722, 723, 724, 725, 726, 727, 3325, 3326,
3327
   ……………………………….
   *Nset, nset=nLin2-2R
    2084, 2694, 2706, 2707, 2708, 2709, 2710, 2711, 2712, 2713, 2714, 2715, 2716,
3377, 3378, 3403
   ……………………………….
   *Nset, nset=nLin2-3L
    715, 728, 729, 730, 731, 732, 733, 734, 735, 736, 737, 738, 739, 3325, 3338,
3351
   ……………………………….
   *Nset, nset=nLin2-3R
    2076, 2694, 2695, 2696, 2697, 2698, 2699, 2700, 2701, 2702, 2703, 2704, 2705,
```

```
3377, 3378, 3379
   ..............................
   *Nset, nset=nLin2-4L
    222, 599, 600, 601, 602, 728, 1431, 1432, 1433, 1434, 1435, 1436, 1437, 3351,
3363, 3515
   ..............................
   *Nset, nset=nLin2-4R
    1942, 1943, 2076, 2077, 2078, 2079, 2080, 2081, 2082, 2083, 3379, 3391, 3427,
3428, 3429, 3430
   ..............................
   *Nset, nset=nLin2-5L
    222, 223, 224, 225, 226, 227, 228, 229, 230, 231, 232, 233, 234, 1634, 1658,
1659
   ..............................
   *Nset, nset=nLin2-5R
    1769, 1778, 1779, 1780, 1781, 1782, 1783, 1784, 1785, 1942, 2524, 2525, 2526,
2527, 2528, 2529
   ..............................
   *Nset, nset=nLin2-6L
      1,   2,   3,   4,   5,   6,   7,   8,   9,  10,   11,   12,   13, 1634, 1635,
1636
   ..............................
   *Nset, nset=nLin2-6R
    1769, 1770, 1771, 1772, 1773, 1774, 1775, 1776, 1777, 1937, 2352, 2353, 2354,
2355, 2356, 2357
   ..............................
   *Nset, nset=nRock
    9184, 9204, 9205, 9206, 9207, 9208, 9209, 9210, 9211, 9364, 9384, 9404, 9424,
9444, 9464, 9484
   ..............................
   *Nset, nset=nSoil1
    14034, 14035, 14036, 14037, 14038, 14039, 14040, 14041, 14042, 14043, 14044,
14045, 14046, 14047, 14048, 14049
   ..............................
   *Nset, nset=nSoil2
    14035, 14067, 14079, 14080, 14081, 14082, 14083, 14084, 14085, 14086, 14087,
14088, 14089, 14090, 14091, 14092
   ..............................
   *Nset, nset=nTunRock
      14,    15,    16,    17,    18,    19,    20,    21,    22,   131,   132,
133,   196,   197,   267,   339
   ..............................
   *Nset, nset=nTunSoil1
      7354,  7355,  7356,  7357,  7358,  7359,  7360,  7361,  7362,  7363,  7364,
7365,  7366,  7367,  7368,  7369
   ..............................
   *Nset, nset=nTunSoil2
      14,    15,    16,    17,    18,    19,    20,    21,    22,    23,    24,
25,    26,    27,    28,    29
   ..............................
   ***************************************************
   *Elset, elset=allels, generate
```

```
     1,  23456,      1
*************************************************
*Elset, elset=eCon-1L
 689,  690,  691,  692,  693,  694,  695,  696,  697,  698,  699,  700,  701,
702,  703,  704
  ……………………….
*Elset, elset=eCon-1R
 1953, 1954, 1955, 1956, 1957, 1958, 1959, 1960, 1961, 1962, 1963, 1964, 1965,
1966, 1967, 1968
  ……………………….
*Elset, elset=eCon-2L
 1137, 1138, 1139, 1140, 1141, 1142, 1143, 1144, 1145, 1146, 1147, 1148, 1149,
1150, 1151, 1152
  ……………………….
*Elset, elset=eCon-2R
 1873, 1874, 1875, 1876, 1877, 1878, 1879, 1880, 1881, 1882, 1883, 1884, 1885,
1886, 1887, 1888
  ……………………….
*Elset, elset=eCon-3L
 1185, 1186, 1187, 1188, 1189, 1190, 1191, 1192, 1193, 1194, 1195, 1196, 1197,
1198, 1199, 1200
  ……………………….
*Elset, elset=eCon-3R
 1889, 1890, 1891, 1892, 1893, 1894, 1895, 1896, 1897, 1898, 1899, 1900, 1901,
1902, 1903, 1904
  ……………………….
*Elset, elset=eCon-4L
 1233, 1234, 1235, 1236, 1237, 1238, 1239, 1240, 1241, 1242, 1243, 1244, 1245,
1246, 1247, 1248
  ……………………….
*Elset, elset=eCon-4R
 1905, 1906, 1907, 1908, 1909, 1910, 1911, 1912, 1913, 1914, 1915, 1916, 1917,
1918, 1919, 1920
  ……………………….
*Elset, elset=eCon-5L
 929,  930,  931,  932,  933,  934,  935,  936,  937,  938,  939,  940,  941,
942,  943,  944
  ……………………….
*Elset, elset=eCon-5R
 1857, 1858, 1859, 1860, 1861, 1862, 1863, 1864, 1865, 1866, 1867, 1868, 1869,
1870, 1871, 1872
  ……………………….
*Elset, elset=eExc-1L
 4201, 4202, 4203, 4204, 4205, 4206, 4207, 4208, 4209, 4210, 4211, 4212, 4213,
4214, 4215, 4216
  ……………………….
*Elset, elset=eExc-1R, generate
 5961,  6104,     1
*Elset, elset=eExc-2L, generate
 3625,  3768,     1
*Elset, elset=eExc-2R
 6105, 6106, 6107, 6108, 6109, 6110, 6111, 6112, 6113, 6114, 6115, 6116, 6117,
```

```
6118, 6119, 6120
   ..............................
  *Elset, elset=eExc-3L, generate
   3481,  3624,    1
  *Elset, elset=eExc-3R, generate
   5673,  5816,    1
  *Elset, elset=eExc-4L, generate
   3769,  3912,    1
  *Elset, elset=eExc-4R, generate
   5529,  5672,    1
  *Elset, elset=eExc-5L, generate
   4489,  4632,    1
  *Elset, elset=eExc-5R
   6153, 6154, 6155, 6156, 6157, 6158, 6159, 6160, 6161, 6162, 6163, 6164, 6165,
6166, 6167, 6168
   ..............................
  *Elset, elset=eExc-6L, generate
   4297,  4440,    1
  *Elset, elset=eExc-6R, generate
   5817,  5960,    1
  *Elset, elset=eExc-7L
   3913, 3914, 3915, 3916, 3917, 3918, 3919, 3920, 3921, 3922, 3923, 3924, 3925,
3926, 3927, 3928
   ..............................
  *Elset, elset=eExc-7R
   5241, 5242, 5243, 5244, 5245, 5246, 5247, 5248, 5249, 5250, 5251, 5252, 5253,
5254, 5255, 5256
   ..............................
  *Elset, elset=eExc-8L
   4057, 4058, 4059, 4060, 4061, 4062, 4063, 4064, 4065, 4066, 4067, 4068, 4069,
4070, 4071, 4072
   ..............................
  *Elset, elset=eExc-8R
   5385, 5386, 5387, 5388, 5389, 5390, 5391, 5392, 5393, 5394, 5395, 5396, 5397,
5398, 5399, 5400
   ..............................
  *Elset, elset=eLin1-1L
    521,  522,  523,  524,  525,  526,  527,  528, 1361, 1362, 1363, 1364, 1365,
1366, 1367, 1368
   ..............................
  *Elset, elset=eLin1-1R
   1809, 1810, 1811, 1812, 1813, 1814, 1815, 1816, 1921, 1922, 1923, 1924, 1925,
1926, 1927, 1928
   ..............................
  *Elset, elset=eLin1-2L, generate
   641,  664,    1
  *Elset, elset=eLin1-2R, generate
   2569,  2592,    1
  *Elset, elset=eLin1-3L, generate
   665,  688,    1
  *Elset, elset=eLin1-3R, generate
   2593,  2616,    1
```

```
*Elset, elset=eLin1-4L
 537,  538,  539,  540,  541,  542,  543,  544, 1393, 1394, 1395, 1396, 1397,
1398, 1399, 1400
 ................................
*Elset, elset=eLin1-4R
 1937, 1938, 1939, 1940, 1941, 1942, 1943, 1944, 1945, 1946, 1947, 1948, 1949,
1950, 1951, 1952
 ................................
*Elset, elset=eLin1-5L
 169,  170,  171,  172,  173,  174,  175,  176,  177,  178,  179,  180,  181,
182,  183,  184
 ................................
*Elset, elset=eLin1-5R
 1681, 1682, 1683, 1684, 1685, 1686, 1687, 1688, 1689, 1690, 1691, 1692, 1693,
1694, 1695, 1696
 ................................
*Elset, elset=eLin1-6L
 121,  122,  123,  124,  125,  126,  127,  128,  129,  130,  131,  132,  133,
134,  135,  136
 ................................
*Elset, elset=eLin1-6R
 1665, 1666, 1667, 1668, 1669, 1670, 1671, 1672, 1673, 1674, 1675, 1676, 1677,
1678, 1679, 1680
 ................................
*Elset, elset=eLin2-1L
 3345, 3346, 3347, 3348, 3349, 3350, 3351, 3352, 3361, 3362, 3363, 3364, 3365,
3366, 3367, 3368
 ................................
*Elset, elset=eLin2-1R
 3249, 3250, 3251, 3252, 3253, 3254, 3255, 3256, 3257, 3258, 3259, 3260, 3261,
3262, 3263, 3264
 ................................
*Elset, elset=eLin2-2L, generate
 3137,  3160,     1
*Elset, elset=eLin2-2R, generate
 3209,  3232,     1
*Elset, elset=eLin2-3L, generate
 3161,  3184,     1
*Elset, elset=eLin2-3R, generate
 3185,  3208,     1
*Elset, elset=eLin2-4L
 3353, 3354, 3355, 3356, 3357, 3358, 3359, 3360, 3377, 3378, 3379, 3380, 3381,
3382, 3383, 3384
 ................................
*Elset, elset=eLin2-4R
 3233, 3234, 3235, 3236, 3237, 3238, 3239, 3240, 3241, 3242, 3243, 3244, 3245,
3246, 3247, 3248
 ................................
*Elset, elset=eLin2-5L, generate
 3305,  3344,     1
*Elset, elset=eLin2-5R, generate
 3433,  3472,     1
```

```
*Elset, elset=eLin2-6L, generate
 3265, 3304,      1
*Elset, elset=eLin2-6R, generate
 3393,  3432,     1
*Elset, elset=eRock
 10977, 10978, 10979, 10980, 10981, 10982, 10983, 10984, 10985, 10986, 10987,
10988, 10989, 10990, 10991, 10992
……………………….
*Elset, elset=eSoil1
 13857, 13858, 13859, 13860, 13861, 13862, 13863, 13864, 13865, 13866, 13867,
13868, 13869, 13870, 13871, 13872
……………………….
*Elset, elset=eSoil2
 15057, 15058, 15059, 15060, 15061, 15062, 15063, 15064, 15065, 15066, 15067,
15068, 15069, 15070, 15071, 15072
……………………….
*Elset, elset=eTunRock
  9057,  9058,  9059,  9060,  9061,  9062,  9063,  9064,  9065,  9066,  9067,
9068,  9069,  9070,  9071,  9072
……………………….
*Elset, elset=eTunSoil1
  8001,  8002,  8003,  8004,  8005,  8006,  8007,  8008,  8009,  8010,  8011,
8012,  8013,  8014,  8015,  8016
……………………….
*Elset, elset=eTunSoil2
     1,     2,     3,     4,     5,     6,     7,     8,     9,    10,    11,    12,
13,    14,    15,    16
……………………….
*Nset, nset=nLeftB
 18884, 18885, 18886, 18887, 18888, 18889, 18890, 18891, 18892, 18893, 18894,
18895, 18896, 19157, 19158, 19159
……………………….
*Nset, nset=nRightB
 14034, 14035, 14036, 14037, 14038, 14039, 14040, 14041, 14042, 14043, 14044,
14045, 14046, 14338, 14358, 14359
……………………….
*Nset, nset=nBottomB
 11124, 11125, 11126, 11214, 11215, 11274, 11275, 11276, 11277, 11278, 11279,
11280, 11281, 11282, 11544, 11545
……………………….
************************************************************
******************材料属性*****************************
************************************************************
*Solid section, elset=eSoil1, Material=Soil1
*Solid section, elset=eTunSoil1, Material=Soil1
****
*Material, name=Soil1
*Density
1850.
*Elastic
1.2e+07, 0.32
*Mohr Coulomb
```

```
15, 0.
*Mohr Coulomb Hardening
3.0e+04, 0.
*********************Soil2************************
*Solid section, elset=eSoil2, Material=Soil2
*Solid section, elset=eTunSoil2, Material=Soil2
*Solid section, elset=eCon-1L, Material=Soil2
*Solid section, elset=eCon-1R, Material=Soil2
*Solid section, elset=eCon-2L, Material=Soil2
*Solid section, elset=eCon-2R, Material=Soil2
*Solid section, elset=eCon-3L, Material=Soil2
*Solid section, elset=eCon-3R, Material=Soil2
*Solid section, elset=eCon-4L, Material=Soil2
*Solid section, elset=eCon-4R, Material=Soil2
*Solid section, elset=eCon-5L, Material=Soil2
*Solid section, elset=eCon-5R, Material=Soil2
*Solid section, elset=eLin1-1L, Material=kaiwa
*Solid section, elset=eLin1-1R, Material=kaiwa
*Solid section, elset=eLin1-2L, Material=kaiwa
*Solid section, elset=eLin1-2R, Material=kaiwa
*Solid section, elset=eLin1-3L, Material=kaiwa
*Solid section, elset=eLin1-3R, Material=kaiwa
*Solid section, elset=eLin1-4L, Material=kaiwa
*Solid section, elset=eLin1-4R, Material=kaiwa
*Solid section, elset=eLin1-5L, Material=kaiwa
*Solid section, elset=eLin1-5R, Material=kaiwa
*Solid section, elset=eLin1-6L, Material=kaiwa
*Solid section, elset=eLin1-6R, Material=kaiwa
*Solid section, elset=eLin2-1L, Material=kaiwa
*Solid section, elset=eLin2-1R, Material=kaiwa
*Solid section, elset=eLin2-2L, Material=kaiwa
*Solid section, elset=eLin2-2R, Material=kaiwa
*Solid section, elset=eLin2-3L, Material=kaiwa
*Solid section, elset=eLin2-3R, Material=kaiwa
*Solid section, elset=eLin2-4L, Material=kaiwa
*Solid section, elset=eLin2-4R, Material=kaiwa
*Solid section, elset=eLin2-5L, Material=kaiwa
*Solid section, elset=eLin2-5R, Material=kaiwa
*Solid section, elset=eLin2-6L, Material=kaiwa
*Solid section, elset=eLin2-6R, Material=kaiwa
*Solid section, elset=eExc-1L, Material=kaiwa
*Solid section, elset=eExc-1R, Material=kaiwa
*Solid section, elset=eExc-2L, Material=kaiwa
*Solid section, elset=eExc-2R, Material=kaiwa
*Solid section, elset=eExc-3L, Material=kaiwa
*Solid section, elset=eExc-3R, Material=kaiwa
*Solid section, elset=eExc-4L, Material=kaiwa
*Solid section, elset=eExc-4R, Material=kaiwa
*Solid section, elset=eExc-5L, Material=kaiwa
*Solid section, elset=eExc-5R, Material=kaiwa
*Solid section, elset=eExc-6L, Material=kaiwa
*Solid section, elset=eExc-6R, Material=kaiwa
```

```
*Solid section, elset=eExc-7L, Material=kaiwa
*Solid section, elset=eExc-7R, Material=kaiwa
*Solid section, elset=eExc-8L, Material=kaiwa
*Solid section, elset=eExc-8R, Material=kaiwa
*******************
*Material, name=Soil2
*Density
2000.
*Elastic
1.6e+07, 0.25
*Mohr Coulomb
20.0, 0.
*Mohr Coulomb Hardening
6.0e+04, 0.
*******************
*Material, name=kaiwa
*Density
2000.
*Elastic
1.6e+07, 0.25, 0
5.0e+06, 0.25, 10
*********************Rock1*****************************
*Solid section, elset=eRock, Material=Rock
*Solid section, elset=eTunRock, Material=Rock
****
*Material, name=Rock
*Density
2500.
*Elastic
3.0e+08, 0.25
*Mohr Coulomb
35, 0.
*Mohr Coulomb Hardening
3.5e+05, 0.
**********************复制管棚单元***********************
*ELCOPY, OLD SET=eCon-1L, NEW=eCon0-1L, ELEMENT SHIFT=23456, SHIFT NODES=0
*ELCOPY, OLD SET=eCon-2L, NEW=eCon0-2L, ELEMENT SHIFT=23456, SHIFT NODES=0
*ELCOPY, OLD SET=eCon-3L, NEW=eCon0-3L, ELEMENT SHIFT=23456, SHIFT NODES=0
*ELCOPY, OLD SET=eCon-4L, NEW=eCon0-4L, ELEMENT SHIFT=23456, SHIFT NODES=0
*ELCOPY, OLD SET=eCon-5L, NEW=eCon0-5L, ELEMENT SHIFT=23456, SHIFT NODES=0
*ELCOPY, OLD SET=eCon-1R, NEW=eCon0-1R, ELEMENT SHIFT=23456, SHIFT NODES=0
*ELCOPY, OLD SET=eCon-2R, NEW=eCon0-2R, ELEMENT SHIFT=23456, SHIFT NODES=0
*ELCOPY, OLD SET=eCon-3R, NEW=eCon0-3R, ELEMENT SHIFT=23456, SHIFT NODES=0
*ELCOPY, OLD SET=eCon-4R, NEW=eCon0-4R, ELEMENT SHIFT=23456, SHIFT NODES=0
*ELCOPY, OLD SET=eCon-5R, NEW=eCon0-5R, ELEMENT SHIFT=23456, SHIFT NODES=0
*Solid section, elset=eCon0-1L, Material=guanpeng
*Solid section, elset=eCon0-2L, Material=guanpeng
*Solid section, elset=eCon0-3L, Material=guanpeng
*Solid section, elset=eCon0-4L, Material=guanpeng
*Solid section, elset=eCon0-5L, Material=guanpeng
*Solid section, elset=eCon0-1R, Material=guanpeng
*Solid section, elset=eCon0-2R, Material=guanpeng
```

```
*Solid section, elset=eCon0-3R, Material=guanpeng
*Solid section, elset=eCon0-4R, Material=guanpeng
*Solid section, elset=eCon0-5R, Material=guanpeng
********************
*Material, name=guanpeng
*Density
2200.
*Elastic
3.0e+08, 0.25
*Mohr Coulomb
35.0, 0.
*Mohr Coulomb Hardening
3.5e+05, 0.
**********************复制一衬单元*********************
*ELCOPY, OLD SET=eLin1-1L, NEW=eLin01-1L, ELEMENT SHIFT=23456, SHIFT NODES=0
*ELCOPY, OLD SET=eLin1-2L, NEW=eLin01-2L, ELEMENT SHIFT=23456, SHIFT NODES=0
*ELCOPY, OLD SET=eLin1-3L, NEW=eLin01-3L, ELEMENT SHIFT=23456, SHIFT NODES=0
*ELCOPY, OLD SET=eLin1-4L, NEW=eLin01-4L, ELEMENT SHIFT=23456, SHIFT NODES=0
*ELCOPY, OLD SET=eLin1-5L, NEW=eLin01-5L, ELEMENT SHIFT=23456, SHIFT NODES=0
*ELCOPY, OLD SET=eLin1-6L, NEW=eLin01-6L, ELEMENT SHIFT=23456, SHIFT NODES=0
*ELCOPY, OLD SET=eLin1-1R, NEW=eLin01-1R, ELEMENT SHIFT=23456, SHIFT NODES=0
*ELCOPY, OLD SET=eLin1-2R, NEW=eLin01-2R, ELEMENT SHIFT=23456, SHIFT NODES=0
*ELCOPY, OLD SET=eLin1-3R, NEW=eLin01-3R, ELEMENT SHIFT=23456, SHIFT NODES=0
*ELCOPY, OLD SET=eLin1-4R, NEW=eLin01-4R, ELEMENT SHIFT=23456, SHIFT NODES=0
*ELCOPY, OLD SET=eLin1-5R, NEW=eLin01-5R, ELEMENT SHIFT=23456, SHIFT NODES=0
*ELCOPY, OLD SET=eLin1-6R, NEW=eLin01-6R, ELEMENT SHIFT=23456, SHIFT NODES=0
*ELCOPY, OLD SET=eLin2-1L, NEW=eLin02-1L, ELEMENT SHIFT=23456, SHIFT NODES=0
*ELCOPY, OLD SET=eLin2-2L, NEW=eLin02-2L, ELEMENT SHIFT=23456, SHIFT NODES=0
*ELCOPY, OLD SET=eLin2-3L, NEW=eLin02-3L, ELEMENT SHIFT=23456, SHIFT NODES=0
*ELCOPY, OLD SET=eLin2-4L, NEW=eLin02-4L, ELEMENT SHIFT=23456, SHIFT NODES=0
*ELCOPY, OLD SET=eLin2-5L, NEW=eLin02-5L, ELEMENT SHIFT=23456, SHIFT NODES=0
*ELCOPY, OLD SET=eLin2-6L, NEW=eLin02-6L, ELEMENT SHIFT=23456, SHIFT NODES=0
*ELCOPY, OLD SET=eLin2-1R, NEW=eLin02-1R, ELEMENT SHIFT=23456, SHIFT NODES=0
*ELCOPY, OLD SET=eLin2-2R, NEW=eLin02-2R, ELEMENT SHIFT=23456, SHIFT NODES=0
*ELCOPY, OLD SET=eLin2-3R, NEW=eLin02-3R, ELEMENT SHIFT=23456, SHIFT NODES=0
*ELCOPY, OLD SET=eLin2-4R, NEW=eLin02-4R, ELEMENT SHIFT=23456, SHIFT NODES=0
*ELCOPY, OLD SET=eLin2-5R, NEW=eLin02-5R, ELEMENT SHIFT=23456, SHIFT NODES=0
*ELCOPY, OLD SET=eLin2-6R, NEW=eLin02-6R, ELEMENT SHIFT=23456, SHIFT NODES=0
*Solid section, elset=eLin01-1L, Material=Liner
*Solid section, elset=eLin01-2L, Material=Liner
*Solid section, elset=eLin01-3L, Material=Liner
*Solid section, elset=eLin01-4L, Material=Liner
*Solid section, elset=eLin01-5L, Material=Liner
*Solid section, elset=eLin01-6L, Material=Liner
*Solid section, elset=eLin01-1R, Material=Liner
*Solid section, elset=eLin01-2R, Material=Liner
*Solid section, elset=eLin01-3R, Material=Liner
*Solid section, elset=eLin01-4R, Material=Liner
*Solid section, elset=eLin01-5R, Material=Liner
*Solid section, elset=eLin01-6R, Material=Liner
*Solid section, elset=eLin02-1L, Material=Liner
*Solid section, elset=eLin02-2L, Material=Liner
```

```
*Solid section, elset=eLin02-3L, Material=Liner
*Solid section, elset=eLin02-4L, Material=Liner
*Solid section, elset=eLin02-5L, Material=Liner
*Solid section, elset=eLin02-6L, Material=Liner
*Solid section, elset=eLin02-1R, Material=Liner
*Solid section, elset=eLin02-2R, Material=Liner
*Solid section, elset=eLin02-3R, Material=Liner
*Solid section, elset=eLin02-4R, Material=Liner
*Solid section, elset=eLin02-5R, Material=Liner
*Solid section, elset=eLin02-6R, Material=Liner
*******************
*Material, name=Liner
*Density
2500.
*Elastic
5.0e+9, 0.25
*******************************************************
****************************初始条件*****************
*INITIAL CONDITIONS,TYPE=TEMPERATURE
allnode, 0
***INITIAL CONDITIONS, TYPE=STRESS, GEOSTATIC
**allels, -9.78e+05, -30, 0.0, 20.6, 0.4
*INITIAL CONDITIONS, TYPE=STRESS, GEOSTATIC, USER
********************边界条件*****************
*Boundary
nLeftB, 1, 1
nRightB, 1,1
nBottomB, 2, 2
*******************************************************
**STEP: Initial Stress
*Step, name=balance
*Geostatic
1.0, 1.0
*DLOAD
allels, GRAV, 10., 0., -1.0
********************移除复制的所有单元*******************
*MODEL CHANGE, REMOVE
eCon0-1L, eCon0-2L, eCon0-3L, eCon0-4L, eCon0-5L
eCon0-1R, eCon0-2R, eCon0-3R, eCon0-4R, eCon0-5R
eLin01-1L, eLin01-2L, eLin01-3L, eLin01-4L, eLin01-5L, eLin01-6L
eLin01-1R, eLin01-2R, eLin01-3R, eLin01-4R, eLin01-5R, eLin01-6R
eLin02-1L, eLin02-2L, eLin02-3L, eLin02-4L, eLin02-5L, eLin02-6L
eLin02-1R, eLin02-2R, eLin02-3R, eLin02-4R, eLin02-5R, eLin02-6R
********
*Restart, write, frequency=1
*Output, field
*Node Output
U,COORD
*Element Output, directions=YES
E, PE, S
*End Step
```

```
*******************************************************
*********************左洞一次开挖*********************
*******************************************************
*********************开挖应力释放 30%,将弹性模量折减 30%**************
*Step, name=stressrelease-L, nlgeom=no
*STATIC
0.001, 1.0, 1.0e-05, 1.0
*CONTROLS, PARAMETERS=FIELD, FIELD=DISPLACEMENT
0.1, 1.0, 10.0, , , 2.0
*TEMPERATURE
**nSoil1, 0
**nSoil2, 0
**nRock, 0
**nTunSoil1, 0
**nTunSoil2, 0
**nTunRock, 0
**nCon-1L, 0
**nCon-2L, 0
**nCon-3L, 0
**nCon-4L, 0
**nCon-5L, 0
**nCon-1R, 0
**nCon-2R, 0
**nCon-3R, 0
**nCon-4R, 0
**nCon-5R, 0
**nLin1-1L, 0
**nLin1-2L, 0
**nLin1-3L, 0
**nLin1-4L, 0
**nLin1-5L, 0
**nLin1-6L, 0
**nLin1-1R, 0
**nLin1-2R, 0
**nLin1-3R, 0
**nLin1-4R, 0
**nLin1-5R, 0
**nLin1-6R, 0
**nLin2-1L, 0
**nLin2-2L, 0
**nLin2-3L, 0
**nLin2-4L, 0
**nLin2-5L, 0
**nLin2-6L, 0
**nLin2-1R, 0
**nLin2-2R, 0
**nLin2-3R, 0
**nLin2-4R, 0
**nLin2-5R, 0
**nLin2-6R, 0
**nExc-1R, 0
**nExc-2R, 0
```

```
**nExc-3R, 0
**nExc-4R, 0
**nExc-5R, 0
**nExc-6R, 0
**nExc-7R, 0
**nExc-8R, 0
nExc-1L, 10
nExc-2L, 10
nExc-3L, 10
nExc-4L, 10
nExc-5L, 10
nExc-6L, 10
nExc-7L, 10
nExc-8L, 10
nLin1-1L, 10
nLin1-2L, 10
nLin1-3L, 10
nLin1-4L, 10
nLin1-5L, 10
nLin1-6L, 10
nLin2-1L, 10
nLin2-2L, 10
nLin2-3L, 10
nLin2-4L, 10
nLin2-5L, 10
nLin2-6L, 10
*End Step
******************************开挖并放置衬砌 1-L********************
*Step, name=excavation-L, nlgeom=no
*STATIC
0.001, 1.0, 1.0e-05, 1.0
*CONTROLS, PARAMETERS=FIELD, FIELD=DISPLACEMENT
0.1, 1.0, 10.0, , , 2.0
*MODEL CHANGE, REMOVE
eExc-1L, eExc-2L, eExc-3L, eExc-4L, eExc-5L, eExc-6L, eExc-7L, eExc-8L
elin1-1L, elin1-2L, elin1-3L, elin1-4L, elin1-5L, elin1-6L
elin2-1L, elin2-2L, elin2-3L, elin2-4L, elin2-5L, elin2-6L
*MODEL CHANGE, add
eLin01-1L, eLin01-2L, eLin01-3L, eLin01-4L, eLin01-5L, eLin01-6L
*End Step
*******************************************************
*********************右洞一次开挖**********************
*******************************************************
********************开挖应力释放 30%,将弹性模量折减 30%*************
*Step, name=stressrelease-R, nlgeom=no
*STATIC
0.001, 1.0, 1.0e-05, 1.0
*CONTROLS, PARAMETERS=FIELD, FIELD=DISPLACEMENT
0.1, 1.0, 10.0, , , 2.0
*TEMPERATURE
nExc-1R, 10
nExc-2R, 10
```

```
nExc-3R, 10
nExc-4R, 10
nExc-5R, 10
nExc-6R, 10
nExc-7R, 10
nExc-8R, 10
nLin1-1R, 10
nLin1-2R, 10
nLin1-3R, 10
nLin1-4R, 10
nLin1-5R, 10
nLin1-6R, 10
nLin2-1R, 10
nLin2-2R, 10
nLin2-3R, 10
nLin2-4R, 10
nLin2-5R, 10
nLin2-6R, 10
*End Step
*******************************开挖并放置衬砌 1-L**********************
*Step, name=excavation-R, nlgeom=no
*STATIC
0.001, 1.0, 1.0e-05, 1.0
*CONTROLS, PARAMETERS=FIELD, FIELD=DISPLACEMENT
0.1, 1.0, 10.0, , , 2.0
*MODEL CHANGE, REMOVE
eExc-1R, eExc-2R, eExc-3R, eExc-4R, eExc-5R, eExc-6R, eExc-7R, eExc-8R
elin1-1L, elin1-2L, elin1-3L, elin1-4L, elin1-5L, elin1-6L
elin2-1R, elin2-2R, elin2-3R, elin2-4R, elin2-5R, elin2-6R
*MODEL CHANGE, add
eLin01-1R, eLin01-2R, eLin01-3R, eLin01-4R, eLin01-5R, eLin01-6R
*End Step
```

参 考 文 献

韩昌瑞, 2009. 有限变形理论及其在岩土工程中的应用[D]. 武汉: 中国科学院武汉岩土力学研究所.

KLAUS-JÜRGEN B, 2016. 有限元法: 理论、格式与求解方法[M]. 轩建平, 译. 2 版. 北京: 高等教育出版社.

王勖成, 2003. 有限单元法[M]. 北京: 清华大学出版社.

王勖成, 邵敏, 2003. 有限单元法基本原理和数值方法[M]. 2 版. 北京: 清华大学出版社.

徐芝纶, 2016. 弹性力学(上册)[M]. 5 版. 北京: 高等教育出版社.

曾攀, 2004. 有限元分析及应用[M]. 北京: 清华大学出版社.

COOK R D, MALKUS D S, PLESHA M E, et al, 2002. Concepts and applications of finite element analysis[M]. 4th ed. Hoboken: John Wiley & Sons Inc.

FISH J, BELYTSCHKO T, 2007. A first course in finite elements[M]. Hoboken: John Wiley & Sons Inc.

LIU G R, QUEK S S, 2003. The finite element method—A practical course[M]. Oxford: Butterworth-Heinemann.

MCCARTHY C, 2015. Finite element analysis[R]. Limerick: University of Limerick.

ZIENKIEWICZ O C, TAYLOR R L, ZHU J Z, 2013. The finite element method: its basis & fundamentals[M]. Oxford: Butterworth-Heinemann.